垃圾焚烧发电技术及应用

王 勇 编著

中国电力出版社
CHINA ELECTRIC POWER PRESS

内 容 提 要

垃圾焚烧发电行业已进入快速发展期，本书是为进一步提高垃圾焚烧发电一线人员的技能水平和生产管理人员的管理水平而精心编著的实用工具书。

本书主要内容包括循环经济与生活垃圾利用、垃圾发电概述、垃圾发电生产工艺、垃圾接收储存系统、垃圾焚烧系统、垃圾电厂热力系统、烟气脱硫、烟气脱硝、烟气除尘、飞灰无害化处置和炉渣资源化利用、二噁英和重金属控制、垃圾电厂化学、垃圾电厂运行与维护管理、垃圾电厂运营指标及成本、垃圾发电机组经济运行。

本书结合垃圾发电生产实际，详细介绍了垃圾发电的起源及发展、垃圾的属性、垃圾发电生产系统的组成及作用、专业化和规范化管理原则，是垃圾电厂运行人员、维护人员、生产管理人员必备工具书，也可作为大中专院校的教学参考书。

图书在版编目（CIP）数据

垃圾焚烧发电技术及应用 / 王勇编著．—北京：中国电力出版社，2020.4（2023.6 重印）
ISBN 978-7-5198-3204-9

Ⅰ. ①垃…　Ⅱ. ①王…　Ⅲ. ①垃圾发电　Ⅳ. ①X705

中国版本图书馆 CIP 数据核字（2019）第 270054 号

出版发行：中国电力出版社
地　　址：北京市东城区北京站西街 19 号（邮政编码 100005）
网　　址：http://www.cepp.sgcc.com.cn
责任编辑：娄雪芳（010-63412375）　董艳荣
责任校对：黄　蓓　常燕昆
装帧设计：张俊霞
责任印制：吴　迪

印　　刷：三河市万龙印装有限公司
版　　次：2020 年 4 月第一版
印　　次：2023 年 6 月北京第六次印刷
开　　本：787 毫米×1092 毫米　16 开本
印　　张：23.5　　1 插页
字　　数：574 千字
印　　数：9001—10000 册
定　　价：98.00 元

前言

城市生活垃圾伴随着人类的生活而产生，随着城市化进程的加快，我国城市生活垃圾的年产量以8%的速度增长，垃圾的快速增长、土地资源的日益紧张及人们对改善环境的需求与垃圾处理“无害化、资源化、减容减重化”的矛盾日益凸显。这些都要求我们不断提升城市生活垃圾的“无害化处理、资源化利用”的水平，这不仅关系到国计民生，更体现了一个国家的发展水平。

垃圾发电具有无害化彻底、资源化率高、减容减重效果好等特点，在世界范围内得到公认，在我国得到了快速发展。党的二十大明确提出要保护生态环境，发展循环经济。“十四五”规划提出的目标是，将我国城市生活垃圾的焚烧发电处理比例从现在的29%提高到65%以上。为此，在未来的几年内，我国要建设大量的垃圾焚烧发电厂，垃圾发电行业进入了一个快速发展期。

本书以垃圾发电的技术及应用为主线，综合国内外成熟的垃圾发电技术，重点论述了循环经济与生活垃圾利用，垃圾发电生产工艺，垃圾焚烧系统，烟气脱硫系统等工艺系统的组成及设备结构。同时，阐述了运行管理、设备管理的管理原则及管理内容，介绍了生产运营指标的概念和计算方法，提出了改善机组运行效率的具体措施。

本书共分15章，第一章介绍了循环经济与生活垃圾利用，第二章介绍了垃圾发电概述，第三章介绍了垃圾发电生产工艺，第四～十二章介绍了垃圾发电机组各系统的组成、作用及工作原理，第十三章介绍了垃圾电厂运行与维护管理，第十四章介绍了垃圾电厂运营指标及成本，第十五章介绍了垃圾发电机组经济运行。本书第六章第五节“锅炉受热面的腐蚀及预防措施”根据2019 CCTV中国十大创业榜样获奖者华北电力大学曲作鹏博士生导师提供的资料编写。

本书侧重点在于实用性，介绍了大量的现场数据、图片及成熟可靠的工艺布置，介绍了专业化的管理要求和规范化的管理程序。本书适用于从事垃圾发电的专业技术人员及管理人员，将有益于提高我国垃圾发电行业的运行人员、维护人员及生产管理人员的技能水平，也可作为教学参考书，以使垃圾电厂新员工或大中专院校的学生了解垃圾电厂的组成及工艺流程。

由于水平有限，书中难免存在不足之处，敬请各位读者指正。

王　勇

2019年11月

目 录

第一章

循环经济与生活垃圾利用

随着经济的发展和物质生活水平的提高，垃圾产量日益增多，对环境造成的污染也日益严重，同时处理这些垃圾也占用了大量的土地资源，我国北京、上海、广州、深圳等城市，每天产生的垃圾数量都超过 2 万 t，广大农村地区的垃圾产量也在 0.8kg/（人・天）左右。

每天源源不断产生的大量生活垃圾，已经成为一个污染环境、影响生活的社会性问题。同时，随着能源消耗的日益增加，以及民众日益提高的环保需求，国家层面也在提出和倡导绿色发展理念。生活垃圾的处理也必须从简单的填埋不断向“循环利用”的绿色利用方向发展。焚烧发电作为垃圾“资源化、无害化、减量化”的最好措施之一，在世界各地得到广泛应用，垃圾发电处理垃圾符合低碳发展理念，有益于人类的可持续发展。

随着社会的进步和环保意识的提高，生活垃圾作为一种资源已经得到共识，不对生活垃圾进行有效的回收处理和利用将是一种浪费，利用循环经济的模式进行垃圾分类回收和资源化利用已经成为我国的基本国策。

第一节　垃圾循环利用发展历程

城市生活垃圾的处理经历了三个发展阶段：

第一阶段是收集＋运输＋填埋，这个阶段处理城市生活垃圾的目的是为了对城市生活垃圾进行简单的处理，既没有对垃圾进行资源化利用，更没有实现无害化处理。

第二阶段是收集＋运输＋能源利用＋填埋，这个阶段处理城市生活垃圾的目的是为了对城市生活垃圾进行无害化处置和资源化利用，并节约土地资源。由于没有对垃圾进行分类和回收利用，所以没有实现真正意义上的循环经济。

我国城市生活垃圾的处理将向回收利用的循环经济方向发展，第三阶段将向收集＋分类回收＋运输＋资源利用方向发展，这个阶段处理城市生活垃圾的目的是为了实现垃圾分类处理，发展循环经济，减少资源化利用过程中对环境的影响，实现社会的可持续发展。用循环经济模式开展城市生活垃圾处理工艺如图 1－1 所示。

欧洲较早实现了用循环经济的模式进行垃圾处理，现在，欧洲一些发达国家已经从法律层面规定城市生活垃圾必须先分类再处理，未经回收利用的垃圾不许填埋处理，垃圾必须进行资源化利用。从欧盟 27 国垃圾资源化利用的统计数据来看，德国、荷兰等北欧国家垃圾资源化利用水平非常高，并且污染排放物可控；法国、意大利等国家垃圾资源化利用率较高，并且污染排放物可控；东欧一些国家的垃圾资源化利用水平较低。2016 年欧盟部分国家生活垃圾资源化利用情况如图 1-2 所示。

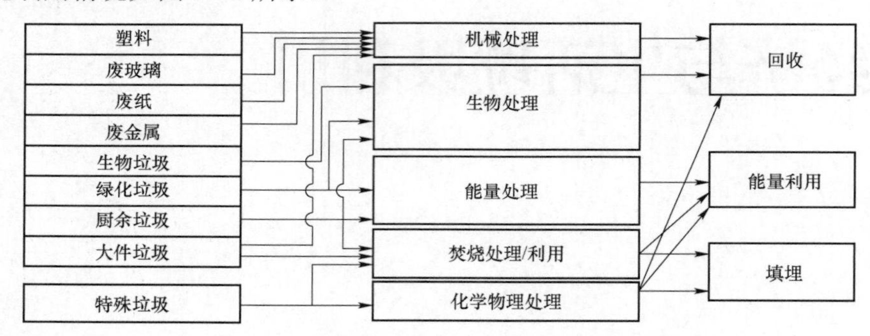

图 1-1　用循环经济模式开展城市生活垃圾处理工艺

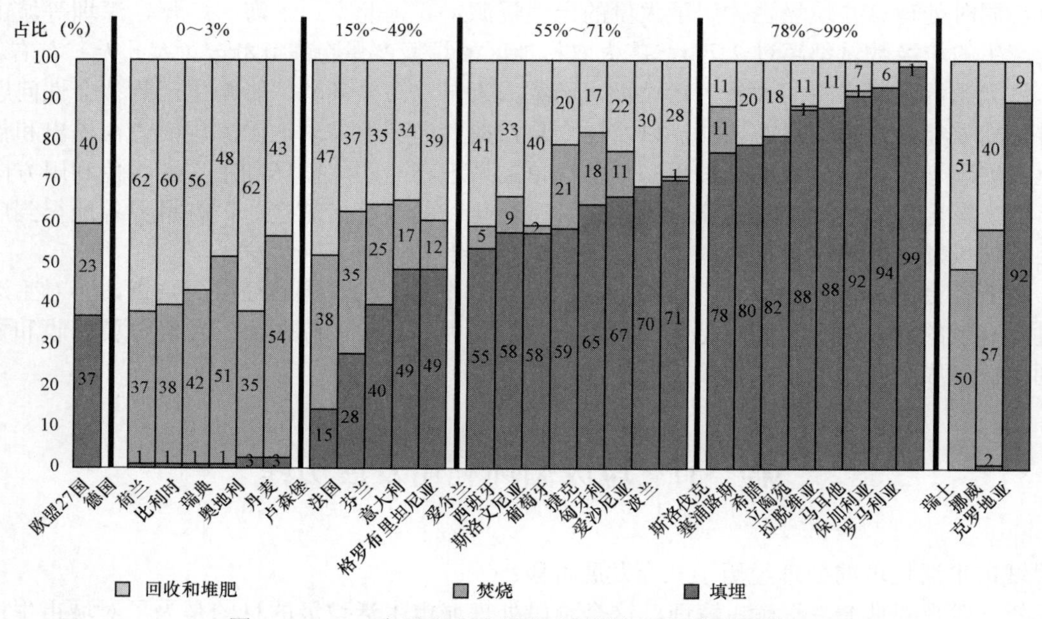

图 1-2　2016 年欧盟部分国家生活垃圾资源化利用情况

2016 年欧盟 27 国生活垃圾总产量为 2.53 亿 t，其中回收循环利用 1.02 亿 t，占比 40%；焚烧发电 5600 万 t，占比 23%；填埋 9020 万 t，占比 37%。不同国家的垃圾循环经济利用状况差异较大，如德国 1%填埋、37%焚烧发电、62%循环利用。

中国自 2019 年起在北京、上海等城市启动生活垃圾分类，规划到 2025 年基本实现垃圾分类全覆盖。

第二节　废弃物概述

一、废弃物的定义

废弃物是指人类或动物在生产、生活和其他活动中产生的固态、半固态废弃物质。主要包括固体颗粒、垃圾、炉渣、污泥、废弃器皿、残次品、动物尸体等。

二、废弃物的特性

废弃物具有污染性、资源性等特性。

（一）污染性

废弃物的污染性表现为废弃物自身的污染性和废弃物处理过程产生的二次污染性。

（二）资源性

废弃物只是一定条件下才成为废弃物，当条件改变后，废弃物有可能重新具有使用价值，成为生产的原材料、燃料或消费物品，因而具有一定的经济价值。需要指出的是，废弃物回收利用过程产生的成本可能大于废弃物本身的价值。

三、废弃物的分类

通常按照废弃物的来源分为生活废弃物、工业废弃物和农业废弃物等。生活废弃物是指在日常生活中产生的生活垃圾、商业垃圾、医疗垃圾、污水处理厂污泥等。工业废弃物是指工业生产活动中产生的工业废渣、尾矿等。农业废弃物是指农业生产活动中种植业、林业、畜牧业等产生的废弃物。

第三节　生活垃圾属性

一、生活垃圾特性

我国生活垃圾具有以下特性：

（一）组分和形态复杂

生活垃圾的成分非常复杂，除了厨余、渣土、塑料、橡胶、纸张、金属等，部分生活垃圾中还混有工业垃圾，包括电子垃圾和建筑垃圾。同时，生活垃圾的形态也较为复杂，有块状、粉末、带状、条状等形状，还有干与湿、软和硬等不同状态，垃圾品质极不稳定。

（二）含水率高

我国生活垃圾的水分较高。通过对部分城市的生活垃圾的统计，垃圾含水率在40%～60%之间。

（三）挥发分适中

垃圾中的有机质受热分解出的分子量较小的气态产物叫挥发分。通过对一些经济发达城市的垃圾元素进行分析，垃圾的挥发分在20%～70%之间。

（四）垃圾热值低

我国生活垃圾的热值较低，北京、上海、广州等大城市和经济发达地区的入厂生活垃圾热值一般为8000kJ/kg左右，经济欠发达地区的入厂生活垃圾热值一般为3768～4605kJ/kg，远低于发达国家的垃圾热值，如德国的垃圾热值为10 048～13 398kJ/kg。

（五）固定碳含量低

垃圾中去掉水分、灰分、挥发分，剩下的就是固定碳。我国生活垃圾中的固定碳含量较低，一般在2%～10%之间。

（六）有机物含量高

有机物指含碳元素的化合物或碳氢化合物及其衍生物。生活垃圾中有机物含量高，餐厨

垃圾有机物含量在40%以上。

二、生活垃圾的分类

生活垃圾主要是指公共垃圾、居民生活垃圾、工业垃圾等，按其组成可分为有机废物和无机废物。按其污染特性可分为有害废物和一般废物等，主要由易腐有机物、塑料、纸张等构成，其组分受时间及季节性的影响较大。公共垃圾主要指由机关、企事业单位产生的垃圾，其组成大部分都是以包装物为主，其他成分相对较少。生活垃圾一般可分为四大类：可回收垃圾、厨余垃圾、有害垃圾和其他垃圾。

（1）可回收垃圾主要包括废纸、塑料、玻璃、金属和布料五大类。

（2）厨余垃圾包括剩菜剩饭、骨头、菜根菜叶等食品类废物。

（3）有害垃圾包括废电池、废日光灯管、废水银温度计、过期药品等，这些垃圾需要特殊安全处理。

（4）其他垃圾包括砖瓦陶瓷、渣土等难以回收的废弃物。

不同来源的垃圾如图1-3所示。

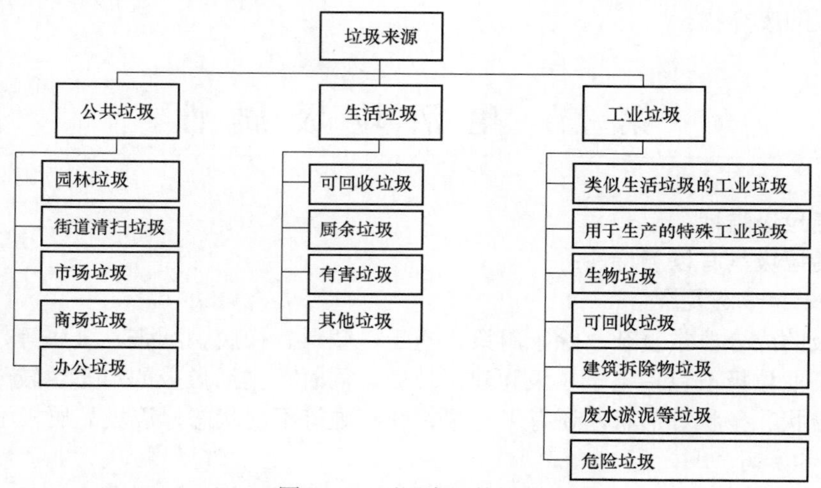

图1-3　不同来源的垃圾

三、生活垃圾的组分

垃圾含有物理组分和化学组分，包括可燃成分和不可燃成分。垃圾物理化学组分及其热值如图1-4所示。

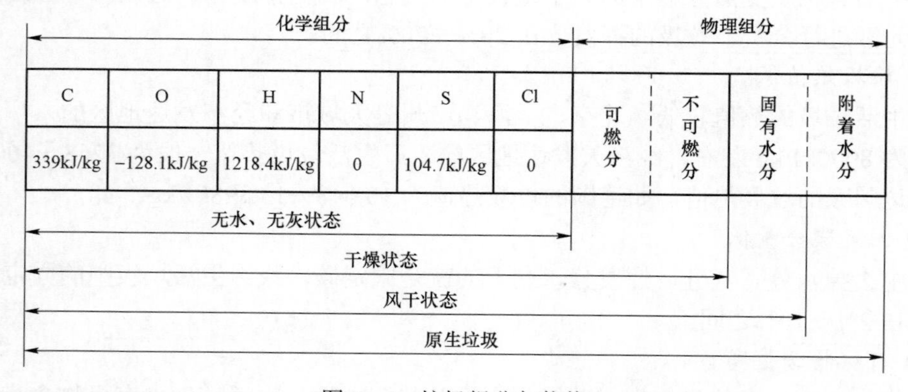

图1-4　垃圾组分与热值

不同地区的垃圾组成差异较大，垃圾取样分析的准确性和实际差异也较大，下面仅对上海和北京及日本、德国的垃圾组分进行比较分析。

（一）上海和北京垃圾特性

1. 物理组分

上海和北京的垃圾物理组分比较见表 1－1。物理组分包括可回收物、无机物和有机物等。

表 1－1　　上海和北京的垃圾物理组分比较　　%

地区	可回收物						无机物			有机物	
	纸类	塑料	竹木	布类	金属	玻璃	渣石	灰土	有害物	厨余	果类
上海	10.18	13.32	0.94	7.29	1.7	2.11	0.93	7.55	0.03	52.61	3.34
北京	12.58	14.3	3.21	1.21	1.1	2.50	0.55	7.10	0.03	53.19	4.23

2. 化学组分

上海和北京的垃圾化学组分比较见表 1－2。

表 1－2　　上海和北京的垃圾化学组分比较　　%

地区	C	H	O	S	N	Cl
上海	51.37	11.12	28.94	0.86	6.71	1.01
北京	49.53	10.82	30.19	0.56	7.5	0.85

3. 三组分

垃圾中的水分、灰分和可燃分称为垃圾的三组分，上海和北京的垃圾三组分比较见表 1－3。

表 1－3　　上海和北京的垃圾三组分比较　　%

地区	水分	灰分	可燃分	合计
上海	52.16	22.2	25.64	100
北京	50	14.5	35.5	100

4. 热值

上海和北京的垃圾热值比较见表 1－4。

表 1－4　　上海和北京的垃圾热值比较　　kJ/kg

地区	基准热值	下限热值	上限热值
上海	7118	4605	9211
北京	6950	4806	9839

（二）日本垃圾特性

1. 垃圾组分

日本大阪 A 区垃圾组分见表 1－5。

表 1－5　日本大阪 A 区垃圾组分　%

组分	厨余	纸类	布类	皮革类	塑料类	其他	合计
含率	9.12	12.33	2.68	1.34	74.26	0.27	100

2. 垃圾元素分析

日本大阪垃圾的可燃元素分析及热值见表 1－6。

表 1－6　日本大阪垃圾的可燃元素分析及热值

项目	C	H	O	N	S	Cl
分类收集（%）	49	7	41	2	0.1	0.5
混合收集（%）	77	13	5	0.7	0.1	3.7
元素热值（kJ/kg）	339	1218	－128	0	105	0

3. 垃圾热值

日本大阪 B 区的垃圾组分及热值见表 1－7。

表 1－7　日本大阪 B 区的垃圾组分及热值

组分	厨余	不燃物	纸类	塑料类	水分	热值
	%					kJ/kg
大阪	5.6～9.8	0.6～2.4	12.33	56	0	10 886～13 398

（三）德国生活垃圾特性

1. 德国生活垃圾组分

德国生活垃圾组分如图 1－5 所示。

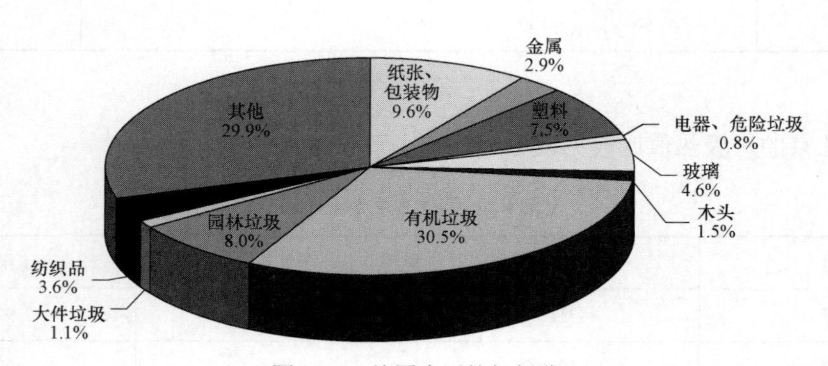

图 1－5　德国生活垃圾组分

2. 德国家庭平均垃圾产量

德国家庭平均年垃圾产量见表1-8。

表1-8 德国家庭平均年垃圾产量 kg/年

项目	产量
厨余垃圾	160
生物及绿色垃圾	120
废纸	70
废玻璃	25
轻型包装（塑料、金属）	30
旧衣服、电器等	30
大件垃圾	30
合计	465

3. 德国生活垃圾热值

德国部分城市生活垃圾热值见表1-9。

表1-9 德国部分城市生活垃圾热值 kJ/kg

序号	工厂名称	热值
1	IHKW Andernach	13 319
2	TREA Breisgau	10 204
3	EEW Delfzijl	10 490
4	EEW Göppingen	9887
5	EEW Großräschen	11 654
6	EEW Hannover	9963
7	EEW Helmstedt / TRV	9579
8	EBKW Knapsack	12 297
9	EEW Leudelange	10 995
10	AHKW Neunkirchen	11 374
11	MHKW Pirmasens	10 864
12	MHKW Rothensee	10 870
13	KSC Schwedt	10 471
14	EEW Stapelfeld	10 254
15	EEW Stavenhagen	9997
16	EEW Heringen	11 257
平均热值		10 842

德国某垃圾电厂的入炉垃圾如图 1－6 所示，从垃圾的外观可以看出入炉垃圾的水分低、可燃物含量多，热值较高。

图 1－6　德国某垃圾电厂的入炉垃圾

第四节　垃圾循环利用方式

垃圾循环利用模式包括回收利用、热处理等方式，生活垃圾循环利用方式如图 1－7 所示。

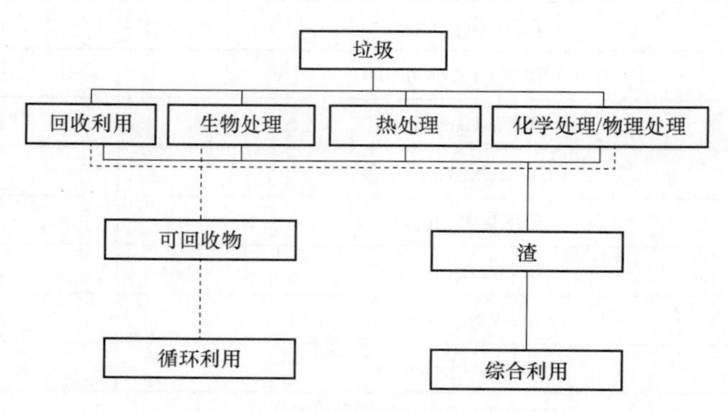

图 1－7　生活垃圾循环利用方式

城市生活垃圾转化为能源是对储存在垃圾中的能量（化学能）以电力、热量和燃料（将垃圾做成燃料棒后再进行焚烧）的形式提取出来给予再利用。生活垃圾热处理工艺如图 1－8 所示。

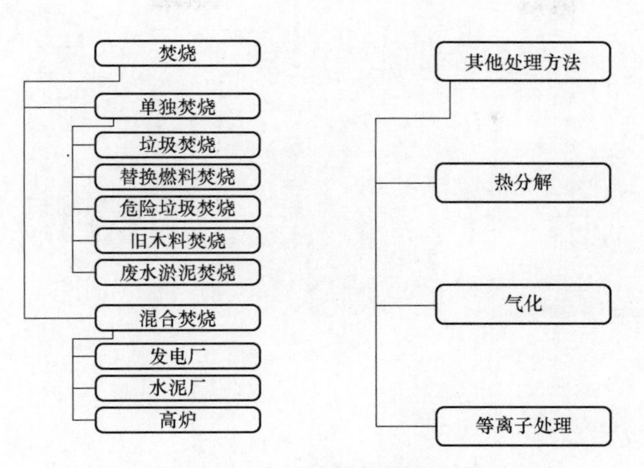

图 1-8 生活垃圾热处理工艺

德国不同类别的垃圾与热处理工艺如图 1-9 所示。

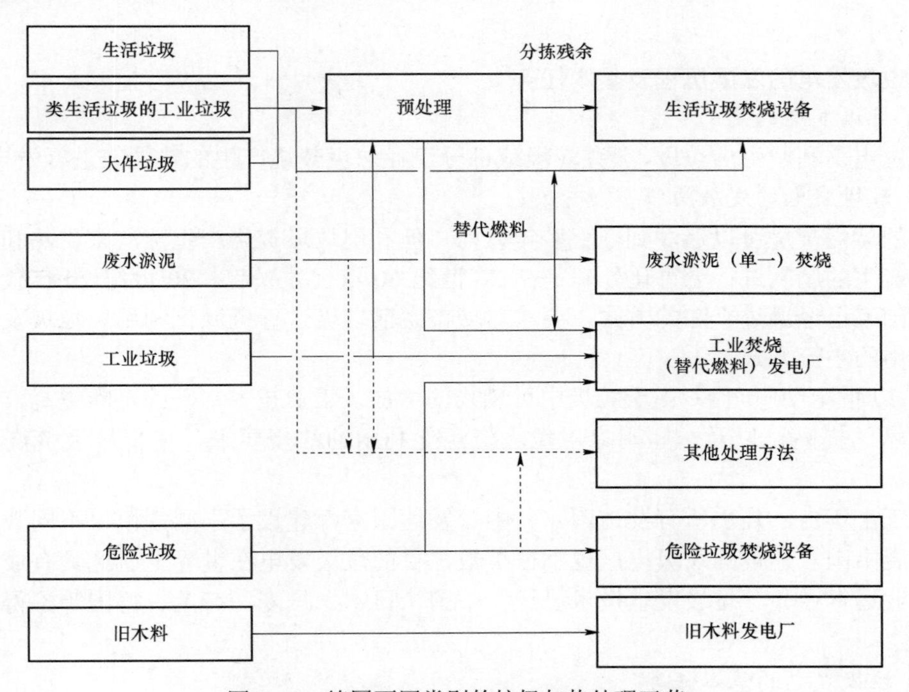

图 1-9 德国不同类别的垃圾与热处理工艺

第二章 垃圾发电概述

第一节 垃圾发电技术

一、垃圾发电的发展历程及基本任务

（一）垃圾发电的定义

垃圾发电是利用生活垃圾、公共垃圾或部分工业垃圾焚烧产生的热能来进行发电的总称。

（二）垃圾发电的发展历程

简单的垃圾焚烧可以追溯到一百多年以前，但利用垃圾焚烧产生蒸汽来供热和发电，同时对焚烧产生的尾气进行无害化处理是在20世纪60年代才兴起。20世纪70年代以后，德国等发达国家已经通过立法的方式，要求对城市生活垃圾进行资源化利用。垃圾发电是垃圾资源化利用的主流方式。

进入20世纪70年代，由于垃圾中可燃物的增加、工业技术水平的不断提高，尤其是烟气处理技术的提高，以及一些国家对垃圾资源化利用的法规要求，使得垃圾焚烧发电技术迅速发展。

在近三十年内，几乎所有发达国家、中等发达国家都建设了不同规模、不同数量的垃圾电厂，发展中国家建设的垃圾电厂也不在少数，目前垃圾发电在世界上已经具有成熟的工艺路线及商业运行经验。垃圾发电技术已经在中国、日本、丹麦、荷兰、德国等国得到了广泛的应用。

（三）垃圾发电的基本任务

1. 保证入炉垃圾完全、彻底燃烧

衡量垃圾完全、彻底燃烧的标准是炉渣的热灼减率小于或等于5%，炉膛的烟气温度大于850℃，烟气在炉膛内的停留时间大于2s。

2. 保证燃烧过程中产生的污染物得到有效的处理

垃圾发电在生产过程中会产生烟气、臭气、飞灰和渗沥液等污染物，相关污染物的处置要符合相关规范的要求。

3. 实现高的能源转化效率

中国早期建设的垃圾电厂大多选择中温中压参数，能实现的全厂热效率在18%～23%之间，现在，有一些垃圾电厂为了提高运行效率，选择了中温次高压甚至更高的参数，以实现

更高的机组运行效率。

二、垃圾发电的技术路线

目前，可以利用 6 种工艺实现垃圾热利用，即直接燃烧、气化、热解、沼气发电、混合燃烧和耦合发电。

（一）直接燃烧

直接燃烧是指垃圾直接在垃圾焚烧炉内焚烧产生热量，加热余热锅炉内的水产生蒸汽，蒸汽驱动汽轮机带动发电机发电或者供热。

（二）气化

气化是指垃圾在气化炉中气化产生可燃气体，可燃气体送入燃气轮机或余热锅炉中燃烧产生热量来发电或者供热。

（三）热解

热解是指垃圾热解产生可燃气体和热解油，可燃气体送入燃气轮机或余热锅炉中燃烧产生热量来发电或者供热。

（四）沼气发电

沼气发电是将垃圾填埋场的沼气收集起来，经过提纯、脱水、脱硫等净化措施后，将可燃气体直接送入燃气轮机燃烧或余热锅炉燃烧发电。

（五）混合燃烧

混合燃烧是指生活垃圾与污泥等废弃物在焚烧炉中燃烧。这种模式在中国有应用。

（六）耦合发电

耦合发电是一种新的垃圾发电理念，即将垃圾焚烧炉产生的蒸汽并入临近的火力发电厂的热力系统中，这样垃圾焚烧厂只建设焚烧系统，不用建设汽轮机、发动机等系统。

三、垃圾发电的能量转化过程

无论采用哪种工艺，将垃圾转化成能源都存在着以下 3 个过程的能量转换：

化学能→热能→机械能→电能

首先，垃圾通过燃烧将垃圾中的化学能转变成热能，热能通过余热锅炉将水加热成蒸汽，汽轮机将蒸汽的热能转化成机械能，最后利用发电机将机械能转化成电能。

垃圾发电除了向用户提供电力供应以外，也可以通过热电联产模式，向用户提供电力和热力供应，热电联产模式在欧洲一些国家应用较为广泛，机组运行效率也更高。利用最新技术建设的垃圾电厂，除了供热、供电以外，还可以向用户供冷。垃圾热利用过程如图 2-1 所示。

四、不同技术路线的差异

将垃圾转化成能源是一个热量转化的过程，热量转化过程通过燃烧（包括直接燃烧、混合燃烧、沼气发电和耦合发电）、气化和热解技术实现，这 3 种技术的主要区别在于耗氧浓度和反应温度的不同。

燃烧技术是在氧气过量的环境中完成，气化技术是一种需要氧浓度略低于化学计量水平的部分氧化过程，热解技术是在没有氧气的情况下发生热解。氧量区别如图 2-2 所示。焚烧的过剩空气系数为 1.2～1.4，气化的过剩空气系数为 0.2～0.7。

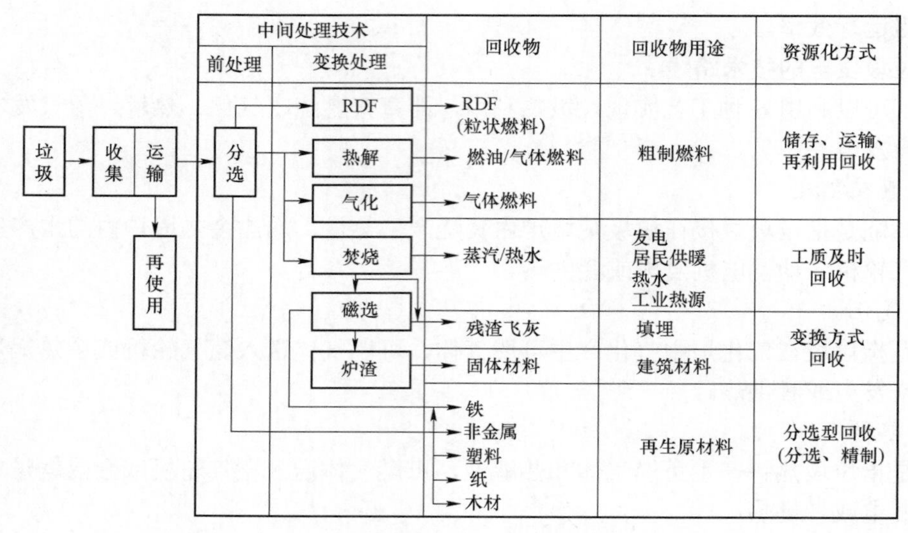

图 2-1　垃圾热利用过程

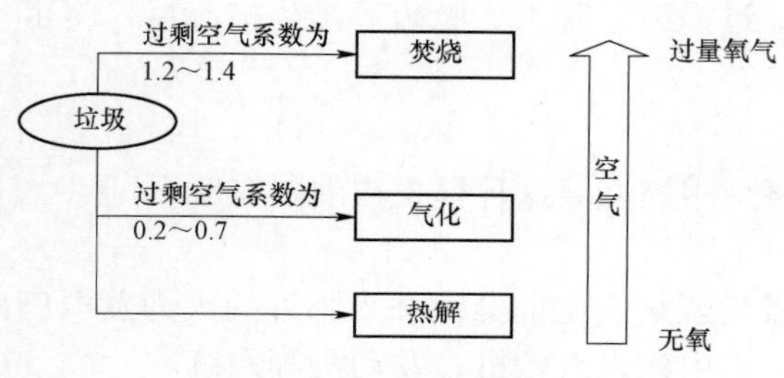

图 2-2　氧量区别

(一) 直接燃烧技术

直接燃烧技术是通过垃圾在焚烧炉中的燃烧，完成能量转化过程。垃圾直接燃烧广泛应用 3 种燃烧技术：

(1) 层状燃烧技术。

(2) 流化燃烧技术。

(3) 旋转燃烧技术(也称回转窑燃烧技术)。

层状燃烧技术发展较为成熟，且层状燃烧焚烧炉操作方便、燃烧速度快、处理量大、环保排放低、垃圾不用预处理、设备可靠性高、运行成本低，很多国家都采用这种燃烧技术。层状燃烧技术典型炉型是炉排炉。采用炉排炉技术的垃圾发电工艺流程如图 2-3 所示。

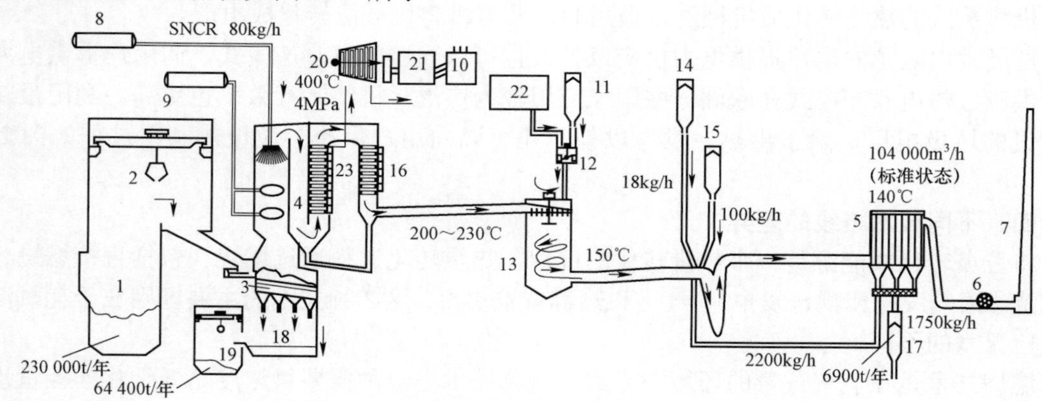

图 2-3　采用炉排炉技术的垃圾发电工艺流程

1—垃圾仓；2—垃圾吊；3—炉排；4—余热锅炉；5—袋式除尘器；6—引风机；7—烟囱；8—氨罐；9—渗沥液回喷枪；10—电网；11—石灰仓；12—石灰浆罐；13—脱酸塔；14—活性炭仓；15—氢氧化钠仓；16—省煤器；17—飞灰仓；18—振动筛；19—渣池；20—汽轮机；21—发电机；22—水箱；23—过热器

大多数流化燃烧技术需要掺烧，要对垃圾进行预处理后再燃烧，因此更适宜燃烧热值低、水分高的垃圾。流化床锅炉的燃烧调整复杂、设备可靠性低、飞灰产量大、运行成本高、设备维护量大，运行实践证明，流化床燃烧技术不适合垃圾焚烧发电。

旋转燃烧技术主要设备是缓慢旋转的回转窑。垃圾在筒内翻滚，可与空气充分接触，并进行较完全的燃烧，但回转窑处理量较小，限制了该技术的应用。

（二）热解和气化技术

热解和气化技术是将垃圾中的有机成分在欠氧或无氧的环境下生成可燃气体和油，主要成分是氢气及一氧化碳，同时还含有水分、甲烷及二氧化碳。可燃气体进入余热锅炉，通过可燃气体在余热锅炉的燃烧完成能量转化过程，向用户提供电力或热力供应。采用热解技术的垃圾发电工艺流程如图 2-4 所示。

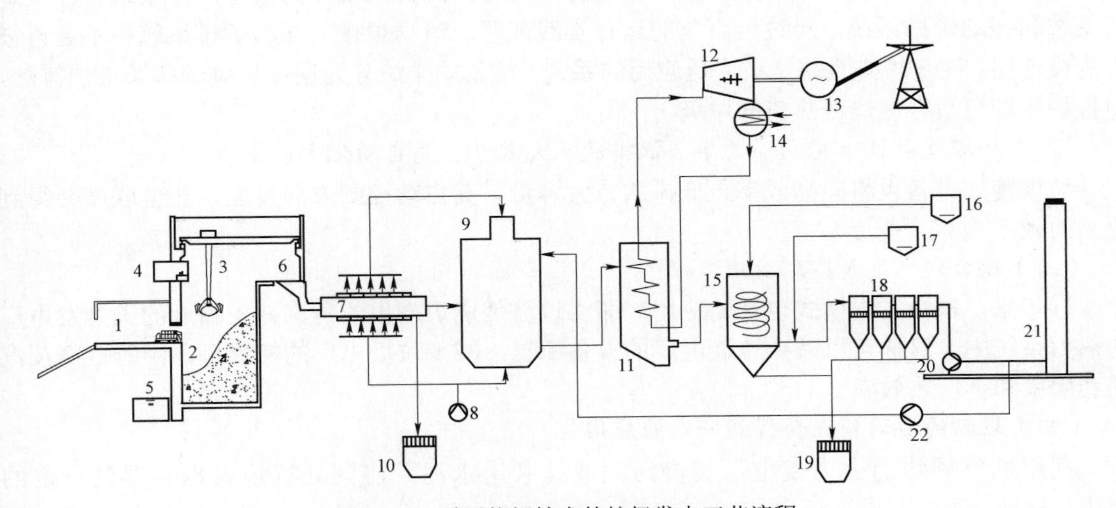

图 2-4　采用热解技术的垃圾发电工艺流程

1—卸料平台；2—垃圾仓；3—垃圾吊；4—垃圾吊控制室；5—渗沥液收集池；6—垃圾斗；7—热解滚筒；8—一次风机；9—燃烧室（1300℃）；10—渣仓；11—余热锅炉；12—汽轮机；13—发电机；14—凝汽器；15—脱酸塔；16—石灰；17—活性炭；18—袋式除尘器；19—灰仓；20—引风机；21—烟囱；22—烟气再循环风机

垃圾气化技术有熔融气化、反火气化等工艺。垃圾气化和热解可以实现垃圾彻底无害化处理。

热解和气化技术之所以发展较慢，主要是受一些边界条件的制约，比如运行成本过高、处理规模小、热解气化速度慢。但热解和气化处理工艺对环境的影响较小。

垃圾焚烧发电具有处理规模大、生产成本低等优势，因此，它的应用更为广泛。无论采用哪类技术，都是先将燃料的化学能转化为热能，再通过汽轮机、发电机将机械能转换为电能，但主要设备和工艺流程却相差甚远。不同技术的特点将在后面的章节中进行详细介绍。

无论采用哪一种技术，都需要高热效率、高可靠性、低运行成本和超低排放的设备，一座现代化的垃圾电厂要达到如下要求：

（1）采用先进的焚烧和烟气处理技术，实现超低排放，对环境的影响最小。

（2）创新的建筑外立面，与周边环境融为一体。

（3）采用最先进技术，实现高的热效率、高的能源转化率。

（4）运行成本低，经济性好。

（5）机组向大容量、高参数发展。

（6）自动化控制、信息化管理水平高。

五、垃圾发电发展趋势

垃圾发电实现自动化运行、超低排放和能源转化率不断提高是未来发展的主流。

（一）焚烧发电技术将在未来相当一段时间内是主流技术

焚烧发电是一种得到公认的、广泛应用的主流技术，在今后相当长的一段时间内，将是垃圾资源化利用的主要方式，热解、气化等工艺会被有条件地选用。

对于焚烧，应该优先选用炉排技术来进行热利用，炉排系统分为滚动炉排系统、往复炉排系统和振动炉排系统，经过近百年的运行实践证明，滚动炉排、振动炉排系统将不会再被大规模使用。往复炉排系统是被广泛应用的系统。往复炉排炉分为逆推炉排炉和顺推炉排炉，逆推炉排炉更适合燃烧低热值的垃圾。

（二）垃圾发电技术将向高效率、低排放、大容量、高自动化方向发展

垃圾焚烧设备也将向高效率、低排放、大容量、高自动控制方向发展。热电联产会得到更高的效率。

（三）耦合发电逐步得到应用

近年来，耦合发电模式也开始应用，即将垃圾焚烧炉产生的蒸汽并入临近的火力发电厂的热力系统中，这样可以减少垃圾电厂的设备配置，减少垃圾电厂的初投资，同时提高蒸汽的利用率和全厂热效率。

（四）垃圾的协同处置会得到一定的应用

利用城市周边的火力发电厂焚烧污泥或者利用水泥厂协同处置垃圾也会得到一定的应用。

六、垃圾焚烧发电的优势

与其他的垃圾处置方式相比较，垃圾焚烧发电具有较明显的优势：

（一）占地省

同样的垃圾处理量，垃圾电厂需要的用地面积只是垃圾卫生填埋场的 1/20，且没有使用年限的限制。

（二）处理速度快

垃圾在卫生填埋场中的分解时间通常需要 7～100 年，在焚烧炉内 2h 左右就能处理完毕。

（三）减容减量效果好

垃圾通过焚烧约可减少质量 70%，减少体积 90%。

（四）污染排放低

据德国权威环境研究机构研测，如采用欧盟污染控制标准，垃圾焚烧产生的污染仅为垃圾卫生填埋的 1/50 左右。

（五）能源利用率高

按照目前中国垃圾的热值，采用炉排炉工艺的入炉垃圾上网电量为 250～470kW·h/t，全国平均能实现 372kW·h/t，按北京的垃圾热值估算，大约每 9 个人产生的生活垃圾，通

过焚烧发电即可满足 1 个人的日常用电需求。垃圾发电可有效减少化石燃料的消耗，北京2022年生活垃圾产量为2.6万t/日，全部焚烧可上网电量约为800万kW·h/日，北京人均用电量为3.26kW·h/日，可满足约247万人的用电量。

（六）减排效果好

利用生活垃圾焚烧产生的余热发电可以替代化石燃料发电，垃圾资源化利用在减缓气候变化方面有显著的作用，垃圾发电将成为温室气体减排的重要手段之一。

（七）符合产业政策

符合垃圾分类回收，资源化利用的产业政策。

第二节　垃圾发电的发展状况

国外一些发达国家均较早开展了垃圾发电业务，垃圾发电已经成为垃圾资源化回收利用的最主要方式，尤其是在土地资源稀缺、经济发达、人口较多的地区。目前，全世界在运行垃圾焚烧电厂2300多座，主要分布在欧洲、日本、美国等发达国家和地区。

一、垃圾发电在欧洲的发展历程

垃圾焚烧起源于欧洲，欧洲的垃圾焚烧始于1890年左右，已有100多年的历史，目前，欧盟地区总计有425座垃圾电厂。

早期的垃圾焚烧仅仅是对垃圾进行简单的焚烧处理，即没有对烟气进行无害化处理，也没有对余热进行回收利用。欧洲的垃圾焚烧也经历了从简单焚烧到垃圾分类后再进行焚烧，热能回收综合利用的转变。随着烟气净化技术的不断完善，焚烧效率的不断提高，现在对垃圾进行分类后焚烧，循环利用、回收能源已经成为欧洲法律规定的垃圾回收再利用方式，取得了较好的社会、环境和经济效益。在技术、管理、政策等方面有着不少值得借鉴的发展经验。

丹麦是世界最先使用垃圾发电工艺处理城市生活垃圾的国家，丹麦有欧洲垃圾发电的最佳案例。现在丹麦已经运行36座垃圾电厂，其中30座是热电联产模式。垃圾电厂往往建造在人口最密集的市中心区域，以便产出的电力能够直接被居民利用以减少损耗，所产热能也直接接入集中供热系统。如今丹麦的垃圾电厂提供了全国4.5%的电力和20%的供暖。丹麦也是世界上最早对垃圾处理进行立法的国家之一，早在20世纪90年代，丹麦就颁布了针对垃圾焚烧设施经营者的法律，规定所有焚烧设施必须采用热电结合技术生产电力和热能，同时政府向焚烧设施经营者提供资金补贴。

德国的垃圾焚烧早在1893年就已经在汉堡开始使用，但直到1970年以后才开始建设配置烟气处理设备的垃圾电厂。截至2017年，德国的垃圾电厂数量已经达到68座，焚烧处理量达到2000万t/年，垃圾发电不仅有效避免了德国“垃圾围城”的困扰，每年还能为德国减少约400万t的二氧化碳排放，并产生巨大电能和热能。近年来，德国的垃圾电厂还存在着产能过剩的现象，需要从荷兰、意大利等国进口垃圾，以满足垃圾电厂的生产需求。

欧洲部分国家垃圾发电占比见表2–1。

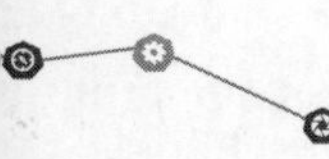

表 2－1　　　　欧洲部分国家垃圾发电占比

序号	国家	垃圾焚烧发电量（亿 kW·h）		总发电量（亿 kW·h）/占比（%）	
		2010	2011	2010	2011
1	德国	80	82.42	6286/1.273	6089/1.354
2	意大利		33.82		3025.7/1.118
3	西班牙	14.44	16.72	3029.95/0.477	2917.59/0.573
4	比利时	11.59	12.21	951/1.219	901.68/1.354
5	葡萄牙	5.83	6.09	540.93/1.078	527.2/1.155

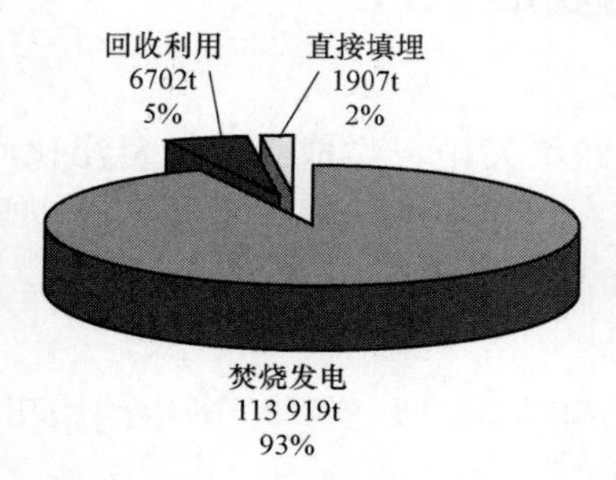

图 2－5　2017 年日本大阪某区生活垃圾资源化利用情况

二、垃圾发电在日本的发展历程

日本由于国土狭小，土地资源短缺，所以垃圾电厂建设得较多，垃圾发电在日本的应用相当广泛，日本是世界上垃圾焚烧处置比例最高的国家。以大阪市某区为例，该区的生活垃圾直接填埋占 2%、回收利用占 5%、焚烧发电占 93%。2017 年日本大阪某区生活垃圾资源化利用情况如图 2－5 所示。

三、中国垃圾发电产业现状及展望

（一）垃圾发电在中国的发展历程

20 世纪 20 年代，上海最先使用垃圾焚烧炉对生活垃圾进行焚烧处理，但这仅是简单的焚烧处理，即没有对尾气进行无害化处理，也没有对余热进行回收利用。

随着中国经济持续增长，城市化进程不断加快，全国垃圾产量以每年 8%左右的速度增长，造成土地资源的日益短缺，更节省土地和资源化率更高的垃圾发电逐步成为我国垃圾处理的主要模式。

中国第一个垃圾发电项目建设于 20 世纪 80 年代的深圳，经过三十余年的发展，我国垃圾发电已经形成一定规模。目前，我国垃圾焚烧发电装机容量、发电量和垃圾处理量均居世界第一。截至 2022 年底，中国投入运行的生活垃圾电厂约 820 座，总处理能力为 85 万 t/日。

回顾中国垃圾发电事业的发展历程，经历了不同的发展阶段。发展初期，要解决的问题是如何保证垃圾完全燃烧，经过三十余年的发展，焚烧设备性能不断改进、操作水平不断提升、运行管理日趋完善，现如今中国大多数地区的垃圾燃烧问题已经基本解决。未来，随着垃圾热值的提升，个别垃圾热值低的地区和冬季气温较低的地区，垃圾燃烧问题也会得到解决。

另外，影响垃圾完全燃烧的核心问题是垃圾的热值，这是一个社会性的问题，需要社会各方面一起努力来提高垃圾的热值，如做好垃圾的干湿分离，是提高垃圾热值的一种有效措施，将带来显著的社会效益和经济效益。

现阶段要解决的问题是如何对污染物进行有效处理，以减少对环境的影响，依据现有的环保技术，可以实现垃圾发电的超低排放，垃圾发电能实现尾气不超标、臭气不外溢、废水不外排、灰渣再利用。未来，我们还要不断提高能源转化效率，让垃圾发电取得更好的社会效益和能源效益。

（二）中国开展垃圾发电的边界条件日渐成熟

近年来随着经济发展和人民生活水平的提高，城市生活垃圾热值逐渐升高。从全国范围来看，绝大多数地区的原生垃圾热值已经超过4605kJ/kg，完全具备焚烧处理的条件。同时中国人口密度较大，土地资源紧缺，已不适于再占用稀缺的土地资源建设垃圾填埋场。

（三）中国垃圾发电发展潜力巨大

为了促进小康社会的全面建设、加快城乡实现现代化的步伐、进一步改善环境卫生状况、建设生活富裕、生态良好的社会环境，实现社会的可持续发展，垃圾发电作为当前最符合实际需求的垃圾处理方式，将在未来进一步得到快速推广。

1. 法规的完善有助于产业的健康发展

中国垃圾发电虽然起步较晚，经过三十余年的发展，逐步走向成熟。垃圾资源化利用的鼓励政策在2006年得到进一步落实，2006年1月1日《可再生能源法》正式实施。明确提出“对可再生能源发电厂和垃圾电厂实行有利于发展的电价政策，对可再生能源发电项目的上网电量实行全额收购政策。”

为保障中国生活垃圾无害化处理能力的不断增强、无害化处理水平不断提高，指导各地选择适宜的生活垃圾处理技术路线，有序开展生活垃圾处理设施规划、建设、运行和监管，国家发展改革委、住房城乡建设部、科技部、环境资源部等部门陆续发布了《生活垃圾处理技术指南》《中国资源综合利用技术政策大纲》《关于进一步加强城市生活垃圾焚烧处理工作的意见》《生活垃圾发电建设项目环境准入条件》。在国家产业政策的支持下，有力促进了垃圾发电行业的健康快速发展。

2.“十四五”规划为垃圾发电提供了广阔的发展空间

按照“十四五”规划，全国范围内将布局千座以上垃圾电厂，装机容量大于2386万kW。日焚烧能力将由2018年的37万t/日提升至2022年的85万t/日。

第三节　垃圾发电的社会效益

垃圾发电不仅可以解决环境污染问题，带来环境效益，还可以对生活垃圾中的能源给予再利用，解决能源问题，为社会带来巨大的能源效益。因此，垃圾发电应该立足环境效益，在解决环境问题的同时，提高能源转化效率。

中国垃圾发电产业经过三十余年的发展，已经具备“高规格建设、高水平运营、高标准排放”的能力，有的新建项目已经采用世界最先进的工艺技术，排放指标优于国家标准甚至达到国际先进水平，产生良好的环境效益和能源效益，使垃圾能源利用效益最大化。同时，垃圾发电产业在追求超低排放和高运行效率的同时，也能促进社会的技术进步和科技创新。

一、垃圾发电的能源效益

欧洲人率先提出废弃物资源化利用概念并使之商业化运行，实现了大量的城市生活垃圾的资源化回收和利用。同时，欧洲国家更是从法律上规定必须对垃圾进行资源化回收利用后才可以填埋，垃圾发电或供热是垃圾资源化回收利用的一种主要方式。通过此方式可以实现大量城市垃圾从填埋到资源化再利用的转变。垃圾发电在实现垃圾减容减重的同时，也实现了垃圾资源化利用。

目前，国外发达地区的垃圾热值已经达到 10 886～13 398kJ/kg，对应的入炉吨垃圾发电量是 650～820kW·h/t。比利时安特惠普某垃圾电厂年处理垃圾 18 万 t，能为 2.5 万户家庭提供电力供应。国内的垃圾热值，不同地区之间差别较大。目前，国内平均入炉垃圾发电量已经达到 372kW·h/t。一线城市如北京的入炉垃圾热值，已经达到 7327kJ/kg 左右，对应的入炉垃圾发电量在 500kW·h/t 左右。垃圾发电作为电能生产的组成部分，虽然份额不高，但所占份额也呈逐年提升的态势。

二、垃圾发电的环境效益

（一）CO_2 减排

2018 年 CO_2 排放总量美国为 54 亿 t、欧盟为 35 亿 t、印度为 26 亿 t，其他国家为 153 亿 t，总体上 2018 年全球碳排放增长 2.0%。

目前，中国是世界上最大的 CO_2 排放国，2018 年中国碳排放总量达 100 亿 t，比 2017 年增长 2.3%，其中煤炭消费排放为 73 亿 t、石油消费排放为 15 亿 t、水泥生产排放为 7 亿 t、天然气排放为 5 亿 t。

温室气体的排放是造成全球变暖最主要的原因之一，垃圾资源化利用在减缓气候变化方面也有显著的作用，垃圾资源化利用可以作为区域能源供应的一部分，实现 CO_2 减排，成为温室气体减排的重要手段之一，实实在在地实现“碳减排”。

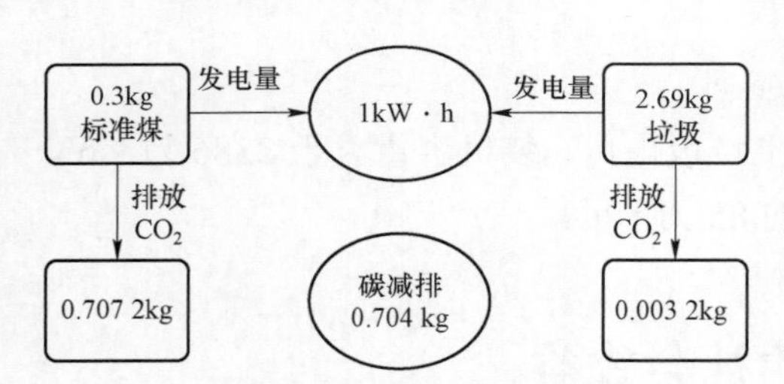

图 2－6　垃圾发电减排 CO_2 情况

燃煤发 1kW·h 电，标准煤煤耗是 0.3kg，排放 CO_2 是 0.707 2kg。按照中国目前的平均水平，1t 垃圾发 372kW·h 电，发 1kW·h 电需要焚烧 2.69kg 垃圾，排放 CO_2 是 0.003 2g。据此计算，每发 1kW·h 电量，可实现碳减排 0.704kg，垃圾发电减排 CO_2 情况如图 2－6 所示。

北京 2018 年生活垃圾产量为 2.6 万 t/日，全部焚烧发电可实现碳减排 5620t/日。2018 年，中国焚烧垃圾 37 万 t/日，减排 CO_2 26 万 t/日。

（二）改善环境

垃圾通过焚烧处理，不仅提供了能源供应，还可以去除垃圾的臭味，改善人们的居住环境。

提高环境效益和能源效益，需要技术的进步。垃圾发电无论是对国民经济的发展，还是人民生活环境的改善，都起着重大作用。在现有技术条件下，垃圾发电是对生活垃圾进行资源化回收再利用的最佳技术。垃圾焚烧发电的投入和产出结构如图 2－7 所示。

垃圾发电具有明显的环境效益和良好的能源效益，技术进步将有助于上述目标的实现。促进垃圾发电技术改进的主要因素如图 2－8 所示。

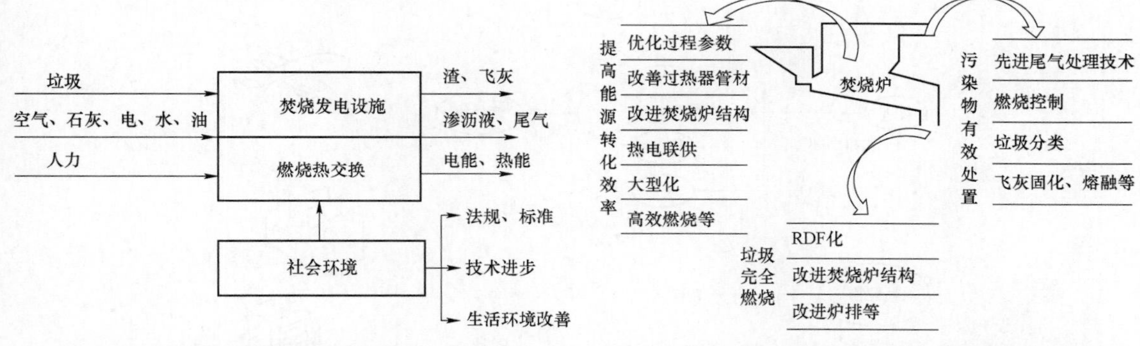

图 2－7 垃圾焚烧发电的投入和产出结构　　　图 2－8 促进垃圾发电技术改进的主要因素

总之，保证垃圾完全燃烧、环保达标排放、提高能源转化率是垃圾发电企业的第一要务。上述目标的实现，需要更先进的技术和创新，垃圾发电具有巨大的社会效益。

第四节 污染物排放及标准

一、大气污染物发生源

大气污染物发生源包括天然发生源和人为发生源。天然发生源包括火山喷发、森林火灾、植物释放等。人为发生源是指人类活动向大气输送的污染物，又分为固定发生源和移动发生源。大气污染物发生源如图 2－9 所示。

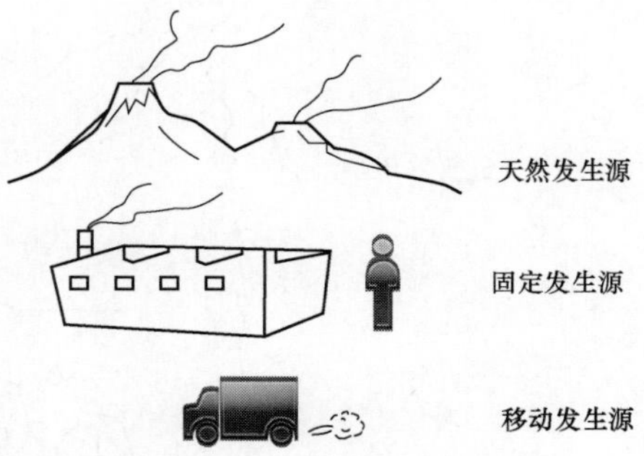

天然发生源

固定发生源

移动发生源

图 2－9 大气污染物发生源

二、主要大气污染物和沉降过程

对环境质量有较大影响的有粉尘、硫化物、NO_x、碳氢化合物和光化学烟雾等污染物。大气污染物构成如图 2－10 所示。

大气污染物的沉降过程如图 2－11 所示。

三、GB 18485—2014 与欧盟 2010/76/EC 排放标准对比

GB 18485—2014《生活垃圾焚烧污染控制标准》与欧盟 2010/76/EC 排放标准对比见表 2－2。严格的烟气指标排放限值需要有先进可靠的烟气处理工艺和设备做依托。通常情况下，我国垃圾电厂的设计排放标准是以地方的排放标准进行设计的，实际排放指标都优于 GB 18485—2014。如北京某垃圾电厂的 NO_x 实际排放值小于 80mg/m^3（标准状态）、烟尘的实际排放值小于 5mg/m^3（标准状态）、HCl 的实际排放值小于 30mg/m^3（标准状态）、SO_2 的实际排放值小于 50mg/m^3（标准状态）、CO 的实际排放值小于 5mg/m^3（标准状态）。

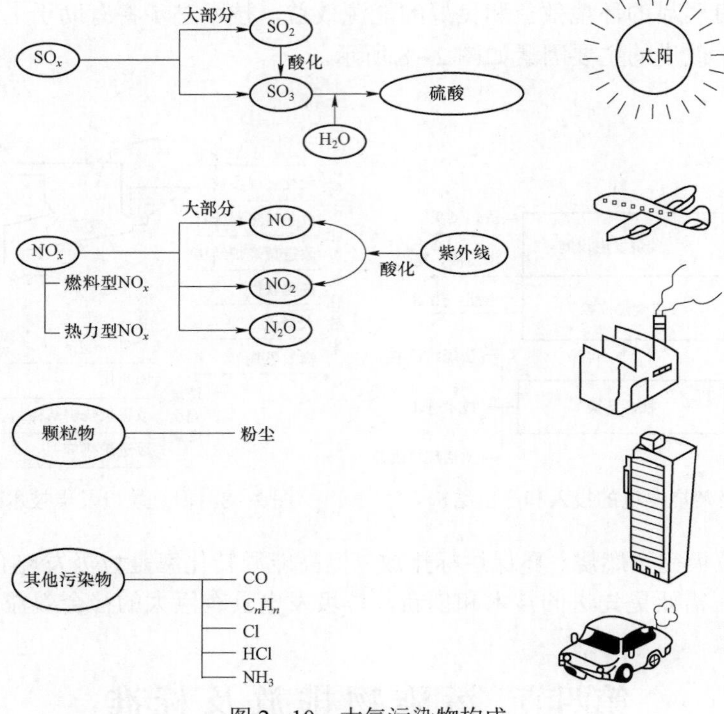

图 2-10　大气污染物构成

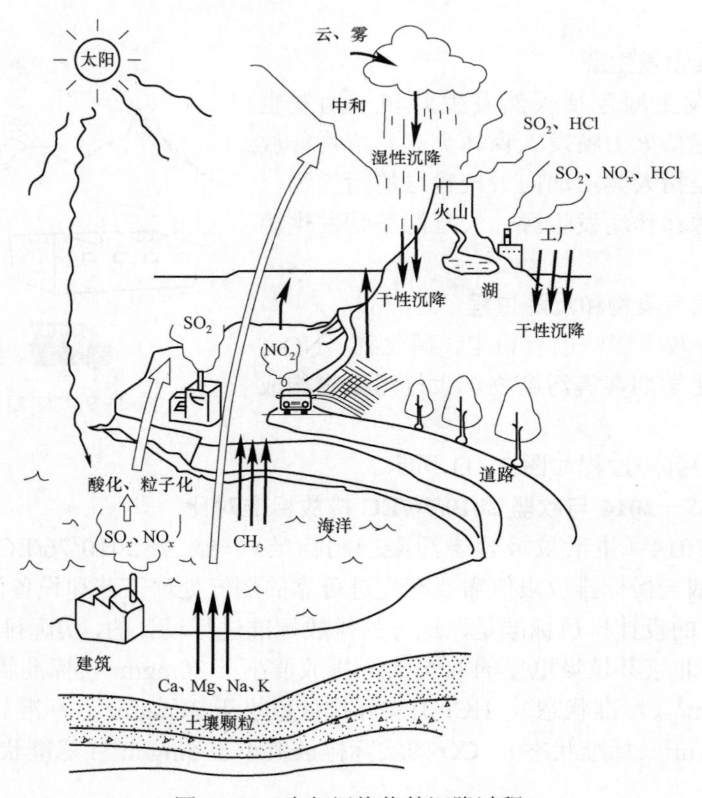

图 2-11　大气污染物的沉降过程

表 2-2　　GB 18485—2014 与欧盟 2010/76/EC 排放标准对比

序号	污染物名称	单位	GB 18485—2014		欧盟 2010/76/EC	
			日均值	小时均值	日均值	小时均值
1	烟尘	mg/m^3	20	30	10	30
2	HCl	mg/m^3	50	60	10	60
3	HF	mg/m^3	—	—	1	4
4	SO_x	mg/m^3	80	100	50	200
5	NO_x	mg/m^3	250	300	200	400
6	CO	mg/m^3	80	100	50	100
7	总有机碳（TOC）	mg/m^3	—	—	10	20
8	Hg 及其化合物	mg/m^3	0.05	0.05	0.05	0.05
9	Cd 及其化合物	mg/m^3	0.1	0.1	0.05	0.05
10	Pb 及其他重金属	mg/m^3	1.0	1.0	0.5	0.5
11	二噁英类	ng/m^3	0.1	0.1	0.1	0.1

第五节　垃圾电厂与周边环境的融合

随着人们环保意识的提高，垃圾发电的生产过程即要实现对环境的最小影响，也需要创新的建筑设计使工厂和周边环境融为一体，使垃圾电厂展现出技术、生态和艺术的融合，并减少城市环境的“视觉污染”。

法国某垃圾电厂外观如图 2-12 所示，可以看出，在设计该垃圾电厂的时候，设计师已经考虑到了将垃圾电厂的建筑物与周围环境的融合，以减少对周边环境的影响。2016 年英国正在建设中的某垃圾电厂如图 2-13 所示。

图 2-12　法国某垃圾电厂外观

图 2-13　2016 年英国正在建设中的某垃圾电厂

近年来，越来越重视垃圾电厂的外观设计，不仅要求在建筑上与周边环境和谐，也要求在外立面上新颖独特。德国某垃圾电厂效果图如图 2-14 所示。

好的外观设计，使建筑很好地融入了周边的环境，可以使公众产生视觉上的冲击，有利于公众对垃圾发电的认可。德国某垃圾电厂的外观设计如图 2-15 所示。

图 2-14　德国某垃圾电厂效果图

图 2-15　德国某垃圾电厂的外观设计

丹麦埃斯比约垃圾电厂如图 2-16 所示；英国马恩岛垃圾电厂如图 2-17 所示；2016 年设计的丹麦某垃圾电厂将厂房设计成滑雪坡道，如图 2-18 所示。它们的建筑设计都很好地融入了周边环境，通过建筑物和构筑物的体量、造型、材质、色调，并以简洁的立面处理手法来充分体现现代化的气息。德国某垃圾电厂如图 2-19 所示。

图 2-16　丹麦埃斯比约垃圾电厂

图 2-17　英国马恩岛垃圾电厂

图 2-18　2016 年设计的丹麦某垃圾电厂

图 2-19　德国某垃圾电厂

第三章

垃圾发电生产工艺

第一节　火力发电分类

火力发电一般是利用石油、煤炭和天然气等化石燃料为燃料的发电形式的总称。随着秸秆发电、垃圾发电的兴起及广泛的应用，秸秆发电、垃圾发电也划在火力发电的范畴内。

一、火力发电的分类原则

通常情况下，火力发电按以下原则进行分类。

（一）按燃料分类

（1）燃煤电厂：以煤为燃料的发电厂。

（2）燃油电厂：以石油（实际是提取汽油、煤油、柴油后的油渣）为燃料的发电厂。

（3）燃气电厂：以天然气、煤气等可燃气体为燃料的发电厂。

（4）生物质电厂：以农业秸秆和垃圾作为燃料的发电厂。

（二）按汽轮机形式分类

（1）凝汽式汽轮机发电厂。

（2）燃气轮机发电厂。

（3）燃气–蒸汽联合循环发电厂。

（三）按发电装机容量的多少分类

（1）小容量发电厂：装机总容量在100MW以下的发电厂。

（2）中容量发电厂：装机总容量在100～300MW范围内的发电厂。

（3）大容量发电厂：装机总容量在300～1000MW范围内的发电厂。

（四）按蒸汽压力和温度分类

（1）中压发电厂：蒸汽压力一般为3.92MPa、温度为450℃。

（2）高压发电厂：蒸汽压力一般为9.9MPa、温度为540℃。

（3）超高压发电厂：蒸汽压力一般为13.83MPa、温度为540/540℃。

（4）亚临界压力发电厂：蒸汽压力一般为16.77MPa、温度为540/540℃。

（5）超临界压力发电厂：蒸汽压力大于22.11MPa、温度为550/550℃。

（6）超超临界压力发电厂：蒸汽压力大于31MPa、温度为593℃/593℃。

（五）按供电范围分类

（1）区域性发电厂：并网运行，承担区域性供电的发电厂。

（2）自备发电厂：大型企业供本单位用电的电厂（一般并网运行，也可孤岛运行）。

从以上分类原则可以看出，大多数的垃圾电厂属于小容量、中温中压、区域性、凝汽式发电厂，近年来，我国也在建设中温次高压甚至更高参数的垃圾电厂。按燃料分类的火力发电如图 3-1 所示。

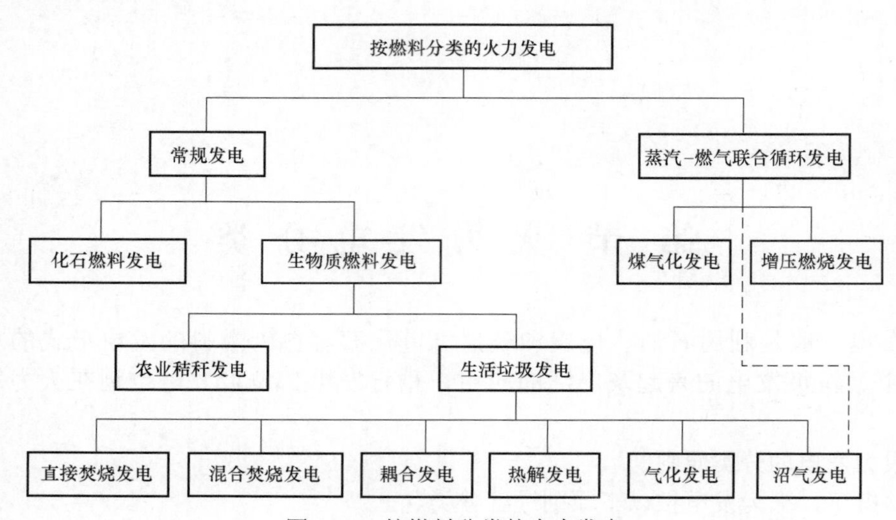

图 3-1　按燃料分类的火力发电

二、垃圾发电的范畴与属性

建设垃圾电厂的目的是为了实现生活垃圾的无害化处理和资源化利用，由于垃圾电厂的主要功能是处理生活垃圾，所以垃圾发电属于环保的范畴。

垃圾电厂在处理生活垃圾的过程中，将生活垃圾中的化学能转化成热能和电能给予了有效利用，从垃圾电厂的设备配置、系统组成、生产工艺流程及生产运营管理上看又具有火力发电的属性。

三、垃圾发电的特殊性

垃圾发电与燃煤发电相比既有相似之处，也有它的特殊之处。垃圾电厂以生活垃圾为燃料，在垃圾的存储过程中还会产生渗沥液、甲烷等，垃圾焚烧时会产生硫化物、飞灰等有害物质。因而垃圾电厂设置有垃圾接收存储、渗沥液处理、飞灰固化处理、臭味处理等燃煤电厂不具备的系统。

垃圾电厂在运行过程中，既要保证垃圾电厂生产运行过程中垃圾得到完全燃烧，又要保证有害物得到有效的处理，同时还要实现较高的能源转换效率。因此，垃圾电厂的管理和运行难度更大，尤其是在环境保护方面，垃圾电厂的环境保护的要求更高，难度更大。

四、垃圾电厂与燃煤电厂的差异

（一）垃圾电厂配置更多的环保设施

垃圾电厂配置飞灰处置、臭味防治和渗沥液处理等环境保护设施。燃煤发电产生的飞灰是一种资源，可以做建材直接给予使用。垃圾发电产生的飞灰是一种危险废弃物，要进行无害化处置，而且飞灰的处理成本相当高。

（二）垃圾电厂的运行参数较低

为了防止高温腐蚀，多数垃圾电厂选用中温中压参数，燃煤发电的热力系统、联锁保护的设置更复杂，过程参数也远高于垃圾发电，燃煤发电的效率也远高于垃圾发电。

（三）垃圾电厂具有独有的垃圾接收、存储和上料系统

生活垃圾收集后，由专用垃圾车运至垃圾电厂内。按照国家相关规定的要求，垃圾发电厂只能处理生活垃圾，危险废弃物不能和生活垃圾一起焚烧发电。垃圾电厂需要设置燃煤电厂不具备的垃圾接收、上料等系统。

（四）垃圾电厂的厂用电率偏高

垃圾电厂的厂用电率和机组容量、参数设置、设备配置及垃圾热值等因素有关，根据我国的统计数据，大型垃圾电厂的厂用电率一般小于17%，小型垃圾电厂的厂用电率大于20%。

炉型对厂用电率的影响也较大，炉排炉的厂用电率明显优于流化床炉。采用炉排炉的垃圾电厂处理一吨垃圾的自用电量在75kW·h左右，采用流化床炉的垃圾电厂处理一吨垃圾的自用电量在90kW·h左右。

（五）灰、渣处理方式不同

垃圾焚烧后由燃尽段排出的炉渣、炉排漏灰和余热锅炉的粗灰送至出渣机，出渣机冷却后的湿炉渣由出渣机排到下游的振动输送机，振动输渣机上布置有磁铁除铁器，经除铁后的炉渣进入渣池，进行综合利用。

飞灰在厂内进行稳定化处理，飞灰稳定化采用螯合剂与水泥混合的稳定化工艺。螯合剂掺加比例为2%～3%，水泥掺加比例为0～12%。处理后的飞灰满足GB 5085.3—2007《危险废物鉴别标准　浸出毒性鉴别》和GB 16889—2008《生活垃圾填埋场污染控制标准》的要求后，用吨袋或者飞灰专用运输车运输至指定区域填埋。

（六）烟气处理工艺不同

垃圾电厂不仅要脱硫、脱硝，还要去除二噁英、重金属，尾气经烟气净化系统脱酸、脱硝、除尘、去除二噁英等有害物质后排入大气。

我国的火力发电以煤炭为主，2019年燃煤电厂的发电量占全部发电量的68%左右，垃圾发电的发电量在我国总发电量中的占比较小，虽然占比较小，但对垃圾中的能量给予有效的利用已经成为一种共识。随着我国垃圾电厂数量的增多和垃圾品质的提高以及设备、工艺进步带来的能源转化效率的提高，垃圾发电量的占比将呈现逐步提高的态势。

第二节　垃圾电厂生产工艺流程及布局

一、垃圾电厂生产工艺流程

垃圾发电的基本原理与常规燃煤发电原理相同，生产工艺流程略有差异，垃圾电厂锅炉、汽轮机、发电机三大主要设备的容量较小、参数较低，热力系统相对简单。垃圾电厂主要由燃烧系统（以焚烧炉为核心）、汽水系统（主要由汽轮机、各类泵、给水加热器、凝汽器、管道、水冷壁、过热器、省煤器等组成）、电气系统（以发电机、主变压器等为主）、烟气处理

系统、控制系统等组成。热力和电气系统实现由热能、机械能到电能的转变，烟气处理系统对燃烧过程中产生的有害气体进行有效处理，保证烟气达标排放，控制系统保证各系统安全稳定、经济运行。

生活垃圾收集后，由运输车运至垃圾电厂，经地磅称重后，将垃圾卸到垃圾仓。垃圾经过堆放发酵后，垃圾吊将垃圾送入给料斗，给料斗内的垃圾经推料器进入炉排，垃圾在焚烧炉内燃烧，燃烧产生火焰及高温烟气，水冷壁吸收烟气辐射热，将锅水加热成饱和蒸汽，饱和蒸汽和水的混合物进入汽包，在汽包内经过汽水分离的饱和蒸汽进入过热器，进一步加热后变成过热蒸汽，进入汽轮机的过热蒸汽不断膨胀做功，高速流动的蒸汽推动汽轮机的叶片高速转动，汽轮机的转子带动发电机转子转动切割发电机的磁力线产生电流。

一、二次风提供燃烧需要的氧量，焚烧用的空气来自于不同的地方：一次风来自垃圾仓，二次风来自锅炉间或用烟气再循环替代部分二次风。烟气再循环的使用不但可以降低氮氧化物的生成，还能减少总的空气量。

在汽轮机中做过功的蒸汽进入凝汽器中被冷凝成水，并经过凝结水泵升压后进入加热器和除氧器中进行加热、热力除氧，之后再经过给水泵升压后送入余热锅炉，经余热锅炉加热后成为过热蒸汽，由此完成了一个完整的热力循环。热力系统工艺流程如图 3－2 所示。

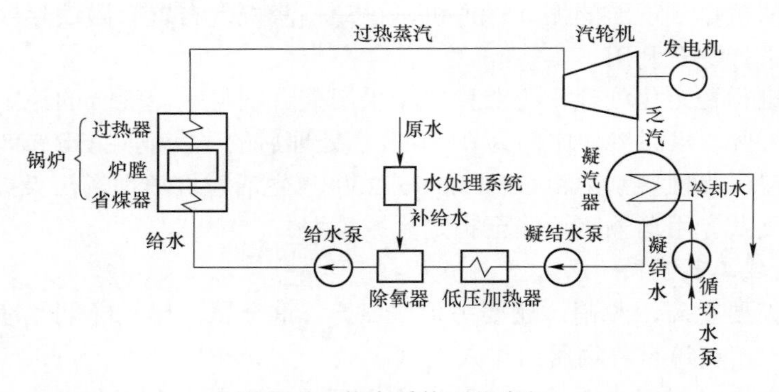

图 3－2　热力系统工艺流程

热力系统中难免会产生泄漏，同时，为了保证锅炉的汽水品质合格，要对锅炉进行排污，这些都会造成水、汽的损失，因此必须向系统中补充除盐水。

烟气经脱硫、脱硝、除尘和去除重金属及二噁英，烟气净化后被引入烟囱排入大气，炉渣经出渣机、渣坑后被运至厂外综合利用。飞灰经稳定化、固化后运至填埋场填埋，渗沥液经收集后送至厂内渗沥液处理站集中处理，中水回收再利用。

电气系统由励磁机、发电机、变压器、高压断路器、升压站、配电装置等组成。垃圾电厂通常采用的无刷同步发电系统由同步发电机、交流励磁机、旋转整流器等主要部分组成。同步发电机转子、励磁机电枢和旋转整流器都装在同一轴上，与汽轮机转子连接，一起旋转。当汽轮机拖动发电机转子旋转时，在转子中形成磁极，切割发电子定子绕组产生交流电。正常运行中励磁机的励磁电源取自发电机输出端。电气系统如图 3－3 所示。

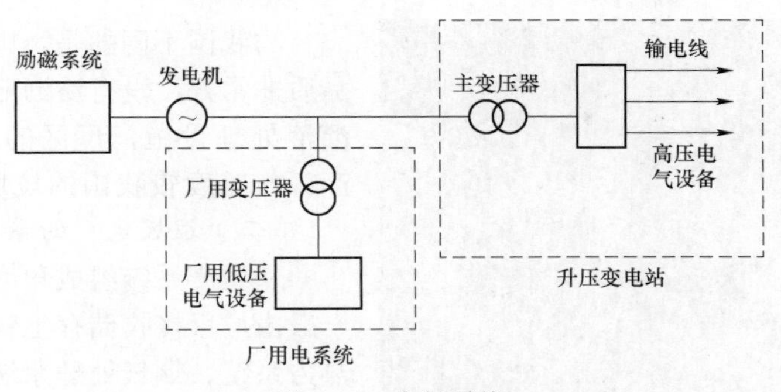

图 3－3　电气系统

一座现代化的、环保设施齐备（具备完整的脱硫、脱硝设施）的垃圾电厂生产工艺流程如图 3－4 所示。

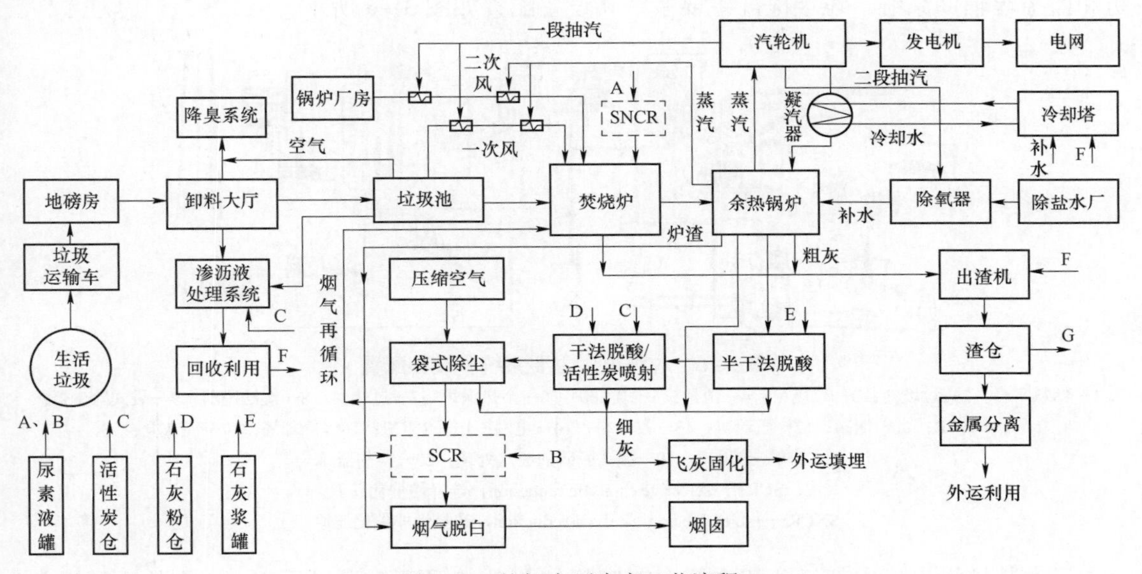

图 3－4　垃圾电厂生产工艺流程

二、垃圾电厂的总体布局

（一）垃圾电厂的构筑物布置

从构筑物的构成来看，一座现代化的垃圾电厂的主要组成部分包括垃圾卸料大厅、垃圾仓、焚烧间、烟气净化间、汽轮发电机间、主控室、油泵房、飞灰固化间及综合泵房等建筑物。

为了节约土地资源，通常情况下，主要的设备和系统都会集中布置在综合厂房内，只有油泵房、综合水泵房、地磅房等建筑单独布置。这种布置方式有利有弊，好处是全厂布置紧凑，节约了土地资源，外观看起来简洁，弊端是由于垃圾池、渣池等臭味源都布置在一个综合厂房内，增加了全厂的臭味治理的难度。

英国某垃圾电厂的俯视图如图 3－5 所示，可以看出，全厂只有一座综合厂房，主要的设备、系统都布置在一个厂房里，全厂占地面积非常小，看起来非常简洁紧凑。

图 3-5　英国某垃圾电厂的俯视图

与我国不同的是，国外发达国家的垃圾品质非常好，没有渗沥液产生，不用建设渗沥液处理设施，厂区的臭味防治等文明生产工作难度较我国的垃圾电厂要小得多。

（二）垃圾电厂的系统布置

从生产系统组成角度来看，垃圾发电厂一般由垃圾接收储存上料系统、焚烧系统、热力系统、烟气处理系统、电气系统、分散控制系统等主要系统组成，还包括压缩空气、污水处理、燃油系统、飞灰固化、渗沥液处理、废渣存储、除臭系统、除盐水制备、消防和监控等辅助系统。垃圾电厂主要系统和设备配置如图 3-6 所示。

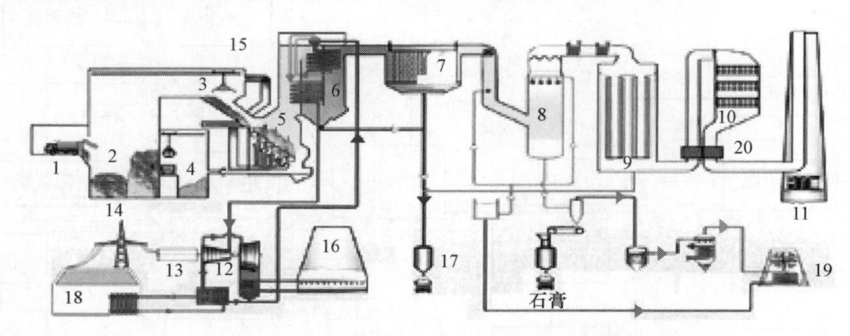

图 3-6　垃圾电厂主要系统和设备配置

1—卸料平台；2—垃圾池；3—垃圾吊；4—渣池；5—焚烧炉；6—余热锅炉；7—过热器；8—湿法脱酸；9—袋式除尘器；10—SCR；11—烟囱；12—汽轮机；13—发电机；14—电网；15—SNCR；16—冷却塔；17—飞灰仓；18—热用户；19—湿法脱硫的废水处理；20—换热器

注：SCR——selective catalytic reduction，选择性催化还原。

SNCR——selective non-catalytic reduction，选择性非催化还原。

日本某垃圾电厂内部设备和系统布置模型如图 3-7 所示，可以看出，所有的主要设备和系统如垃圾仓、炉排炉、脱酸塔、汽轮机发电机、电气系统和控制系统等都布置在综合厂房内，系统布置非常紧凑。该厂采用空气冷却系统，图 3-7 的右侧为两组空冷器。

图 3-7　日本某垃圾电厂内部设备和系统布置模型

1—垃圾卸料平台；2—垃圾仓；3—垃圾吊；4—垃圾料斗；5—炉排炉；6—余热锅炉；7—脱酸塔；8—袋式除尘器；9—汽轮发电机；10—空冷岛；11—渣池；12—出渣机

丹麦最新设计的垃圾电厂内部布置如图 3-8 所示。

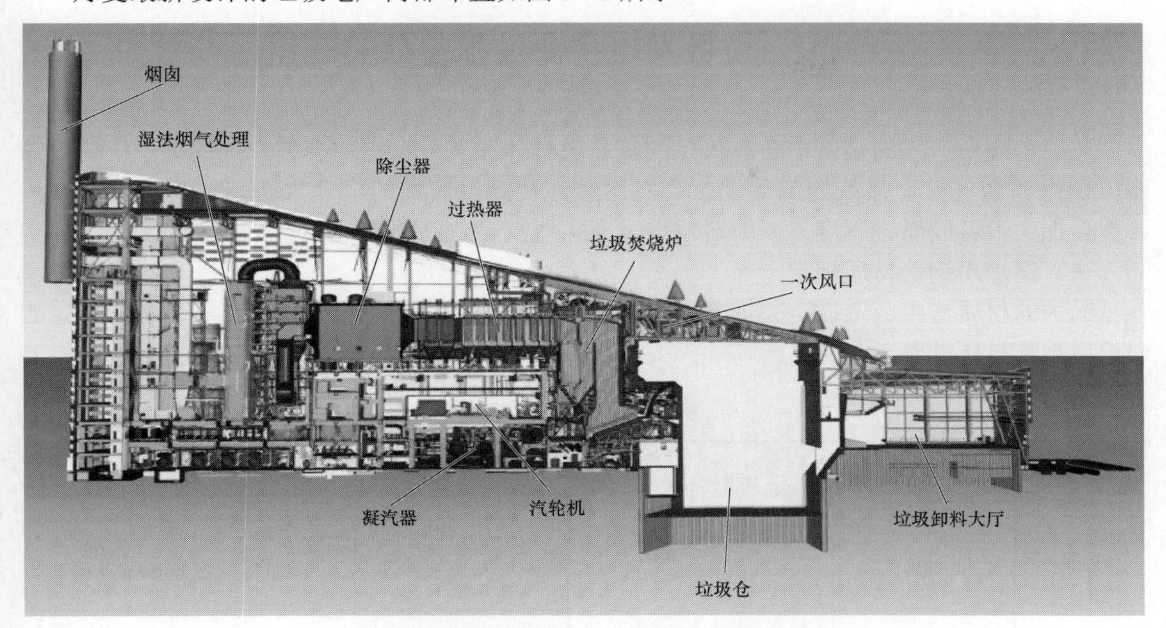

图 3-8 丹麦最新设计的垃圾电厂内部布置

英国 2016 年建设中的垃圾电厂总体布局如图 3-9 所示。

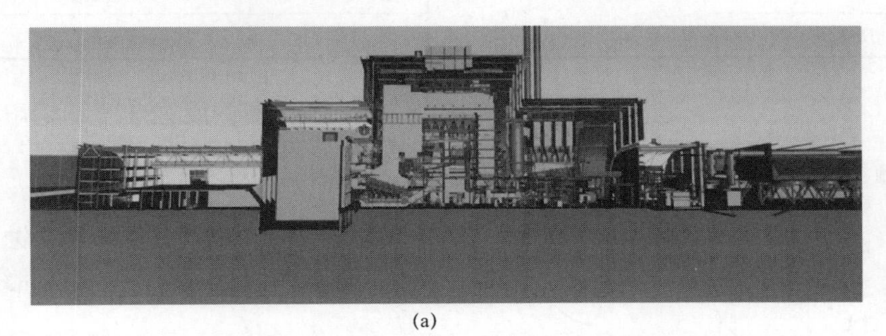

(a)

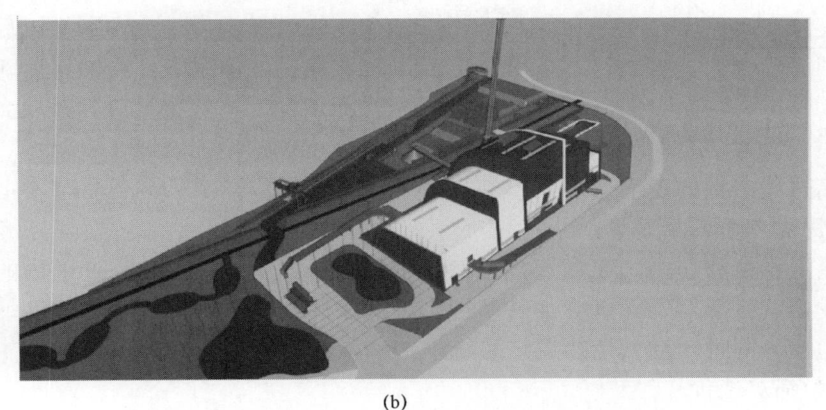

(b)

图 3-9 英国 2016 年建设中的垃圾电厂总体布局

（a）内部设备布局；（b）全厂布局

第三节　垃圾发电主要过程参数的选择

垃圾焚烧所产生的烟气中含有大量的氯化氢气体和灰分，它们会使余热锅炉系统的受热面、炉排和烟气处理系统的部件发生高温腐蚀，从高温腐蚀的机理来看，过高的锅炉过程参数会加大设备的腐蚀程度。下面对垃圾发电主蒸汽参数的选择进行简要的分析。

一、锅炉用钢管材质规定

锅炉的材质选用应遵循有关规定，TSG G0001—2012《锅炉安全技术监察规程》规定的锅炉用钢管材质见表 3－1。

表 3－1　　锅炉用钢管材质

	钢号	依据标准编号	适用范围		
			用途	工作压力（MPa）	壁温（℃）
钢材种类	20G	GB 5310《高压锅炉用无缝钢管》	受热面管子	不限	≤460
			集箱、管道		≤430
	20MnG、25MnG		受热面管子	不限	≤460
			集箱、管道		≤430
合金钢	15Ni1MnMoNbCu		集箱、管道	不限	≤450
	15MoG、20MoG		受热面管子	不限	≤480

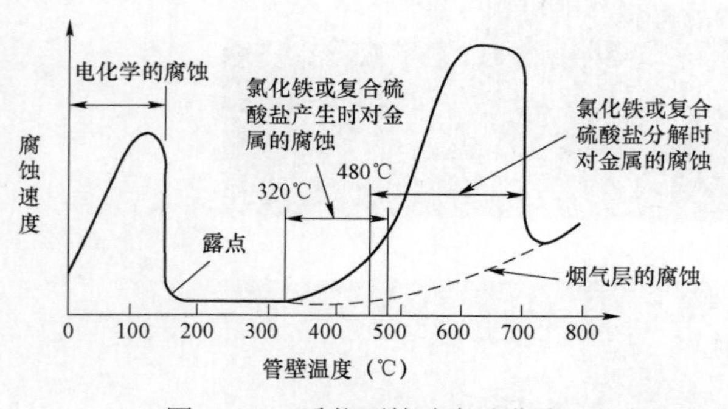

图 3－10　受热面管壁腐蚀曲线

二、金属的腐蚀速度和锅炉过程参数的关系

垃圾焚烧产生的烟气中含有大量的 HCl 等腐蚀性气体和灰分，高温腐蚀比燃煤电厂要严重得多，受热面管壁腐蚀曲线如图 3－10 所示。

在管壁温度达到 320℃以后，烟气中有 HCl 存在的情况下，腐蚀速度随着温度的增加而增加。当管壁温度超过 450℃之后，腐蚀速度迅速增加。

三、提高过程参数的负面影响

（一）加快受热面的腐蚀速度

提高主蒸汽温度和压力，在烟气含有 HCl 的情况下，焚烧炉二、三通道内的水冷壁和四通道内的蒸发器、过热器的管壁会加剧腐蚀，降低余热锅炉系统的运行可靠性，影响全厂的安全、稳定运行。同时，增大余热锅炉系统维护和检修的工作量。

（二）增加锅炉造价

从设备投资角度分析，由于提高了主蒸汽参数，使热力系统的承压部件、管道及其附件等的制造成本增加，从而增加了锅炉设备的初投资。中温次高压锅炉的锅炉造价要高于中温中压锅炉，锅炉造价的差异主要在于过热器的材料等级提高，水冷壁、省煤器的材质也要相应提高，总的来说余热锅炉采用中温次高压参数比采用中温中压参数的造价提高 30%左右。中温次高压技术与中温中压技术均经历过长时间的运行证明是成熟技术，从设备制造和工艺设计角度来看不存在障碍，这两种参数的主要区别在于对锅炉受热面的材质要求不同。430℃的管壁温度是锅炉受热面选材的分界点，430℃以下可采用碳钢，430～540℃必须采用合金钢。

四、国外垃圾电厂锅炉蒸汽参数的选择

国外一些发达国家的垃圾发电起步较早，积累的运行经验较多。在国际上，主蒸汽参数以中温中压为主，即 400℃/4.0MPa。

近年来，随着对能源转化效率的关注，有些新建的垃圾电厂选择中温次高压参数（即450℃/6.5MPa）。丹麦哥本哈根 2016 年建设的垃圾电厂选择中温次高压参数，全厂热效率能够达到 27%。

五、我国垃圾电厂锅炉蒸汽参数的选择

（一）早期的垃圾发电以中温中压参数为主

采用中温中压参数，锅炉过热器使用寿命相对较长且成本较低。中温次高压参数锅炉过热器和水冷壁需使用更高材质的钢材才能达到合理的使用寿命。

因此，我国早期建设的垃圾电厂为了防止锅炉的高温腐蚀，基本都参照国外的经验，锅炉选择中温中压参数，蒸汽出口参数为 400℃/4.0MPa，锅炉给水温度为 130℃，省煤器烟气出口温度为 180～220℃，全厂热效率在 18%～23%之间。

（二）提高蒸汽参数在不断尝试中

由于垃圾补贴费较低，从我国垃圾电厂收入构成的比例看，大多数地区的垃圾电厂电费收入占全部收入的 60%以上，所以，提高机组的热效率有利于提高垃圾电厂的经济效益。

近年来，有些垃圾电厂尝试选择中温次高压参数，蒸汽出口参数为 450℃/6.5MPa，全厂热效率提高到 27%左右。有的电厂也在尝试采用高温高压和蒸汽再热技术，可以使全厂热效率提高到 28%以上。

主蒸汽参数的合理选择是一项复杂的技术经济问题，因为蒸汽参数与垃圾电厂的热效率、设备可靠性、设备制造成本、运行费用等因素有关，应综合考虑，进行全面的技术经济分析比较后才能加以确定。垃圾电厂余热锅炉的主蒸汽参数的确定既要保证运行效率，也要考虑垃圾电厂长期的运行可靠性和安全性，我国垃圾发电运行参数的选择应该在经济性和可靠性之间找到平衡点。随着锅炉管材防腐技术的提高、垃圾发电生产运营管理水平的提升及垃圾品质的提高，我国垃圾发电企业要在实践中摸索经验，提高运行效率，加大能源的转化率。这样才能不断提高垃圾发电的整体水平。

第四章

垃圾接收储存系统

垃圾接收储存系统由汽车衡、垃圾卸料大厅、垃圾仓、渗沥液收集池、垃圾吊、垃圾吊操作室、除臭风机、卸料大厅入口密封风机、垃圾仓消防炮、垃圾吊检修平台和气体检测等设施和设备组成。垃圾接收储存系统布置方式如图4－1所示。

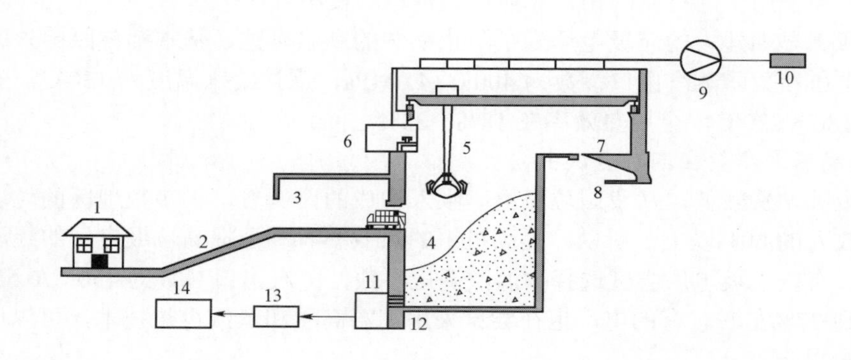

图4－1　垃圾接收储存系统布置方式

1—地磅房；2—垃圾运输坡道；3—卸料平台；4—垃圾仓；5—垃圾吊；6—垃圾吊控制室；7—垃圾斗；8—液压推料器；9—除臭风机；10—活性炭；11—排水沟；12—排水格栅；13—渗沥液收集池；14—渗沥液处理站

生活垃圾由垃圾收集车运输进厂，经汽车衡称重计量后，进入垃圾卸料大厅，将垃圾卸入垃圾仓储存，并经搅拌、混合、抛洒后送入焚烧炉焚烧。垃圾在垃圾仓内堆放的过程中，会发酵产生渗沥液，渗沥液经垃圾仓底部的排水格栅进入渗沥液排水沟，流入渗沥液收集池，渗沥液收集池内的渗沥液经输送泵送入渗沥液处理站，进行无害化处理后回收再利用，用于焚烧炉出渣机冷却水、卸料平台和垃圾运输通道地面冲洗水、飞灰固化、绿化用水等。垃圾内的水分析出将会使垃圾的热值提高，有利于垃圾的完全燃烧。

为保证垃圾仓的安全，在垃圾仓内布置消防系统。因为在垃圾仓内会产生甲烷、硫化氢等有毒、恶臭和易燃气体，所以，在垃圾仓内设置有气体检测设备。为了保证厂区的环境卫生，在垃圾运输通道及卸料大厅布置垃圾仓除臭和地面清洗系统。

第一节　垃圾称重系统

一、垃圾称重系统的作用

（一）进厂垃圾称重、报表制作和数据传送

垃圾称重系统主要功能是对进厂的垃圾车进行称重，统计进厂垃圾的数量和对统计数据进行记录、传输、打印。实现日常数据处理，制作日报表、月报表。把有关数据直接送到所需要的部门，同时为上级监管机构实时监控垃圾运输车辆进出的情况提供准确的数据和实时图像。

（二）入厂物料和出厂灰渣称重

汽车衡对出厂的飞灰、炉渣和入厂的石灰、活性炭、燃油等生产物料进行计量。

二、垃圾称重系统的组成

垃圾称重系统采用计算机控制，由硬件系统和软件系统两部分组成。

（一）硬件系统

硬件系统包括网络硬件服务器、UPS 电源、感应式 IC 卡及读写设备、全自动挡车道闸、车辆检测器、LED 电子显示屏、交通指示灯及电子汽车衡等。

（二）软件系统

软件系统包括数据上传和数据库管理等系统。称重计算机之间通过局域网实现互联，并在后台设置一台专用的称重服务器，实现多台汽车衡的联网称重管理。称重数据统一存放于服务器数据库中，服务器的数据来源于每台汽车衡每次计量的结果。每台汽车衡的控制计算机同时具有独立工作的能力，若服务器发生故障，则每个汽车衡的计算机能够独立工作，并在服务器故障解除后能够将数据重新传输至服务器。

三、汽车衡作业流程

垃圾车称重作业流程如下：

（1）车辆读卡正常，红灯变为绿灯，上秤道闸抬起，允许车辆上秤进行称重。

（2）车辆驶上秤台称重。

（3）称重计算机接收到称重数据存入数据库，同时在大屏幕上显示车牌号和重量，允许下秤，称重结束。

汽车衡能够双向驶入称量，汽车衡工作流程如图 4－2 所示，日本某厂运输车进厂称重如图 4－3 所示。

称重系统也能手动操作、手动记录打印，记录的内容包括垃圾的来源、车号、进厂时间、净重、毛重、车辆所属单位等信息。

四、汽车衡数量及规格

汽车衡数量及规格的配置要满足垃圾电厂日常运行的要求，以额定焚烧垃圾量为 1000t/日的垃圾焚烧电厂为例，年均垃圾渗沥液产率按 18%考虑，进厂垃圾量可达到 1180t/日。

垃圾车平均载重为 10t，最大约需 118 辆车次，考虑部分垃圾车实际装载量达不到 10t，约需进出 270 车次左右。加上灰渣及其他车辆，每天总车流量约为 300 车次。

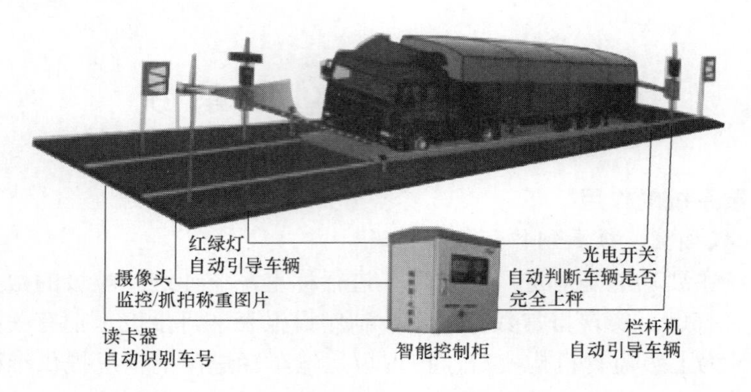

图 4－2　汽车衡工作流程图

图 4－3　日本某厂运输车进厂称重

按日 8h 运输 90%的垃圾计算，故每小时车流密度 34 车次左右，进出总数为 68 次左右。车辆进出汽车衡时间按 1min 计算，选用 2 台汽车衡能满足生产需求。垃圾电厂运行期间，还会出入运渣车，运输水泥、飞灰、活性炭、氨水、消石灰用的槽罐车，满载质量可达 60t。

汽车衡的设计称量应根据最大运输车的最大满载总质量计算，并留有 1.3～1.4 的安全系数。汽车衡设计称量＝1.4×最大运输车满载总质量＝1.4×60t＝84t≈80t。故汽车衡最大称重为 80t，精度为 20kg。

第二节　垃圾卸料大厅

一、卸料大厅的作用

卸料大厅供垃圾车辆驶入、倒车、卸料和驶出，卸料大厅布置观察室，供车辆管理人员观察垃圾车运行情况，必要时对垃圾车的运行进行指挥。

为了保证垃圾卸料大厅的负压，防止垃圾卸料大厅的臭气外溢，影响周边环境，同时在北方地区也为了在冬季提高垃圾仓内的温度，以便冬季垃圾的发酵和脱水，在垃圾运输栈桥设有玻璃钢棚，栈桥上设有照明、自动清洗和除臭设施。垃圾车运输栈桥及入口的卷帘门如图 4-4 所示。

图 4-4 垃圾车运输栈桥及入口的卷帘门

卸料大厅设一定数量垃圾卸料密封门，垃圾运输车卸完垃圾后，卸料门会自动关闭，防止垃圾仓内的臭气外溢。

二、卸料大厅防臭

卸料大厅入口布置有风幕风机，防止卸料大厅的臭味外溢。在垃圾仓通往主厂房的通道门前设置气密室，通过向气密室送风使其室内保持正压，可有效防止臭气进入主厂房。

三、卸料大厅的整体布置

卸料大厅的整体布置要满足下列要求：

（1）卸料平台宽度能保证垃圾车的回转及交通顺畅。

（2）垃圾卸料大厅地面采取防渗措施，防止卸料大厅地面渗入渗沥液，造成钢结构腐蚀。

（3）在卸料平台上设置地面清洗系统，卸车平台在宽度方向有 1%坡度，坡向垃圾仓侧。

（4）卸料大厅设置交通信号系统和卸料门联锁保护系统，垃圾抓斗起重机与卸料门联锁控制。

（5）设置安全隔离岛，以避免垃圾车相撞，并给工作人员提供安全作业空间。

（6）为了防止垃圾车掉入垃圾仓或防止垃圾车撞坏卸料门等设施，在每个密封门前设有白色斑马线标志和防撞杆，卸料门前设车挡。

（7）在垃圾仓两端设抓斗检修平台，在卸料大厅一侧设置垂直垃圾吊检修通道，垃圾吊可通过该通道直接由垃圾抓斗检修平台送至卸料平台进行检修或由卡车运出。同时，卸料大厅内还布置足够的消防、取暖等设备。某厂卸料平台上垃圾车卸料如图 4-5 所示，卸料门绿灯亮时，允许垃圾车卸料。

图 4-5 垃圾车卸料

第三节 垃 圾 卸 料 门

一、卸料门的作用

卸料门的主要作用是把卸料平台与垃圾仓分开，防止垃圾仓内的粉尘、臭气扩散，并保持垃圾仓内的温度。卸料门能迅速开关和适应频繁启闭。

卸料门的数量不宜过多，在中间布置较好，这样即可以减少垃圾仓内的臭气外溢，也可以增加垃圾仓内的垃圾堆放空间。对北方的垃圾电厂而言，卸料门的数量少，还可以减少冬季冷空气进入垃圾仓，有利于冬季垃圾的发酵。根据国内垃圾电厂的运行经验，1000t 级的垃圾电厂，设置 3 个卸料门就可以满足生产需求。

二、卸料门的布置方式

卸料门有水平布置、垂直布置和呈一定角度布置等多种布置方式。垂直布置的卸料门通常都是对开式或卷帘式。水平布置的卸料门具有良好的气密性，有利于维持垃圾仓的负压，防止臭气外溢。为了实现更好的密封效果，可以布置双层卸料门。不同形式布置的卸料门如图 4-6 所示。

图 4-6　不同形式布置的卸料门

（a）水平布置的液压门；（b）垂直布置的对开门；（c）垂直布置的卷帘门；（d）倾斜布置的液压门

三、卸料门的控制

卸料门具有就地操作、远方操作、自动开关等操作模式和联锁保护功能。卸料门控制应满足以下要求：

（一）自动开关功能

卸料门具备自动开关功能，通过感应器控制卸料门的启闭。当垃圾车进入平台内规定的位置时，光电管和埋设于地面下的线圈感应启动开关，打开卸料门；当车辆驶出卸料门区域时，关闭卸料门。正常运行时卸料门应优先使用自动开关功能。

（二）手动开关功能

卸料门除全自动操作外，还可在就地或在垃圾吊操作室手动操作每扇门，卸料门的手动操作可以在垃圾吊控制室内的控制盘手动操作，也可在卸料门旁的就地控制箱手动操作。

（三）联锁保护功能

卸料门的开关与垃圾吊抓斗位置互相联锁，当垃圾吊在卸料门前作业时，联锁保护功能禁止卸料门开启，防止垃圾车卸料时影响垃圾吊作业。

（四）红绿灯指示

卸料门上方设置红绿灯指示，垃圾车司机根据卸料平台指示灯判断哪个卸料门能开启。

第四节　垃　圾　仓

一、垃圾仓的作用

垃圾仓用于垃圾的接收和储存，同时还要顺畅排出垃圾仓内的渗沥液。垃圾仓是密闭的，具有防渗、防腐功能的钢筋混凝土结构储池，池底坡度为1%，便于垃圾仓内的渗沥液流向排水格栅。垃圾仓上部布置垃圾吊、垃圾吊操作室、消防设施、除臭设施、检修平台、垃圾给料斗等。垃圾仓基本构成如图4-7所示。

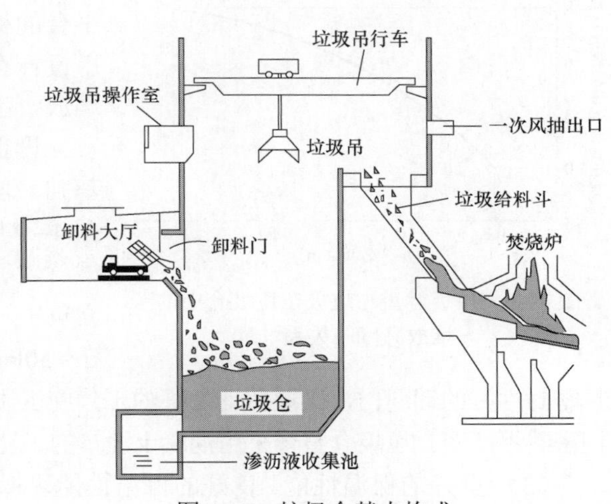

图4-7　垃圾仓基本构成

二、对垃圾仓的基本要求

垃圾仓是垃圾电厂的关键部位，入炉垃圾的热值能否提高、垃圾电厂的内部气味能否有效控制、垃圾仓内的渗沥液能否顺利外排，垃圾仓起了非常重要的作用，对垃圾仓的基本要求如下：

（1）足够大的空间。

1）垃圾仓内空间大不仅利于垃圾堆放、发酵，顺利导出渗沥液，提高垃圾热值，而且还能保证在设备事故或检修时仍可以接收垃圾，起到一定的调节作用。

2）垃圾仓的空间大，也便于用垃圾吊对垃圾进行充分搅拌、抛洒、混合，这样可以使入炉垃圾更加松散，垃圾的品质更加均匀，有利于垃圾燃烧。

3）垃圾仓的空间大，可以增加垃圾的存储时间。存放的时间长一些，可以使垃圾中的有机质充分发酵，可以多沥出垃圾内的水分，提高入炉垃圾的热值，具体存放的时间依垃圾品质和垃圾仓的容积大小而定，对于低热值的垃圾，垃圾存放7～10天再送入焚烧炉焚烧效果最好。通常冬季的存放时间要长一些，尤其是在北方地区，运行数据证明，北方地区冬季垃圾的堆放时间达到 20 天左右，更有利于垃圾的焚烧。有的垃圾电厂为了增加垃圾堆放时间和空间，设置两个垃圾仓（原生仓和成品仓），双垃圾仓布置如图 4－8 所示。

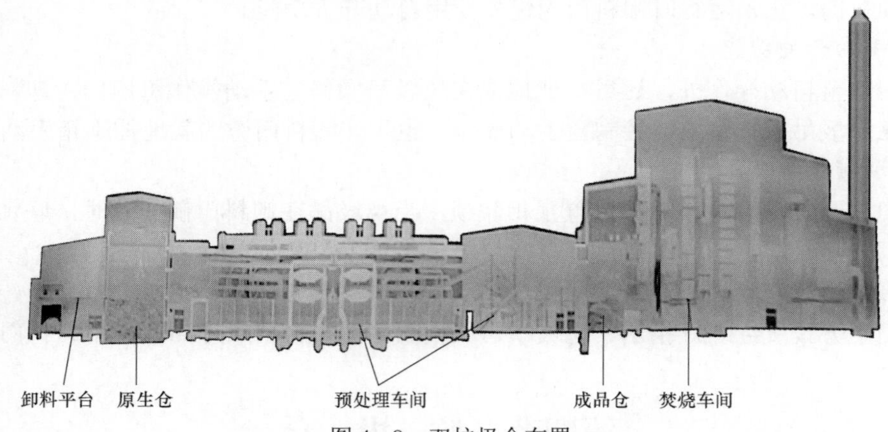

图 4－8　双垃圾仓布置

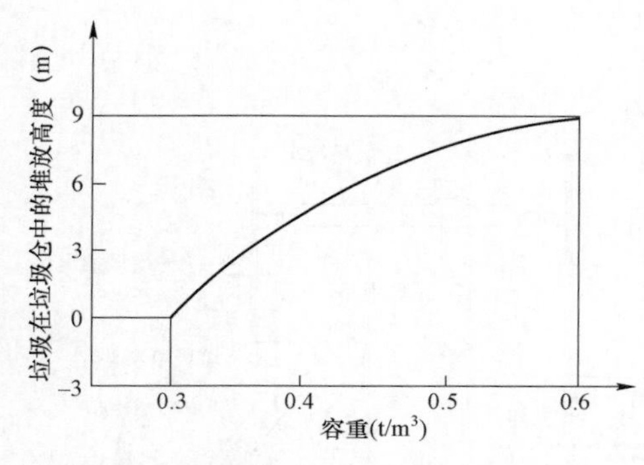

图 4－9　垃圾容重与垃圾在垃圾仓中的堆放高度的关系

垃圾仓的设计存储量是以卸料平台的标高计算的，因为在实际运行中，垃圾的堆放高度要高于卸料平台的标高，所以，垃圾仓内的实际存储垃圾量是高于设计存储量的。垃圾在垃圾仓内堆放时一定要均衡堆放，避免一侧堆放量过大，造成垃圾仓结构的损坏。

设定垃圾平均容重 $0.45t/m^3$ 为垃圾仓容量的计算基础。垃圾容重与垃圾在垃圾仓中的堆放高度关系如图 4－9 所示。

（2） 良好的严密性。良好的严密性有利于垃圾仓建立负压，防止臭气外溢，垃圾仓内的负压原则上应保持在－50Pa 左右。为了达到良好的垃圾仓严密性，既要选择密封性好的卸料门，又要保证良好的土建施工质量，防止垃圾仓墙体裂缝和垃圾仓顶部的钢结构密封不严密。垃圾仓整体采用混凝土浇筑的工艺，具有良好的密封效果。

（3） 良好的保温性能。良好的保温性能可以在冬季保持垃圾仓的室温，利于垃圾的发酵。

（4） 渗沥液能顺畅排出。

（5） 完善的消防设施和气体检测设备。

（6） 完善的入口大门密封和垃圾仓除臭系统。

（7） 便利的垃圾吊检修空间。

（8） 垃圾仓岛式布置。由于垃圾仓是主要的臭味产生源，将垃圾仓设计成岛式布置，可以使垃圾仓和主厂房内的其他建筑有明显的隔离，防止臭气进入其他建筑物内，有利于主厂房的臭味治理。

三、渗沥液外排

垃圾仓内的渗沥液能否顺利析出、收集及输送至渗沥液处理厂，对于垃圾电厂的安全、可靠、经济运营意义重大。由于我国原生垃圾普遍含水率高、热值低，渗沥液充分析出是提升垃圾热值、确保垃圾完全燃烧的关键。

只有渗沥液收集输送系统畅通，才能及时处理渗沥液，否则将严重影响厂区环境，导致臭味四溢。同时，渗沥液发酵产生大量剧毒气体，也带来重大安全隐患。严重时，还会影响焚烧炉的燃烧稳定。

四、建设可靠的垃圾渗沥液收集与输送系统的措施

（1）垃圾仓底部的渗沥液外排口在设计时应防止堵塞情况发生。垃圾车倾倒的垃圾堵在渗沥液外排口的排水格栅处，虽有垃圾吊及时清理，但不可完全避免堵塞情况发生，为此，垃圾仓内的渗沥液排出口应分层布置，至少布置上、下两排排出口，即使在下部排出口被堵的情况下，上排的排出口仍可将渗沥液顺利排出。多点分层布置的渗沥液排出口如图 4－10 所示。

图 4－10　多点分层布置的渗沥液排出口

（2）检修通道。在渗沥液收集沟道外侧设置了检修通道，万一排水格栅及收集沟道堵塞，可以对排水格栅进行疏通和更换。

（3）垃圾坑底在宽度方向设计 1%的坡度，使渗沥液能自流到渗沥液收集池内。

（4）排水格栅的孔径大小合适，太大会使垃圾进入渗沥液收集池，太小排水格栅容易堵住。垃圾仓内布置的排水格栅如图 4－11 所示。

(a)

(b)

图 4－11　排水格栅

（a）单层布置；（b）双层布置

（5）在运行时，垃圾吊车操作员要及时清理排水格栅前的垃圾，防止垃圾在排水格栅前堆积，影响渗沥液的外排。

（6）渗沥液具有较强的腐蚀性，排水格栅应该用具有抗强腐蚀性的材料如不锈钢制作。

第五节　渗沥液收集系统

渗沥液主要产生于垃圾仓，是垃圾中自带水分和有机物发酵腐烂后形成的水分排出而形成的。

一、渗沥液收集系统的作用

渗沥液收集系统的作用是及时排出和收集垃圾仓内的渗沥液。对提高垃圾热值、保证焚烧炉的可靠运转、防止垃圾仓臭味扩散和提高经济效益有着非常重要的作用。

二、渗沥液的来源

（1）垃圾仓内有机物发酵产生的渗沥液。

（2）卸料平台、垃圾车廊道的冲洗水。

（3）垃圾给料斗内的渗沥液。

焚烧炉给料器在给料过程中挤压出来的渗沥液由其下方的收集斗集中收集，通过管道排到渗沥液收集系统。

（4）垃圾中的水分。

三、渗沥液的处理方式

（1）大多数渗沥液会输送到渗沥液处理站进行处理后再利用。

（2）少部分送入焚烧炉进行焚烧处理。渗沥液焚烧会影响焚烧炉的燃烧和烟气的排放，同时也会加重金属的腐蚀，故只对少部分渗沥液进行焚烧处理。据观察，焚烧渗沥液时，会使炉膛温度降低 50～80℃。渗沥液在处理过程中也会产生一部分浓缩液，这部分浓缩液也需要返回焚烧炉焚烧处理或进行蒸发处理。

四、渗沥液的产率

渗沥液处理设施的容量要满足夏季最大渗沥液的产生量，渗沥液的产生量受多种因素的影响，主要包括：

（1）季节的因素。在我国北方地区，渗沥液的产量在夏季和冬季差别较大，夏季最高能达到 40%以上，冬季会小于 10%。

（2）垃圾中的有机物含量。

（3）入厂垃圾的含水率。

（4）垃圾在垃圾池内停留的时间。停留的时间越长，渗滤液产率越高。

（5）垃圾发酵情况等。

五、渗沥液收集系统组成

渗沥液收集系统由排水格栅、排水沟、收集池、排污泵、调节池和输送泵等组成。渗沥液池内的渗沥液由渗沥液泵抽出后送入渗沥液处理站处理。排污泵应为不锈钢耐腐蚀泥渣泵并有对小块垃圾进行破碎的功能。渗沥液收集系统如图 4－12 所示。

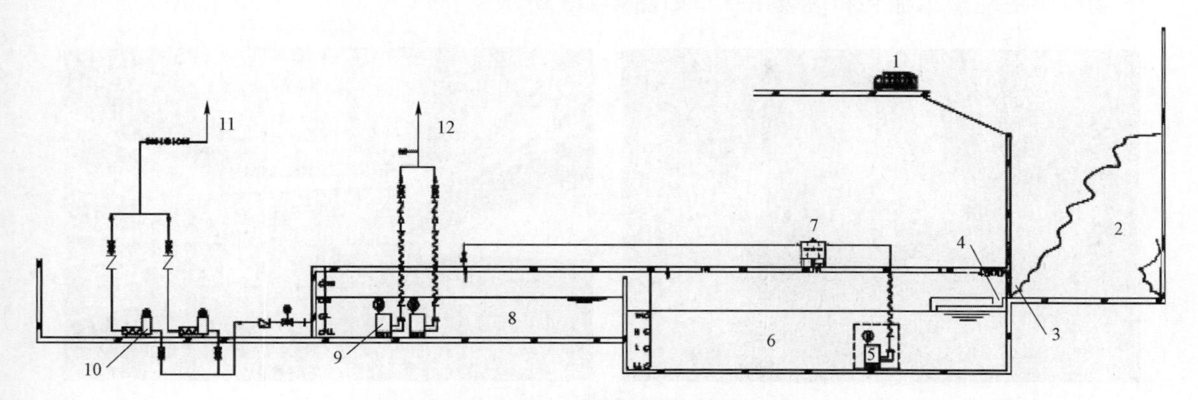

图 4－12　渗沥液收集系统

1—垃圾车；2—垃圾仓；3—排水格栅；4—排水沟；5—排出泵；6—收集池；7—过滤器；8—缓存池；9—提升泵；10—喷射泵；11—去焚烧炉；12—去渗沥液处理系统

第六节　垃　圾　吊

一、垃圾吊的作用

（一）垃圾管理

对卸入垃圾仓内的垃圾进行移料和分区管理，按垃圾进厂的时间不同分别抓取堆放到预定区域。对各区的垃圾进行移料、混料、堆料和破料，并对垃圾进行抛晒、搅拌、混合，尽可能使入炉垃圾组分均匀。及时清理垃圾仓中渗沥液排水格栅附近的垃圾，以便及时外排渗沥液。

（二）入炉垃圾计重

计量入炉垃圾的质量，便于统计及掌握各炉的垃圾焚烧情况。

（三）焚烧炉上料

将上料区域的垃圾放入焚烧炉料斗内，保证焚烧炉连续、均匀进料。料斗的料位保持在一个适当位置，起到对料斗的密封作用，防止冷风通过料斗进入焚烧炉，有利于垃圾的焚烧。同时，也可以防止焚烧炉运行工况不稳定时的烟气和臭气的外溢。

二、对垃圾吊的性能要求

垃圾吊为垃圾电厂的主要设备之一，垃圾吊的稳定运行直接影响到垃圾电厂的运行稳定。垃圾吊的工作负荷极高、工作环境恶劣，垃圾吊的故障率高会影响机组的稳定运行。

通常垃圾吊选用橘瓣式液压抓斗吊车，该类型抓斗力矩大，抓取容量多，对大的、不均匀垃圾和斜面垃圾抓取效果好、稳定性好。适合高灰分垃圾的搬运及均混，满足高强度的上料、混料、移料、堆料工作需要，对垃圾吊的基本要求如下。

（一）设备运行可靠

垃圾吊应采用技术成熟、性能稳定、运行可靠、操作简单、维修便利的产品，能确保在各种工况下安全、稳定和连续运行。

运行中的垃圾吊抓斗和垃圾吊行车如图 4－13 所示。

(a)

(b)

图 4－13 垃圾吊抓斗和垃圾吊行车

（a）抓斗；（b）行车

（二）控制方式灵活

能实现全自动操作、半自动操作和手动操作，3 种操作均能满足生产运行要求并能快速切换。

（三）适应重级工作负荷

垃圾吊工作频率高，工作强度大，运行率高，能满足重级工作负荷的要求。

（四）故障自动诊断和报警

抓斗使用环境恶劣，工作负荷重，停车检修时间过长会影响焚烧炉的运行，垃圾抓斗应具有故障自动诊断和报警功能，在触摸屏上通过故障代码显示，便于检修人员判断故障点，分析故障原因并缩短检修时间。

（五）称量、统计、报表功能

垃圾吊具有自动称重、自动显示、自动累计、打印等功能，可将每台焚烧炉的垃圾入炉量进行记录、统计，并向 DCS（分散控制系统）传输记录数据。

（六）垃圾吊防碰撞保护

每台垃圾吊均安装超声波或红外线防碰撞装置，垃圾吊设距离保护开关，当两台垃圾吊之间的距离缩小到设定的最小距离时，保护开关发出报警信号，同时关闭两台大车车轮的电动机。

（七）垃圾吊抓斗防超载保护

通过称重传感器检测负载情况，抓斗超重时，自动报警并停止运行，防止垃圾吊的钢丝绳损坏。

（八）垃圾吊抓斗防摇

当垃圾吊摇摆时，会对垃圾吊的安全运行产生不利的影响，同时会降低垃圾吊的工作效率，严重时还会造成设备损坏。垃圾吊的防摇系统通过测量起升机构的位置、载重、摇摆速度、摇摆角度算出起升机构的时间常数，为大车、小车提供补偿信号，避免使用中摇摆。当垃圾吊发生摇晃时，操纵小车跟着垃圾吊抓斗的运动方向来回运动，可以快速减轻垃圾吊抓斗的摇摆，直至垃圾吊抓斗稳定。

（九）垃圾吊防倾斜

采用激光测距扫描仪系统与松绳测量系统相结合的料位测量方式，激光测距扫描仪可以提高料位高度测量精度，松绳测量系统作为整个系统的冗余控制，如果因池内灰尘或湿雾干扰而使激光扫描系统暂时无法进行料位高度测量，松绳测量系统将完成此项工作。

（十）卸料门保护联锁控制

卸料门的开关和垃圾吊的位置形成联锁，当垃圾吊在某个卸料门前工作时，为了防止垃圾运输车将垃圾卸到垃圾吊上，垃圾吊工作区域的卸料门不能打开。

（十一）通信端口

PLC（可编程逻辑控制器）预留与中央控制室 DCS 系统实现连接的端口，所有数据均通过通信的方式送到中央控制室 DCS 系统，对垃圾称重信息、要求加料信号等重要信号通过硬接线方式接到中央控制室 DCS 系统，在 DCS 系统监控画面中实时监测垃圾吊的运行情况。

（十二）区域保护

垃圾吊只能在设定的区域内运行，在设定的运行区域边界设置减速开关和极限限位开关，可准确停车，避免抓斗与池底、池壁、进料斗溜槽及操作室碰撞。

（十三）紧急停车

垃圾吊车控制室内的操作台和遥控器上布置有相应的紧急停车按钮，每个急停按钮均能停止整个系统，避免运行事故的发生。

（十四）防爆功能

因为垃圾仓内会产生有毒有害、易燃易爆气体，所以垃圾吊的电气设备应具有防爆功能。

三、垃圾吊操作间布置

（一）垃圾吊操作椅

操作人员在控制室里对抓斗吊的运行进行控制。每个垃圾仓至少配两台垃圾吊。垃圾吊控制室内装有 2 套操作椅，每个座椅能对任何一台垃圾吊进行操作，并能自由切换。操作椅上装备有触摸屏、操作杆和必要的急停按钮。德国某垃圾电厂垃圾吊操作间内的操作椅如图 4－14 所示。

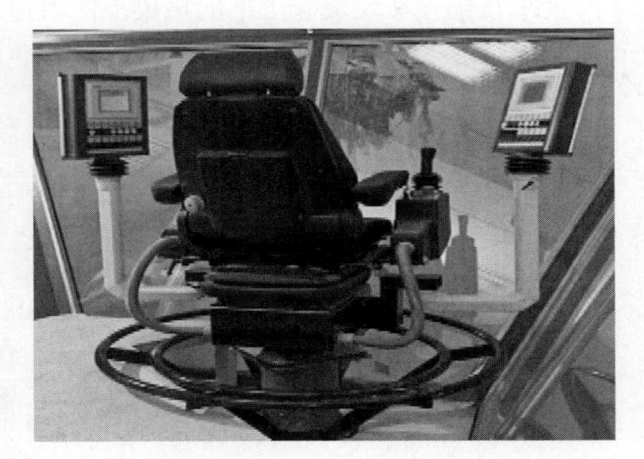

图 4－14　德国某垃圾电厂垃圾吊操作间内的操作椅

垃圾控制室的玻璃应凸出房间，方便垃圾吊操作员观察下方的垃圾仓内部情况，座椅也应置前放置，应能较好地看到垃圾仓内的情况，可同时观察进料斗的情况。垃圾吊操作间通常布置在与垃圾进料斗平行的平台上，垃圾吊操作间既可以布置在垃圾仓中间位置，也可以布置在垃圾仓两端的位置，在垃圾仓中间布置的垃圾吊操作间如图 4－15 所示。

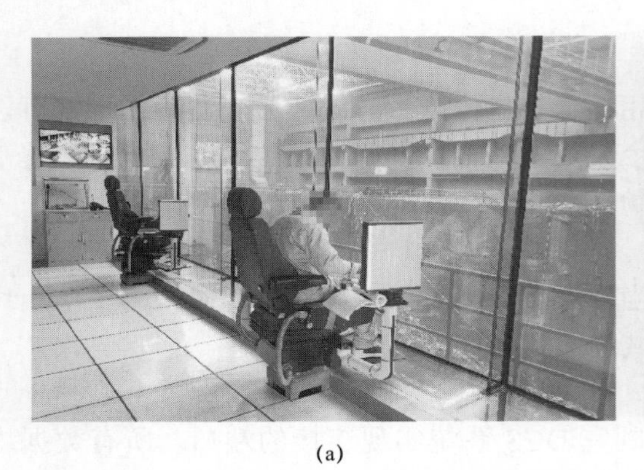

(a)

(b)

图 4-15　在垃圾仓中间布置的垃圾吊操作间

(a) 操作间内景；(b) 操作间外景

（二）垃圾吊操作间防臭

1. 正压系统

垃圾吊操作间设置正压系统，通风管道向垃圾吊控制室内送入新鲜空气，在垃圾吊控制室内形成正压，阻止垃圾仓内臭气进入控制室。

2. 密封

做好垃圾吊操作间大玻璃和墙体的密封，玻璃使用双层玻璃，内外密封，防止臭气进入。

四、垃圾吊的组成

垃圾吊主要由桥架、大车运行机构、小车运行机构、起升机构、电气设备、抓斗六大部分组成。六大部分中除电气设备和桥架外，其他部分都由各自的电动机进行单独驱动。抓斗采用液压多瓣型，并设置备用抓斗。

（一）大车运行机构

大车在铺设在垃圾仓上部的横梁上的轨道上移动，实现垃圾吊在垃圾仓长度方向上的移动，垃圾吊大车结构如图 4-16 所示。

图 4-16　垃圾吊大车结构

大车端梁设有机械限位装置和定位系统，限位装置与大车行走电动机实现联锁，当大车运行到轨道端头时发出报警信号，同时切断大车行走电动机电源，防止大车继续前进。当大车运行到给料斗上方时，定位系统发出信号，提示大车到达指定位置。

（二）小车运行机构

小车设置在大车的横梁上，可以在大车上移动，实现垃圾吊在垃圾仓宽度方向上移动，垃圾吊小车示意如图 4-17 所示。

小车设有缓冲装置、限位开关、定位系统等。限位开关与小车行走电动机联锁，当小车运行到轨道端头时发出报警信号，同时切断行走电动机电源，防止小车继续前进。当小车运行到给料斗时，定位系统发出信号，提示小车到达指定位置。

(a)　　(b)

图 4－17　小车示意图

（a）小车结构；（b）小车行车

（三）起升机构

起升机构的功能是实现垃圾吊上下移动，起升机构采用专用变频调速电动机，配备温度传感器和报警系统，并有冷却装置。垃圾吊起升机构如图 4－18 所示。

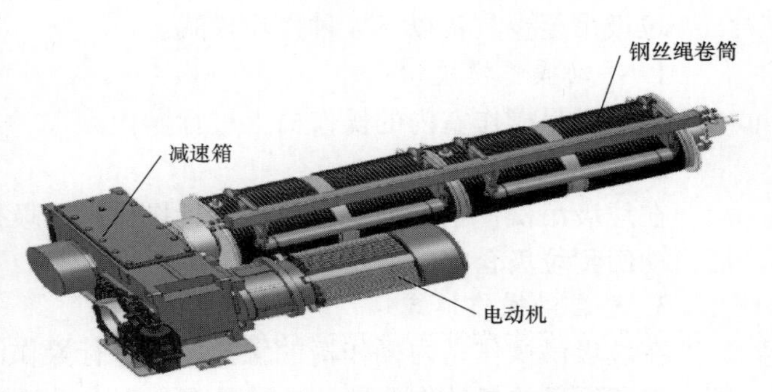

图 4－18　垃圾吊起升机构

钢丝绳卷筒装有防钢丝绳脱槽装置和防钢丝绳回跳的压绳装置，以减少钢丝绳松绳后导致的跳槽、复卷等情况发生，减少磨损，延长钢丝绳的使用寿命。

起升机构设置液压推杆块式制动器，制动器动作后可完全停止卷扬机的转动，断电时，制动器自动动作。制动器具有磨损自动补偿功能。

起升机构钢丝绳的布置形式为 2/2 单倍率结构形式，减少升降过程中钢丝绳旋转次数，降低钢丝绳磨损，以提高钢丝绳的使用寿命，每条钢丝绳的受力平衡，钢丝绳承载能力均按 1.2 倍额定负载设计。

（四）抓斗

（1）垃圾吊采用 6 瓣电动液压抓斗，抓斗斗体选用 Q345B 的板材制作，爪尖采用强度高、耐磨性能好的高锰合金钢制作，硬度 HRC≥47，抓尖使用寿命不低于 3 年。斗齿及爪背设计成平滑结构，避免有锋利的凸起刮伤池壁。

（2）抓斗的张开与闭合应由液压系统的换向阀控制，具有油温、油位和油压等一切必要的安全保护功能，可以分步打开抓斗并可有效地控制投料，抓斗闭合时，斗内垃圾不会滑出。

（3）液压系统具有自动保压与自动卸荷的功能，节省能耗，使液压系统的发热量减到最少，液压油不超温。液压系统有成熟的高温防漏油和防尘设计，液压油加压装置采用风冷电动机驱动，液压油泵使用高压柱塞液压油泵，增加液压系统保压时间，抗污染能力强，寿命长。液压系统工作压力不小于 21MPa。

（4）抓斗设置了电动机温度控制开关、油位开关、油温开关和倾斜开关等安全保护装置，并设置抓斗斗瓣闭合与开启到位信号。

（5）抓斗还设置防倾斜传感器，与电气系统结合，防止抓斗侧翻，保护抓斗、钢丝绳和电缆。

垃圾吊抓斗如图 4－19 所示。

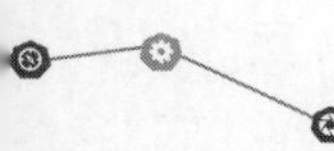

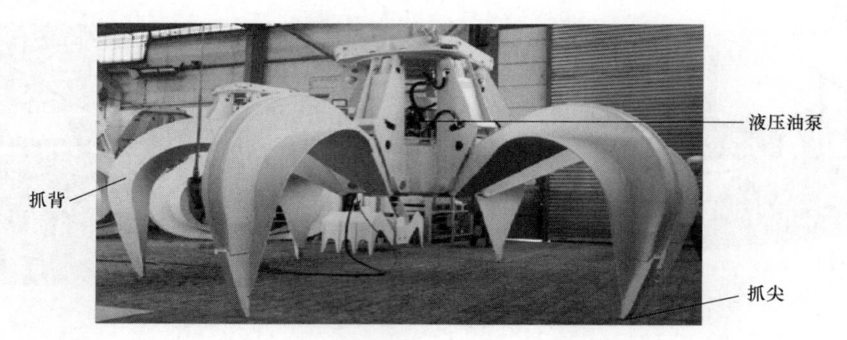

图 4-19　垃圾吊抓斗

五、垃圾吊的控制方式

垃圾吊至少具备以下 4 种操作模式。

1. 手动操作模式

在垃圾吊操作室内的操作椅上进行操作。

2. 半自动操作模式

在垃圾吊操作室内的操作椅上进行操作：垃圾抓取为手动操作，给料操作为自动，投料后自动回到垃圾仓的起始点。

3. 全自动操作模式

在垃圾吊操作室内操作椅的触摸屏上进行操作，具备从抓取、运行、称重、投放、返回整个工艺循环的自动作业性能，并具有故障自动诊断功能。

4. 便携式操作器操作模式

用便携式操作器在垃圾仓的任何位置对垃圾吊进行操作。

第七节　除　臭　系　统

一、臭气成分

臭气成分主要是一些硫的化合物（如硫化氢、甲硫醇、甲硫醚、二甲二硫等）和一些氮的化合物（如氨、二甲胺、二丁基胺等）。垃圾的臭气不是由单纯的几种臭味气体成分组成，一般是由几十种甚至上百种的臭味气体混合而成，常规臭气成分及浓度见表 4-1。

表 4-1　常规臭气成分及浓度

序号	项目	浓度
1	臭气浓度	≤5000（无量纲）
2	硫化氢	≤10mg/m³
3	二硫化碳	≤20mg/m³
4	氨	≤20mg/m³
5	二甲二硫	≤10mg/m³
6	甲硫醚	≤50mg/m³

续表

序号	项目	浓度
7	甲硫醇	≤10mg/m³
8	苯	≤632mg/m³
9	甲苯	≤1038mg/m³
10	乙基甲苯	≤24mg/m³
11	二甲苯	≤99mg/m³

二、排放标准

臭气治理后排放气体达到 GB 14554—1993《恶臭污染物排放标准》二级排放标准，臭气处理后排放指标（厂界二级）见表 4－2。

表 4－2 臭气处理后排放指标

序号	项目	厂界排放标准
1	氨	1.5mg/m³
2	硫化氢	0.06mg/m³
3	臭气浓度	20（无量纲）

三、垃圾仓的除臭措施

垃圾仓是垃圾电厂的主要臭源，做好垃圾仓的防臭有利于垃圾电厂的文明生产。垃圾电厂的臭气治理首先要防止臭气外溢，其次要对臭气进行除臭，防臭措施如下。

（1）一次风机抽风保持负压。垃圾仓是含有微略易燃、易爆气体及硫化氢、氯化氢等腐蚀性有毒气体的场合，垃圾仓上方靠近焚烧间侧墙设有焚烧炉一次风机吸风口。

焚烧炉正常运行时，密闭高架桥、卸料大厅、污泥干化车间及污水处理站的臭气经管道汇集到垃圾仓内，垃圾仓内的臭气经一次风机抽出，加热后送入焚烧炉作为燃烧空气，并使垃圾仓呈负压状态，负压维持在－50Pa 以上，臭气经焚烧后变成无臭烟气从烟囱排出。

（2）垃圾仓设置除臭系统。为保证焚烧炉停炉期间的垃圾仓环境，卸料大厅和垃圾仓顶部有除臭风机抽出口，在锅炉停炉期间用于除臭，从垃圾仓顶抽出的臭气在经过除臭装置净化、脱臭后排出。

（3）密封风机和密封门。在卸料大厅车辆入口处设置密封风机和密封门，防止卸料大厅的臭味外溢。

（4）由于臭气无孔不入，故良好的建筑工艺和建筑质量可以减少垃圾仓的气体外溢。垃圾仓采用整体混凝土浇筑结构可以有效防止垃圾仓臭气外溢。

（5）采用密封性能良好的垃圾卸料门。

（6）每天用清洗车对卸料平台、垃圾车通道进行清洗。

（7）必要时，采用除臭剂对现场进行除臭处理。

（8）加强日常检查，发现墙体有缝隙要及时用密封胶进行封堵，对垃圾料斗上的缝隙也要及时进行封堵。

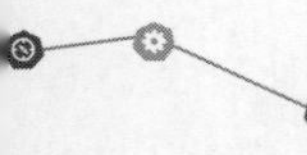

四、垃圾仓除臭系统工艺流程

停炉检修期间，一次风机停运，垃圾仓内无法满足负压状态运行，会造成垃圾仓内的臭气外溢，为了保持厂区内的环境，需要运行垃圾仓除臭系统。

垃圾仓除臭系统启动后，垃圾仓内的臭气经吸风管道、防火阀进入活性炭除臭或化学洗涤除臭装置，除臭后的气体经除臭风机排入大气。当垃圾仓气体温度大于80℃或垃圾仓发生火灾时，除臭装置自动停止运行，关闭入口电动调节阀，开启排烟风机及其进口的排烟防火阀。当管道内的烟气温度达到 280℃时，排烟防火阀自动关闭，停止排烟。除臭系统工艺流程如图 4–20 所示。

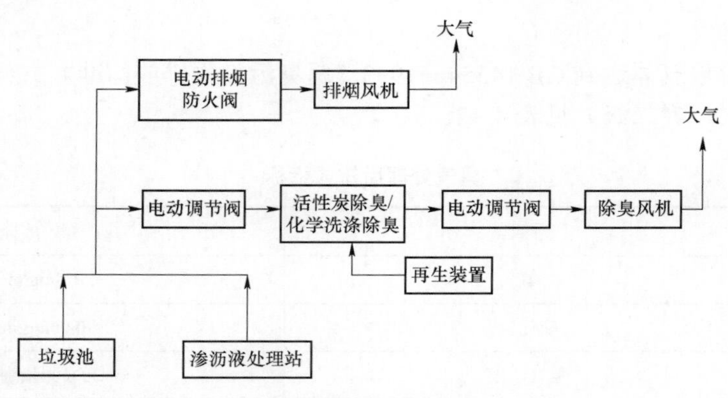

图 4–20　除臭系统工艺流程图

五、除臭技术类型

国内外现有无组织废气处理技术主要有热氧化法、物理化学法、低温等离子法、植物提取液法和生物过滤法等。

（一）热氧化法

热氧化法是利用高温下的氧化作用，将污染物分解成 CO_2、H_2O 和其他元素对应的氧化物的方法。此方法对几乎所有污染物都能有效地进行处理。但此种方法也会产生较严重的二次污染。

（二）物理化学法

将无组织废气收集、输送到装有一系列化学处理剂的容器中，进行中和反应、氧化反应、物理吸附。此方法具有处理范围广、操作简单、占地面积小、处理效果明显等优点，但有少量需要排放的高盐分废水。

（三）低温等离子法

利用螺旋微波低温冷光技术产生的高能离子束和电子束形成的低温等离子体，以每秒 300 万～3000 万次的速度反复轰击无组织废气分子，去激活、电离、裂解废气中的各种成分，从而发生氧化等一系列复杂的化学反应，再经过多级净化，将污染物转化为洁净的物质。工艺简洁、操作简单、运行费用低、适应范围广、自动化程度高是此技术的优点。但不适用于易燃易爆场所，比较适合处理含尘浓度、臭味浓度比较低的有机废气。

（四）植物提取液法

植物提取液是从自然界的植物中提取的香精油。目前已经发现 3000 多种的植物香精油，可以从植物的各个部位提取香精油，如叶子、果实、树皮、树根、芽、种子等。植物提取液除臭技术适用于开放式空间，该技术的优点是不受气体是否在开放式空间的限制。该技术也可用于封闭或半封闭空间，但其缺点是运行费用高，除臭效果不佳。

（五）生物过滤法

将人工筛选的特种微生物菌群固定于生物载体上，当有组织废气经过生物表面时被特定微生物捕获并消化掉，从而使污染物得到去除。此法运行费用低，不产生二次污染。但投资费用较高，占地面积较大，容易受气候条件影响。

六、国内主流除臭技术

应结合实际情况，采用适用的除臭系统。现将国内垃圾电厂应用较多的主流除臭工艺流程分别介绍如下。

（一）活性炭吸附除臭工艺

1. 工作原理

活性炭吸附除臭主要利用活性炭的物理吸附原理进行除臭，当臭气穿过活性炭吸附除臭系统的吸附层时，气体中的异味分子被活性炭微孔拦截、阻滞、吸附，直到添满微孔为止，并由气相被转移到固相，从而达到气体净化的目的。其特点是吸附过程中没有化学反应，吸附快。

图 4-21　除臭用活性炭

活性炭吸附除臭系统一般用椰壳制造的柱状活性炭。柱状活性炭比表面积大，容易再生，是传统的异味气体吸附剂。除臭用活性炭如图 4-21 所示。

活性炭基本技术指标见表 4-3。

表 4-3　活性炭基本技术指标

项目	指标	
技术指标	碘值（mg/g）	≥850
	活性炭吸附率（%）	≥50
	水容（%）	≥66
	水分（%）	≤3
	苯吸附值（mg/g）	≥450
	吸附量（mg/g）	≥900
	灰分（%）	≤10%
物理性能	比表面积（m^2/g）	800～1500
	真比重（g/cm^3）	2～2.2
	堆比重（g/cm^3）	0.35～0.55

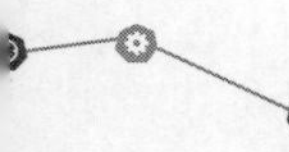

2. 系统组成

活性炭吸附除臭系统主要由活性炭除臭装置、离心风机、电动调节风阀、防火阀和再生装置等组成。

（二）化学洗涤除臭工艺

1. 工作原理

洗涤工作液通过洗涤循环泵加压被喷洒于填料表面，并形成均匀的液体薄膜。当异味的空气穿过填料层时，气体中的异味分子和微小粉尘就会被填料上的液体薄膜拦截、阻滞，由气相转移到液相，并与液相中工作液含有的有效分子反应，从而被吸附、分解，达到洗涤净化的目的。

2. 系统组成

化学洗涤除臭系统由臭气收集输送系统、洗涤塔、洗涤液循环过滤装置、风机、自动控制装置、排放系统 6 部分组成。

3. 工艺流程

化学洗涤除臭系统分 3 段，前段为碱性洗涤段，中段为酸性洗涤段，后段为脱水段。化学洗涤除臭系统前两段的除臭机理相同，当含有异味的臭气穿过填料层时，气体中的异味分子和微小粉尘就会被填料上的液体薄膜拦截、阻滞，由气相转移到液相，与液相中工作液的有效分子发生吸附、中和、氧化、还原等反应，异味分子将被吸附、分解，从而达到净化的目的。洗涤工作液由排水管道回流到溶液循环箱循环使用，从而在保证净化效果的同时尽可能降低运行费用。化学洗涤除臭系统工艺流程如图 4-22 所示。

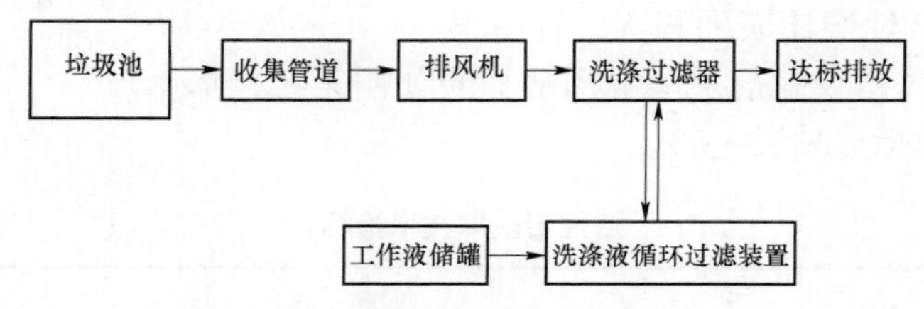

图 4-22　化学洗涤除臭系统工艺流程

（三）高压喷雾除臭系统工艺

1. 工作原理

高压喷雾除臭系统是基于造雾的原理结合植物液中有效的萜烯类成分除臭。利用柱塞泵提供的压力和特殊制作的喷嘴共同作用产生雾化均匀的小液滴悬浮在臭气中从而消除臭味。

2. 系统组成

高压喷雾除臭系统由一套不锈钢箱体、高压柱塞泵等组成。在卸料大厅、垃圾车运输廊道均匀分布喷嘴，使植物液除臭剂能均匀布满整个空间，达到除臭的目的。植物液是无毒无害的，不会形成二次污染。

3. 工艺流程

高压喷雾除臭系统的工艺流程如图 4-23 所示。

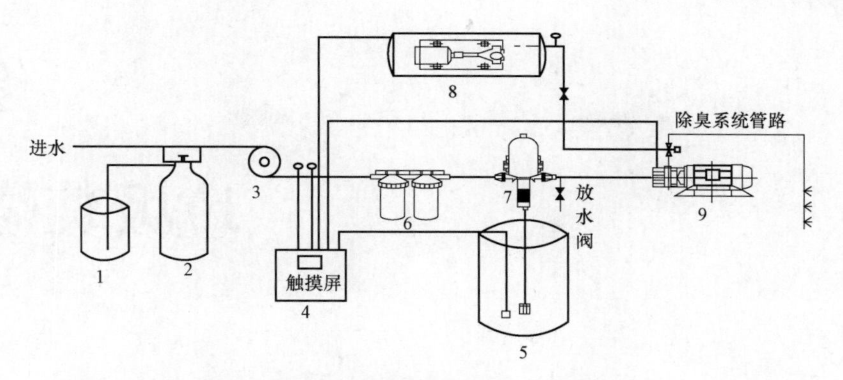

图 4-23　高压喷雾除臭系统的工艺流程

1—食盐桶；2—软化水设备；3—储能罐；4—自动化控制箱；5—药桶；6—过滤器；7—比例配比泵；8—空气压缩机；9—高压泵

第五章
垃圾焚烧系统

第一节　垃圾焚烧基本理论

一、垃圾燃烧的相关术语

（一）垃圾燃烧

燃烧是可燃物与氧的氧化反应，这种氧化反应强烈到放光放热的程度。所谓垃圾燃烧，是指垃圾中的可燃物与空气中的氧发生强烈放热的化学反应过程。垃圾燃烧以挥发分燃烧为主，固定碳燃烧为辅。

（二）完全燃烧和不完全燃烧

垃圾燃烧后的产物中应该不再含有可燃物质，即灰、渣中没有剩余的固体可燃物。

1. 完全燃烧

燃烧后的燃烧产物中没有可燃物存在时称完全燃烧。

2. 不完全燃烧

燃烧后的燃烧产物中还有剩余的可燃物存在时称为不完全燃烧。

（三）热酌减率

热灼减率是指炉渣经灼热减少的质量占原炉渣质量的百分数，它是衡量垃圾是否完全燃烧的指标。热灼减率反映了垃圾的焚烧效果，减少炉渣热灼减率，可降低垃圾焚烧的机械未燃烧损失，提高燃烧的热效率，减少垃圾残渣量，炉渣热灼减率可以通过焚烧炉燃烧调整来控制。GB 18485—2014《生活垃圾焚烧污染控制标准》规定炉渣热灼减率小于或等于 5%。原生垃圾由灰分 A + 可燃分 B + 水分 W 组成，燃烧后的炉渣中依然含有部分可燃分，热灼减率的测定方法是先将炉渣经 110℃干燥 2h，其中还含有未燃烧的物质，然后将炉渣经 600℃±25℃、3h 灼热后冷却至室温，B' 是残渣中未燃分。垃圾减量率和炉渣热酌减率计算方法如图 5－1 所示。

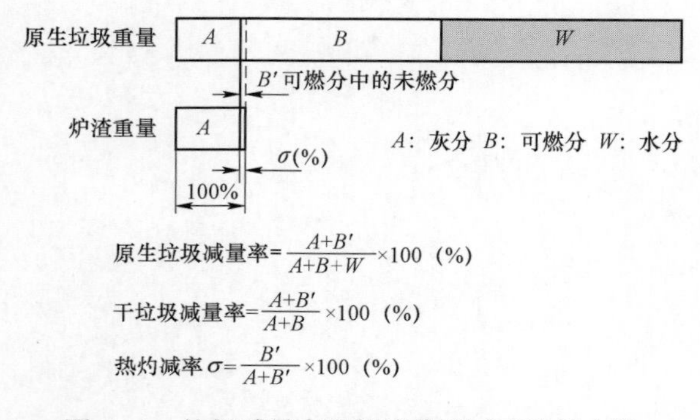

图 5－1　垃圾减量率和炉渣热酌减率计算方法

（四）着火温度

可燃物与空气的混合物，由于温度升高或其他条件变化，在没有明火接近的情况下，自动着火燃烧，出现自燃时的温度，称自燃温度或自燃点，也叫着火温度。

着火的另一种方式是点燃，利用明火将可燃物与空气的混合物引燃。垃圾在焚烧炉中的燃烧都是点燃的。

温度对化学反应的影响十分显著，随着反应温度的升高，分子运动的平均动能增加，活化分子的数目大大增加，有效碰撞频率和次数增多，因而燃烧反应速度加快，对于活化能越大的垃圾，提高炉膛的温度就能显著地提高垃圾燃烧速度。

在一定温度下提高垃圾颗粒附近氧的浓度就能提高化学反应速度，反应速度越大，垃圾所需的燃尽时间就越短。上述关系只反映了化学反应速度与氧浓度的关系，事实上反应速度不仅与氧浓度有关，更重要的是与参加反应的垃圾品质有关，即与垃圾的热值有关。

（五）过剩空气系数λ

实际空气量与理论空气量之比称为过剩空气系数。

垃圾焚烧炉的过剩空气系数一般为 1.2～1.4。过剩空气系数大小与垃圾热值、燃烧方式和燃烧设备的运行情况有密切关系。为满足燃烧需要，对于不同的焚烧炉和不同品质的垃圾需要采用不同的过剩空气系数。

过剩空气系数过大或过小对燃烧都不利，过剩空气系数过小使锅炉产生不完全燃烧，产生过量的 CO 和碳粒，使锅炉效率降低，CO 排放超标，飞灰中可燃物增加。过剩空气系数过大，不但使炉膛温度降低，着火延迟，风机电耗和排烟损失增加，氮氧化物、二氧化硫的生成量增加，严重的会使氮氧化物、二氧化硫的排放超标。1kg 垃圾燃烧需要的空气量和过剩空气系数的关系如图 5－2 所示。

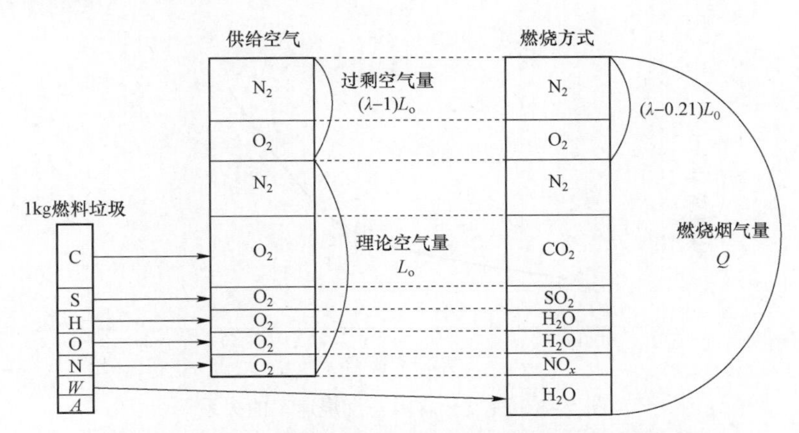

图 5－2　1kg 垃圾燃烧需要的空气量和过剩空气系数的关系

W—水分；A—灰分

（六）垃圾气化

垃圾气化是有氧参与的热解过程，将垃圾氧化转化成可燃气体的热化学过程。生活垃圾气化就是利用气化剂，将生活垃圾中的碳氧化生成可燃气体的过程。

气化剂可以是氧也可以是水，在理想的气化过程中，C 只被氧化成 CO，但实际中，总会有部分 C 被氧化成 CO_2，剩余的 C 以固态形式出现，如炭黑和焦炭。

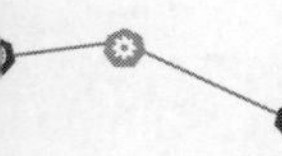

（七）垃圾热解

垃圾热解指垃圾在无氧状态下将垃圾转化成焦油、焦炭和低分子气体，CO 和 CO_2 产生的数量较多。垃圾的种类和热解的温度及反应时间都会影响热解产物数量和特性。

二、影响垃圾燃烧速度的因素

燃烧速度反映的是焚烧炉单位时间烧掉垃圾的数量。由于燃烧是复杂的物理化学过程，燃烧速度的快慢取决于可燃物与氧的化学反应速度以及氧和可燃物的接触混合速度。

（一）化学反应速度

氧与可燃物的反应速度称化学反应速度，化学反应速度与燃烧室的温度、垃圾热值等有关。对于垃圾焚烧炉的实际燃烧，影响化学反应速度的主要因素是燃烧室的温度。炉温越高，化学反应速度越快。

（二）物理混合速度

氧和可燃物的接触混合速度称物理混合速度，燃烧速度也取决气流向碳粒表面输送氧气的快慢，即物理混合速度的快慢。而物理混合速度取决于空气气流扰动情况、扩散速度、垃圾的翻滚状态等，物理混合速度与以上因素成正比关系。

化学反应速度、物理混合速度是相互关联的，对燃烧速度均起制约作用。例如，高温条件下应有较高的化学反应速度，但若物理混合速度低，氧气浓度下降，可燃物得不到充足的氧气供应，燃烧速度也必然下降。因此，只有在化学条件和物理条件都比较适应的情况下，才能获得较快的燃烧速度。

（三）挥发分的含量

垃圾中挥发分含量会影响着火速度，挥发分越高，对燃烧越有利，挥发分含量与燃烧速率的关系如图 5-3 所示。

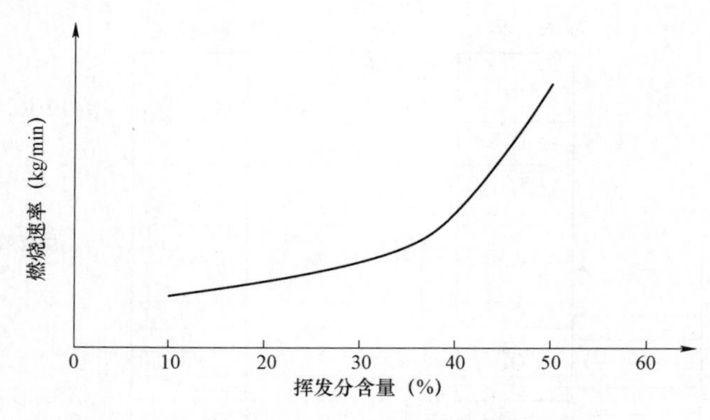

图 5-3　挥发分含量与燃烧速率的关系

三、垃圾燃烧的条件

保证垃圾完全燃烧，首先要实现垃圾快速、稳定着火，理论上应该使燃烧室的燃烧工况达到两个条件：

（1）放热量和散热量达到平衡。

（2）放热速度大于散热速度。

如果不具备这两个条件，即使在高温状态下也不能保证垃圾稳定着火，垃圾的燃烧过程将因火焰熄灭而中断，并不断向缓慢氧化的过程发展。

在运行中，实现垃圾完全燃烧意义重大，既可以提高能源转化效率，提高整个垃圾电厂的运行经济性，还可以减少有害气体的产生量，减少排放，减轻二次烟气处理的负担和成本。

第二节　垃圾直接燃烧技术类别

目前，生活垃圾直接焚烧广泛应用以下五大燃烧技术类别，即层状燃烧技术、流化燃烧技术、回转窑燃烧技术、热解燃烧技术、气化燃烧技术。

其中，层状燃烧技术和流化燃烧技术得到了广泛的应用。

一、层状燃烧技术

（一）层状燃烧定义

层状燃烧是垃圾在炉排上呈层状分布的燃烧方式，炉排上的垃圾在炉排运动和自身重力作用下，沿炉排表面翻转、移动，但不离开炉排表面，高温空气以较低的速度自下而上通过垃圾层为燃烧提供氧气。二次风从燃烧室喉部喷入，来加强气流的扰动，保证完全燃烧。

一次风通过炉排进入垃圾层，当达到一定温度时，垃圾析出挥发分变成焦炭，挥发分等可燃气体与空气混合燃烧形成火焰，随燃烧反应的不断强化，焦炭和挥发分得到完全燃烧。简单层状燃烧如图 5-4 所示。

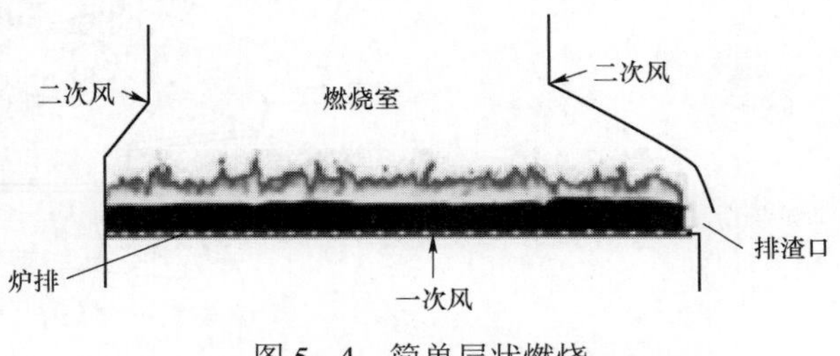

图 5-4　简单层状燃烧

（二）层状燃烧过程

从垃圾进入焚烧炉开始，至垃圾完全烧尽为止，垃圾的燃烧可分为干燥阶段、燃烧阶段、燃尽阶段 3 个阶段。

1. 干燥阶段

干燥阶段也是着火前准备阶段，从垃圾入炉至达到着火温度这一阶段称干燥阶段。入炉垃圾通常含 40%～60%的水分，因此，不除去这些水分，垃圾就不能燃烧。垃圾的干燥过程在干燥炉排上完成，干燥炉排的作用就是让垃圾得到干燥。这一阶段需要的时间比较长。

在这一阶段内，要完成水分蒸发，挥发分析出并与空气混合。显然，这一阶段是吸热过程，热量来源是燃烧室内火焰辐射、高温烟气回流和一次风的热量。影响干燥阶段时间长短的因素除垃圾品质外，主要是炉内热烟气热量的强弱，烟气流量、温度，氧气浓度，挥发分含量及垃圾翻动情况等。

2. 燃烧阶段

垃圾中的有机质在一定温度和条件下，受热分解后产生的可燃性气体被称为挥发分，挥发分是 CH_4、O、C、H_2、N、S、Cl、一氧化碳和水蒸气的混合物。可燃性气体中除了一氧化碳和氢气外，主要是碳氢化合物，还有少量的酚和其他成分。垃圾的热分解是垃圾的燃烧过程的一个重要的初始阶段，对着火有极大的影响，影响热分解的主要因素包括活化能、温度及升温速率等。

燃烧阶段是强烈的放热过程，温度升高较快，化学反应强烈，当达到着火温度后，挥发

分首先着火燃烧，放出热量，使焚烧炉温度升高，挥发分的燃烧主要在二燃室内完成，挥发分一旦起火，燃烧的速度非常快。焦炭被加热到较高温度后开始燃烧，这时碳粒表面往往会出现缺氧状态。

强化燃烧阶段的关键是加强混合，使气流强烈扰动，以便向碳粒表面提供氧气，同时将碳粒表面的二氧化碳扩散出去。

3. 燃尽阶段

燃尽阶段主要是将燃烧阶段未燃尽的碳烧完。燃尽阶段的剩余碳的量不多，但要完全燃尽却很困难，主要是存在着诸多不利于完全燃烧的因素，如少量的固定碳被灰包围着、氧气浓度已较低、燃尽段炉排上方的气流的扰动和温度强度不高。如果垃圾的挥发分低、灰分高、块大，碳完全燃尽将更困难。

层状燃烧在理论上划分为以上 3 个阶段，在垃圾实际燃烧过程中，3 个阶段是同时进行的，无明显的界限划分。炉排炉燃烧过程如图 5－5 所示。

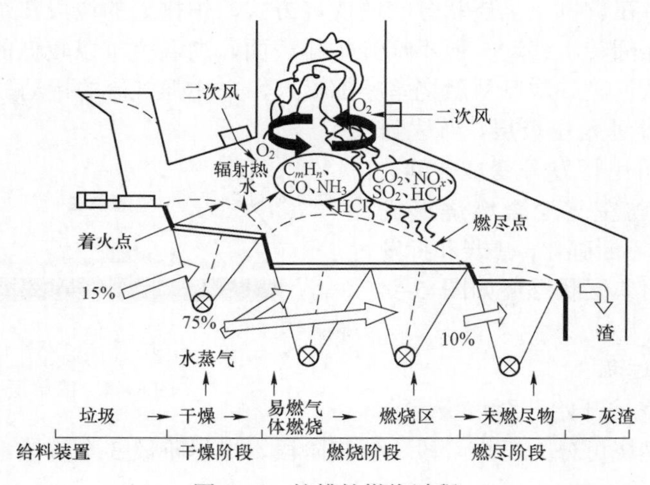

图 5－5　炉排炉燃烧过程

（三）层状燃烧技术的代表炉型

层状燃烧的炉型包括滚动炉排炉、往复炉排炉、链条炉等炉型，其中在垃圾发电行业广泛使用的是往复炉排炉。往复炉排炉又分为逆推炉排和顺推炉排两种炉型。

1. 往复炉排炉的工作原理

往复炉排炉是通过炉排移动，推动垃圾从上层向下层移动，炉排的运动对垃圾起到切割、翻转和搅拌的作用，实现垃圾的预热干燥、起火和完全燃烧。

炉排面由独立的炉排片连接而成，炉排片上下重叠，炉排片通过驱动机构实现交替运动，从而使垃圾得到充分的搅拌、翻滚及与一次风的充分混合，达到完全燃烧的目的，炉排由特殊合金钢制成，耐磨、耐高温、耐腐蚀，炉排片的工作温度不超过 450℃。

垃圾在炉排上着火，热量不仅来自焚烧炉的辐射和烟气的对流，还来自垃圾层的内部。炉排上已着火的垃圾通过炉排的往复运动，使垃圾翻转和搅动。连续的翻转和搅动也使垃圾层松动、透气性加强，有利于垃圾和空气的充分混合，利于垃圾的干燥、着火、燃烧和燃尽。

一次风从炉排下方通过炉排之间的空隙或炉排上的一次风喷嘴进入，一次风在给垃圾提供预热、燃烧氧气的同时，也对炉排片起到了冷却和清洁一次风喷嘴的作用。二次风从前、后拱喉口处给风，二次风在提供完全燃烧所需空气的同时，也对烟气起到搅拌和扰动的作用，使炉内空气动力场均匀，挥发分的燃烧更完全，使二燃室温度均匀分布，且可调整烟气温度，为选择性非催化还原法（SNCR）脱硝系统提供最佳反应温度。一部分的二次风可以用净化后的循环烟气替代，这将有利于实现低氮燃烧，减少 NO_x、SO_2 等气体的产生量。

一次风提供 60%～70%的燃烧空气，二次风可以提供 30%～40%的燃烧空气，炉排炉由于二次风的采用，过剩空气系数相对较高，具体的风量应根据燃烧工况进行调整。一次燃烧、二次燃烧过程如图 5-6 所示。

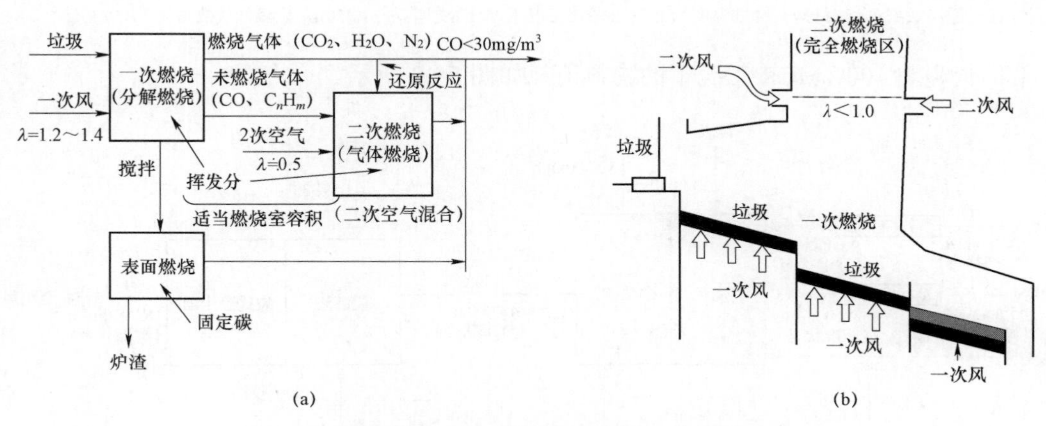

图 5-6　一次燃烧、二次燃烧过程

（a）燃烧流程；（b）炉排炉燃烧区域

层状燃烧技术发展较为成熟，很多生活垃圾焚烧炉都采用这种燃烧技术，层状燃烧的核心是炉排的形式、炉排运动模式和炉排上一次风喷嘴的布置方式。

2. 炉排炉的物料和能量平衡

物料平衡图表示了不同工厂的物料平衡情况，法国某垃圾电厂炉排炉燃烧物料平衡图如图 5-7 所示。日本某垃圾电厂炉排炉燃烧热量平衡图如图 5-8 所示。

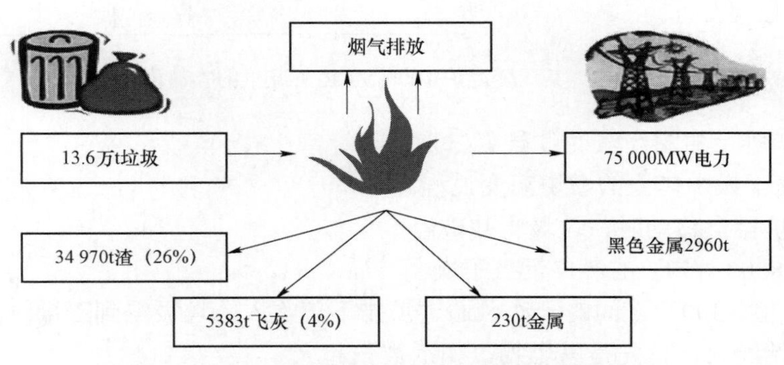

图 5-7　法国某垃圾电厂炉排炉燃烧物料平衡图

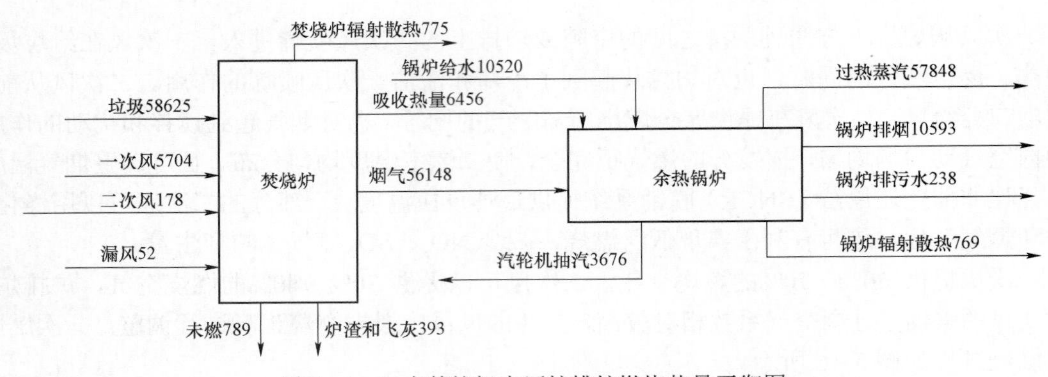

图 5-8　日本某垃圾电厂炉排炉燃烧热量平衡图

注：图中数据单位为 kW，标准温度为 0℃，MCR 工况下垃圾处理量为 31.25t/h，垃圾低位热值为 6700kJ/kg。

某厂焚烧炉 100%MCR 工况下的物料消耗如图 5-9 所示。

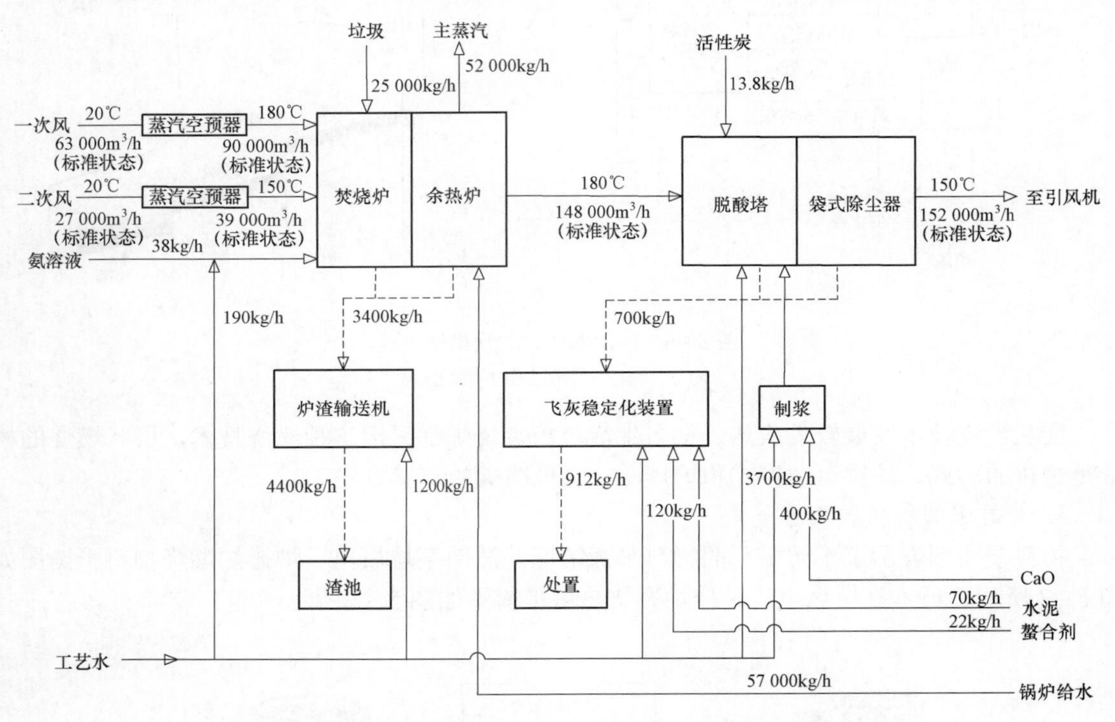

图 5-9　某厂焚烧炉 100%MCR 工况下的物料消耗

3. 垃圾在炉排上的燃烧演变过程

（1）垃圾在干燥炉排上的燃烧演变过程。

1）垃圾在炉排上移动时，垃圾将被破碎。

2）垃圾被 850～950℃的燃烧烟气干燥。

3）预热到 70～300℃之间的一次风通过炉排下部吹入，垃圾得到干燥。

4）垃圾开始起火，首先是易燃物，如纸类先起火。

5）所需的助燃风量（燃烧空气）是可以调整的，炉排速度可以在较大的范围内调节，两者都是远程控制。这种特点结合空气预热措施可以在整个预热过程达到较大的精确控制。

（2）垃圾在燃烧炉排上的燃烧演变过程。

1）垃圾首先在干燥炉排上点燃，然后通过炉排驱动运动到燃烧炉排。垃圾从落差段落下过程中可以破碎垃圾块，增大空气与垃圾接触，有利于增强垃圾的燃烧。

2）由于炉排的交错运动，垃圾被很好地破碎和剪散以促进垃圾的燃烧。

3）垃圾主要成分的燃烧将在燃烧炉排上完成。

（3）垃圾在燃尽炉排上的燃烧演变过程。未被完全燃烧的垃圾在燃尽炉排上完全燃烧。垃圾在炉排炉上燃烧演变过程如图 5－10 所示。

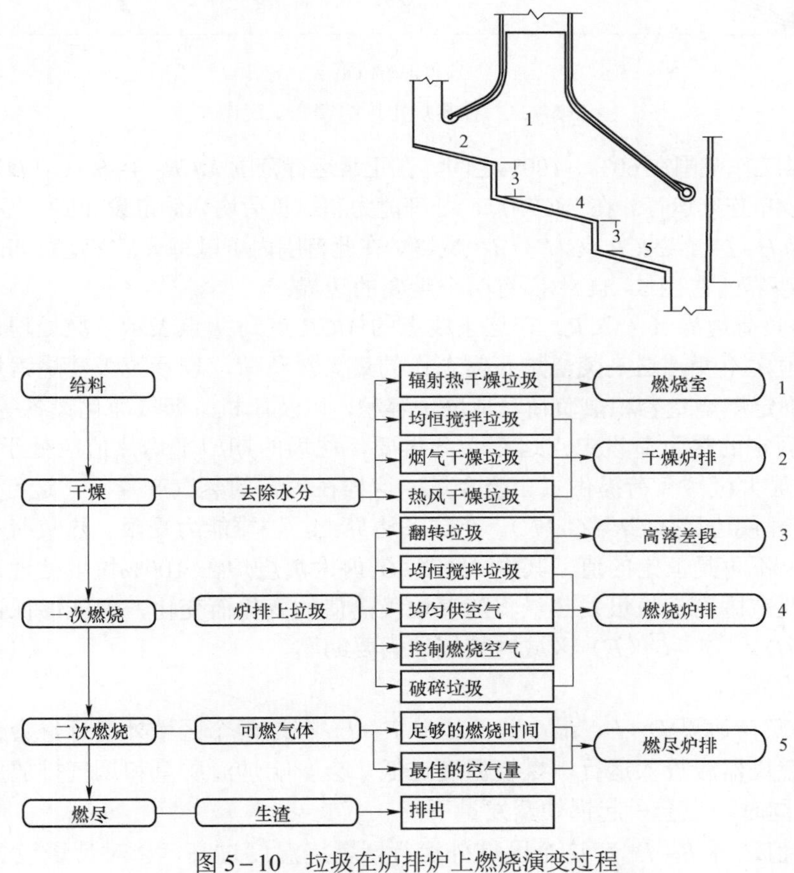

图 5－10　垃圾在炉排炉上燃烧演变过程

1—燃烧室；2—干燥炉排；3—高落差段；4—燃烧炉排；5—燃尽炉排

4. 往复炉排炉燃烧图

某往复炉排炉的燃烧工况图如图 5－11 所示。焚烧炉制造厂家根据垃圾热值设计焚烧炉，不同的焚烧炉有不同的燃烧工况，图 5－11 所示的焚烧炉设计热值是 7537kJ/kg，适应垃圾热值范围为 5024～9211kJ/kg，MCR 工况下额定输入热量为 65.43MW、机械负荷为 31.25t/h。

图 5－11 表示焚烧炉内正常运行的区域、使用助燃运行区域及系统可以短时间承受的超负荷运行区域。在燃烧图中，热值常数线（单位 kJ/kg）也表示在图中，即自原点出发的斜线，处理量和热值相乘就得到了总的热负荷。

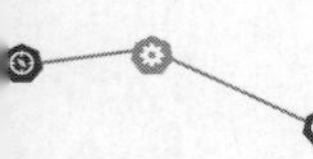

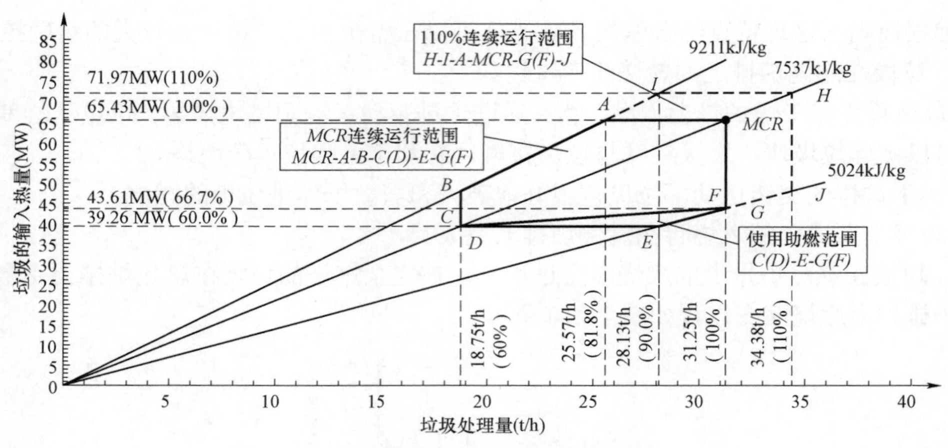

图 5－11　往复炉排炉的燃烧工况图

焚烧炉正常工作范围在 60%～100%之间。在正常运行范围 *MCR*–*A*–*B*–*C*（*D*）–*E*–*G*（*F*）系统可以全天 24h 连续运行。在 *MCR* 点，处理能力和热负荷均为额定设计值。短时可接受的超负荷运转区域为 *H*–*I*–*A*–*MCR*–*G*(*F*)–*J*，焚烧炉在此范围内可以每天最多运行 4h。

（1）重要边界。在图 5－11 中，有两个重要的边界：

1）最大热负荷边界 *A*－*MCR*。在这条线上的 *MCR* 点到 *A* 点表示垃圾处理量逐渐减少，但总垃圾热值恒定不变，这是焚烧炉正常工作的最大热负荷，表示垃圾焚烧锅炉正常工作的上限，也据此确定燃烧室容积热负荷、焚烧炉容积，以及风机、烟气净化设备等的容量上限。

焚烧炉在固定的热负荷设定点运行十分重要，垃圾的期望平均热值应处于工作点 *A* 和 *MCR* 之间。为最大机械负荷提供了一个余量，这样在恒定的蒸汽产量下，运行更稳定。

2）最大处理量边界 *MCR*－*G*（*F*）。在这条边界上，炉排能力受限。热负荷和蒸汽产量由垃圾热值决定，不再是恒定的值。其中 *MCR*－*G* 内为焚烧炉在 100%垃圾处理量条件下正常工作区间。在此范围内，垃圾发热量将随着垃圾热值的变化而变化，但能够保证垃圾热灼减率的要求。*C*（*D*）－*E*－*G*（*F*）区域内焚烧炉需要助燃。

（2）其余边界。

1）最小热负荷边界 *D*–*F*、最小热值边界 *F*–*J*。在这两个区域外运行，会使燃烧温度下降太多，辅助燃烧器应投入运行。燃烧温度过低，会影响炉渣质量和烟气排放质量（特别是 CO 和 TOC）。同时，也会引起锅炉蒸发量下降。

2）最大热值边界 *B*–*I*。在这个区域外运行，燃烧温度过高，会对焚烧设备带来额外的损坏。

5. 层状燃烧优点

（1）对入炉垃圾的质量要求不高。

（2）对垃圾热值适应范围广。

（3）环保排放指标好。

（4）单炉处理量大。

（5）运行操作简单。

（6）设备维护量小。

（7）设备运行稳定可靠，运行周期长。

（8）运行成本较低。

（9）炉排布置方式灵活多样。

（10）飞灰产率低。

二、流化燃烧技术

（一）流化燃烧相关术语

1. 燃烧室

炉膛空间被一块板从下部某一高度处一分为二，上面的空间称为燃烧室。

2. 配风室

炉膛空间被一块板从下部某一高度处一分为二，下面的空间称为配风室。

3. 布风板

分隔燃烧室和配风室空间的板称为布风板。布风板的主要作用是支承物料、合理分配一次风。

（1）风帽。布风板上有很多小孔，每个小孔上都装有风帽。

（2）床料。在布风板上面均匀放置一定厚度的固体小颗粒，称作床料。

（3）一次风。由风机向配风室供应空气，使空气从配风室通过布风板风帽自下而上均匀进入燃烧室，这股空气叫做一次风。

流化床结构及风帽照片如图 5－12 所示。

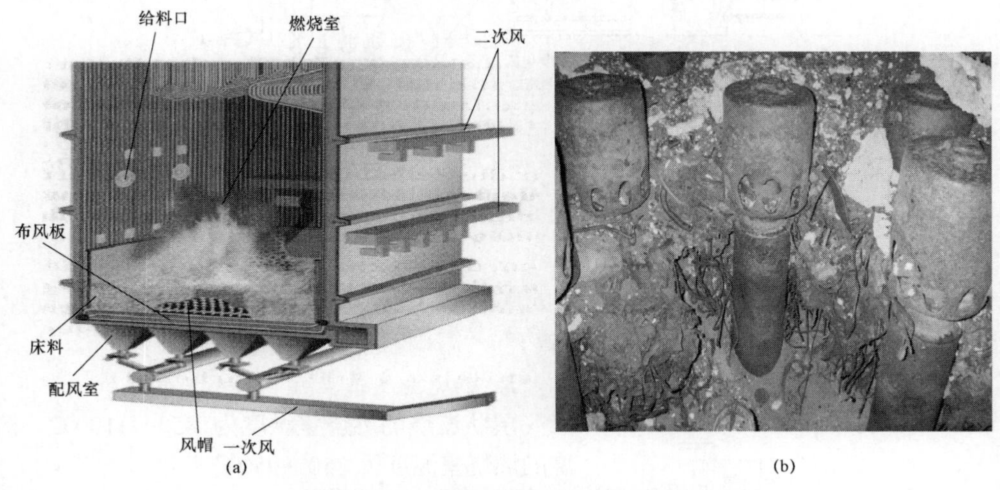

图 5－12　流化床结构及风帽照片

（a）流化床结构；（b）风帽照片

（二）流化床工作原理

炉床由多孔分布板组成，炉渣或石英砂铺设在床面上，并在炉底鼓入 200℃以上的一次热风（一次风机向配风室供应空气，空气从配风室通过布风板风帽自下而上均匀进入燃烧室，随着风室风压的升高，向上流动的空气速度逐渐增大，当空气速度达到某一临界值时，布风板上的固体颗粒就会在燃烧室中漂浮起来，处于一种悬浮状态，并呈现出一种上下翻腾的现象），使床料沸腾起来。用燃烧器加热床料或加热一次风提高炉温，当床料加热到 850℃以上时投入垃圾，由于床料的热容量高，床料的导热性能好，处于流化状态，将使垃圾被干燥、着火和燃烧。未燃尽的垃圾比重较轻，继续沸腾燃烧；燃尽的垃圾比重较大，落到炉底，经排渣口排出，渣经过冷却后，用分选设备将粗渣、细渣送到厂外综合利用，少量的中等尺寸的炉渣和石英砂通过提升设备送回炉中继续使用。

流化床焚烧炉由于其热强度高、导热性能好，更适宜燃烧低热值、高水分的垃圾。为了保证入炉垃圾的充分流化，对入炉垃圾的尺寸要求较为严格，要求垃圾进行一系列筛选及破碎等处理，使其尺寸、状况均一化。为了保证流化效果，通常入炉垃圾的尺寸小于15cm。

床内燃烧温度为850～950℃，气流断面流速冷态为2m/s、热态为4.5～6m/s。一次风经风帽通过布风板送入流化层，二次风由流化层上部送入。流化床工作过程如图5－13所示。

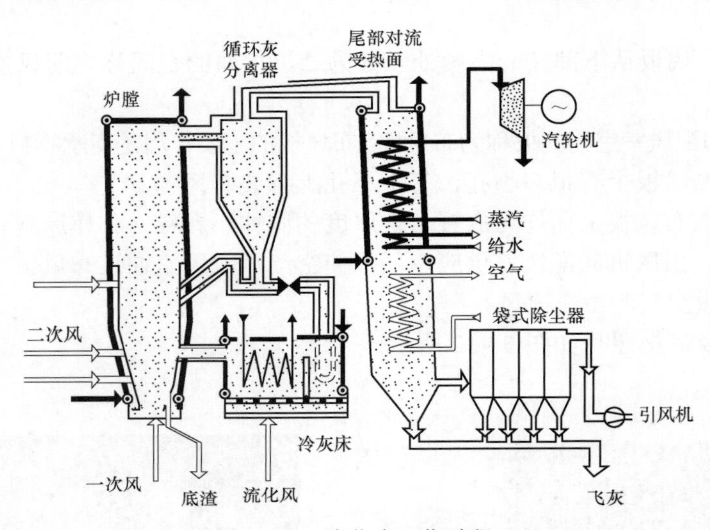

图5－13　流化床工作过程

（三）层状燃烧和流化燃烧的差异

1. 一次风速和风压的差异

层状燃烧和流化燃烧的一次风速和风压有较大的差异，不同燃烧方式与风速的关系如图5－14所示。流化床锅炉的风速较高，一次风机的电耗也高。

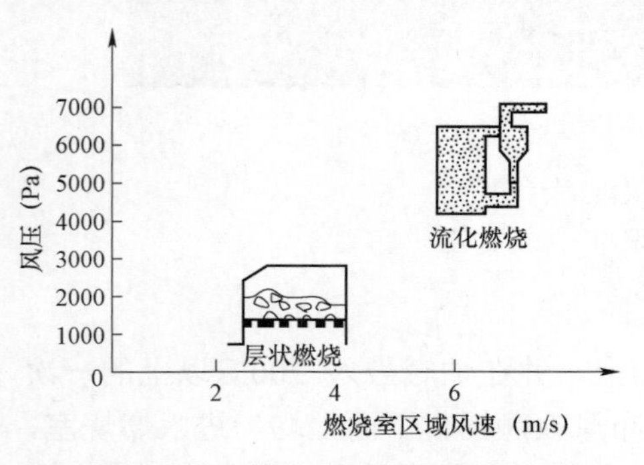

图5－14　燃烧方式与风速的关系

2. 燃烧温度的差异

层状燃烧的燃烧室温度为850～1100℃，流化燃烧的燃烧室温度为850～950℃。

3. 辅助燃料的差异

层状燃烧不需要添加辅助燃料；流化燃烧需要添加辅助燃料，如燃煤。

4. 产灰率的差异

由于流化床的风压大、流速快，一些大颗粒的飞灰会被带走，所以造成流化燃烧产灰率高；层状燃烧产灰率低。

5. 燃烧率的差异

流化床炉的燃烧率比炉排炉大，焚烧同样数量的垃圾，流化床炉的体积更小，炉排炉和流化床炉燃烧率的差异见表5－1。

表 5-1　炉排炉和流化床炉燃烧率的差异

项目	焚烧能力（t/日）	燃烧率［kg/（m^2·h）］	备注
炉排炉	150	200	空气温度为 200℃，热灼减率小于 5%
流化床炉	150	450	

6. 入炉垃圾尺寸的差异

流化床炉对入炉垃圾的尺寸要求高。

7. 热灼减率的差异

流化床炉飞灰中的可燃物含量高，但炉渣的热灼减率低。

（四）流化床焚烧炉的分类

1. 固定流化床

当风速较低时，垃圾层固定不动，表现出层燃的特点。当风速增加到一定值（即最小流化风速或初始流化风速），布风板上的垃圾将被气流“托起”，从而使整个垃圾层具有类似流体沸腾的特性，形成密相区，具有一定的物料密度。

2. 循环流化床

循环流化床炉膛内的气流速度比固定流化床要高。当风速继续增加时，大量未燃尽的炽热的物料被气流带出炉膛，进入分离器，然后再被分离下来重新送入炉膛再次经历燃烧过程，进而建立起大量灰颗粒的稳定循环，这就形成了循环流化床燃烧。

经过多次循环后垃圾的燃尽度达到某个极限，炉膛中的物料密度足够大，使得整个炉膛具有很均匀的温度场。这两种流化床燃烧方式均可在常压下和正压下实现。固定床和循环流化床锅炉工作过程如图 5-15 所示。

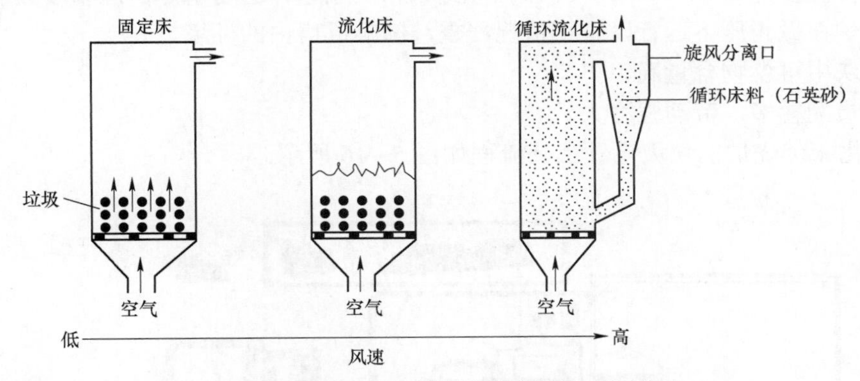

图 5-15　固定床和循环流化床锅炉工作过程

（五）流化床焚烧炉特点

1. 流化床焚烧炉的优点

（1）炉膛热容量大，具有十分优良的传质过程和优良的传热特性。

（2）垃圾适应性广，在掺烧燃煤的工况下，适合燃烧低热值、高水分的垃圾。

（3）流化床焚烧炉燃烧效率高，垃圾燃烧完全，炉渣热酌减率低。

（4）炉渣经济价值高、利用范围广，不需要处理可以直接给予综合利用。

（5）焚烧炉截面积小、负荷变化范围大。

（6）由于密相区的氧浓度低，SO_2、NO_x 排放指标低。

（7）采用干出渣，渣中不含水，渣的资源化利用过程中无二次污染问题。

2. 流化床焚烧炉的缺点

（1）运行可靠性低。

1）设备磨损严重，四管（省煤器管、蒸发器管、过热器管、水冷壁管）漏泄率高。

2）排渣口宜堵，由于排渣口尺寸小，垃圾中的铁丝等杂物极易造成排渣口堵塞。

3）给料口宜堵。

目前国内流化床垃圾焚烧炉平均年累计运行小时数在6500h左右，炉排炉的年平均累计运行小时数在8000h以上。

（2）运行经济性差。

1）需要掺加辅助燃料，燃料成本高。

2）厂用电率高。一次风压头高，造成电耗高，预处理系统耗电高。流化床炉吨垃圾厂用电电耗比炉排炉高20kW·h左右。

3）设备维护成本高。

4）垃圾预处理系统的投资和运行成本高。

5）飞灰产生量大，处理成本高。

在分离器中无法分离的较大颗粒，直接被气流带入除尘器，造成飞灰产量大，飞灰的处置成本远高于往复炉排炉。

（3）流化床焚烧炉燃烧工况不易控制，运行操作难度大。

（4）要得到好的流化工况，对入炉垃圾尺寸要求高，需配备功能可靠的垃圾预处理系统，需要对垃圾进行筛选和破碎。

（5）炉膛温度为850～950℃，排渣口和给料口的堵塞，容易引起炉膛温度大的波动。

（6）锅炉在微正压下运行，冒烟情况严重，影响厂房内的环境。

（7）飞灰中可燃物含量高。

（8）人员配置多，劳动强度大。

配置流化床焚烧炉的垃圾电厂工艺流程如图5－16所示。

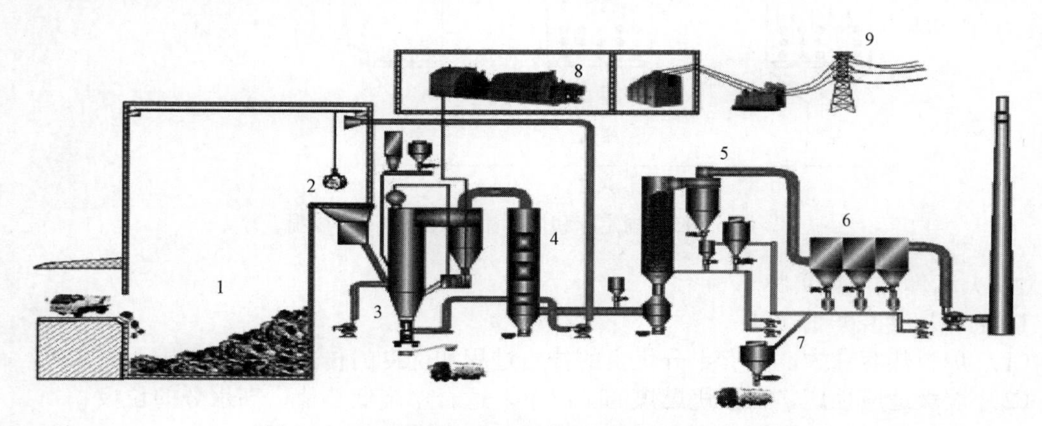

图5－16　配置流化床焚烧炉的垃圾电厂工艺流程

1—垃圾仓；2—垃圾给料斗；3—循环流化床炉；4—余热锅炉；5—脱酸塔；
6—袋式除尘器；7—灰仓；8—汽轮发电机；9—电网

三、回转窑燃烧技术

（一）回转窑工作原理

回转窑焚烧炉与水泥工业的回转窑相类似，回转窑的燃烧过程是由气体流动、垃圾燃烧、热量传递和物料运动等过程所组成的，垃圾的干燥、着火、燃烧、燃尽均在筒体内完成。回转窑直径为 3～6m，长度为 10～20m，具体尺寸根据焚烧的垃圾量确定，滚筒倾斜放置，滚筒上设置燃烧器，用于点火或稳燃。

回转窑的本体是一个旋转的滚筒，其内壁可采用耐火材料砌筑，用以保护滚筒，垃圾由滚筒一端送入，通过滚筒缓慢转动，然后靠垃圾自重落下，垃圾在筒内翻滚时可与空气和高温烟气充分混合，热烟气对垃圾进行干燥和加热，在达到着火温度后燃烧，随着筒体滚动，垃圾得到翻滚并向下移动，燃尽的炉渣到筒体末端的出渣口排出。在燃烧过程中，可根据筒体的转速调整，调节垃圾在窑内的停留时间。可在回转窑尾部增加一级炉排，回转窑的炉渣进入炉排继续燃烧用来保证垃圾完全燃尽。排出的烟气，进入燃尽室（二燃室）。燃尽室内送入二次风，保证烟气中的可燃成分在此得到充分燃烧。二燃室温度为 900～1100℃。回转窑结构如图 5-17 所示。

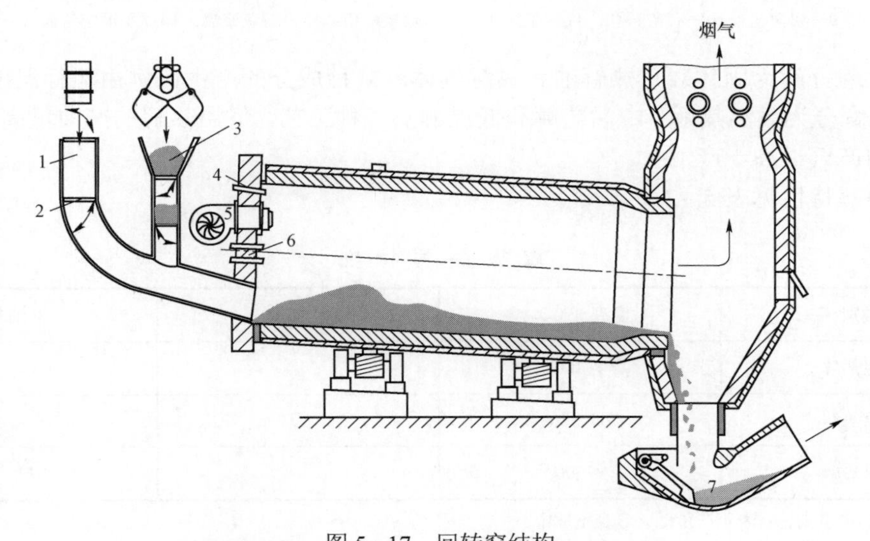

图 5-17 回转窑结构

1、3—进料口；2—密料挡板；4—燃烧器；5—一次风；6—废液喷枪；7—出渣机

（二）回转窑的应用

回转窑常用于处理成分复杂、有毒有害的工业废物和医疗垃圾。回转窑的危险废弃物处置工艺流程如图 5-18 所示。

（三）回转窑的特点

回转窑式垃圾燃烧装置投资费用低，厂用电耗与其他燃烧方式相比也较少，但燃烧热值低于 5000kJ/kg、含水分高的垃圾时有一定的难度，回转窑的处理量也较小。

四、热解燃烧技术

（一）热解的基本原理

热解是指垃圾在一密封炉膛内，加热产生高温，在缺氧情况下，垃圾中的有机物通过物

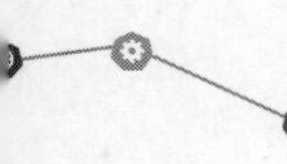

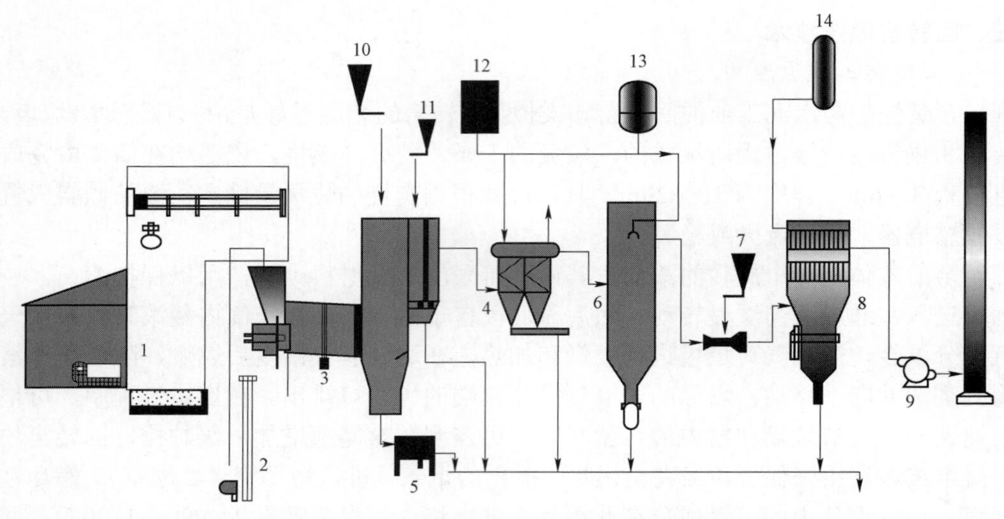

图 5-18　回转窑的危险废弃物处置工艺流程

1—危险废物仓；2—医疗废物上料机；3—回转窑；4—余热锅炉；5—出渣机；6—脱酸塔；7—活性炭仓；8—袋式除尘器；9—引风机；10—石灰石仓；11—尿素仓；12—除盐水箱；13—石灰浆罐；14—压缩空气罐

理和化学过程分解为固体炭、热解油和热解气体。3 种成分的产生比例由运行温度和垃圾组分决定。热解分为高温热解、中温热解和低温解热 3 种工艺，低温热解的产油量高于产气量，高温热解的产气量高于产油量。

垃圾热解特性见表 5-2。

表 5-2　垃 圾 热 解 特 性

类别	温度（℃）	产气量	产油量
高温热解	＞800	+	–
中温热解	500～800	○	○
低温热解	＜500	–	+

注　+表示产量高，–表示产量低，○表示适中。

热解气引入燃烧室内燃烧，燃烧产生的热量在余热锅炉内产生蒸汽用于发电或供热。固体残余物主要是炉渣、碳化物。热解流程如图 5-19 所示。

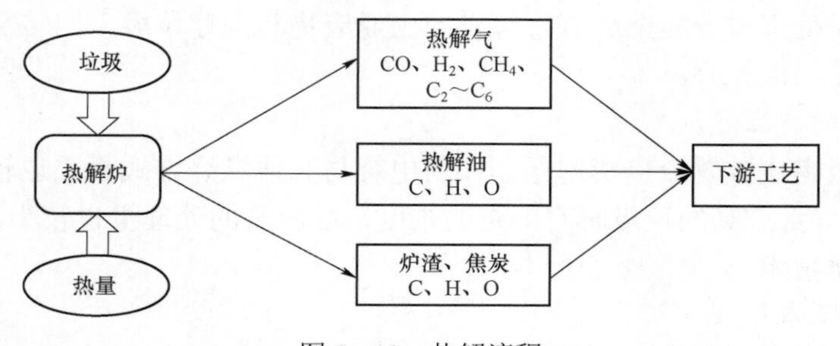

图 5-19　热解流程

（二）热解产物组分

1. 热解气组分

热解气组分包括 CO、H_2、CH_4、C_2～C_6等。

2. 热解油组分

热解油组分包括 C、H、O 等。

3. 焦炭组分

焦炭组分包括 C、H、O 等。

（三）热解工作过程

热解是一种控制空气燃烧的技术，垃圾热解过程分为加热干燥、热解、可燃气燃烧 3 个阶段。

在热解室中，无氧工况下，热解炉温度升高时，首先干燥垃圾，垃圾经过长时间停留，当温度达到 200～300℃时，产生热解即部分气化、部分分解，热解速率随着温度升高而加速。当温度达到 670℃时，大部分挥发分析出，热解速度迅速下降。热解质量损失主要发生在高温区。炉渣和不能热解的物体（如金属、玻璃等）经过除渣系统排出。热解产生的可燃气进入热解室上部的燃烧室，再送入空气，在超过 1000℃的高温下经过大于 2s 的充分燃烧，燃烧后的高温烟气进入余热锅炉产生蒸汽，用于发电和供热。

热解原理如图 5－20 所示。

热解技术在日本、加拿大有一些应用。热解工艺流程如图 5－21 所示。

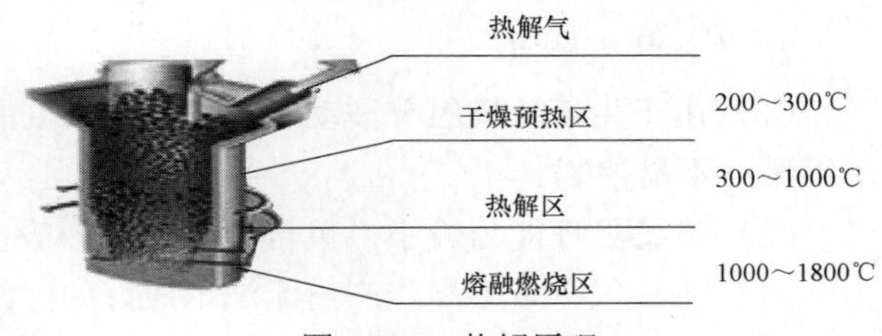

图 5－20 热解原理

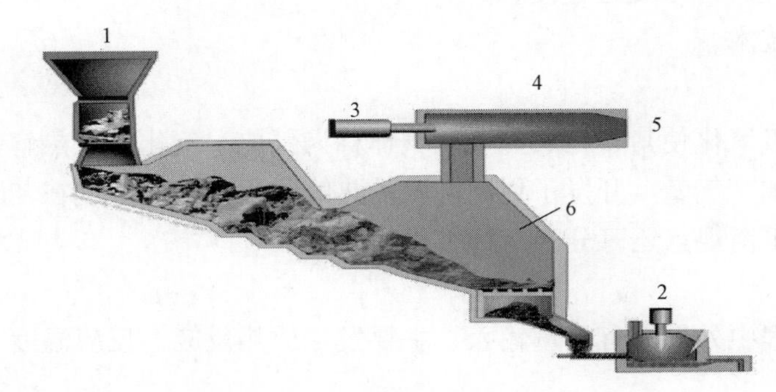

图 5－21 热解工艺流程

1—垃圾料斗；2—炉渣熔炉；3—燃烧器；4—燃烧室；5—高温烟气出口；6—热解炉

采用热解技术的垃圾焚烧厂工艺流程如图 5－22 所示。

（四）热解技术特点

1. 热解技术优点

（1）设备结构简单。

（2）垃圾不用分选，垃圾适用范围广。

（3）热解法烟气中 NO_x、SO_2 含量相对较低。

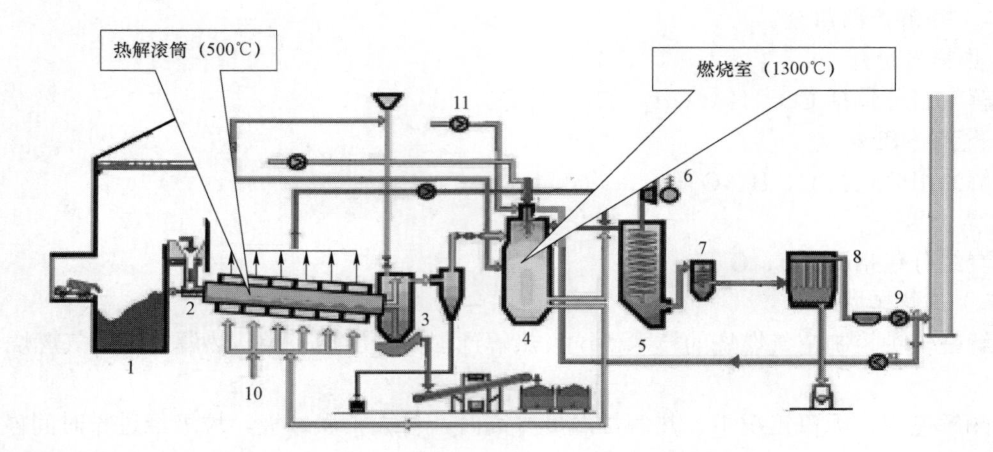

图 5－22　采用热解技术的垃圾焚烧厂工艺流程

1—垃圾仓；2—热解炉；3—出渣机；4—燃烧室；5—余热锅炉；6—汽轮发电机；7—脱酸塔；8—袋式除尘器；9—引风机；10—热炉烟气；11—送风机

2. 热解技术缺点

（1）由于生活垃圾组分波动较大，热解产生的可燃混合气性质（热值、成分等）不稳定，所以燃烧不易控制。

（2）设备处理能力较小，单台处理能力一般在 150t/日以下。

（3）热解气产量不高，产出无法形成好的经济效益。

（4）热解炉不适应高水分、低热值垃圾的处置。

（5）热解过程慢，垃圾处理速度慢。

五、气化燃烧技术

（一）气化原理

利用高温将垃圾氧化使其转化成为可燃气体称为气化。气化是在热解基础上，为了提高热解产气效率，增加产气量，开发了更高温度的热解过程。气化温度在 800℃以上，气化介质是氧气。从能量平衡观点还可分为两种气化形式。

1. 自热式气化

自热式气化过程中外界没有热量输入，主要发生放热反应。反应温度必须通过部分碳的燃烧来维持。

2. 外热式气化

外热式气化过程依赖外部输入热，主要发生吸热反应。

（二）气化技术工作过程

垃圾在气化炉内在高温有氧工况下，产生合成气，合成气通过旋风分离器从气化炉送到燃烧室，在旋风分离器内将灰尘和合成气分离，灰回到气化炉的底部与富氧空气混合。合成气在过剩空气的工况下，在燃烧室燃烧产生高约 1100℃的烟气，垃圾气化工艺流程如图 5－23 所示。

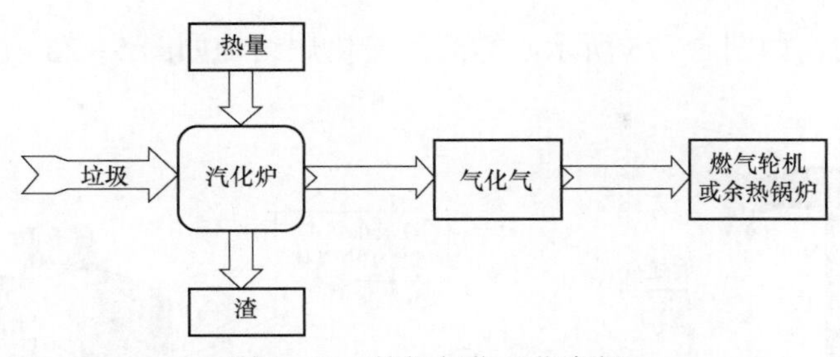

图 5-23　垃圾气化工艺流程

配置气化炉的垃圾电厂工艺流程如图 5-24 所示。

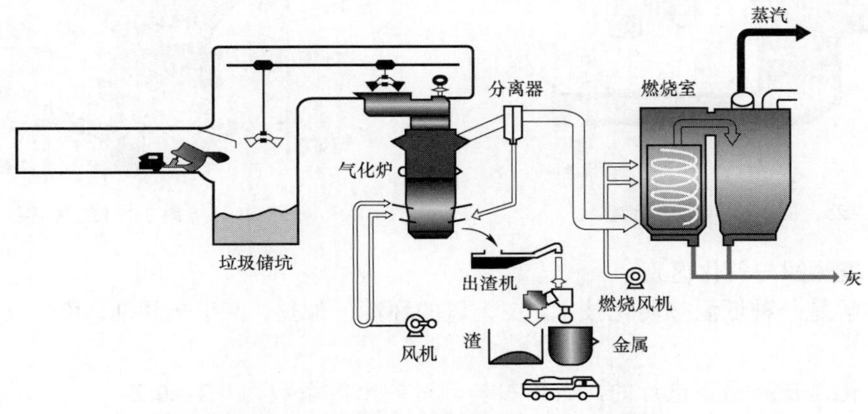

图 5-24　配置气化炉的垃圾电厂工艺流程

(三)气化产物组分

气化产物合成气含 CO、H_2 和少量 CH_4，在理想的气化过程中，C 只被氧化成 CO，但实际运行中，总会生成一部分 CO_2，剩余的 C 以固态形式出现，如炭黑和焦炭。

(四)气化技术特点

1. 气化的优点

(1) 减少了焦油产生量。

(2) 减少了二噁英、有害气体的排放量。

(3) 减少了飞灰的产量。

2. 气化的缺点

(1) 处理速度没有燃烧快。

(2) 处理规模较小。

(3) 产气量随垃圾品质波动大，尚未产生较好的经济效益。

(五)气化技术形式

有几种工艺适合于垃圾气化，即固定床气化炉、流化床气化炉和等离子气化炉。

1. 固定床气化

固定床气化适合较大尺寸的垃圾。

2. 等离子气化

等离子气化适合细颗粒垃圾。

固定床气化炉结构如图 5－25 所示，等离子气化炉结构如图 5－26 所示。

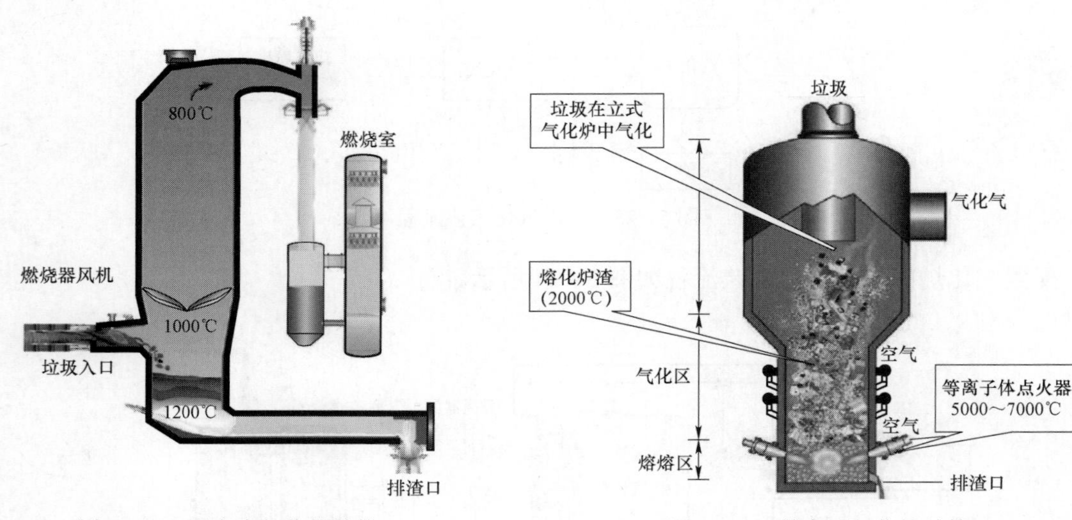

图 5－25　固定床气化炉结构　　　　图 5－26　等离子气化炉结构

六、垃圾热解与气化区别

（1）热解是一种低温热转化技术，在无氧的环境下加热，产生热解油、可燃气体和焦炭、炭黑等。

（2）气化是在高温下进行的，有氧参与，过剩空气系数为 0.2～0.7。

（3）气化产物以合成气为主，也会产生少量的液体和固体产物。与燃烧完全不同的是，气化是将固态的垃圾氧化成气态的可燃气体。

七、热解和气化技术的发展方向

热解和气化技术有更好的环境效益，形成低排放的生产方式。该技术目前还存在一些局限性，如处理量小、经济效益差等。随着运行周界条件的改善和技术的突破，热解、气化技术将得到越来越多的关注，未来有可能与垃圾直接焚烧技术一样得到广泛应用。

八、不同燃烧技术特性比较

（1）回转窑炉的优点是适用中小容量、炉内垃圾搅拌、干燥性佳等，燃烧完成后炉渣颗粒小、炉渣热酌减率低、设备利用率高、过剩空气量低、有害气体排放量低；其缺点是垃圾的种类受到限制，焚烧热值较低、水分高的垃圾困难，炉内的耐火材料易损坏等。回转窑炉适合于工业废物、医疗垃圾的焚烧处置。

（2）热解、气化炉总体环境效益好，烟气和飞灰中二噁英排放低，产飞灰的比例低；不足之处在于，用于垃圾处理时，处理速度慢，运行成本较高，尚未形成经济效益。

（3）往复炉排炉的优点是适应焚烧低热值、高水分的垃圾，单炉处理量较大，宜于燃烧组分复杂的生活垃圾，往复炉排炉运行稳定，处理能力强，运行可靠性高，烟气经处理后排放达标；往复炉排炉的缺点是烟气处理系统较复杂、能耗高、投资成本高。

（4）流化床炉的优点是对垃圾的热值要求不高。缺点是为了保证入炉垃圾的充分流化，对入炉垃圾的尺寸要求较为严格，要求垃圾在入炉前进行一系列筛选及粉碎等处理，使其颗粒尺寸均匀化；流化床炉故障率高，动力消耗大，流态化焚烧导致烟气粉尘含量高，飞灰的无害化处置费用高；需要掺加煤辅助燃烧，运行成本高，由于床料不断循环流化，烟气流速高，对焚烧炉的冲刷和磨损严重，排渣口小，堵塞频繁。运行可靠性相对较低，流化床炉的操作相对复杂，炉膛微正压运行，现场环境差。这些都导致了流化床垃圾焚烧技术在我国的应用和发展受到一定制约。流化床炉适合焚烧污泥。

以上4类常见生活垃圾焚烧炉性能及特点比较见表5-3。

表5-3 4类常见生活垃圾焚烧炉性能及特点比较

项目	往复炉排炉	流化床炉	热解、气化炉	回转窑炉
炉床及炉体特点	炉排面积及焚烧炉体积大	固定式炉床，焚烧炉体积较小	多为立式固定炉	靠炉体的旋转带动垃圾移动
垃圾预处理	不需要	需要	热值较低时需要	不需要
炉渣热灼减率	达标	达标	达标	达标
垃圾在炉内停留时间	较长	较短	最长	长
过剩空气系数	大	中	小	大
单台炉最大处理规模（t/d）	1200	800	200	500
燃烧调整	易调节	不易调节	易调节	易调节
对垃圾不均匀性的适应性	好	差	差	好
烟气中含尘量	较低	很高	较低	较低
燃烧介质	不用载体	需用石英砂	不用载体	不用载体
运行费用	低	很高	较高	较高
烟气处理	较易	易	易	较易
维修工作量	较少	较多	较少	较少
运行业绩	最多	较少	少	生活垃圾焚烧很少使用，多用于危险废弃物、医疗垃圾
综合评价	对垃圾的适应性强，运行可靠，处理性能和环保性能好，成本低	需前处理且故障率较高，需加煤焚烧，运行成本高	处理速度慢，经济性差	要求垃圾热值较高

九、生活垃圾焚烧炉炉型选择

生活垃圾发电已成为我国处理生活垃圾的主流技术，在实际工程应用中，焚烧炉的选择对垃圾电厂的安全、经济、环保运行都有着较大的影响。应根据垃圾特性及工程实际情况优先选择环保排放好、运行效率高、操作简单、运行成本低、运行可靠稳定的焚烧炉。

从国外的运行经验来看，对于生活垃圾焚烧，往复炉排炉是一个成熟的、应用最广的焚烧技术，中低热值的垃圾不需要预处理即可使用炉排炉直接焚烧。

国家环保总局以及科学技术部联合发布的《城市生活垃圾处理及污染防治技术政策》（建城〔2000〕120号）中建议垃圾焚烧采用往复炉排炉技术，审慎采用其他炉型的焚烧炉。

2015—2016年新投运29个焚烧项目平均处理规模为833t/日，往复炉排炉依然是焚烧炉的主流工艺，只有吉林松原、潍坊寿光两项目采用流化床工艺，其余的项目均采用往复炉排

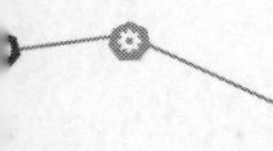

炉工艺，占比为93%。

经过近百年的实践，综合来看，往复炉排炉焚烧技术已经非常成熟，在设备运行可靠性、运行经济性和环保达标排放等方面占有较大优势。

十、对炉排炉的性能要求

（1）能保证垃圾完全燃烧，燃烧效率高，炉渣的热灼减率小于或等于5%。

（2）垃圾燃烧时，SO_2、NO_x 等有害气体的产生量较低，烟气中的有害物能够得到有效处理，烟气排放优于国家和地方的有关标准，炉膛温度大于850℃，停留时间大于2s。

（3）运行可靠，能实现长周期运行。

（4）对垃圾的适应性强。

（5）具有较高的运行效率。

十一、炉排炉选型原则

炉排是焚烧炉最重要的设备之一，其功能和经济性是确定一套垃圾焚烧装置价值的主要因素。炉排选择时要满足如下要求：

（1）创造良好的着火、稳燃条件，并使垃圾在炉内完全燃尽。

1）适当增加炉排长度，延长垃圾在炉排上的停留时间。在机械负荷一定的情况下，炉排长度决定垃圾在炉内停留时间的长短，从而影响其完全燃烧程度，焚烧热值较低的垃圾时，要适当加长炉排长度，延长垃圾在炉内的停留时间。

2）适当提高风温。一次风温度由垃圾热值决定，对于严寒和垃圾热值低的地区，一次风温度可以设计在 300℃左右，一次风配风要确保空气在炉排上垃圾层均匀分布。垃圾低位热值（LHV）与空气温度对应关系如图5－27所示。

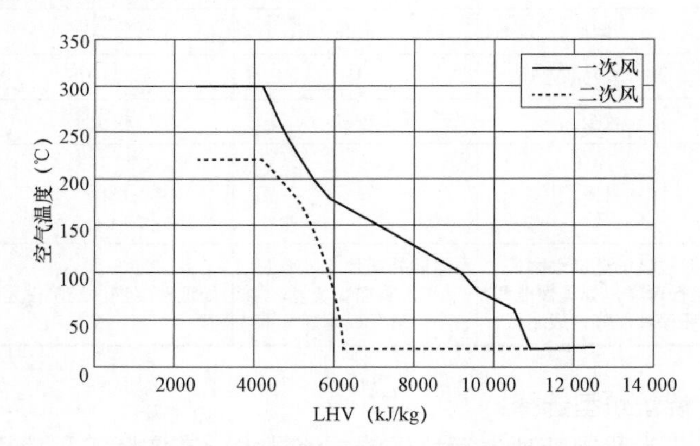

图5－27　垃圾LHV与空气温度对应关系

垃圾低位热值与一次风温对应关系见表5－4。

表5－4　　垃圾低位热值与一次风温对应关系

项目	参数		
垃圾低位热值（kJ/kg）	≤5000	5000～8000	＞8000
一次风温（℃）	220～300	130～220	20～130

3）增加炉排级数和级间的落差。炉排应多级布置，各段炉排之间设置落差墙，有利于垃圾的翻转、搅拌及破碎。有落差墙的往复炉排炉结构如图 5－28 所示。

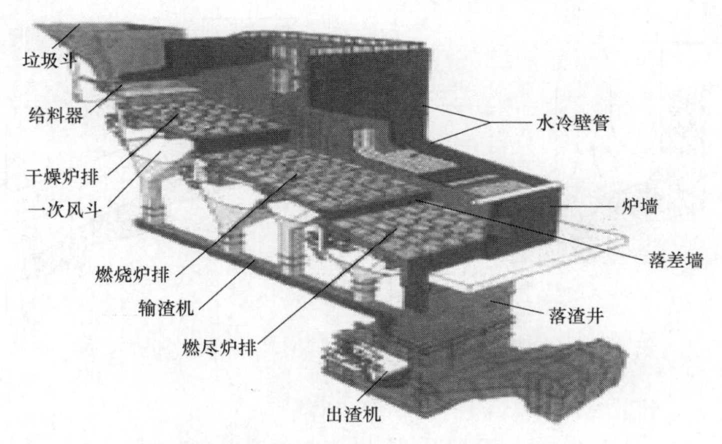

图 5－28　有落差墙的往复炉排炉结构

4）低热值垃圾优先采用逆推炉排。从国内垃圾电厂的运行经验来看，逆推炉排的燃烧效果明显好于顺推炉排。炉排的运动方向和垃圾的移动方向相反，更有利于垃圾的搅拌和翻转，同时一次风和垃圾也能良好混合。对于同样热值的垃圾，某地逆推炉排吨垃圾发电量比顺推炉排高 12kW・h/t，逆推焚烧炉的经济效益明显占优势，逆推炉排更适合于低热值的垃圾。德国专家也认为，逆推炉排更适合高水分、低热值的垃圾。逆推炉排结构如图 5－29 所示。

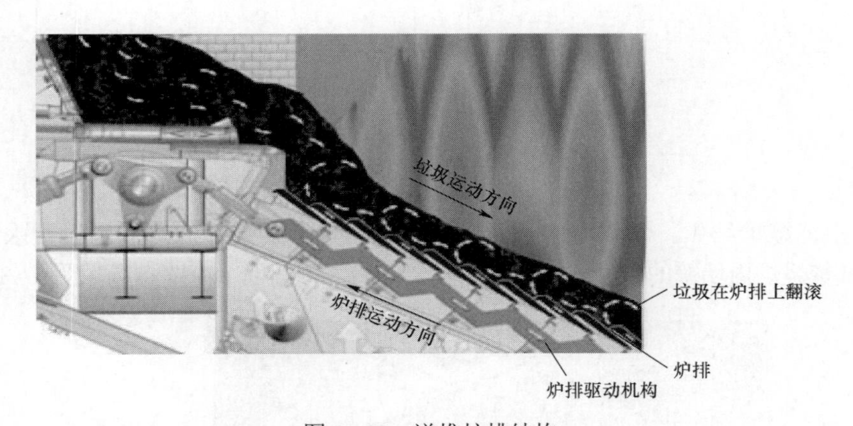

图 5－29　逆推炉排结构

5）炉排调整灵活。炉排能够分级、分段、分区调整，除了各级能够独立调整以外，每组炉排也应该能够调整，这样单个炉排组运动速度和进风量都可以单独调解，确保调整的灵活性。有利于垃圾的燃烧和提高焚烧炉的运行效率。

6）优化炉排片结构。特殊的炉排片结构有利于加强炉排片对垃圾的搅拌、翻动。

7）合理的焚烧炉炉拱形状。根据垃圾热值情况，选择实用的炉拱。焚烧炉炉拱形式如图 5－30 所示。在设计焚烧炉时，应该根据垃圾的热值选择炉拱的类型。逆流布置适用低热值垃圾，交叉流动布置适用中热值垃圾，顺流布置适用高热值垃圾。

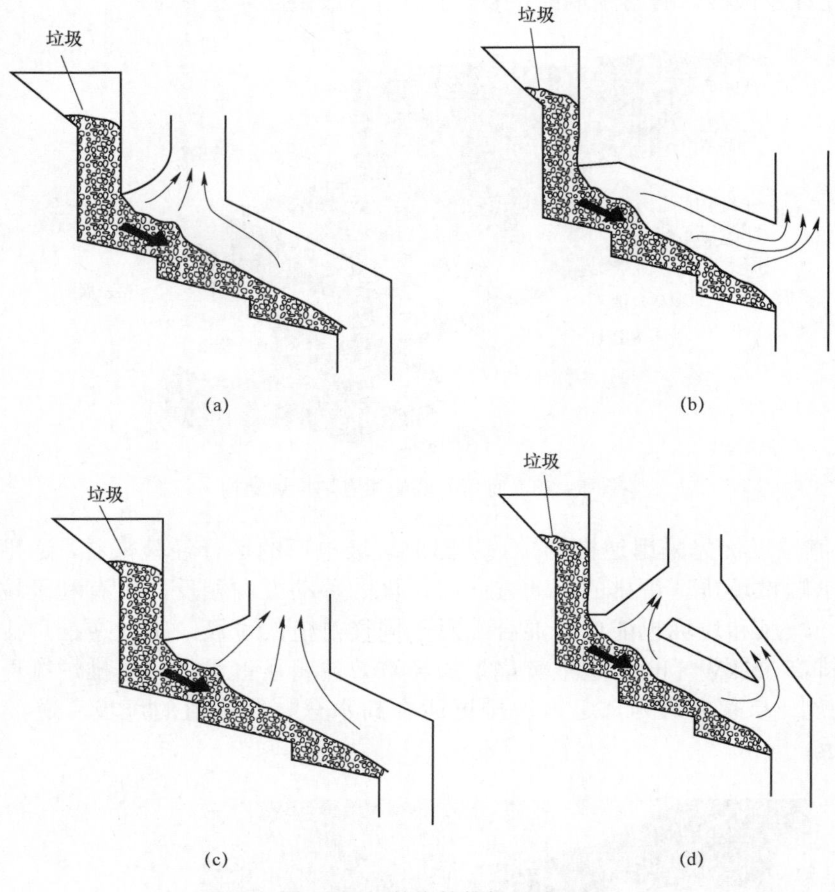

图 5-30　焚烧炉炉拱形式

（a）逆流式；（b）顺流式；（c）交流式；（d）回流式

（2）防止焚烧炉结焦。燃烧室的设计应能避免结焦，焚烧炉内侧侧墙设置水冷壁或空冷墙，用来降低焚烧炉内墙壁的温度，避免结焦。焚烧炉内侧侧墙水冷壁布置如图 5-31 所示。

图 5-31　焚烧炉内侧侧墙水冷壁布置

（3）减少炉排片的漏渣量。炉排片之间间隙小，炉排边缘与炉墙处采用柔性板密封，可以减小漏灰、漏渣。防止炉排下部的一次风斗堵塞和黏结。

（4）炉排片的材质应具有耐磨、耐高温、耐腐蚀、抗裂性能。

（5）炉排在车间预组装，缩短现场安装周期。

（6）确定合理的焚烧炉机械负荷和热负荷。针对我国垃圾组分复杂、热值低、水分含量高的特点，炉排的设计应优化机械负荷，对于低热值的垃圾机械负荷不易过大，一般情况下，机械负荷为220～260kg/（m^2·h）。焚烧炉能够在60%～100%的机械负荷和热负荷的工况下运行。

（7）提高焚烧炉自动控制水平。实现自动燃烧控制，可以保证焚烧炉稳定燃烧，从而提高燃烧效率。

（8）对垃圾有较宽的热值适用性。目前，我国多数地区的垃圾热值较低，随着人们生活的改善，垃圾热值的增长速度也较快。由于焚烧炉禁止超热负荷运行，随着垃圾热值的增长，垃圾的焚烧量是下降的。在设计焚烧炉时，既要满足运行初期垃圾热值较低工况下燃烧稳定，也要满足将来垃圾热值提高以后的焚烧炉焚烧产量的需求。

（9）炉膛严密性好，减少炉膛漏风，能够维持正常的炉膛负压。

（10）布置足够的蒸发受热面，并不发生传热恶化。

（11）焚烧炉在结构上能保证烟气在850℃的工况下在焚烧炉内停留2s以上。

（12）保证除渣系统运行可靠，炉渣能够顺畅排除，渣中含水率较低。

（13）燃烧室需有足够的容积满足燃烧热负荷，并能提高燃烧效率。

（14）送风调节灵活。灵活的一次风、二次风配风方式，便于根据垃圾燃烧工况，对风量、风压进行调整、控制。

（15）一次风风斗和烟道设计合理。一次风的风斗和锅炉的烟道在结构设计上能够减轻灰堵，延长焚烧炉的运行周期，保证一次风正常供应。

（16）炉排片的一次风喷嘴设计合理。一次风从炉排片的喷嘴进入焚烧炉，运行一段时间后，炉排片的一次风喷嘴有被堵塞的情况，使进入焚烧炉的一次风量下降、一次风的刚性减弱，影响垃圾的燃烧。

优化的炉排片一次风喷嘴的设计可以减轻一次风喷嘴堵塞情况，保证长时间运行时一次风的刚性和风量不受影响。

一次风也对炉排片起冷却作用，防止炉排片温度高于450℃，发生高温腐蚀。

（17）均匀给料。垃圾给料器的行程和运动速度能根据燃烧状况灵活调整，满足垃圾完全燃烧的需要。

（18）实现低氮燃烧，减少垃圾燃烧过程中有害气体的产生量。

十二、炉排炉未来发展方向

总之，往复式炉排炉将是未来相当长的时间内的主流技术，炉排炉未来的发展方向如下：

（1）大型化。

（2）高效率。

（3）高度自动化运行。

（4）超低排放值。

（5）对低热值垃圾适应性强。

（6）设备可靠性高。

（7）运行经济性好。

决定垃圾电厂运行效果好坏的因素，除了要选择性能优良的焚烧炉外，还要从源头上提高入厂垃圾的品质。

十三、生活垃圾热值

（一）焚烧炉设计时垃圾热值的确定

焚烧炉设计点垃圾热值的确定，关系到整个垃圾电厂寿命期间的运行效率与运行收益。若设计点垃圾热值定得过低，则当垃圾热值较高时为保证焚烧炉的热负荷不超标，垃圾处理量将下降，满足不了垃圾处理量的需求；反之，若设计点垃圾热值定得过高，导致炉膛容积热负荷长期处于低水平运行，造成焚烧炉运行效率下降。

确定设计点垃圾热值的基本指导原则如下：

生活垃圾热值目前处于从低热值向稳定的高热值过渡期，按整个运行期考虑，前期垃圾热值较低，后期垃圾热值较高。垃圾热值不仅随着年份的变化而不同，而且每年不同季节垃圾特性也明显不同，需保证焚烧炉在垃圾热值波动范围内都能稳定地运行。因此，确定设计点垃圾热值需要适当超前考虑，并根据目前垃圾热值波动情况确定垃圾热值的负荷适应范围。

根据垃圾特性分析，并充分考虑上述因素，一般将运营7～10年后的垃圾热值定为焚烧炉设计热值。

（二）垃圾发酵对热值的影响

垃圾通过在垃圾池内的堆放，一方面，垃圾中游离水可逐步渗出，通过渗沥液收集系统收集后进行处理；另一方面，垃圾在存储中有一定的发酵过程，使部分高含水有机质降解，使细胞组织中的水转化为游离水。

垃圾在垃圾池内发酵除了要有足够的堆放时间外，还要有适合的发酵温度，垃圾仓内的温度高于15℃时，就能促进垃圾在垃圾池内的发酵，北方地区的垃圾池要有足够的保温采暖设施，为垃圾发酵提供必要的条件。

垃圾的堆放会使垃圾的水分发生变化，进而影响其热值。一般垃圾水分每降低1%，其热值增加126kJ/kg。对含水率为50%的低热值生活垃圾，在入炉燃烧前经过5～10天堆放、发酵，可去除5%以上的渗沥液；如含水率超过55%，则可去除8%左右的渗沥液。根据垃圾特性分析，按去除8%渗沥液考虑，则实际入炉垃圾低位热值增加1005kJ/kg。

第三节　炉排炉技术

一、炉排炉类型

炉排炉类型很多，它们之间是有区别的。主要的炉排炉类型有：

（1）固定炉排炉。

（2）链条炉排炉。

（3）滚动炉排炉。

（4）往复炉排炉等。往复炉排炉又分为顺推往复炉排炉和逆推往复炉排炉。

经过近百年的运行实践证明，滚动炉排、振动炉排等技术将不会再被大规模的应用，往复炉排炉技术越来越得到广泛的应用，往复炉排炉约占80%以上的市场份额。不同炉排形式如图 5－32 所示。

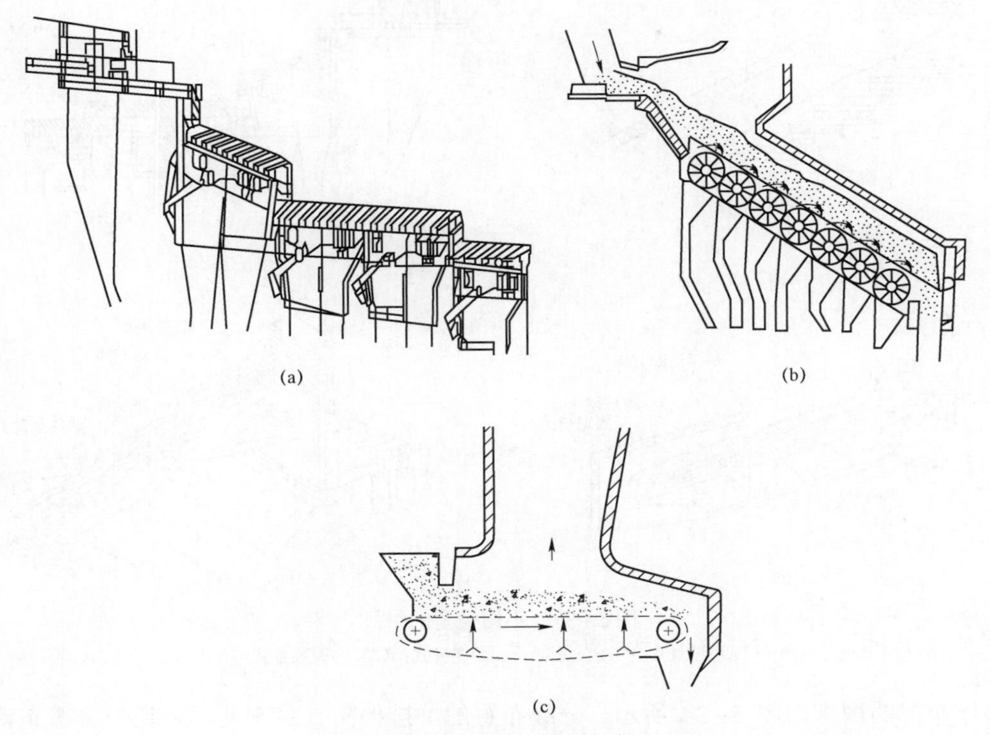

图 5－32　不同炉排形式

（a）往复炉排；（b）滚动炉排；（c）链条炉排

二、炉排的作用和组成

炉排的作用是将给料器送来的垃圾在炉排上翻滚、搅拌、切割，并与一次风充分混合，使垃圾在炉排上燃烧的同时将炉渣送往炉渣井。为了保证垃圾充分燃烧，炉排的运动速度应根据垃圾燃烧工况进行调整。炉排由活动炉排和固定炉排组成，通过活动炉排的动作，炉排反复进行前进、后退动作。

炉排系统组成包括：

（1）干燥炉排。

（2）燃烧炉排。

（3）燃尽炉排。

（4）炉排液压驱动装置。

（5）驱动装置的润滑系统。

三、炉排形式

炉排的形式多种多样，不同生产厂商有不同形式的炉排。炉排可水平布置，也可呈倾斜 15°～26° 布置。炉排有一体布置，也有分段布置，一体布置的没有落差；分段布置的炉排段与段之间有垂直落差。不管炉排如何布置，炉排都分为预热段、燃烧段、燃尽段，不同类型的炉排如图 5－33 所示。

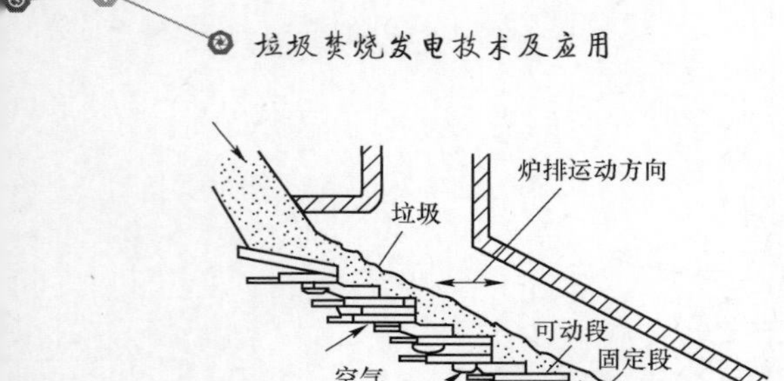

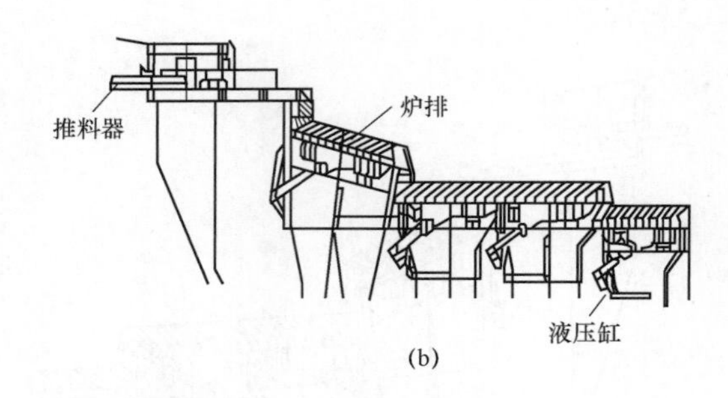

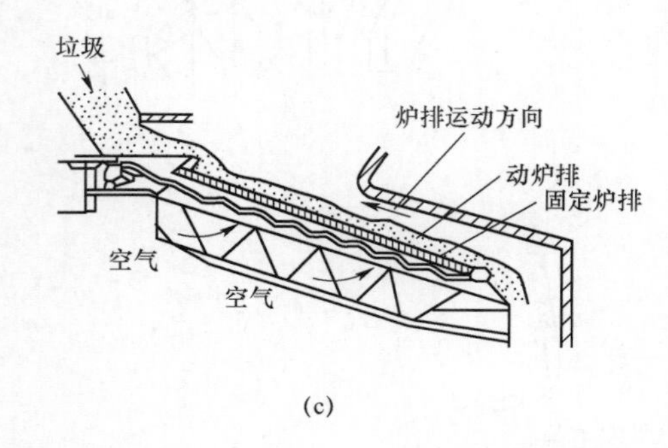

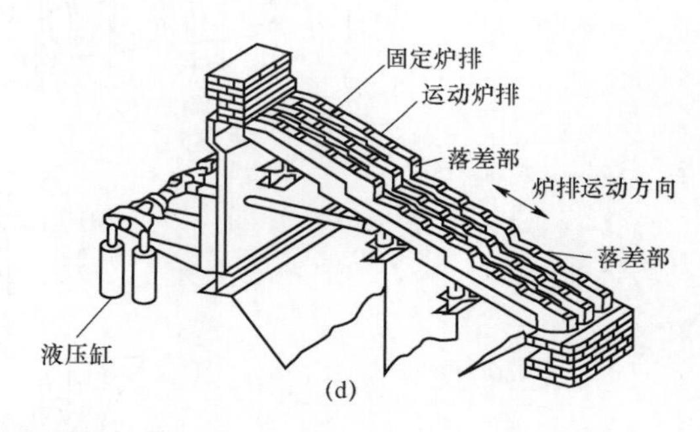

图 5－33　不同类型的炉排

(a) 倾斜式；(b) 水平式；(c) 逆推式；(d) 并列顺推式

一体布置的炉排如图 5－34 所示。分级布置的炉排如图 5－35 所示，逆推分级布置的炉排更适合高水分、低热值的垃圾。

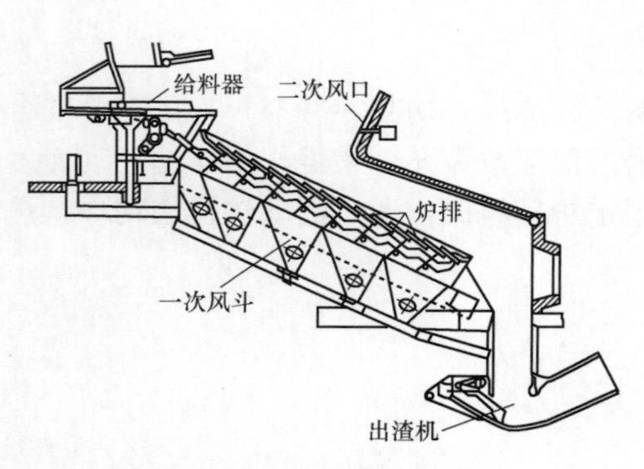

图 5－34　一体布置的炉排

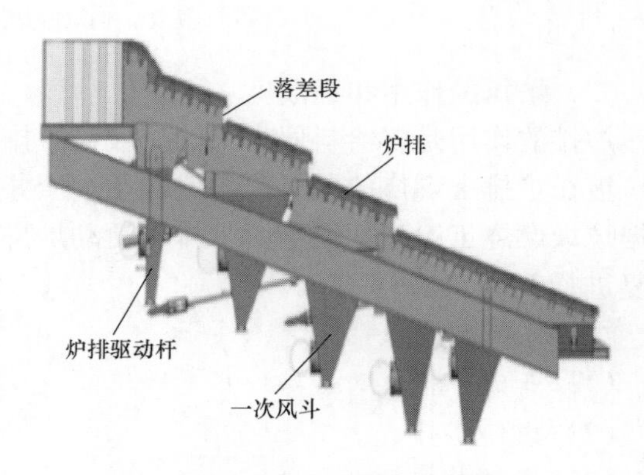

图 5－35　分级布置的炉排

四、炉排炉燃烧室

炉排上方及前后拱喉部下方区域被称为一燃室。二次风喷口上方的垂直辐射烟道被称为二燃室。一燃室、二燃室结构如图 5－36 所示。

二燃室以上部分的垂直烟道即炉膛，二燃室的水冷壁用耐火材料覆盖，一方面，可以防止水冷壁金属的高温腐蚀；另一方面，可以减少水冷壁的吸热量，强化垃圾的燃烧，保证炉膛温度在 850℃以上。

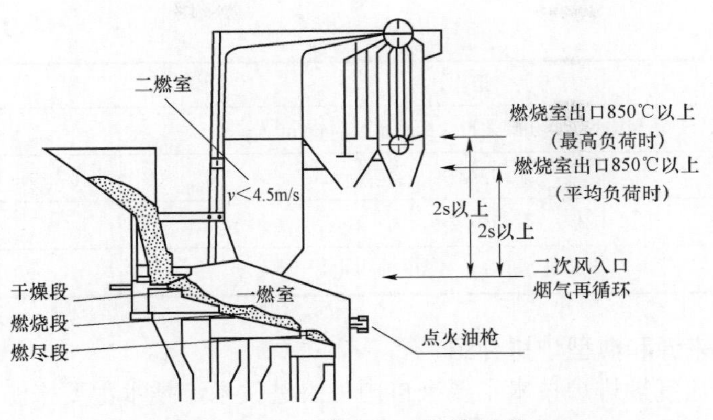

图 5－36　一燃室、二燃室结构

二燃室的空间设计和结构充分考虑最优气流分布和能保证烟气在高于 850℃的区域停留时间不低于 2s。一燃室燃烧产生的热烟气进入二燃室，二次风经过流量优化后涡流喷射注入二燃室，凭借二次风喷嘴的分布在二燃室内产生涡流，进一步加强烟气扰动状况。由于涡流的作用，气流中温度、速度和浓度方面都呈均匀分布。温度、速度和浓度的峰值都被极小化，保证烟气完全燃烧和产生较低的污染物。

二燃室从结构布置和配风上要有利于实现以下的运行工况：

（1）保证烟气实现完全燃烧，降低一氧化碳的浓度和其他有害气体的产生浓度。

（2）二燃室温度场均匀分布。

（3）减少对无防护的金属表面造成腐蚀的风险。

（4）减少二噁英和 NO_x 的形成。

（5）为 SNCR 脱硝系统提供最优的反应环境。

（6）烟气流速小于 4.5m/s，烟气停留时间大于 2s。

五、往复炉排炉主要技术指标

不论选用顺推炉型还是逆推炉型，都要满足一定的焚烧炉技术指标要求，往复炉排炉的主要技术指标见表 5－5。

表 5－5　往复炉排炉的主要技术指标

序号	指　标	数值
1	负荷变化范围（机械负荷，%）	60～110
2	进炉垃圾低位发热量变化范围（kJ/kg）	4600～10 000
3	焚烧炉年累计运行时间（h）	≥8000
4	烟气在＞850℃的条件下停留时间（s）	≥2
5	焚烧炉渣热灼减率（%）	≤5
6	炉排机械负荷［kg/（m^2·h）］	230～260
7	超热负荷运行能力（110%热负荷，h/日）	＜4
8	烟气再循环风入炉温度（设计工况，℃）	＞150
9	焚烧炉 NO_x 出口浓度（标准状况，mg/m^3）	＜250

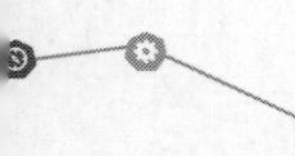

续表

序号	指　标	数值
10	焚烧炉 CO 出口浓度（标准状况，mg/m^3）	<40
11	炉排漏渣率（%）	<1
12	焚烧炉效率（%）	>98
13	垃圾在炉排上停留时间（h）	2

六、炉排技术来源和典型炉排介绍

目前，国内的往复炉排炉技术主要来自国外引进技术，技术主要来源于德国、比利时、法国和丹麦等国家，国内设备制造厂家已在消耗吸收国外技术的基础上，改进出适合中国低热值、高水分、高灰分垃圾特性的往复炉排炉。

下面分别介绍两款进口炉排和两款引进技术生产的国产炉排，这些炉排具有一定的代表性，在国内外有着良好的使用业绩，具有技术成熟、垃圾适应性强、设备运行稳定、可用率高、设备维护量小和排放值低等特点。

（一）德国斯勒巴高克炉排

德国斯勒巴高克炉排在欧洲有超过 100 项工程案例，在中国也有两座焚烧厂的业绩，虽然在国内的工程应用不多，但从现场反馈的情况看，运行效果良好。

德国斯勒巴高克炉排属于顺推炉排，炉排可以分区调整，控制灵活。炉排多级布置，各级间的落差大。炉排片结构有利于垃圾的搅拌，一次风从炉排片的间隙送入，长时间运行也不会造成炉排一次风堵塞。适合处理低热值、高水分垃圾。同时对垃圾的热值适用范围宽，能满足较长时间的运行需要。

炉排的主要特性如下：

（1）固定炉排片和移动炉排片横向交替布置，一层布置动炉排，下层布置静炉排。用传动杆对炉排托架进行机械自调，炉排托架是整体结构，每一炉排组有一个驱动中心，实现了炉排的分区调整，大大方便了燃烧调整。一次风量可独立调节，增加了燃烧调整的灵活性。炉排块驱动机构如图 5－37 所示。

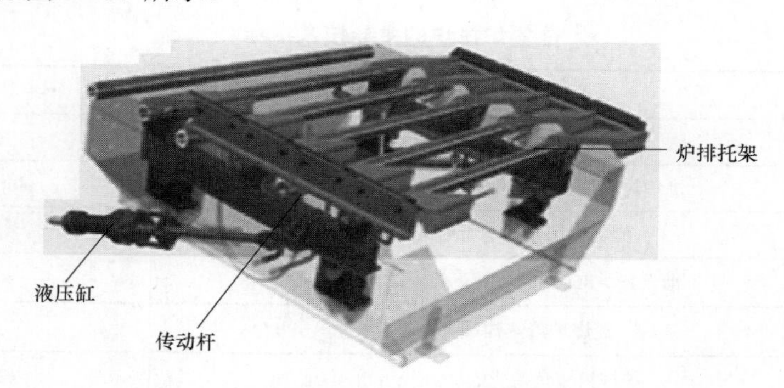

图 5－37　炉排块驱动机构

（2）沿垃圾走向共 3～5 个炉排区，焚烧控制系统可独立调整并控制每一区的送风和炉排运行速度。炉排运动调整和送风结构如图 5－38 所示。

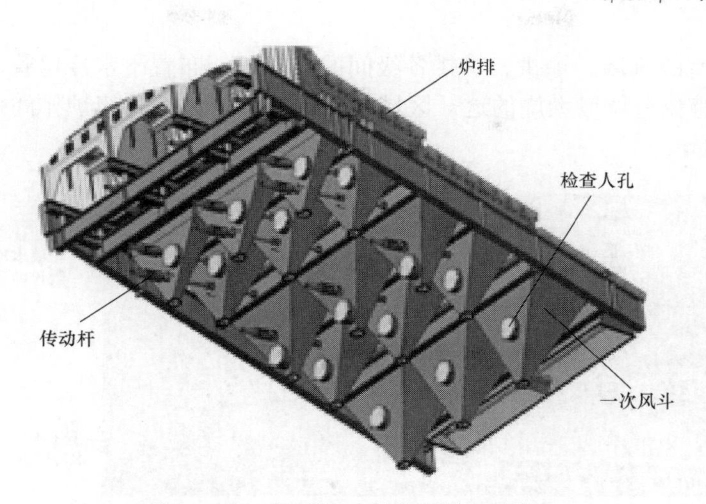

图 5-38　炉排运动调整和送风结构

（3）两个级间的阶梯差为0.5m，垃圾落下过程中得到了充分的搅拌和翻滚，提高了燃烧效率。

（4）垃圾进料挤压后流出的渗沥液，被给料器尾部集水槽收集，有利于高水分垃圾的燃烧。

（5）燃烧空气在炉排块的间隙送入，炉排片的运动产生了自清洁的效果，长周期运行也不会造成一次风喷嘴堵塞。安装完成的炉排片如图 5-39 所示。从运行情况看，由于采用炉排片间隙进风，在运行中也存在着炉排漏渣量大的问题。

图 5-39　炉排片

（6）炉排片的尺寸较大、厚重，炉排片运动时会使垃圾产生大幅的翻转、滚动。单个的炉排片结构如图 5-40 所示。

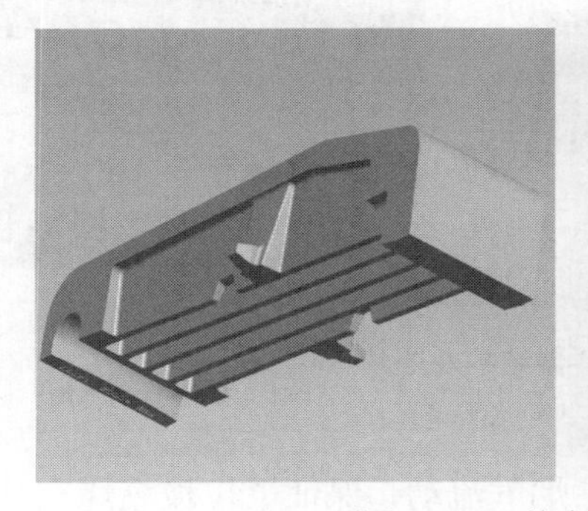

图 5-40　单个的炉排片结构

（7）在焚烧室的侧墙、炉拱、炉排各级间的落差段，布置了水冷壁管，在提高焚烧炉效率的同时，可以避免有垃圾燃烧的这一区域结焦。焚烧炉内的各级炉排间落差段的水冷壁管布置如图 5－41 所示。

图 5－41　焚烧炉内的各级炉排间落差段的水冷壁管布置

（8）二次风刚性强，燃烧室内能产生强烈的气流扰动，有利于完全燃烧，同时减少了 NO_x 等气体和二噁英的产生量。二次风布置如图 5－42 所示。

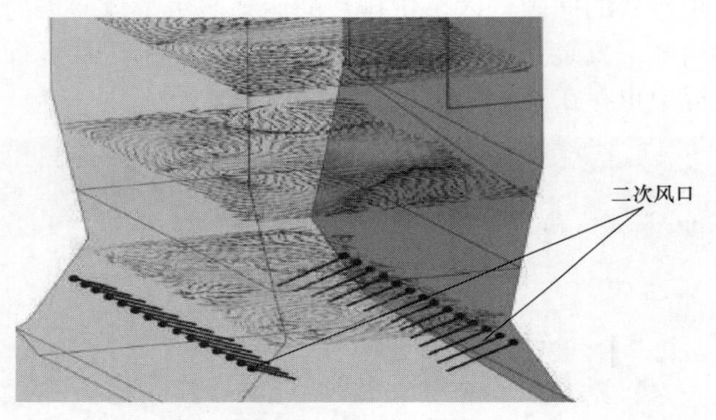

图 5－42　二次风布置

（9）垃圾给料器采用无级变速调整，行程可调，使垃圾能够均匀入炉。给料器结构及照片如图 5－43 所示。

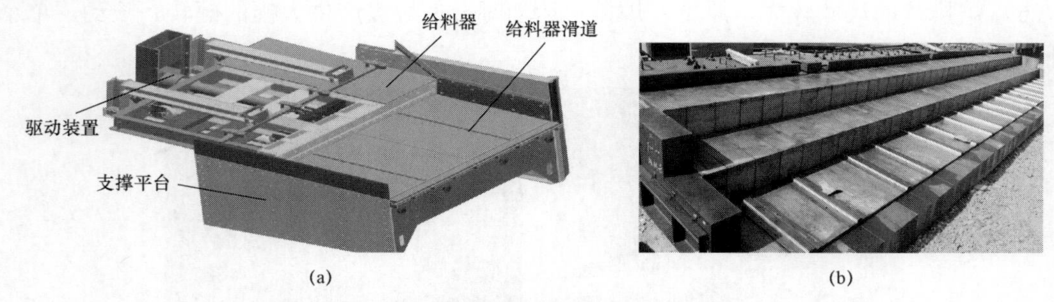

图 5－43　给料器结构及照片

（a）给料器结构；（b）给料器照片

（10）炉拱采用中心流布置，较好地平衡了烟气流动，保证了垃圾燃烧充分，同时减少了 NO_x 等气体的产生。炉拱结构如图 5－44 所示。

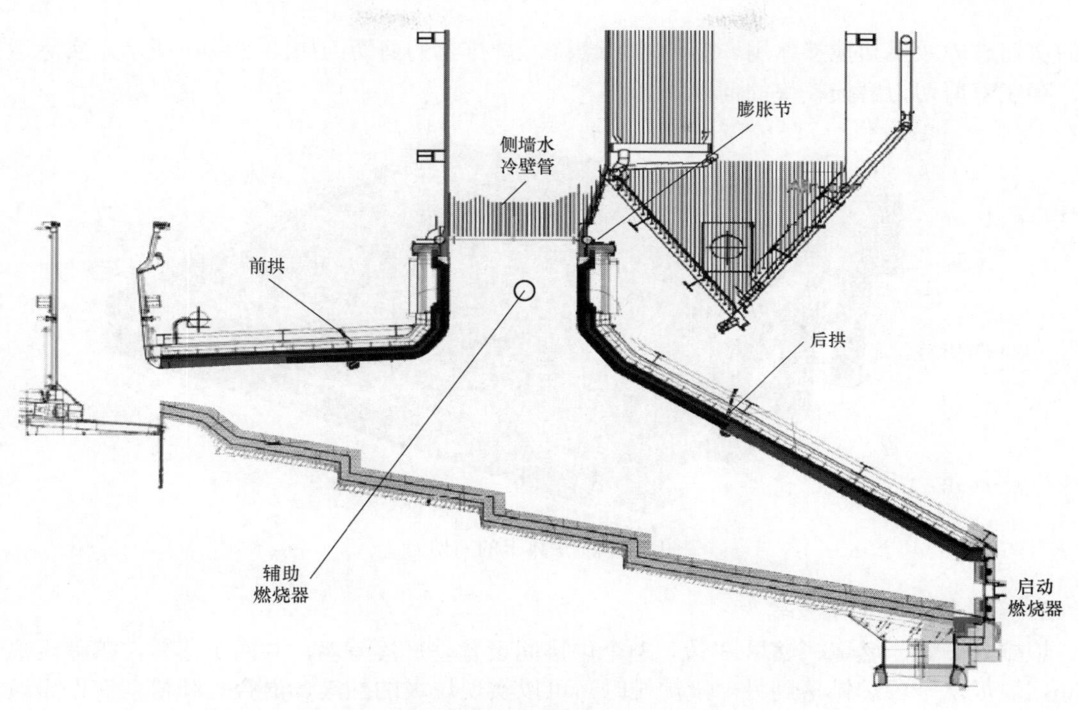

图 5－44　炉拱结构

德国斯勒巴高克往复炉排炉整体结构如图 5－45 所示。

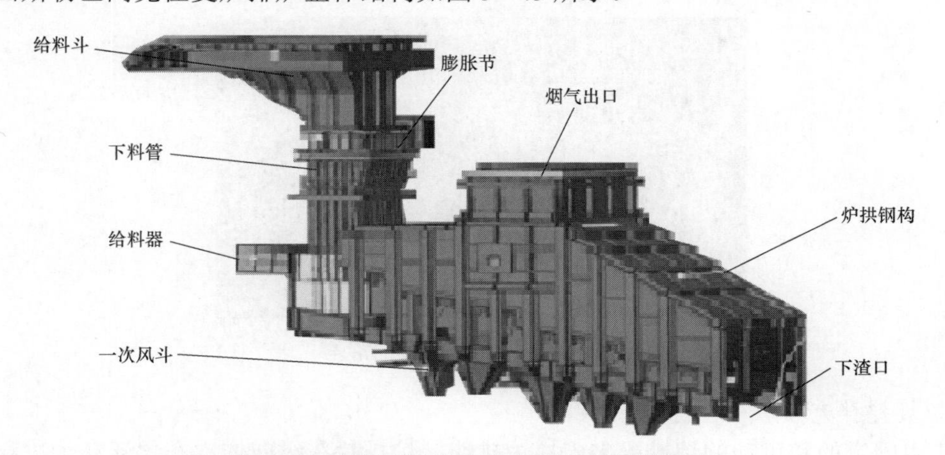

图 5－45　德国斯勒巴高克往复炉排炉整体结构

（二）日立造船 VONROLL 炉排

日立造船的炉排技术由欧洲的 VONROLL 而来，属于顺推炉排。日立造船 VONROLL 炉排是世界上应用最广泛的生活垃圾焚烧炉之一，在欧洲、亚洲广泛应用，此炉型对低中热值垃圾的焚烧效果良好。

炉排系统的主要特性如下：

1. 炉排上布置剪切刀

除活动炉排和固定炉排外，还设置了剪切刀，剪切刀设置在燃烧炉排区域，增加了对垃圾的剪切破碎效果和搅拌作用，易于垃圾燃烧。炉排上的剪切刀如图 5-46 所示。实际运行中，存在着剪切刀磨损较快的问题。

图 5-46　炉排上的剪切刀

2. 各段炉排之间落差较大

炉排分干燥、燃烧、燃尽 3 段，3 个炉排间设置垂直落差墙，共两个落差，落差距离为 1.5m，垃圾从一段炉排落到另一段炉排时，可以实现垃圾的翻滚、混合、疏松，有助于垃圾燃烧。各级炉排段的落差如图 5-47 所示。

图 5-47　各级炉排段的落差

3. 垃圾搅拌充分

炉排由固定的和可动的炉排梁来支撑炉排块，炉排片在纵向依次布置活动炉排和固定炉排。通过活动梁的动作，炉排反复进行前进、后退动作。通过炉排的动作，对垃圾进行松散和搅动，使垃圾充分燃烧，炉排运动情况如图 5-48 所示。

4. 配风合理

一次风从活动炉排和固定炉排之间的间隙以及设置在炉排片上的通风孔均匀地吹出，使炉排冷却和提供燃烧空气。炉排表面倾斜，炉排上的垃圾向前移动，同时剪切刀向上推动。正是这一运动，在垃圾中形成剪切效应，使得块状垃圾中产生许多裂缝，于是，块状垃圾得到破碎，这样燃烧空气就能顺利地通过垃圾。炉排配风情况如图 5-49 所示。

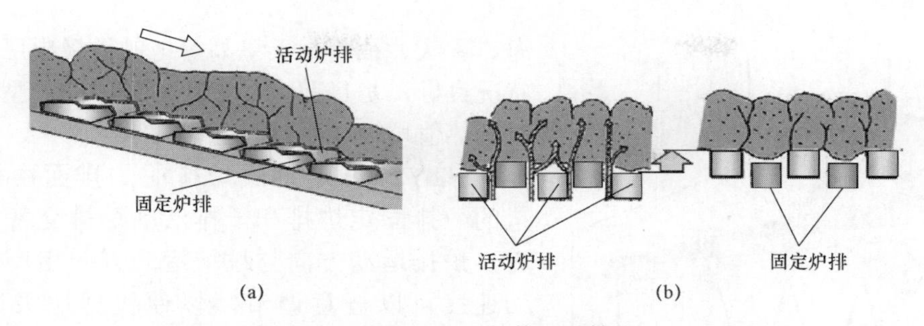

图 5-48 炉排运动情况

（a）左右方向上的垃圾松散和搅拌；（b）上下方向上的垃圾松散和搅拌

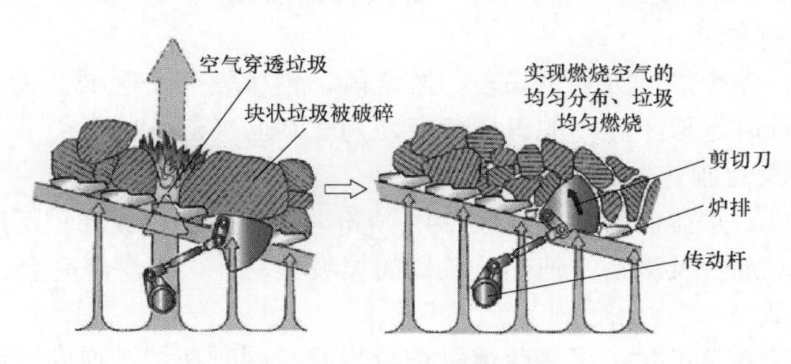

图 5-49 炉排配风情况

固定炉排和活动炉排之间有小的间隙，间隙也作为一次风的入口通道。上述的交叉运动帮助土、沙子或钉子分散和掉下以预防阻塞炉排的间隙。炉排有自身清洁的功能，间隙处不会发生阻塞，一次风能更好地通过。炉排片配风结构如图 5-50 所示。

图 5-50 炉排片配风结构

5. 炉拱道流设计

炉拱道流设计利于垃圾接受烟气的辐射热，炉拱结构如图 5-51 所示。

（三）国产 SITY2000 逆推式炉排

采用引进法国公司逆推往复炉排炉技术，炉排结构和工作原理与马丁炉相似，应用于上

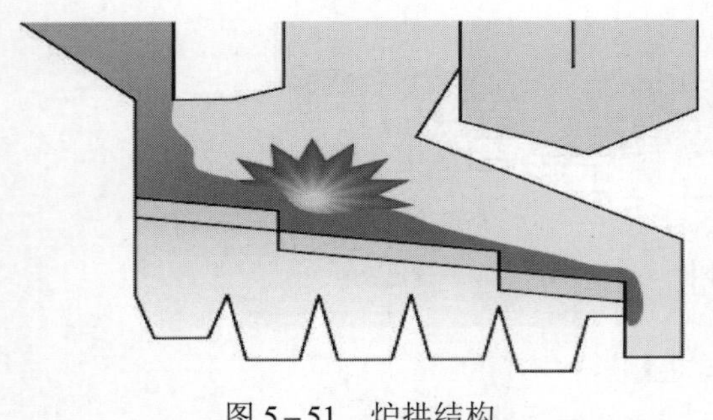
图 5-51　炉拱结构

海、重庆、福州、秦皇岛等地的垃圾电厂，运行状况良好，是目前世界上应用最广的炉型之一，对低热值垃圾适用性较强。

SITY2000 逆推式炉排的炉排面由横向布置的一排固定炉排和一排活动炉排交替安装而成，炉排运动方向与垃圾运动方向相反，其运动速度可以任意调节，以便根据垃圾性质及燃烧工况调整垃圾在炉排上的停留时间。其主要特点有：

1. 炉排机械负荷较低

炉排一体布置，整个炉排分为干燥段、燃烧段、燃尽段 3 个区域。为了保证低热值垃圾的完全燃烧，在设计时选取了较小的机械负荷，为 220kg/（m^2·h）。

2. 逆流式炉拱及逆推炉排

采取逆流式炉拱，炉排面与水平面成 24°倾角，炉排上的垃圾通过活动炉排片的逆向运动得到充分的搅动、混合及滚动，使热值较低的垃圾更易着火和燃烧完全。

3. 炉排片特殊设计

炉排片前端设计为角锥状，可避免熔融炉渣附着，同时在炉排逆向运动时，更有利于垃圾的蓬松、着火和燃烧。炉排片背面的加强筋设计成迷宫式通道，一次风通过炉排背面送风时，也对炉排起到了很好的冷却效果。炉排片侧面和正面是经过精加工的，漏灰量较少，炉排片之间通过螺栓连接，避免了炉排片之间的磨损和被抬起的可能性。炉排及炉排片结构如图 5-52 所示，一次风从炉排片前端的圆孔喷出，减少了一次风口被堵塞的概率。

(a)

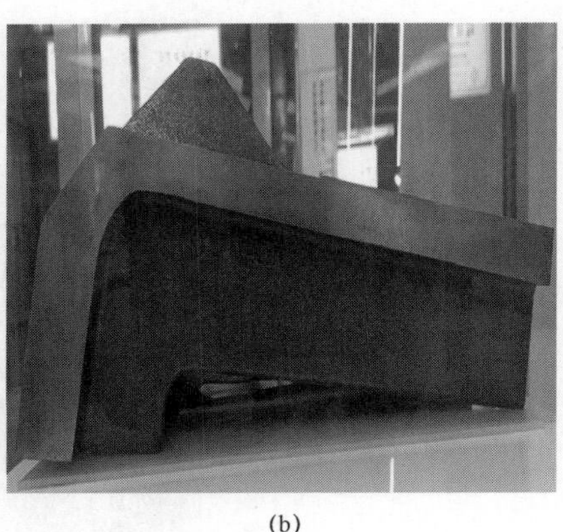
(b)

图 5-52　炉排及炉排片结构

（a）炉排；（b）炉排片

4. 垃圾热值适应范围广

通过对炉排尺寸、前后拱倾角及几何尺寸、喉部尺寸、焚烧炉高度等的科学搭配，SITY2000 逆推式往复炉排对垃圾热值适应范围非常广。

SITY2000 逆推式往复炉排炉整体结构如图 5-53 所示。

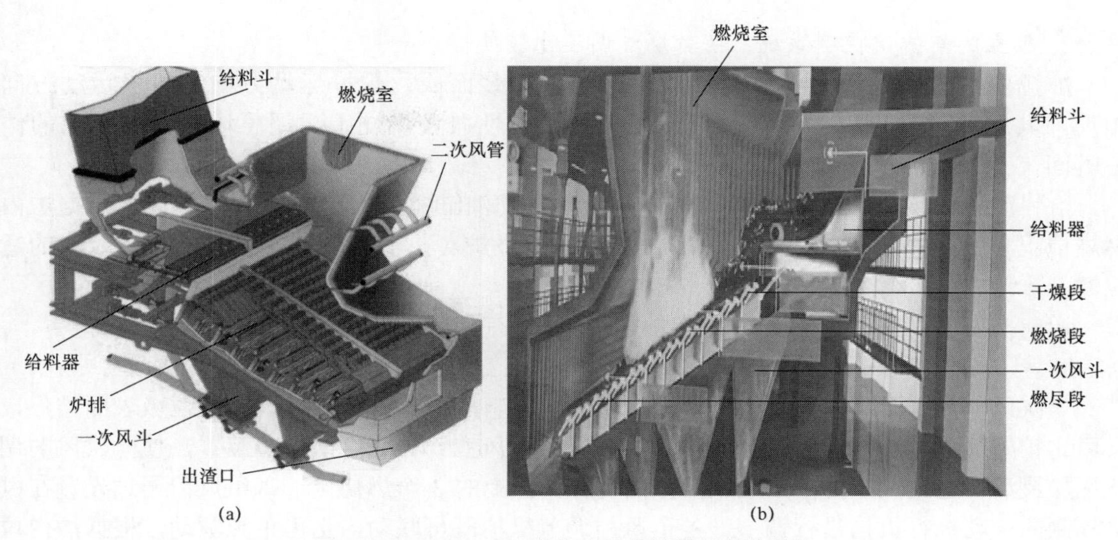

图 5－53 SITY2000 逆推式往复炉排炉整体结构

（a）正视图；（b）侧视图

（四）国产二段往复式炉排技术

二段往复式炉排炉是参考引进技术开发的生活垃圾焚烧炉，适合于焚烧国内水分较高、热值较低的生活垃圾。二段往复式焚烧炉技术特点如下：

1. 炉排二段式的设计利于垃圾的充分燃烧

前段采用逆推炉排，后段采用顺推炉排。逆推炉排的逆向运动使新加入的垃圾与灼热层混合在一起，加上焚烧炉前拱的辐射，干燥和点火可在很短时间内完成，对热值较低，且水分含量大（最高达 60%）的垃圾具有较好的适应性。逆推炉排与顺推炉排之间设置了台阶，使完成燃烧阶段的垃圾落到顺推炉排上时大的团块被打碎，在顺推炉排的床面上完成燃尽过程。二段往复式焚烧炉结构如图 5－54 所示。

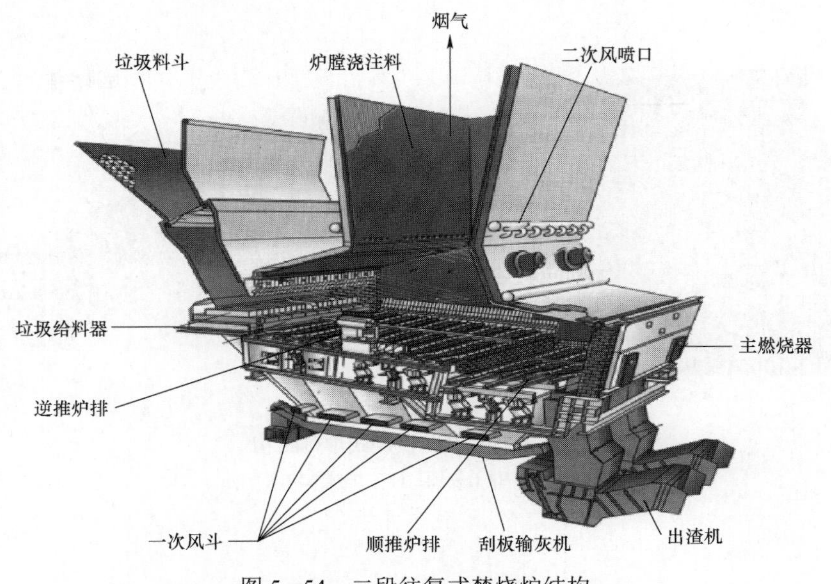

图 5－54 二段往复式焚烧炉结构

2. 独立的炉排组控制系统，使焚烧炉调节比较便捷

炉排由一排固定炉排和一排活动炉排交替安装而成，炉排运动方向与垃圾运动方向相反，其运动速度可以任意调节，以便根据垃圾性质及燃烧工况调整垃圾在炉排上的停留时间。

给料装置、逆推炉排、顺推炉排分别由独立的油缸驱动，可同步动作，也可根据炉内燃烧情况单独控制各自的速度和频率，提高了焚烧炉对热值波动范围很大的生活垃圾的适应性。

逆向推动可相应延长垃圾在炉内的停留时间，有利于垃圾充分燃烧。

3. 炉排底部分室供空气，优化了各段炉排燃烧空气供应

一次风从炉排下部进入焚烧炉，向上吹至垃圾料层，这既可有效地减少垃圾表面结焦，又可比较好地冷却炉排片，延长了炉排片的寿命。风室设计有风门调节装置，使一次风的调整更加灵活。逆推风室内的四组风门分别对应炉排上的 3 个燃烧区，每组风门通过设置在风室外侧的电动执行机构进行调节。各个风门调节机构既可联动，也可单独驱动，根据炉内垃圾燃烧状态，可以单独调节各燃烧区的风量，以取得最佳燃烧效果。

4. 完善的一、二次风系统，保证达标排放

为延长烟气在炉内的停留时间，二段往复式炉排气流模式采用逆流式，即垃圾移送方向与燃烧气体流向相反，可以充分利用燃烧气体与炉体的辐射和对流传热进行垃圾干燥。在焚烧炉的上方，通过高温二次风的高速喷入，使烟气得到充分的扰动，延长烟气在焚烧炉内的停留时间，即改善了燃烧状况，又保证烟气在焚烧炉内 850℃以上的高温区停留时间至少在 2s 以上，促进二噁英完全分解。

5. 炉排片间隙送风

燃烧空气从炉底部送入并从炉排块的缝隙中吹出，炉排推动时，炉排均能做到四周呈相对运动，可使黏结在炉排通风口上的一些低熔点物质吹走，保持良好的通风条件。二段往复式炉排结构如图 5－55 所示。

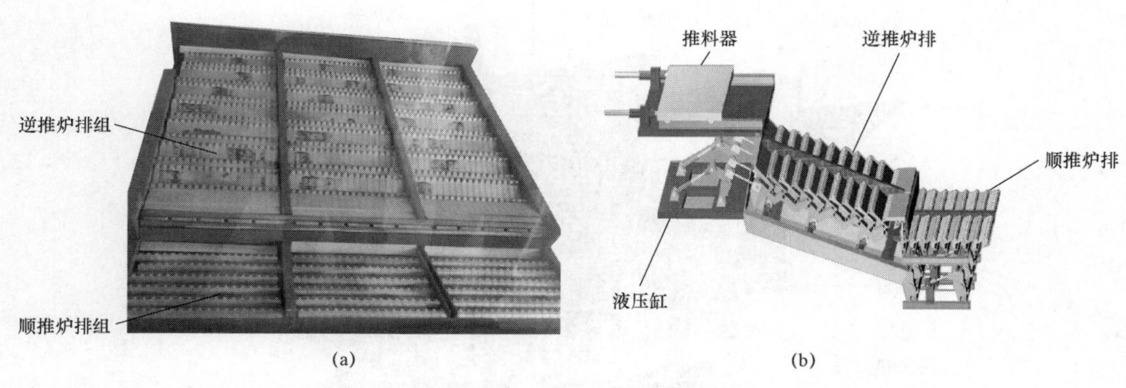

图 5－55 二段往复式炉排结构

（a）炉排前视图；（b）炉排结构图

第四节　焚烧炉组成

焚烧炉由本体和辅助系统组成，包括炉排、液压站、润滑油泵、一次风斗和焚烧炉墙体等。

一、炉排驱动

（一）液压站作用及组成

焚烧炉包括液压驱动给料器、炉排、料斗架桥破解装置及出渣机等设备。液压驱动系统由液压泵、油箱、液压油冷却器等组成。液压驱动系统的主要特点是结构简单、设备数量少、易于维修。液压站如图5－56所示。

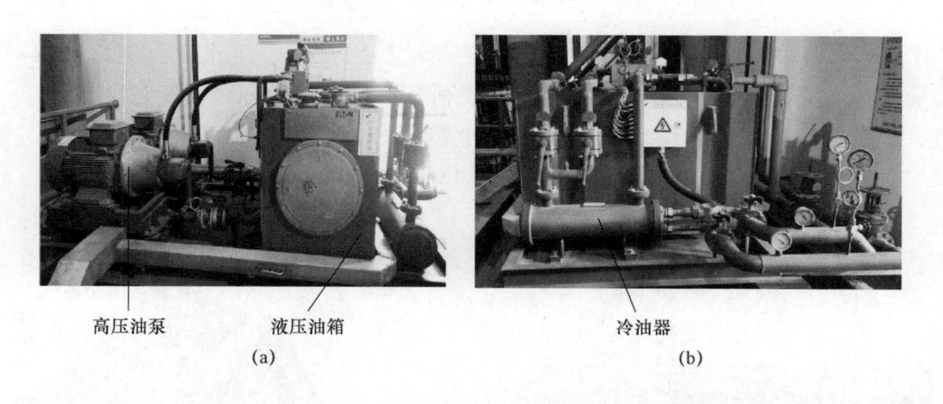

图5－56　液压站

（a）照片一；（b）照片二

（二）炉排驱动机构工作原理

驱动机构位于炉排下部，炉排片安装在驱动机构的格栅上，格栅类似于一套楼梯，每个格栅条在水平方向和垂直方向上交替排列。格栅条依次安装在传动杆上，这样相邻的两个轴的杆可以连接在一起，形成一个连续的格栅面。液压装置带动传动杆，传动杆驱动格栅运动，从而带动炉排片移动。对于从炉排片间隙送风的焚烧炉，当炉排片移动时，在相邻的炉排片间形成2mm的间隙，并通过间隙提供燃烧空气，炉排片的运动防止颗粒物堵塞间隙。炉排驱动原理如图5－57所示，炉排组装结构及运动原理如图5－58所示。

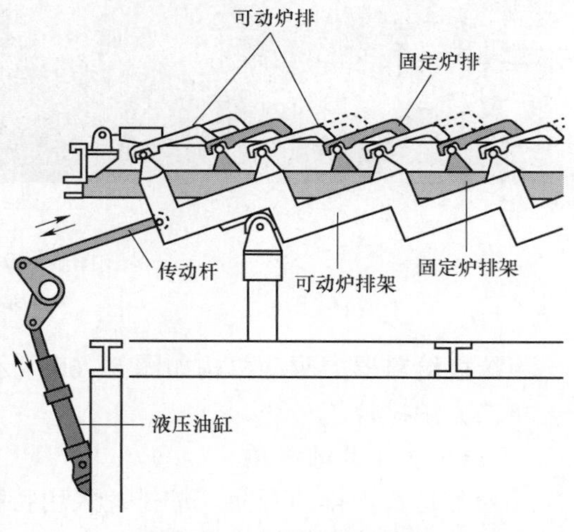

图5－57　炉排驱动原理

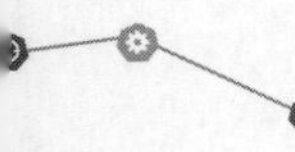

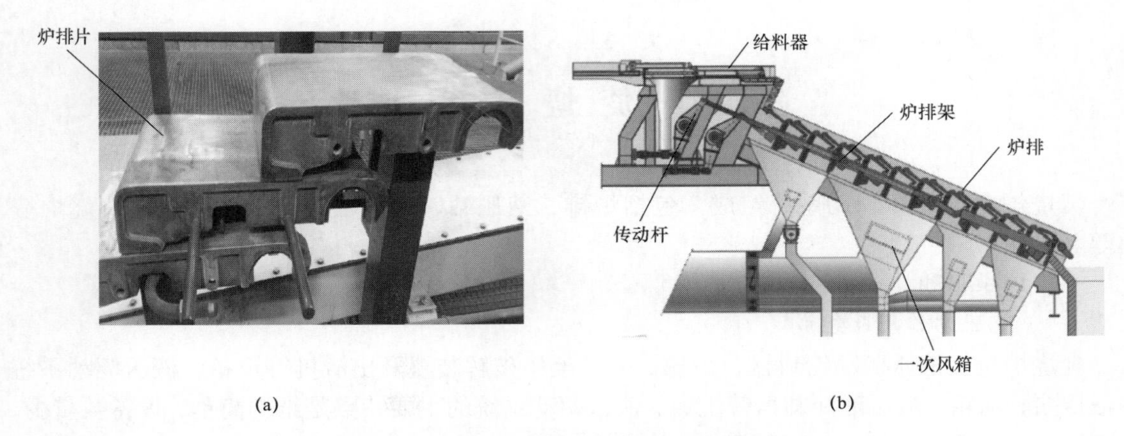

图 5-58　炉排组装结构及运动原理

（a）炉排组装结构；（b）炉排运动原理

（三）炉排驱动机构的控制方式

炉排驱动机构有遥控运行和就地运行两种控制方式。遥控运行时，在自动模式下，各炉排重复前进、后退动作；在手动模式下，仅作 1 个循环的动作。各炉排在就地控制时，可以按下前进、停止、后退各按钮进行微动。炉排的驱动机构如图 5-59 所示。

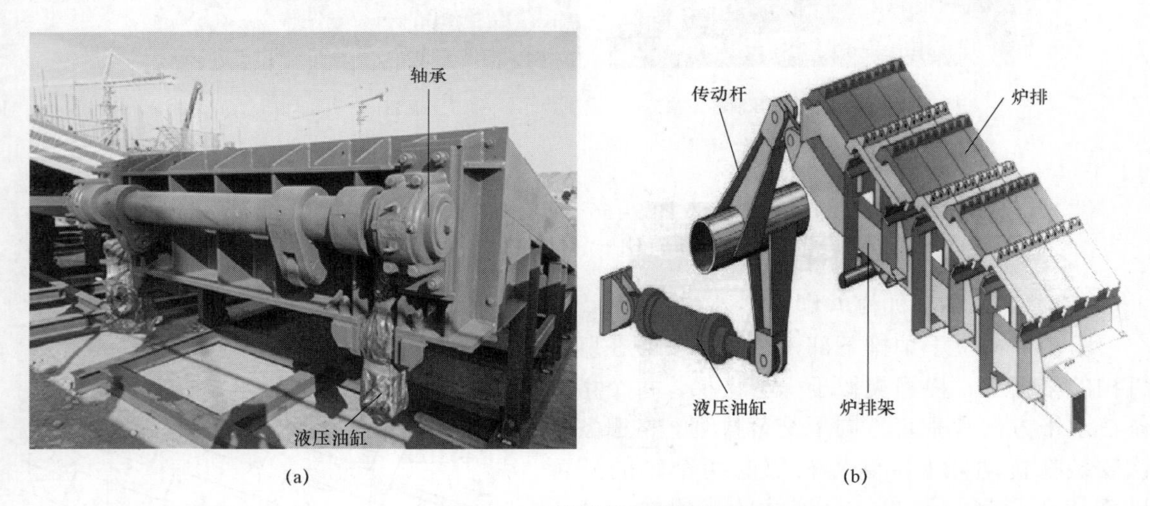

图 5-59　炉排的驱动机构

（a）结构图；（b）放大图

垃圾给料器的驱动机构如图 5-60 所示。

二、炉排片

（一）炉排片的材质

为了延长炉排的寿命，炉排片采用特种高铬耐热钢铸件制造，具有极强的耐热、耐蚀、耐磨损性能。炉排块的化学成分见表 5-6。

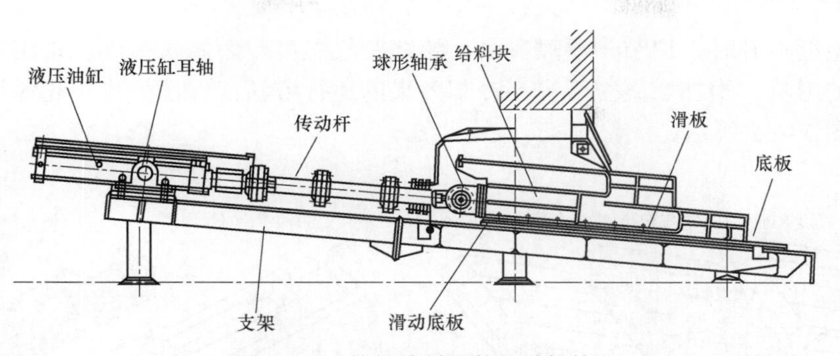

图 5－60　垃圾给料器的驱动机构

表 5－6　　炉排块的化学成分

材料符号	HZ922TS 高铬铸钢			
化学成分（%）	C	Cr	P	S
	0.9～1.2	20.0～24.0	≤0.04	≤0.04
强度（N/mm^2）	≥350			
硬度 HB	250～300			
工作状态耐高温温度（℃）	小于 450			

（二）炉排片的保护

炉排片的保护应该从炉排片的冷却、驱动装置的润滑和防止超机械负荷等方面开展。

1. 炉排片的冷却

炉排片的冷却可以采用水冷和空冷两种冷却模式。遮蔽板和双重梁需要专用的冷却管道，通过从一次风风道分支出来的冷却空气管道和支撑炉排的双重梁向设置在各炉排最上游的遮蔽板提供冷却空气。

为了防止炉排片的高温腐蚀，炉排片设计的最高工作温度小于 450℃，一般采用空冷模式进行炉排的冷却。一次风经过设置在炉排下面的风斗，从活动炉排和固定炉排之间以及设置在炉排片上的通风孔均匀地吹出，在提供燃烧空气的同时，也起到冷却炉排的作用。

若炉排片长期在 450℃以上的温度区域内使用，会因垃圾及焚烧炉渣中的碱分和氯元素造成腐蚀。

受高温腐蚀和机械磨损的炉排片如图 5－61 所示。

图 5－61　受高温腐蚀和机械磨损的炉排片

炉排片温度上升时，调节一次风风量、燃烧空气温度、燃烧负荷等，采用增加垃圾层厚减少辐射热的影响、增加燃烧空气提高冷却效果的运行方法，保证炉排不超温运行。某型炉排片结构如图 5－62 所示。

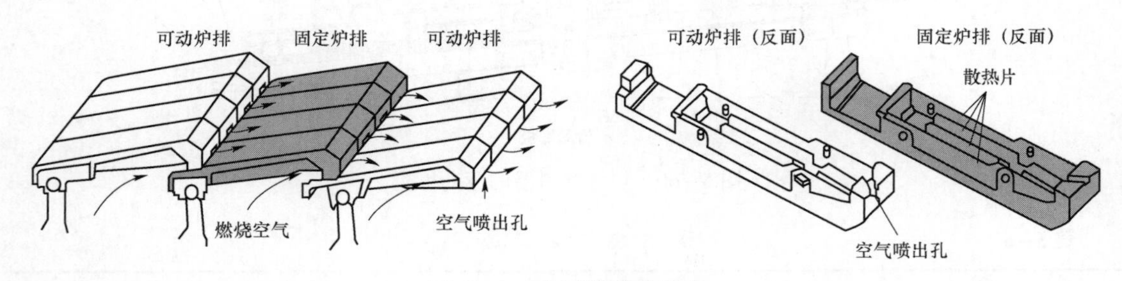

图 5－62　某型炉排片结构

2. 驱动装置的润滑

润滑油泵向驱动机构的轴承供应润滑脂。润滑油泵可以采用自动或手动方式，定期向润滑点供油。

3. 防止超负荷

焚烧炉有机械负荷和热负荷之分，焚烧炉可以每日超 10%的机械负荷和热负荷运行 4h。

三、焚烧炉本体

焚烧炉本体由水冷壁管、耐火砖墙、空冷风箱和钢结构等组成。空冷风箱降低炉墙温度，防止在炉壁上结焦。为避免高温烟气腐蚀和强化垃圾的燃烧，水冷壁管被耐火材料覆盖。焚烧炉本体的形状是在考虑烟气流型基础上进行设计的。炉体钢结构具有足够的强度支撑炉体。焚烧炉本体结构如图 5－63 所示。

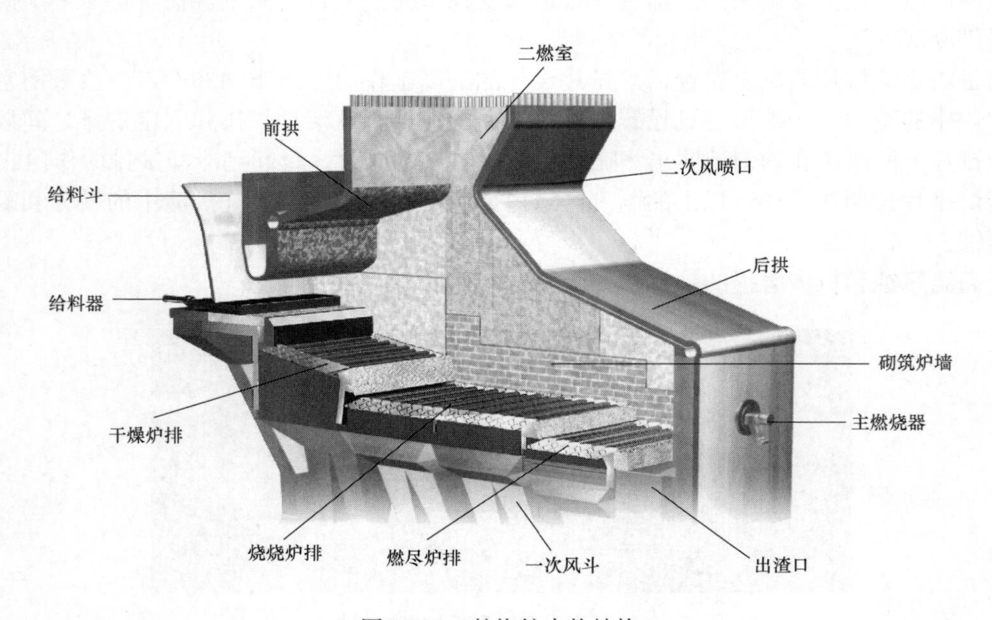

图 5－63　焚烧炉本体结构

（一）耐火材料

焚烧炉不同部位使用不同的耐火材料，在耐火砖层与炉外护板之间充填岩棉和硅酸盐板。荷重较高的地方宜使用硅酸盐板。

（1）在给料器侧面的炉墙、炉排上方侧墙底部等与炉渣和垃圾有接触的地方，使用耐磨损性能良好的 SiC－85 耐火砖和耐火材料。

（2）高氧化铝砖（AL－60C）用于干燥段的上部，防止因吸收垃圾产生的水分而膨胀造成的损伤。

（3）SiC－50 的传热率较高，用于燃烧段空冷壁的上部，以降低壁温，防止结焦。

（4）为了保持炉内温度，一燃室上部使用 SK－34 耐火砖，它的传热性较低，有益于垃圾的燃烧。

（5）Si3N5－SiC 的耐磨损性非常高，因而用于干燥炉排到燃烧炉排、燃烧炉排到燃尽炉排的落差部位，防止与垃圾和炉渣接触而引起的磨损。

（6）碳化硅耐火材料用于与垃圾和炉渣接触的部位。黏土质耐火材料用于各炉排的上部。在焚烧炉二燃室的炉膛中使用碳化硅耐火材料。

（7）隔热耐火砖砌在炉壁的第 2 层或第 3 层，降低一燃室的散热。焚烧炉炉墙耐火材料布置如图 5－64 所示。

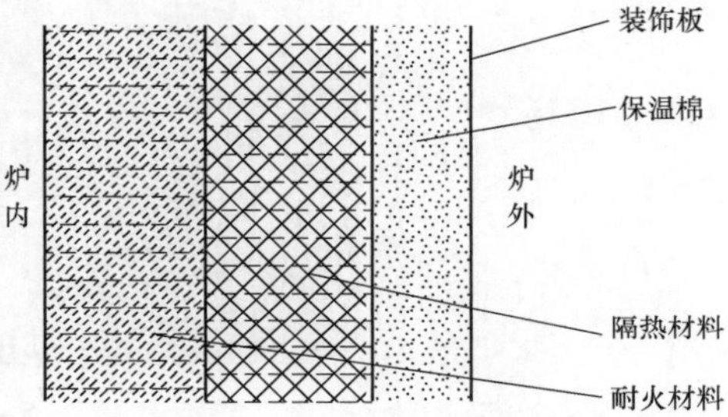

装饰板
保温棉
炉内
炉外
隔热材料
耐火材料

图 5－64　焚烧炉炉墙耐火材料布置

砌筑中的焚烧炉炉墙如图 5－65 所示。

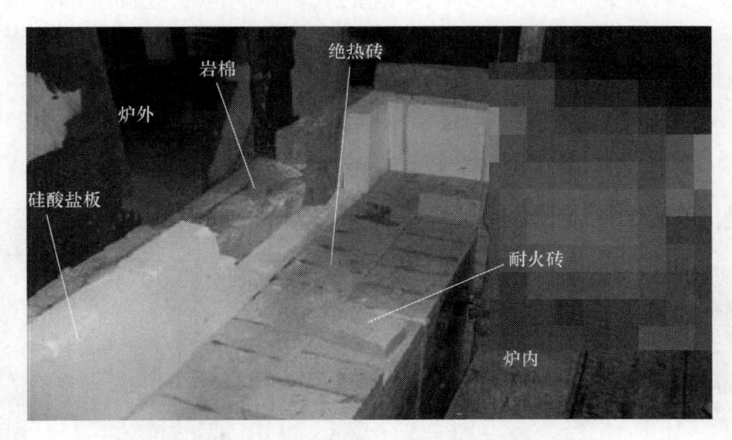

图 5－65　砌筑中的焚烧炉炉墙

砌筑完成的焚烧炉炉墙如图 5－66 所示。

（二）支撑和保温

炉膛采用全悬吊结构，位于焚烧炉的上方，由钢结构支撑。整个炉膛采用轻型炉墙结构，燃烧室内的水冷壁向炉内侧敷设耐高温、抗磨、抗腐的耐火材料，向炉外侧敷设保温材料，最外侧包覆彩色的外护板，其表面的温度不超过 50℃。余热锅炉炉墙保温如图 5－67 所示。

图 5-66　砌筑完成的焚烧炉炉墙

图 5-67　余热锅炉炉墙保温

（三）一次风斗

一次风斗设置在炉排的下面，一次风斗既把从炉排的间隙处掉下的炉渣收集后输送到渣井，又分配一次风，从炉排的一次风口向焚烧炉均匀供应燃烧空气。为了避免漏渣的架桥现象，一次风斗设计足够的倾斜角度，如果发生焦油、渗沥液等黏着的情况，可以用设置在风斗上的喷嘴定期喷水，冲落黏着物，并且使用温度仪和自动喷水阀应对斗内可能发生的火灾。一次风风斗如图 5-68 所示。

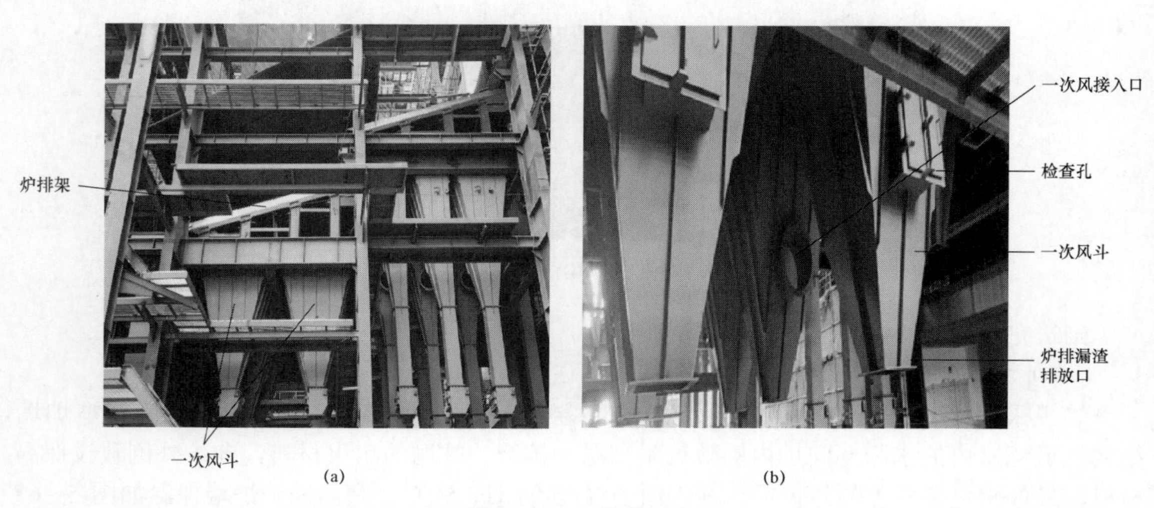

图 5-68　一次风风斗

（a）整体结构；（b）局部放大

第五节 焚烧炉辅助系统

一、给料系统

（一）给料系统的作用

垃圾给料系统的作用是将垃圾料斗内的垃圾，顺畅、连续和均匀地输送到干燥炉排，并将料斗内的渗沥液及时排出。给料斗应能防冲撞、耐腐蚀及耐磨损，设置破桥装置防止垃圾在料斗内架桥。

（二）给料系统组成

给料系统由垃圾料斗、料斗挡板兼破桥装置、垃圾落料管、给料器、料位计、料斗冷却和消防系统等构成。

1. 垃圾料斗

垃圾料斗内设置料斗挡板、垃圾料斗壁测温计、消防水和冷却水等。给料斗进料口位于垃圾池内，其下部与焚烧炉连接，垃圾料斗安装在混凝土料斗平台的开口中，料斗开口的尺寸比抓斗完全打开时的尺寸大 1m 以上，呈漏斗形，可防止上料过程中垃圾飞溅。料斗的倾角为 40°，使垃圾料斗内的垃圾能够自然下滑，保证供料顺畅。料斗容积应保证焚烧炉 2h 的额定焚烧量。

垃圾料斗采用碳钢制作，垃圾料斗承受落料的投料处安装有耐磨板，并设计了加强结构，使其能承受抓斗的偶尔撞击或大块垃圾掉下时的冲击。另外，在焚烧炉进口处设置了可更换的保护板。

给料斗和溜槽之间用密封性较好的柔性膨胀节连接，可以充分吸收炉内热膨胀。料斗的底部及落料管处设置了水冷夹套，以防止炉内热辐射或回火对设备造成的热损伤，当冷却水进口和出口之间的温度差变高时，可开启补水阀补充冷水来降低温度。

料斗底部设置有液压给料器，将料斗内的垃圾推向焚烧炉的干燥炉排。给料器在推料过程中挤压出来的渗沥液由其下方的收集斗收集，排到渗沥液收集池，由于渗沥液输送管道宜堵，管道端头设有检修孔。

为便于观察进料斗中的垃圾状况，在进料斗上方安装有摄像头，便于操作人员在垃圾吊操作室内监视给料斗内的料位。垃圾料斗结构如图 5-69 所示。

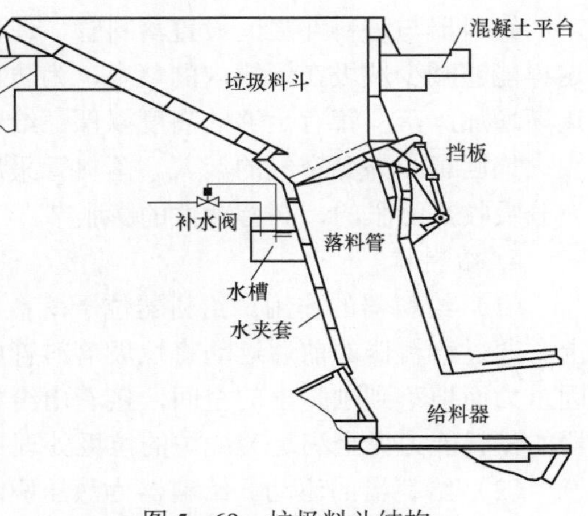

图 5-69 垃圾料斗结构

垃圾料斗、给料器及炉排结构图如图 5-70 所示。

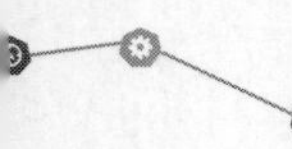

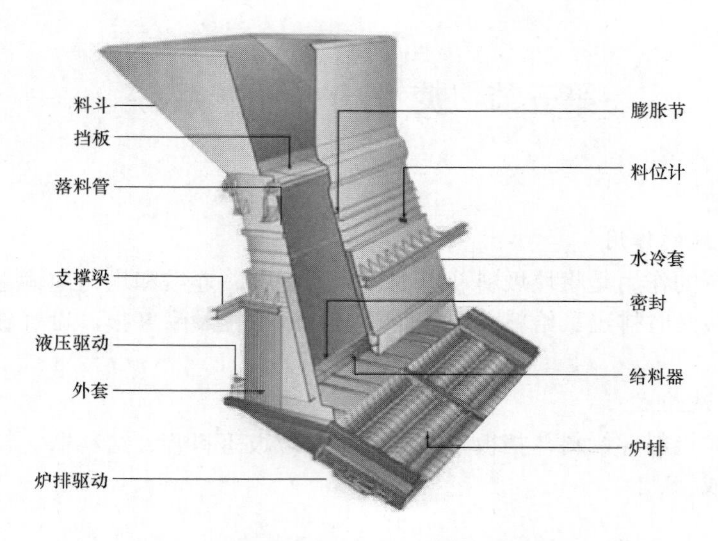

图 5-70　料斗、给料器及炉排结构图

2. 料斗挡板兼破桥装置

料斗挡板兼破桥装置装在垃圾料斗落料管靠焚烧炉一侧，由液压缸驱动，若发生垃圾架桥，可开关破桥装置破桥。破桥装置兼有料斗门的作用，停炉时可以隔断炉膛与垃圾池，防止臭气外溢和冷空气进入炉膛。

在下列任一情况下，系统会发出料斗架桥的报警：

（1）垃圾料斗中的料位在超过某个规定的时间（约 10min）时还不变化。

（2）垃圾落料管的温度升高。

3. 垃圾落料管

给料器与进料斗之间设置落料管，使垃圾从给料斗进入给料器。落料管垂直于给料器，这样能够减少垃圾在溜槽内的堵塞，为防止堵塞，落料管从给料斗末端到给料器的锥度尺寸逐渐增加。落料管有足够的高度以保证给料器与垃圾料斗之间形成良好气锁。能够有效地防止火焰回窜和外界空气的漏入。落料管采用防腐耐磨材料，垃圾料斗和落料管之间设置可以充分吸收热膨胀的、高密封性的膨胀节。

4. 给料器

（1）给料器的作用。给料器位于落料管的底部，保证定量、均匀地将垃圾送到干燥炉排上。通过给料器的前后运动将垃圾落料管内的垃圾推向炉排。当给料器后退到尽头时，垃圾因重力而掉落到刚腾出的空间，接着由给料器的下一个前进动作，把垃圾推到炉排上。给料器的供料能力完全满足焚烧炉的垃圾处理量的需求。给料器工作过程如图 5-71 所示。

（2）给料器的驱动。给料器为液压驱动，液压油缸由液压站提供动力，安装在完全封闭的防尘罩内。给料器可通过控制系统调节给料器的运动速度、给料器的行程和间隔时间。给料器结构如图 5-72 所示。

给料器由 2～3 组给料推块构成，每组用 1 个液压缸驱动，给料器的行程在就地设置，一般在调试阶段就设置好了给料器的行程，正常运行中不对行程进行调整。在焚烧炉停炉时，需要将行程调整到最大行程的位置，以便将垃圾清理干净。给料器液压缸如图 5-73 所示。

图 5－71　给料器工作过程

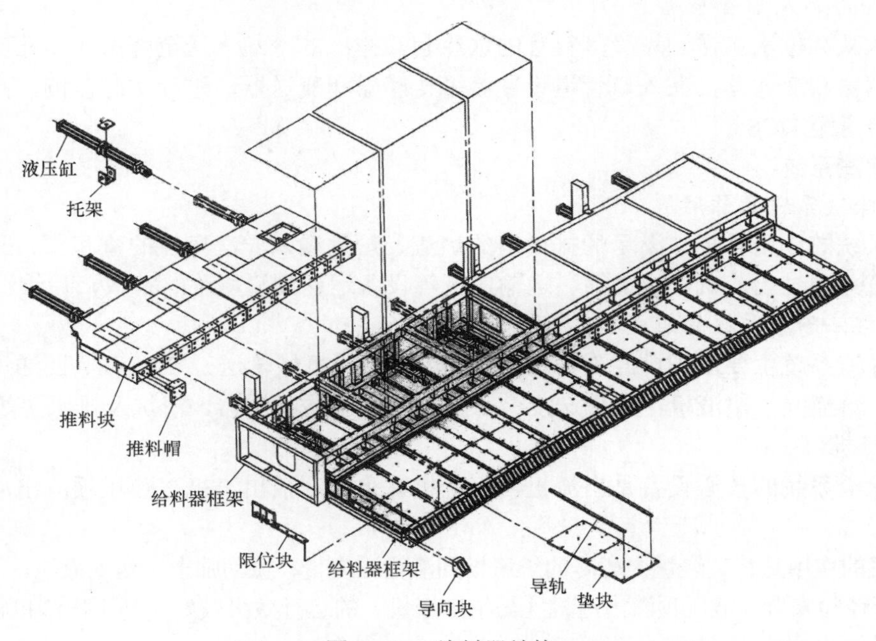

图 5－72　给料器结构

图 5－73　给料器液压缸

（3）给料器的运行调整。给料器既可远程操作，也可就地操作。当远程操作时，可以使其重复前进和后退的动作；当就地操作时，可以通过按动前进/停止/后退的按钮，进行微动。

在 DCS 上给料器的速度控制有联动/自动/手动 3 种控制模式。前进和后退的速度由 DCS 发出的速度控制信号控制，该信号在自动模式下由燃烧自动控制系统（ACC）决定，经过放大器放大，由供油系统中的电磁比例流量调节阀控制油量。

当放大器和/或电磁比例流量调节阀发生故障时，可以在就地通过手动调节阀和速度控制阀进行给料器操作。

5. 料位计

料斗的垃圾料位由超声波式料位计监测，低低位（LL）、低位（L）和高位（H）警报传送到垃圾抓吊及 DCS。低低位警报是为了防止丧失气密性，高位警报是为了及时发现架桥。

6. 料斗冷却及消防系统

冷却水从高位水箱送到垃圾落料管的水冷套，排出的冷却水送至降温池。在出口管道设置温度传感器和变送器，在入口管道设置流量传感器和变送器，进行实时监测。高温报警和低流量报警送至 DCS。

二、除渣系统

（一）除渣系统的作用

除渣系统的作用是把从燃尽炉排排出的炉渣、炉排漏入一次风斗的渣和二、三、四通道的粗灰从渣井通过出渣机、振动筛、运输皮带等设备运送到渣坑临时存放，后续综合利用。

（二）湿法除渣系统的组成

湿法除渣系统主要由炉排漏渣输送机（气力输送或机械输送），二、三、四通道下部的螺旋输灰机，落渣井，出渣机，渣输送皮带，振动筛，电磁除铁器，渣坑及排水泵等组成。

1. 出渣机

湿法除渣系统的核心设备是出渣机，出渣机有水浴刮板出渣机、液压顶渣出渣机、捞渣机等不同形式。

出渣机的作用是将焚烧炉内燃尽的炉渣推到渣输送皮带、振动筛上，送入渣池。从我国垃圾电厂的运行经验来看，液压顶渣出渣机（马丁出渣机）的运行效果较好，马丁出渣机特点如下：

（1）水封结构气密性好，无漏风。

（2）出渣含水量低。

（3）出渣机的侧板和滑动面都采用耐磨钢衬，寿命长。

（4）出渣机结构简单，设备维护量小，运行可靠性高。

（5）出力大。

（6）与炉排驱动共用一个液压系统，不用单独配置驱动设备。

（7）设备尺寸小，占地面积小。

马丁出渣机结构如图 5–74 所示。

2. 落渣井

落渣井设置在燃尽炉排的下游，从燃尽炉排排出的炉渣通过落渣井进入出渣机。落渣井采用坚固的结构，为避免炉渣发生架桥现象，设计了充分的倾斜角度和足够大尺寸。为了防止热辐射以及炉渣燃烧引起的热损伤，设置水冷夹套和温度传感器，操作人员可根据温度警报分析是否发生冷却水管堵塞、水量不足或炉渣架桥。

（三）出渣工艺流程

垃圾焚烧炉可以采用湿法出渣和干法出渣两种工艺流程，其中湿法应用较为广泛，但对渣中的热能不能回收利用。干法在流化床锅炉广泛应用，在炉排炉上应用较少，干法出渣可以回收渣中的热能，且便于渣的综合利用。

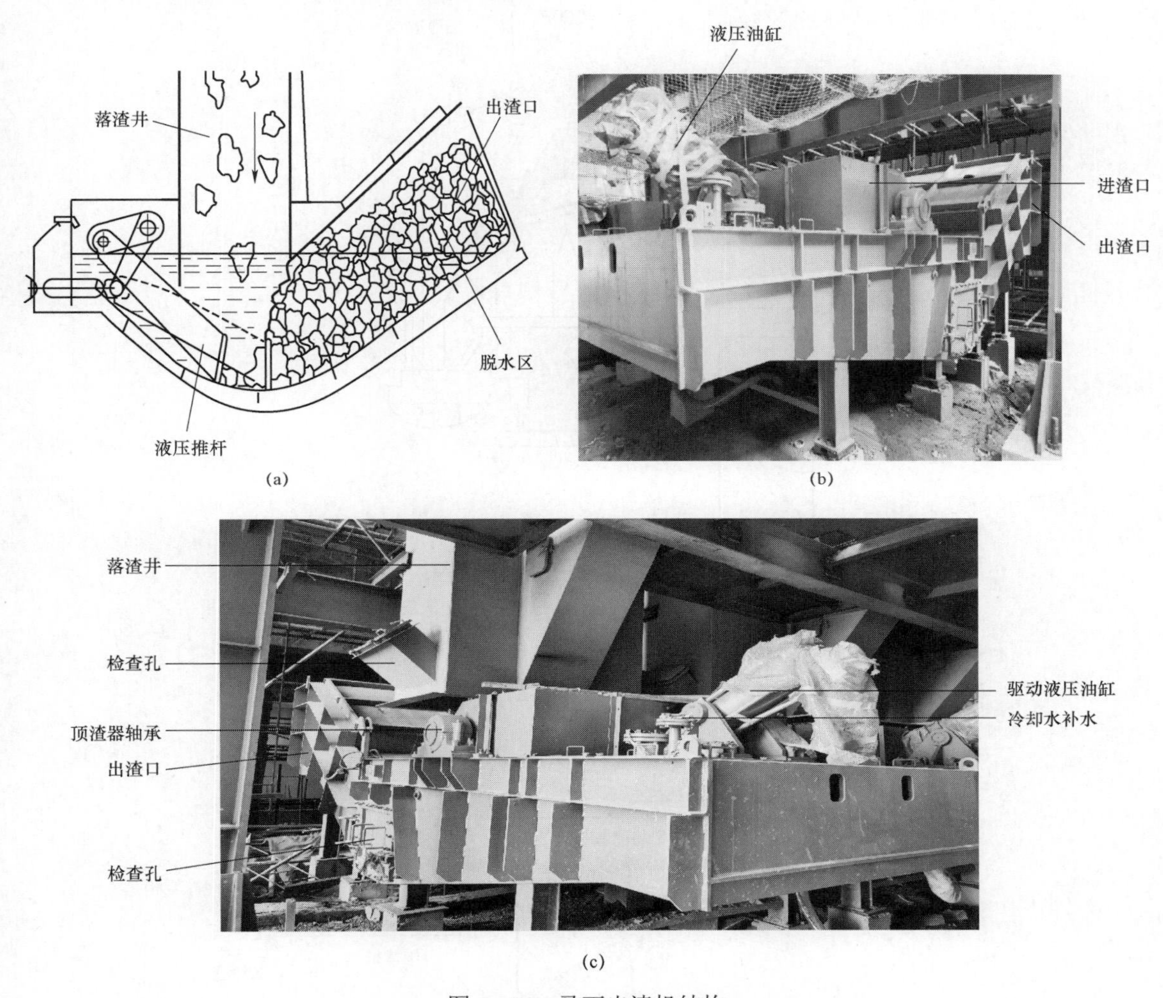

图 5－74　马丁出渣机结构

（a）结构图；（b）照片图；（c）放大图

垃圾在炉排上燃尽后变成炉渣，大颗粒的炉渣大都被推到燃尽炉排，从燃尽炉排尾部的落渣井落入出渣机。小颗粒的炉渣会从各炉排片的间隙落入炉排下部的一次风斗，再进入落料管，经炉排漏渣输送机或者用压缩空气送到出渣机。焚烧炉二、三、四通道来的粗灰通过卸灰阀进入落渣井。炉渣、漏渣和粗灰首先进入出渣机里冷却，然后通过振动筛和金属分选器送到渣坑。

湿法出渣工艺流程如图 5－75 所示。干法出渣工艺流程如图 5－76 所示。

三、点火及助燃燃烧器

（一）点火及助燃燃烧器的作用

（1）在焚烧炉启动时，启动点火燃烧器，按照炉膛升温曲线，缓慢提高炉膛温度，当炉膛温度达到 850℃时，可以启动垃圾给料器，向炉排输送垃圾。

（2） 正常运行时，由于垃圾品质的变化，造成焚烧炉燃烧工况不稳定时，启动助燃燃烧器（也可以启动点火燃烧器），稳定焚烧炉的炉温在 850℃以上。

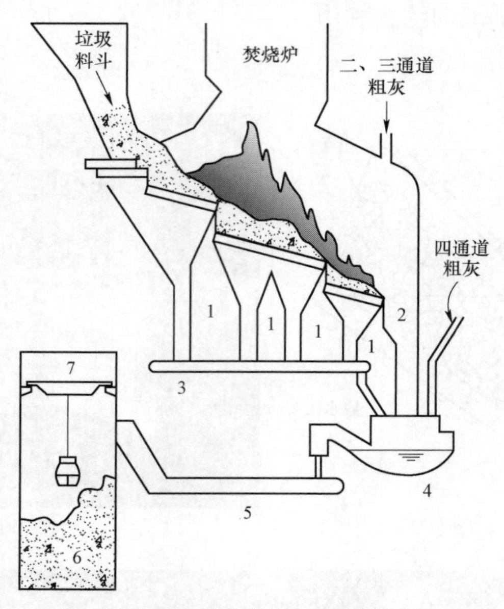

图 5-75　湿法出渣工艺流程

1—下灰斗；2—落渣井；3—刮板输灰机；4—出渣机；5—输渣皮带；6—渣坑；7—渣吊

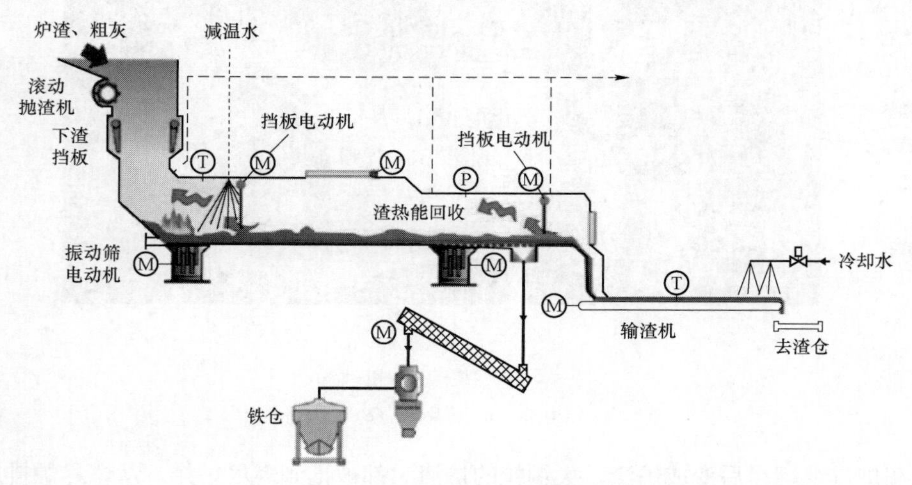

图 5-76　干法出渣工艺流程

点火燃烧器和辅助燃烧器按照满足焚烧炉每小时升温 50℃，具有使焚烧炉从冷态升温到 850℃的能力设计，为了减少 NO_x 的产生量，可以采用低 NO_x 型燃烧器。每台焚烧炉设置 2 台点火燃烧器和 2 台助燃燃烧器，点火燃烧器安装在燃烧室后墙上，辅助燃烧器安装在二燃室的侧墙上，使用 0 号柴油（或者天然气）。

（二）燃烧器组成

燃烧器由柴油枪单元、点火器、柴油阀单元、燃烧空气单元、控制附件组成。远程和就地均可对燃烧器进行操作。燃烧空气的空气量由设置在空气风道中的燃烧空气控制挡板控制。

（三）辅助燃烧器控制

辅助燃烧器具有在炉膛温度低于 850° 时自动点火的功能。在 DCS 上设置程序，选择燃烧器的优先顺序，被选为优先的辅助燃烧器首先点火，为了燃烧器的负荷尽可能地平均，非优先的辅助燃烧器也跟随着点火，自动地分担负荷，保证二燃室内火焰均衡。

1. 辅助燃烧器程序控制启动的条件

（1）瞬时温度 TR<800℃。

（2）TR<850℃（连续 5min）。

2. 辅助燃烧器程序控制停止的条件

（1）TR>880℃（连续 5min）。

（2）瞬时温度 TR>900℃。

四、燃烧空气系统

焚烧炉的燃烧空气分为一次风系统和二次风系统。炉排炉一次风、二次风流程如图 5－77 所示。

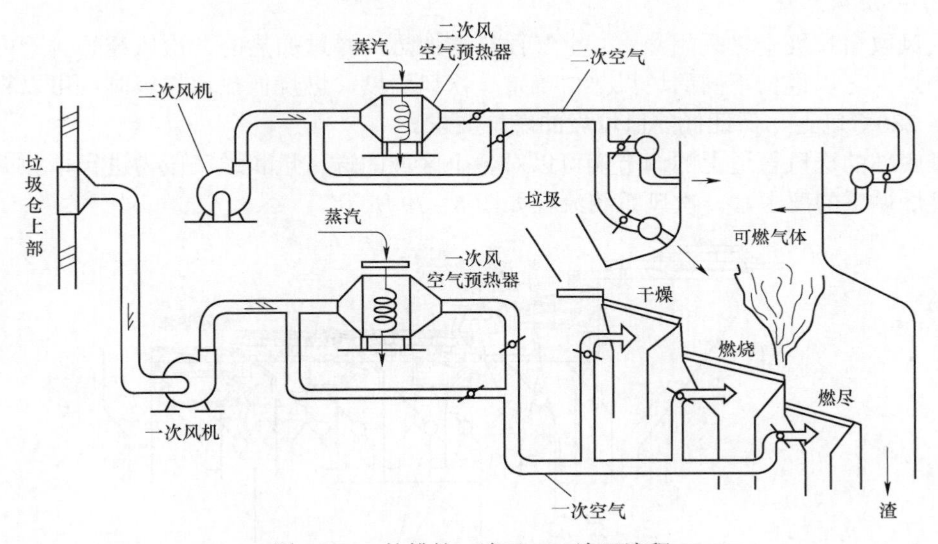

图 5－77　炉排炉一次风、二次风流程

（一）燃烧空气的作用

（1）提供垃圾燃烧所需氧气。垃圾的固相燃烧发生在炉排上，在燃烧过程中，一次风起着非常重要的作用，它提供燃烧所需要的氧气，使垃圾能干燥、起火，并充分燃烧。

（2）冷却炉排。

（3）一次风取自垃圾池，可以使垃圾池和卸料大厅保持负压，避免臭味气体的扩散。

（4）二次风提供挥发分完全燃烧所需要的氧气，并使烟气强烈扰动。

由于垃圾含水率高、组分复杂，且在炉排上分布不均，很容易造成燃烧不稳定，产生不完全燃烧的烟气，因此，在燃烧室出口的前后拱喷入二次风进行混合扰动，形成旋流，延长烟气燃烧行程，保证烟气在炉膛停留 2s 以上，使烟气得以完全燃烧。燃烧空气在炉内扰动状况如图 5－78 所示。

（二）燃烧空气系统组成

燃烧空气系统由一次风机、二次风机、空气预热器及风管门挡板组成。每台炉配置 1 台一次风机和 1 台二次风机。

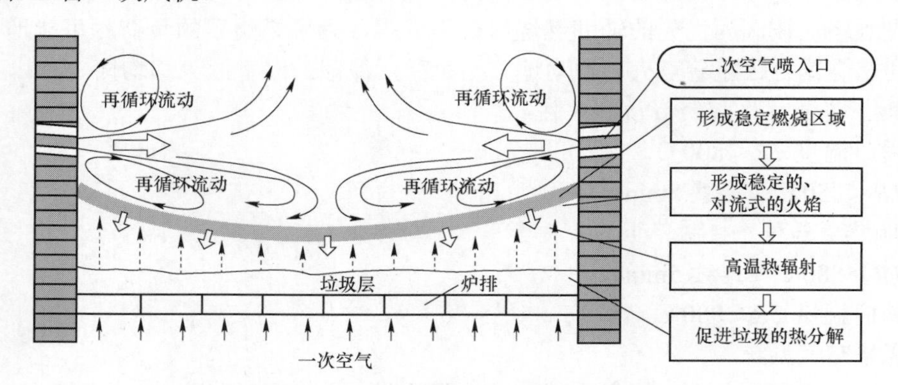

图 5－78　燃烧空气在炉内扰动状况

（三）一次风系统

一次风取自垃圾仓，采用蒸汽－空气预热器加热，经过加热的一次风经炉排下方的风斗进入焚烧炉，可以根据不同的垃圾热值确定一次风温度。燃烧低热值垃圾时，可以将一次风温设定在 280℃以上，保证低热值垃圾的燃烧要求。

炉排底部的送风管道上的调节阀可以对各个区域的送风量和送风压力进行单独调节，以便满足燃烧调整的要求。一次风系统流程如图 5－79 所示。

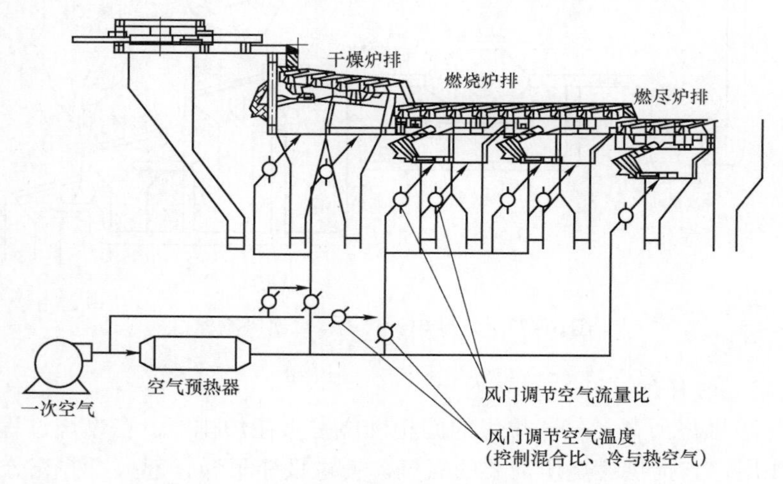

图 5－79　一次风系统流程

为了加热一次风，设置一次风空气预热器。一次风空气预热器采用两级加热，第一级加热的热源来自汽轮机的一级抽汽，第二级加热的热源是过热蒸汽。过热蒸汽疏水送至空气预热器疏水扩容器，而后进入除氧器，一级抽汽疏水直接送至除氧器。

（四）二次风系统

二次风取自锅炉间，二次风喷嘴布置在炉拱上部与燃烧室结合部，由于二次风喷嘴的特殊布置，会引起烟气的双涡流，使一通道内产生强烈的烟气扰动，促使可燃性气体完全燃烧，同时减少二噁英、NO_x 等的产生量。二次风量随负荷、燃烧工况的变化加以调节，二次风占总风量的30%左右，炉膛温度低时，要减少二次风量。二次风喷嘴布置示意图如图5－80所示。

图5－80　二次风喷嘴布置示意图

二次风预热器和一次风预热器一样采用两级加热，使用相同的热源。空气预热器结构如图5－81所示。

图5－81　空气预热器结构

（a）正面；（b）侧面

（五）炉墙冷却风系统

焚烧炉炉墙采用空气冷却，焚烧炉侧墙由耐火材料保护，在炉排片表面高度处的侧墙设置侧墙冷却风箱。冷却风通过一台炉墙冷却风机注入侧墙冷却风箱，排风进入一次风总管，以回收能量。其优点如下：

（1）回收侧墙冷却能量。

（2）节省一次风预热所需能量。

（六）烟气再循环风系统

每台焚烧炉配置1台烟气再循环风机，在袋式除尘器出口抽取烟气回流至焚烧炉，替代部分的二次风，从而有效地降低了该区域的氧气浓度，有效地抑制了 NO_x 的生成，同时减少

了排烟气总量。

烟气再循环风使用不当会降低炉膛的温度，对燃烧有负面的影响。当垃圾热值较低时，不易使用烟气再循环。实际运行时，可根据炉膛温度和省煤器出口的氧气浓度来决定喷入焚烧炉内的二次风及烟气再循环风量。烟气再循环流程如图 5-82 所示。

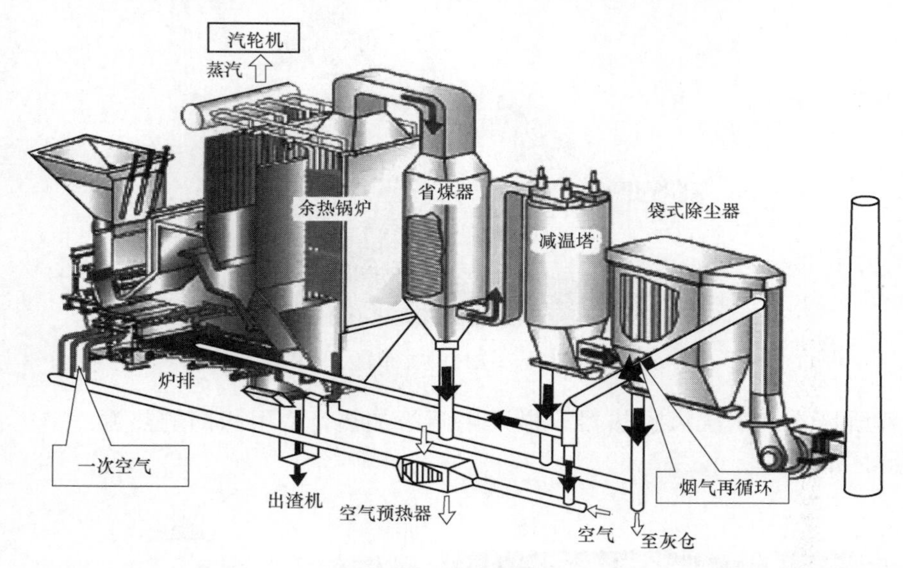

图 5-82　烟气再循环流程

焚烧炉的二次风和烟气再循环风口及风管布置如图 5-83 所示。

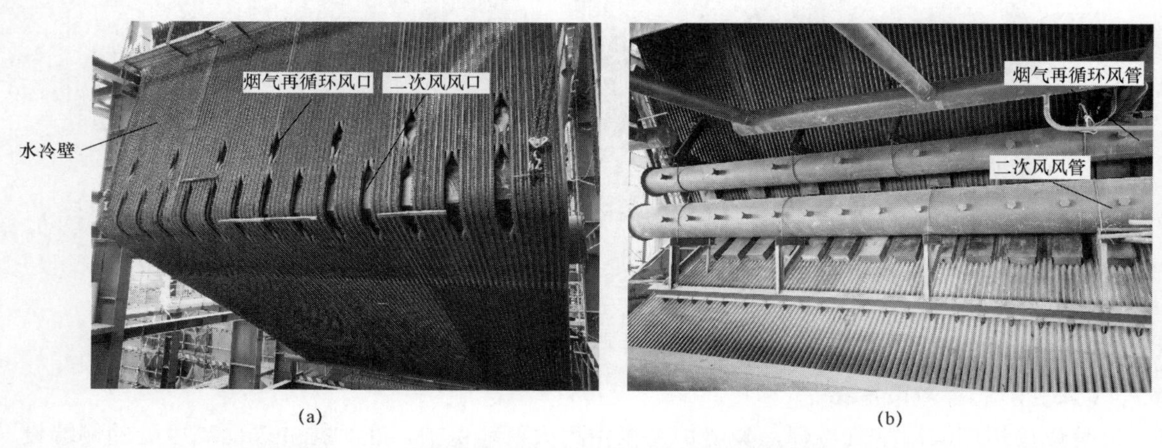

图 5-83　焚烧炉的二次风和烟气再循环风口及风管布置

（a）炉膛内部；（b）炉膛外部

五、ACC

为了实现垃圾完全燃烧，需要调整一次风、二次风、炉膛负压、烟气中的 O_2 浓度；调整垃圾给料器的运行，保证均匀给料；调整炉排的运行速度，控制垃圾层厚度、垃圾的燃烧位置及锅炉的蒸发量等。针对不同的垃圾特性和不同季节性垃圾热值的变化，ACC 设置了不同的控制手段以满足不同工况下的稳定运行需要。下面对 ACC 进行简要论述。

（一）主蒸汽流量控制

通过调整燃烧炉排的空气流量来调整锅炉的主蒸汽流量。通过炉排下各一次风支管调节阀门的开度来调整一次风供给，ACC依据不同的垃圾热值、垃圾给料量以及主蒸汽流量设定值计算出一次风流量总和，一次风流量计仪表测量值与ACC所分配该风室的风量进行单回路PID控制以调节风门挡板的开度，同时主蒸汽流量的检测值与设定值的差值也影响一次风系统供给。

（二）炉排料层厚度控制

通过协调给料器和炉排的运行周期和速度来实现垃圾料层厚度控制。通过余热锅炉蒸发量的设定值、垃圾热值等参数来协调控制焚烧炉的给料系统以调整垃圾料层厚度趋于平稳。

经过计算炉排上方和风斗一次风的压力差可以得到垃圾料层的厚度。利用监测到的一次风风量、二次风风量、垃圾处理量以及主蒸汽流量、烟囱处烟气流量等参数，计算出一段时间内垃圾的平均低位热值（LHV），再根据设定好的主蒸汽流量，就可以计算出每天垃圾预处理量以及给料器、炉排等的运行速度和周期，经逻辑计算后发送指令给给料器和炉排的液压驱动系统来调整给料系统。

给料器运动周期（速度）的调整是垃圾给料系统核心环节，数台给料器具有一样的运动行程，并且在每台给料器旁边安装了测量给料器实时位移的位移传感器。根据ACC计算给出的平均给料速度，结合位移传感器测量的给料器位移，经PID计算，给料器会得到一个不断修正的运行速度，保证给料的平稳、均匀。

（三）炉内烟气温度控制

保持炉内稳定的温度，可以很好地维持锅炉蒸汽稳定地输出，同时也能减少污染物的产生量。通过调整风量和垃圾量维持炉内温度在设定值。

（四）烟气中的氧气浓度控制

通过调节二次空气的流量和燃尽炉排下一次风流量来维持氧气浓度在设定值。焚烧炉燃烧自动控制逻辑如图5-84所示。

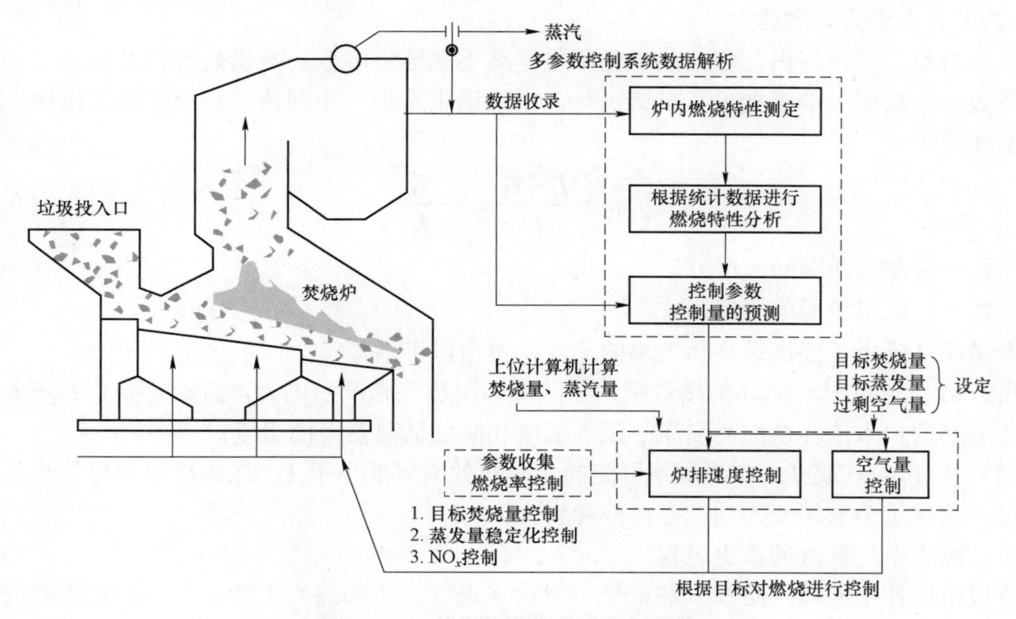

图5-84 焚烧炉燃烧自动控制逻辑

第六章

垃圾电厂热力系统

第一节　热力学基础知识

一、热力学定律

实现热能变电能的理论基础是热力学的两个定律，它们揭示了热力过程所要遵循的基本规律。

（一）热力学第一定律

热力学第一定律简单地表述为热能与其他形式的能量可以互相转换，转换时能的总量保持守恒。热变功的唯一途径是通过工质体积的膨胀，这是热能转变为机械能的基本特征。

热力学第一定律定量地揭示了各种形式的能量在传递和转换过程中，必须遵守的能量守恒的规律。现实中需要一定的条件，才能实现热力学第一定律的热力循环，这就是热力学第二定律。

（二）热力学第二定律

热力学第二定律指出，任何热机都不能循环不息地将吸取的热量全部转变为功。为了提高循环效率，法国人卡诺提出了卡诺循环，用卡诺定义进一步阐述了热力学第二定律。卡诺循环的热效率为

$$\eta_C = \frac{T_1 - T_2}{T_1} = 1 - \frac{T_2}{T_1} \tag{6-1}$$

式中　T_1——高温热源的温度；

T_2——低温热源的温度。

卡诺循环提出了提高循环热效率的途径，得出以下结论：

（1）当 $T_1 = T_2$ 时，循环的热效率为零。要利用热能来产生电力，就一定要有温度差。提高循环效率的根本途径是提高高温热源的温度和降低低温热源的温度。

（2）因 $T_1 = \infty$ 或 $T_2 = 0$ 都是不可能的，故热效率只能小于 1，在热机中不可能将从高温热源得到的热量全部转变为功，存在冷源损失。

二、垃圾电厂蒸汽的产生过程

垃圾电厂使用的蒸汽是在余热锅炉中对给水进行定压加热产生的。给水经省煤器进入余

热锅炉后，依次流过余热锅炉的水冷壁、汽包、蒸发器、过热器等受热面，生成满足生产工艺要求的蒸汽。在此过程中，给水经历了五种状态变化、三个加热阶段。

（一）水的五种状态

物质由液态转变为汽态的现象称为汽化。物质由汽态转变为液态的现象称为液化（也称凝结）。汽化有蒸发和沸腾两种方式，一般都是靠液体的沸腾来产生蒸汽。水的五种状态是未饱和水、饱和水、湿饱和蒸汽、饱和蒸汽、过热蒸汽。

1. 饱和状态

将一定量的水置于密闭容器中，当汽化速度等于液化速度时，若没有外界作用，则汽液两相将处于动态平衡，此两相平衡的状态即为饱和状态。

饱和状态下的蒸汽称为饱和蒸汽，饱和状态下的液体称为饱和水，饱和蒸汽和饱和水的混合物称为湿饱和蒸汽。

饱和状态时蒸汽（或饱和水）的压力和温度分别称为饱和压力 p_s 和饱和温度 t_s。饱和温度与饱和压力是一一对应的，即 $p_s = f(t_s)$。如 1 个标准大气压下水的饱和温度为 99℃。

2. 未饱和状态

当 $t < t_s$，水尚未达到饱和状态，称为未饱和水，其温度低于饱和温度的数值称为过冷度。

3. 过热蒸汽

若 $t > t_s$，此时蒸汽温度高于饱和温度，称为过热蒸汽，其温度超过饱和温度的数值称为过热度。

（二）水的三个加热阶段

1. 未饱和水的定压预热过程

对水进行加热，其温度升高，比体积增大，但因为水膨胀性很小，所以比体积变化不明显。

2. 饱和水的定压汽化过程

饱和水在定压下继续加热，水沸腾产生蒸汽，此时温度保持不变，这个过程既是定压过程，也是定温过程。此过程称为饱和水的定压汽化过程。

3. 饱和蒸汽的定压过热过程

饱和蒸汽继续定压加热，得到过热蒸汽，此过程称为饱和蒸汽的定压过热过程。

综上所述，水的相变过程可归纳为一点（临界点）、两线（饱和水线、饱和蒸汽线）、三区（液相区、湿饱和蒸汽区、过热蒸汽区）、五态（未饱和水、饱和水、湿饱和蒸汽、饱和蒸汽、过热蒸汽）。

给水在锅炉内吸收的总热量由液体热、汽化热和过热热组成，各阶段水的特性决定了锅炉受热面的形式和布置方式，如省煤器（预热给水）、水冷壁、蒸发器（饱和水汽化）、过热器（蒸汽过热）等。

第二节　蒸汽动力循环

热能转化为机械能是通过工质的动力循环实现的，根据工质的不同，动力循环可以分为蒸汽动力循环（汽轮机的工作循环）和气体动力循环（燃气轮机的工作循环）两大类。垃圾电厂主要是采用水蒸气为工质的蒸汽动力循环实现热能向机械能的转换。垃圾电厂蒸汽利用过程如图 6-1 所示。

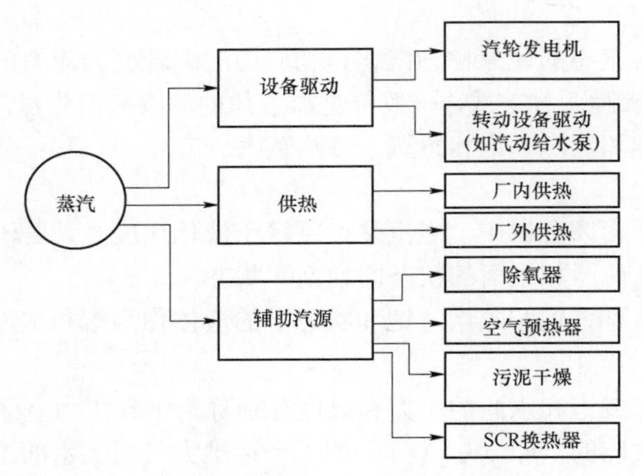

图 6-1　垃圾电厂蒸汽利用过程

水是垃圾电厂中实现热能向机械能转换的工质，水需要流过不同的热力设备，并在各设备中发生状态的变化完成能量转化过程。如给水在锅炉中吸热后变化为过热蒸汽。过热蒸汽在汽轮机中膨胀做功，蒸汽的压力和温度降低，比体积增加，热能转化成机械能。

热力系统从某一初始状态，经历一系列中间状态变化到某一最终状态，称其经历了一个热力过程。垃圾电厂热力过程流程如图 6-2 所示。

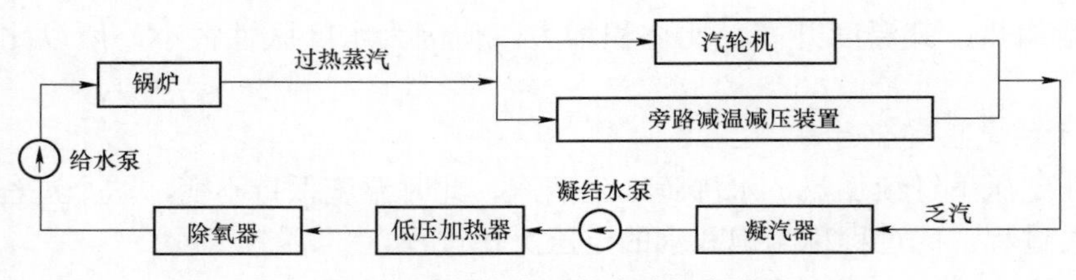

图 6-2　垃圾电厂热力过程流程

一、简单蒸汽动力循环

（一）朗肯循环

朗肯循环是最简单的蒸汽动力循环，垃圾电厂各种复杂的蒸汽动力循环都是在朗肯循环基础上发展起来的。

朗肯循环包括 4 个可逆过程，即定压吸热过程、绝热膨胀过程、定压放热过程和绝热压缩过程。简单的朗肯循环 $T-S$（温-熵）图如图 6-3 所示。4-5-6-1 是工质在锅炉中定压加热、汽化、过热过程，1-2 是过热蒸汽在汽轮机中绝热膨胀做功过程，2-3 是乏汽在凝汽器中的定压凝结过程，3-4 是凝结水的绝热压缩过程。

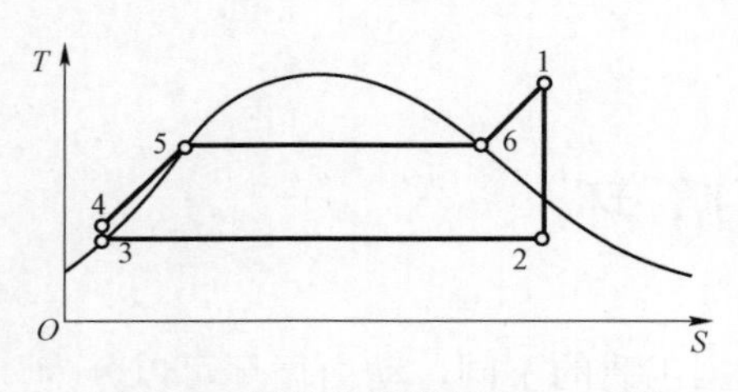

图 6-3　简单的朗肯循环 $T-S$ 图

朗肯循环的蒸汽动力装置由给水泵、锅炉、汽轮机和凝汽器 4 个主要设备组成。简单热力系统如图 6-4 所示。

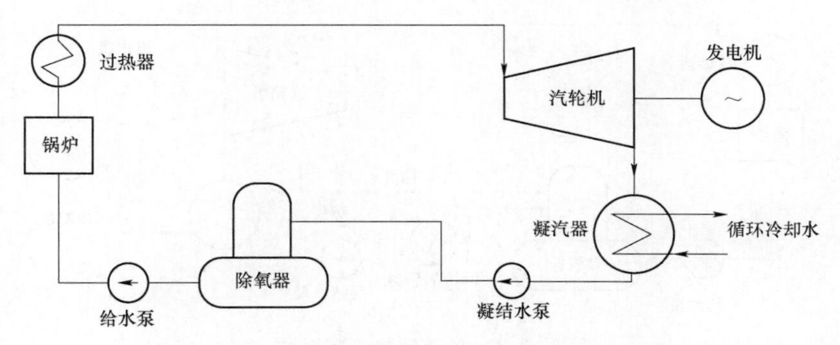

图 6-4 简单热力系统

简单热力系统循环经过 4 个步骤，完成 1 个循环：

（1）垃圾在焚烧炉中燃烧，放出热量。

（2）水在锅炉中定压吸热汽化直至成为过热蒸汽。

（3）过热蒸汽进入汽轮机绝热膨胀做功。

（4）汽轮机排出的乏汽在凝汽器中定压放热，冷凝成水。

朗肯循环吸热过程全部在定压下进行，这使得朗肯循环平均吸热温度低于同温限范围内卡诺循环的吸热温度，虽然放热温度相同，但朗肯循环的热效率低于同温度界限间卡诺循环的热效率。然而由于朗肯循环存在诸多优点，使朗肯循环成为现代蒸汽动力装置的基本循环方式。

（二）提高朗肯循环热效率的途径

1. 提高蒸汽温度

在保持初压及背压不变的情况下，提高新蒸汽的温度，循环的热效率提高。蒸汽温度的提高，增加了设备的尺寸和设备的投资。

2. 提高蒸汽压力

在相同的初温和背压下，提高蒸汽压力，循环的平均吸热温度提高，放热温度不变，循环热效率提高。在提高蒸汽压力的同时也要提高蒸汽的温度，才能保证蒸汽必要的过热度，以保证汽轮机的安全运行。

3. 降低背压

保持初温、初压不变，降低背压，放热温度降低，循环效率提高。

二、给水回热循环

（一）给水回热循环的定义

给水回热加热是指从汽轮机中间级抽出部分蒸汽，利用蒸汽回热对给水进行加热，与之相对应的循环称为回热循环。给水回热就是把本来要释放给冷源的部分热量用来加热工质，以提高进入锅炉的给水温度，减少从锅炉的吸热量。

垃圾电厂通常采用的单级回热循环系统如图 6-5 所示。

蒸汽进入汽轮机，绝热膨胀到某一压力时，从汽轮机中抽出部分蒸汽，进入低压加热器。剩下的蒸汽在汽轮机内继续膨胀做功，然后进入凝汽器，被冷却凝结成水，凝结水进入低压加热器，被抽汽加热成饱和水，然后被给水泵加压送入锅炉，经加热、汽化、过热成过热蒸汽，再送回汽轮机，完成单级回热循环。

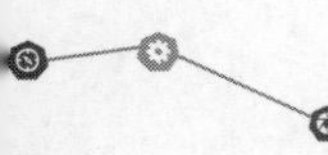

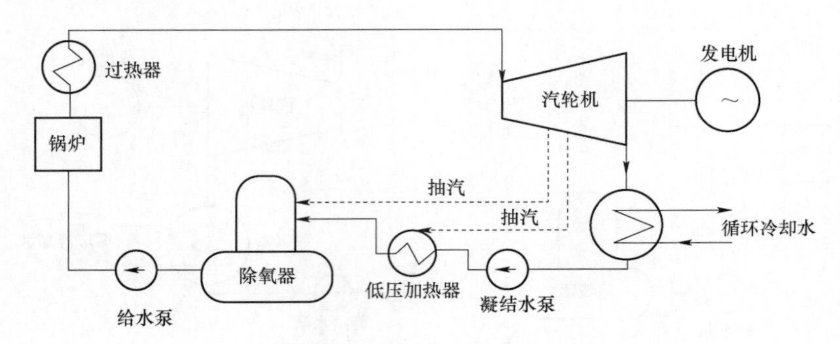

图 6-5　单级回热循环系统

(二) 给水回热循环的作用

(1) 由于工质吸热量减少，锅炉热负荷减低，所以可减少锅炉受热面，节省金属材料。

(2) 由于抽汽率增大，使汽轮机高压端的蒸汽流量增加，所以抽汽低压端流量减小。这样有利于汽轮机设计中解决第一级叶片太短和最末级叶片太长的矛盾，提高单机效率。

(3) 由于进入凝汽器的乏汽量减少，所以可减少凝汽器的换热面积，节省铜材。

采用给水回热，会增加低压加热器、管道、阀门等设备，增加了投资的同时也使系统复杂、操作复杂了。但采用回热有效地提高了热力循环效率，故大中型汽轮机均采用回热循环。参数越高、容量越大的机组，回热级数越多。垃圾电厂由于系统容量小，仅采用单级回热循环。

三、蒸汽再热循环

(一) 蒸汽中间再热的定义

为了提高垃圾电厂的热循环效率，蒸汽的参数不断提高。但是随着初压的提高，汽轮机的排汽湿度增大，为了使排汽湿度不超过允许的限度，故采用了蒸汽中间再热。

所谓蒸汽中间再热，就是将在汽轮机高压缸内已经做了部分功的蒸汽全部抽出来，送到锅炉的再热器中继续加热，温度提高后再送回汽轮机的中、低压缸继续做功，乏汽排入凝汽器。

再热部分实际上相当于在原来朗肯循环的基础上增加了一个新的循环。只要再热过程的平均吸热温度高于原来朗肯循环的平均吸热温度，再热循环的热效率就高于原来循环的热效率。

再热循环流程图如图 6-6 所示。

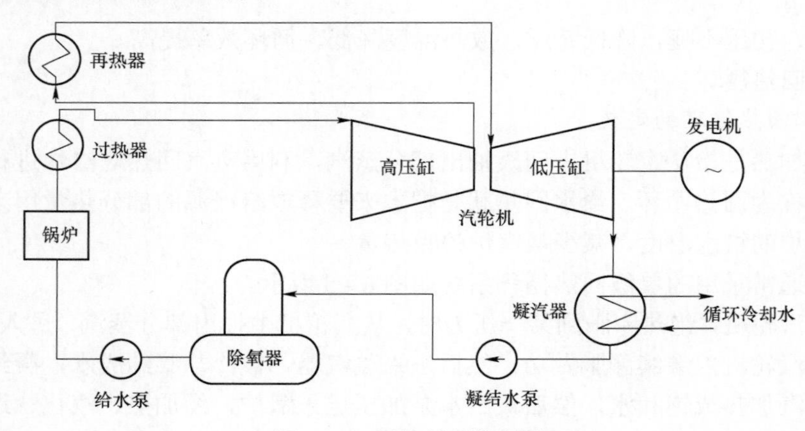

图 6-6　再热循环流程图

（二）蒸汽再热循环的作用

采用再热的目的不仅解决膨胀终态湿度太大的问题，也可以提高循环热效率。采用一次再热循环，循环热效率可提高2%左右。近年来，为了提高垃圾电厂的热力循环效率，采用再热循环的机组逐渐增多。

四、热电联产循环

（一）热电联产的作用

垃圾电厂蒸汽动力装置即使采用了各种提高效率的措施，热效率依然不高，一般小于26%。大部分的热量被排放到环境中。热电联产循环的目的是在发电的同时把一部分热量用来供热，从而大大提高能源利用率，提高机组的热效率。

（二）热电联产的形式

1. 背压式汽轮机

背压式汽轮机的排汽压力通常高于0.1MPa，其乏汽的热量直接供给热用户。采用背压式汽轮机热电联产循环的机组，其电负荷随着热负荷的变化而变化。因此，仅用在热负荷较均匀、任何时候都能保证机组运行的热电厂。背压汽轮机的热力系统如图6－7所示。

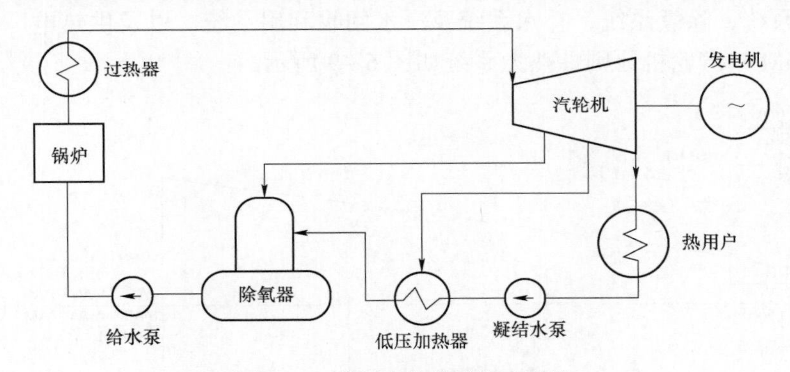

图6－7　背压汽轮机的热力系统

2. 调整抽汽式汽轮机

调整抽汽轮机是利用抽汽来供热。用户热负荷的变动对电能生产量的变动影响较小。在热电厂中得到了较广泛的使用。调整抽汽式汽轮机的热力系统如图6－8所示。

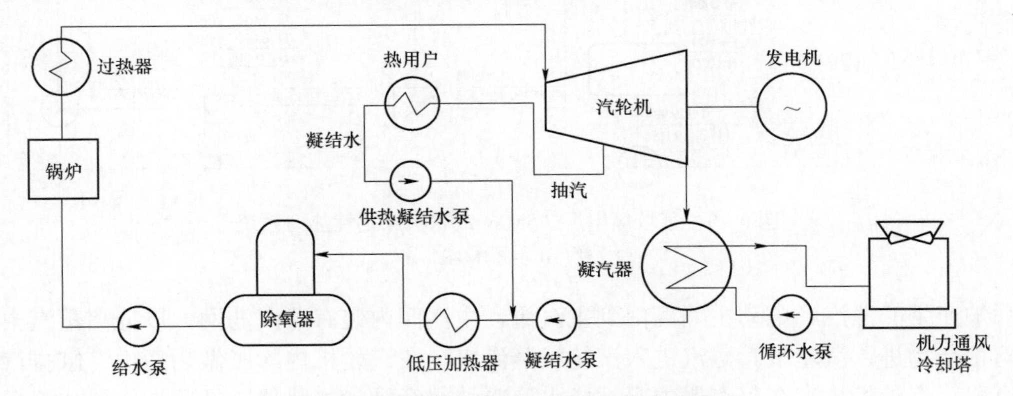

图6－8　调整抽汽式汽轮机的热力系统

第三节　垃圾电厂热力系统组成及流程

一、热力系统概述

垃圾电厂热力设备用管道和附件连接成的有机整体称为垃圾电厂的热力系统。按其用途和编制方法的不同，垃圾电厂的热力系统分为原则性热力系统和全面性热力系统。

（一）原则性热力系统

垃圾电厂原则性热力系统图是以规定的符号表明工质在完成热力循环时流经的不同热力设备的流程图。同类型、同参数的设备在图中只标示一个，备用的设备及系统在图中不标示。

垃圾电厂的原则性热力系统不仅表明了热力过程，同时也反映了垃圾电厂的技术先进程度和热力循环效率的高低。

垃圾电厂的原则性热力系统包括锅炉、汽轮机、主蒸汽及再热蒸汽和凝汽设备的连接系统、给水回热系统、除氧系统、补水系统及汽水回收利用系统，以及供热电厂的供热系统。某垃圾电厂7.5MW汽轮机原则性热力系统如图6-9所示。

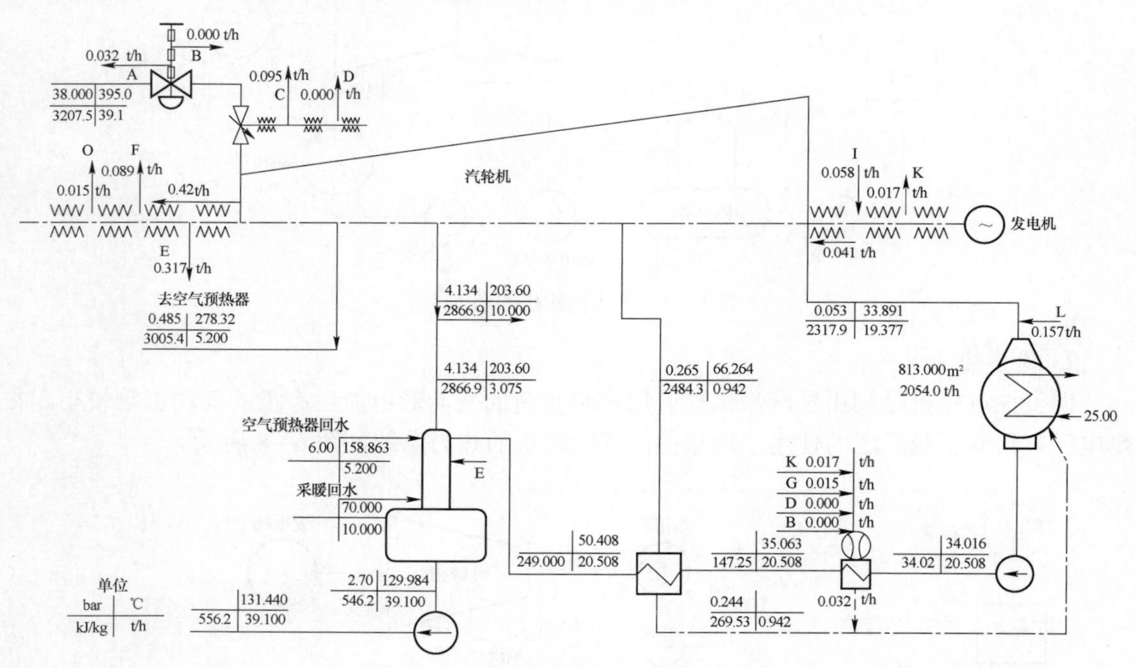

图6-9　某垃圾电厂7.5MW汽轮机原则性热力系统

注：1bar=0.1MPa。

锅炉产生的蒸汽经电动主隔离门到主汽阀，主汽阀内装有蒸汽滤网，以分离蒸汽中的水滴和防止杂物进入汽轮机。蒸汽进入汽轮机蒸汽室，在汽轮机内膨胀做功后由汽缸排汽口排入凝汽器，汽轮机排汽在凝汽器中凝结成水，凝结水经轴封加热器、低压加热器加热后进入除氧器。热力系统补水为除盐水，直接补入除氧器或凝汽器。给水经除氧器除氧后，由给水泵送入锅炉，重新被加热成过热蒸汽。汽轮机乏汽采用循环冷却水冷却。

国产某30MW汽轮机在双列复速级后有第一级不调整抽气（供空气预热器、SCR烟气加热器使用），第二级动叶后有第二级不调整抽气（供除氧器和采暖使用），第九级动叶后有第三级不调整抽气（供低压加热器使用）。

德国某垃圾电厂原则性热力系统如图6-10所示。热力系统设有汽轮机旁路系统，汽轮机旁路系统由旁路减温减压装置、旁路凝汽器及旁路凝结水泵组成，旁路减温减压装置按汽轮机额定进汽量设置。

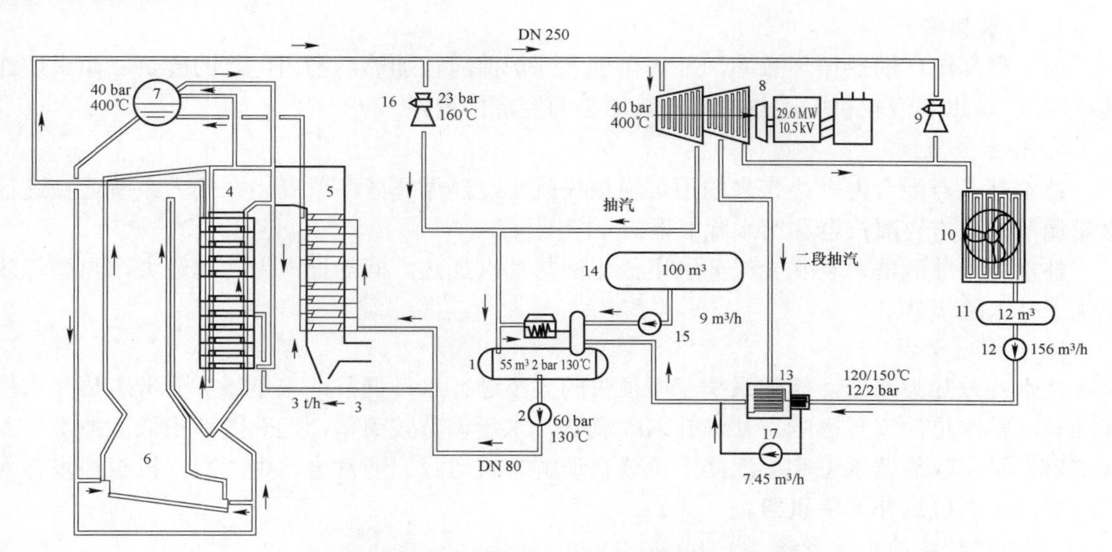

图6-10 德国某垃圾电厂原则性热力系统

1—除氧器（55m³、0.23MPa、130℃）；2—给水泵（6MPa、130℃）；3—减温水（3t/h）；
4—过热器（4MPa、400℃）；5—省煤器；6—焚烧炉；7—汽包；8—汽轮发电机（30MW）；
9—旁路减温器；10—空冷岛；11—凝汽器热井（12m³）；12—凝结水泵（156m³/h）；13—低压加热器；
14—除盐水箱（100m³）；15—除盐水补水泵（9m³/h）；16—减温器；17—疏水泵
注：1bar=0.1MPa。

当汽轮机抽汽参数不能满足空气预热器和SCR烟气加热器的用汽要求或汽轮机停机时，通过减温减压装置将主蒸汽参数降低至1.0MPa/250℃，供空气预热器和SCR烟气加热器使用。

（二）全面性热力系统

全面性热力系统图是用规定的符号表明垃圾电厂所有的热力设备及其汽水管道的总系统图。

垃圾电厂全面性热力系统图明确地反映电厂的各种工况时的运行方式。它按设备的实际数量（包括运行的和备用的）来绘制，并标明一切连接管路和系统。

一般垃圾电厂全面性热力系统由以下系统组成：锅炉、汽轮机、主蒸汽系统、旁路系统、给水管道系统、回热加热系统、主凝结水系统等。某垃圾电厂全面性热力系统如图6-11所示（见文后插页）。

二、部分热力系统功能

（一）补水系统

由于热力系统中的管道、设备存在的缺陷或工艺需要，不可避免地存在各种汽水损失。

补水补入热力系统不仅要保证补水量，还要选择合适的补水制取工艺及补水补入回热系统的位置。

1. 补水除盐

对于中参数及以下垃圾电厂，补水必须是软化水（除去水中的钙、镁等盐分）；对于高参数垃圾电厂，补水必须是除盐水（除去水中钙、镁等盐外，还要除去水中硅酸盐）。

2. 补水除氧

为了防止热力设备的腐蚀，补水应进行除氧。

3. 补水加热

为了提高电厂的热循环效率，补水在进入锅炉前应被加热，利用电厂的废热（如锅炉连续排污）、疏水和汽轮机的回热抽汽进行加热的经济性最好。

4. 补水位置

补水补入点混合温差小带来的不可逆损失就小，热循环效率就高。在热力系统适宜进行水量调节的地方有凝汽器和给水除氧器。

补水补入凝汽器，补水会充分利用低压回热抽汽加热，回热抽汽做功比较大，热循环效率优于补入除氧器。

5. 补水水量调节

补水补入热力系统，应随系统工质损失的大小进行水量调节，水量调节要考虑热井水位和除氧水箱水位的双重影响。补水补入除氧器，水量调节较简单，但热效率稍低。补水补入凝汽器，采用除氧器水位和凝汽器水位联合调解方式运行。通常大、中型凝汽机组补水补入凝汽器，小型机组补入除氧器。

（二）锅炉连续排污系统

（1）排污系统的作用。在锅炉运行中，随着汽水循环的进行，在汽包、水冷壁中会聚集一些含盐浓度大的锅水，常见成分为磷酸钙、碳酸钙、氢氧化镁、硅酸镁、各种形态的氧化铁和二氧化硅。其沉淀物会使得锅炉管道热效率降低和发生爆管。因此，锅炉需要进行排污以排除这些成分，保证锅水水质合格，从而保证汽水品质合格。

（2）锅炉排污的类别。锅炉排污分为连续排污和定期排污。连续排污水由汽包下部排出，连续排污可以排出锅水中溶解的部分盐分，使锅水的含盐量和碱度保持在规定值范围内，所以连续排污应从锅水含盐量最大的汽包排出。因为连续排污量较大，所以必须对其进行工质和热量的回收。锅炉的连续排污率为锅炉 MCR 蒸发量的 0.3%～1%。

定期排污是为了排出加药后由锅水中的盐生成的沉淀物，以补充连续排污的不足，水冷壁下集箱沉淀物积聚最多，定期排污点设在水冷壁下集箱上。

排污量和额定蒸发量的比值称为排污率，通常情况下，中温中压凝汽式垃圾电厂的排污率为 1%～2%，热电厂为 2%～5%。

（3）排污系统组成。锅炉排污系统包括如下设备。

1）连续排污电动门。

2）连续排污扩容器。

3）定期排污扩容器。

（4）排污系统的布置方式。汽包连续排污管自汽包下部引出，经手动截止阀和调节阀后被排入连续排污扩容器，在扩容器里饱和水扩容降压，产生蒸汽，并使蒸汽与污水分离，排污水温度约为261℃，排污水闪蒸压力为除氧器的压力。

锅炉定期排污管道设置在下降管底部和水冷壁下集箱。因为压力很高，管道上采用双重手动截断阀。定期排污水进入定期排污扩容器。其最大排污量按3%的锅炉MCR蒸发量考虑，手动截断阀也可作疏水用，排污和疏水时阀门全开。

进入定期排污/连续排污扩容器的污水和疏放水经扩容降压后，蒸汽从上部排入除氧器或大气，污水进入降温池，降温池将锅炉排污水冷却到40℃。

（5）锅炉排污的控制方式。正常运行时，汽包连续排污投入自动。调节阀接受锅水硅酸根含量的信号，自动调节连续排污的水量。如果锅水水质合格，可不进行定期排污，根据锅水的化验，当给水和锅水中固形物含量超过允许极限值时，进行定期排污，每次排污时间在30～60s，排污时必须注意汽包水位的变化，每个水冷壁下集箱轮流进行排污，电动阀快开快关，不允许破坏锅水循环。定期排污要在锅炉负荷较低时进行，以防止锅水循环恶化。锅炉排污系统如图6-12所示。

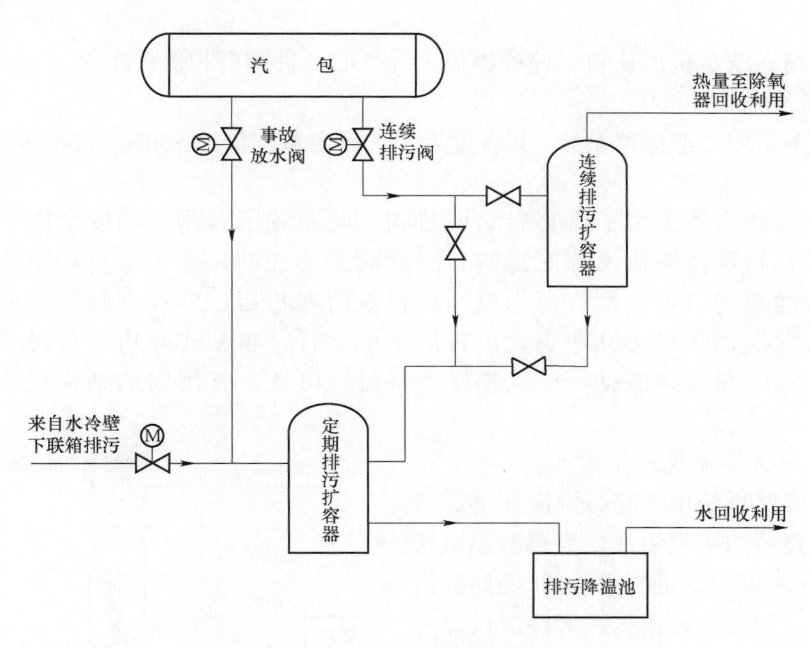

图6-12　锅炉排污系统

（三）旁路系统

旁路系统是指将高参数蒸汽绕过汽缸的通流部分，经减温减压器降温、降压后排至汽轮机凝汽器或旁路凝汽器的连接系统。

旁路系统的形式较多，垃圾电厂的旁路系统使从旁路减温减压装置出来的低参数蒸汽进入凝汽器放热凝结成水，再由旁路凝结水泵送至除氧器。旁路凝汽器采用循环冷却水冷却，循环冷却水来自循环水冷却塔。

1. 旁路系统的作用

（1）实现停机不停炉运行。电网故障或机组甩负荷时，锅炉能维持带厂用电运行，实现停机不停炉运行，停机时不影响焚烧垃圾。

（2）回收汽水和热量。机组在启、停过程中，锅炉的蒸发量大于汽轮机的进汽量，多余的蒸汽若直接排入大气，不仅损失了工质，而且对环境产生很大的噪声污染。设置旁路就可以达到回收汽水和消除噪声的目的。

（3）协调启动参数和流量，缩短启动时间。单元机组普遍采用了滑参数启动方式，为适应汽轮机启动过程中，在不同阶段（暖管、冲转、暖机、升速、带负荷）对蒸汽参数的要求，锅炉要不断地调整蒸汽压力、蒸汽温度和蒸汽流量，只靠调整锅炉燃烧的方式运行经济性较差。采用旁路系统后，使调节方式更加灵活和经济，缩短启动时间。

（4）防止锅炉超压。在机组负荷突降或甩负荷时，利用旁路系统的快开功能，可以防止锅炉安全阀的动作，减少蒸汽浪费，提高运行经济性。

（5）保护再热器。对于设置再热器的垃圾焚烧锅炉，机组正常运行时，汽轮机排汽进入再热器，再热器可以得到充分冷却。但在启动过程中，汽缸无排汽时，再热器因无蒸汽流过或流量不够，有超温的危险。蒸汽通过旁路进入再热器，可以冷却再热器，达到保护再热器安全的目的。

总之，旁路系统是机组在启、停或事故工况下的一种调节和保护系统。

2. 旁路系统的形式

垃圾电厂多采用单级旁路系统，其容量为锅炉额定蒸发量的100%。这种旁路系统较为简单，操作方便。

旁路系统的特点是采用了兼有启动调节阀、减温减压旁路阀和安全阀三种作用的高压旁路控制阀，这种控制阀又称三通阀。三通阀是可控的，能迅速自动跟踪超压保护。液压控制系统通过调节控制蒸汽压力以适应机组滑参数启、停和事故工况的运行。汽轮发电机组甩负荷后锅炉可不立即熄火，带厂用电运行，事故排除后即可投入运行。减温水的调节与单级旁路快速联动，能大幅度地降温、降压，三用阀的结构尺寸小，便于布置和检修。

3. 垃圾电厂旁路系统的组成

汽轮机的旁路系统由旁路减温减压器、旁路凝汽器和旁路凝结水泵组成，旁路减温减压器按100%的汽轮机额定进汽量设置，旁路凝汽器进气口设有二级减温减压器，旁路凝汽器应处于热备用状态，以便发生故障时能够快速启动。垃圾电厂单级旁路系统如图6－13所示。为了简化系统布置，也可将旁路凝汽器和汽轮机凝汽器合二为一。

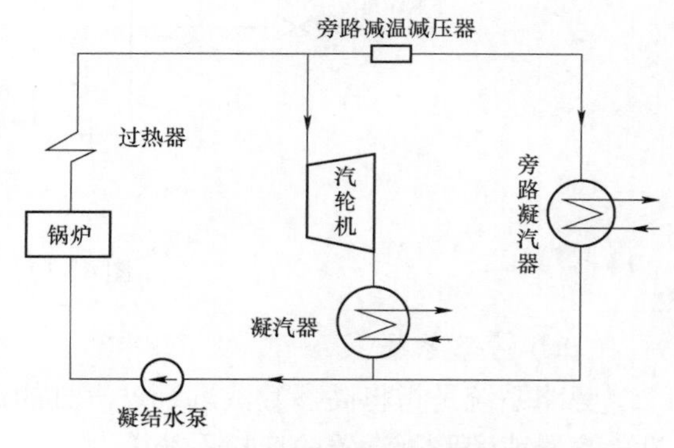

图6－13 垃圾电厂单级旁路系统

（四）给水系统

从除氧器给水箱经给水泵、加热器到锅炉给水操作台前的全部管道系统称为锅炉给水系统。给水系统是垃圾电厂热力系统的重要组成部分，它输送的水量大、压力高，对垃圾电厂的安全、经济、灵活运行至关重要。给水系统事故会使锅炉给水中断，造成紧急停炉或降负荷运行，严重时会威胁锅炉的安全运行。因此，对给水系统的要求是在垃圾电厂任何运行方式和发生任何事故的情况下，都能保证不间断地向锅炉供水。

垃圾电厂给水系统管道的主要布置方式有集中母管制和单元制。

（1）集中母管制系统安全可靠性高，具有一定的灵活性，但阀门较多、系统复杂、投资大。

（2）单元制给水系统简单、管路短、阀门少、投资小，当采用无节流损失的变速调节时，其优越性更为突出；但其运行的灵活性差。

（五）凝结水管道系统

1. 凝结水管道系统的定义

凝结水管道系统是指从凝汽器热井出口至除氧器入口的管道系统。

2. 凝结水系统的作用

凝结水系统的主要作用是把凝结水从凝汽器热井输送到除氧器。同时为有关设备提供减温水、密封水、冷却水等，另外，还补充热力循环过程中的汽水损失。

对垃圾电厂的凝结水系统的要求如下：

（1）设两台容量为100%的凝结水泵，一台正常运行，一台备用。

（2）低压加热器和轴封加热器设置凝结水旁路。当加热器故障解列或停运时，凝结水通过旁路进入除氧器，不因加热器事故而影响整个机组正常运行。

（3）为使凝结水泵在启动或低负荷时不发生汽蚀，设置凝结水最小流量再循环。

（4）在凝汽器热井底部、低压加热器的出口凝结水管道上、除氧器水箱底部都接有排地沟的支管，以便在机组投运前，将不合格的凝结水排入地沟。

（5）除盐水补水通过补水调节阀进入凝汽器或除氧器，以补充热力循环过程中的汽水损失。

（六）抽汽系统

垃圾电厂汽轮机设有三级不调整抽汽。

（1）第一级抽汽供空气预热器、SCR 烟气加热器，加热垃圾焚烧炉一、二次风和 SCR 系统的烟气。

（2）第二级抽汽供采暖及除氧器，当第二级抽汽不能满足除氧器使用时，可通过减压阀由主蒸汽补充供汽。

（3）第三级抽汽供低压加热器。抽汽管路上装有抽汽速关阀，当主汽门关闭后，压力油泄掉，使之自动关闭。第三级抽汽因压力较低，因此采用了普通止回阀。

（七）疏水系统

为保证机组安全、可靠运行，在受压件必要位置设有疏水阀和排气阀。在过热器、省煤器、蒸发器和水冷壁的下集箱上设有疏水管，作停炉疏水用。给水管道、主蒸汽管道、凝结水管道、汽轮机本体上也设有疏水管。各受热面的上集箱、汽包、主蒸汽管道上、给水管道的最高点上设置排气管。在机组启动前，疏水阀和排气阀必须打开，当管道内产生蒸汽，并且蒸汽压力到 0.2MPa 时，关闭管道上的放气阀。

疏水系统的设计应能排尽所有汽轮机本体和锅炉汽水系统、设备、管道及阀门内的水，疏水按压力等级分别进入疏水膨胀箱。疏水在膨胀箱内扩容后，回收利用。

（八）给水回热系统

垃圾电厂汽轮机回热系统通常设一级轴封加热器、一级低压加热器和一级除氧器。轴封加热器和低压加热器疏水排入凝汽器。

1. 给水回热系统的作用

在朗肯循环中，新蒸汽的热量在汽轮机中转变为功的部分只占 30%左右，而其余 70%

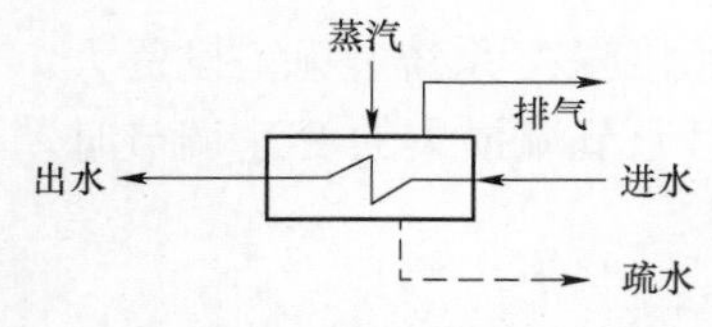

图 6-14　给水回热流程

左右的热量随乏汽进入凝汽器，在凝结过程中被循环水带走了，致使朗肯循环热效率较低。为了减少凝汽器中被冷却水带走的热量，采用了利用抽汽加热给水的热力循环——给水回热循环，以便提高机组的热效率。给水回热流程如图 6-14 所示。

2. 给水回热换热器的类型

回热加热器按汽、水介质传热方式分混合式和表面式两种，除氧器为混合式加热器，其余加热器均为表面式加热器。在表面式加热器中，汽、水两种介质通过金属受热面实现热量传递，凝结水泵输送的凝结水在管内流动，汽轮机的抽汽从管外通过。蒸汽进入汽侧后，在导流板的引导下成 S 形均匀流经全部管束外表面进行放热，最后冷凝成凝结水由加热器底部排出。汽侧不能凝结的空气由加热器排出，以免增大传热热阻、降低热循环效率。表面式加热器的结构如图 6-15 所示。

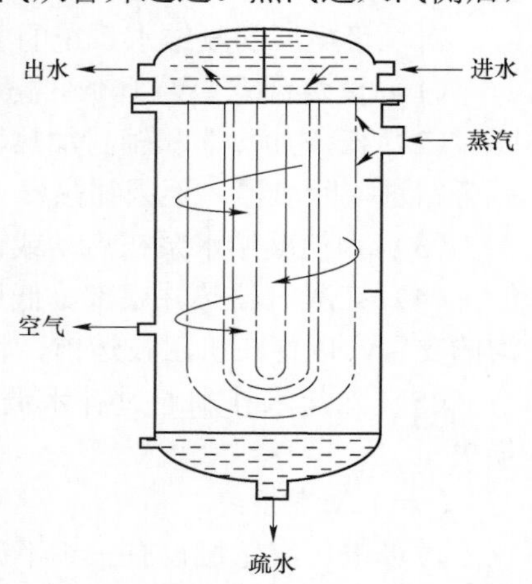

图 6-15　表面式加热器的结构

3. 表面式加热器的特性

（1）表面式加热器的优点。由表面式加热器组成的回热系统简单，运行安全可靠，布置方便。

（2）表面式加热器的缺点。

1）由于金属壁面存在传热的热阻，所以给水不能被加热到加热器压力下的饱和温度，加热器压力下饱和水温度与出口水温度之差称为表面式加热器的端差。由于端差的存在，所以未能最大程度地利用加热蒸汽的热能，热循环效率较混合式差。

2）由于有金属传热面，金属耗量大，内部结构复杂，所以制造较困难，造价高。

3）不能除去水中的氧和其他气体，未能有效地保护高温金属部件的安全。

4. 表面式加热器的形式

垃圾电厂低压加热器多采用表面式换热方式，表面式加热器按其布置的方式分为卧式和立式，卧式加热器的传热效果较好，在结构上便于布置蒸汽冷却段和疏水冷却段，有利于提高热循环效率，并且安装、检修方便。立式加热器的传热效果不如卧式加热器好，但它占地面积小，便于布置，小容量机组普遍采用立式加热器。低压加热器壳体汽侧应设安全阀。立式加热器如图 6-16 所示。

图 6-16　立式加热器

5. 表面式加热器的水侧旁路

（1）水侧旁路的作用。表面式加热器管束内的水压比筒体内的汽压高得多，在运行中若管束破裂、泄漏，压力水会沿着抽汽管道倒流入汽轮机，造成严重事故。为了避免汽轮机进水、加热器筒体超压和供水中断，在设计回热加热系统时，必须考虑设置水侧旁路系统。

（2）水侧旁路的形式。表面式加热器水侧旁路通常分为小旁路和大旁路两种。每台加热器均设一个旁路，称为小旁路，两台及以上加热器共设一个旁路，称为大旁路。大旁路具有系统简单、阀门少、节省投资等优点，但当一台加热器故障时，该旁路中的其余加热器也随之解列停运，凝结水温度大幅度降低，这不仅降低机组运行的热循环效率，而且使除氧器进水温度降低，工作不稳定，除氧效果变差；小旁路与大旁路恰恰相反。低压加热器的主凝结水系统多采用大、小旁路联合应用的方式。

6. 加热器的疏水系统

垃圾电厂加热器的疏水收集方式一般都采用疏水自流方式，疏水汇集到凝汽器。疏水逐级自流系统简单、可靠、投资小、不需附加运行费用、维护工作量小。但是，疏水逐级自流方式的热循环效率差。垃圾电厂低压加热器疏水流程如图 6-17 所示。

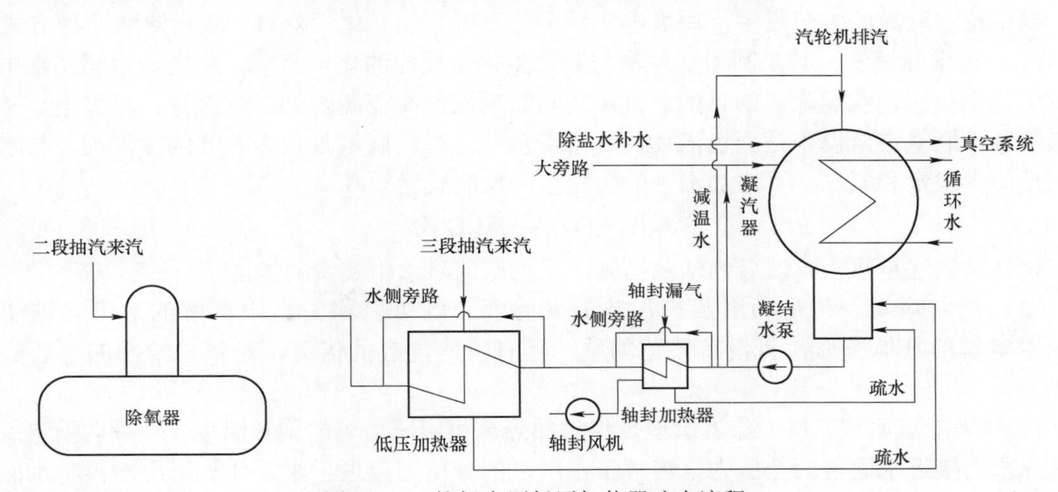

图 6-17　垃圾电厂低压加热器疏水流程

低压加热器设两个疏水口，一个为常用疏水口，另一个为紧急疏水口，常用疏水口配疏水调节阀。

（九）除氧系统

1. 除氧系统的作用

除氧系统的作用是除去水中的氧气和其他不凝结气体，防止热力设备发生氧腐蚀和传热恶化，保证热力设备的安全经济运行。防止锅炉氧腐蚀最有效的方法是加强锅炉给水的除氧，使给水中的含氧量达到水质标准的要求。每台汽轮机设置一台除氧器，用于余热锅炉给水的除氧和给水加热。

（1）给水系统中的溶解氧的来源。

1）补水带入。

2）系统中处于真空状态下的热力设备（凝汽器、低压加热器等）及管道附件的不严密处漏入了空气。

（2）给水中溶解有气体的危害。

1）造成热力设备及管道的氧腐蚀，降低其工作可靠性和使用寿命。

2）水中所有的不凝结气体，增加了热阻，使换热设备的传热恶化，降低热力设备的运行经济性。

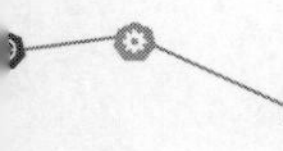

2. 给水除氧原理

根据气体溶解定律，任何气体在水中的溶解度与此气体在气水界面上的分压力和水温有关。根据氧的特性，水中除氧可从以下几个方面着手：

（1）水加热，减小氧的溶解度，水中氧气就可以逸出。

（2）使水面上空的氧分子都排除或转变成其他气体。既然水面上没有氧分子存在，氧的分压力就为零，水中氧的溶解度为零，水中氧气不断逸出。

（3）使水中的溶解氧在进入锅炉之前就转变为与金属或其他药剂的化合物而消耗干净。

3. 给水除氧的方式

锅炉给水除氧的方式很多，垃圾电厂常用的除氧方法有化学除氧、热力除氧两种方式。

（1）化学除氧法。其是利用某些易与氧发生化学反应的化学药剂，使之与溶解在水中的氧发生化学反应，实现除氧的目的。常用的除氧反应剂有亚硫酸钠、联氨等。垃圾电厂常用联氨除氧。联氨在常温下是无色液体，易溶于水和乙醇。联氨是极为有效的除氧剂，与水中氧气反应生成水和氮气，不增加水中的含盐量，反应式为

$$N_2H_4+O_2\longrightarrow 2H_2O+N_2$$

化学除氧法是热力除氧后的辅助措施，以彻底消除水中残留的氧。

（2）热力除氧。其是利用蒸汽加热方式除氧，既可以除去水中溶解的氧气，也能除去水中溶解的其他气体，且没有残留物质，具有价格便宜的优势，是锅炉给水的主要除氧方式。

1）热力除氧原理。热力除氧原理是将水加热至相应压力下的饱和温度（一般达到沸点），蒸汽分压力接近水面上的全压力，溶解于水中氧的分压力接近于零，使氧析出，再将水面上产生的氧气排除，从而保证给水含氧量达到水质标准的要求。

2）热力除氧的特点。

a. 不仅能除 O_2，还能除 CO_2 及其他气体。

b. 除氧水中不增加含盐量，也不增加其他气体的溶解量。

3）热力除氧的分类。热力除氧按压力大小可分为压力式和大气式两种。大气式热力除氧工艺，除氧器内保持比大气压力稍高的压力，以便于排出逸出的气体。

4）热力除氧对运行工况的要求。要实现较好的除氧效果必须实现以下运行工况：

a. 要把水加热到除氧器工作压力下的饱和温度，以保证水面上水蒸气的压力接近于水面上的全压力。

b. 及时排走水中逸出的气体，维持液面上氧气及其他气体分压力为零或最小。

c. 水与加热蒸汽应有足够的接触面积。

4. 除氧器的类型及运行方式

（1）除氧器的类型。

1）除氧器按工作压力可分为 3 种类型，即真空式除氧器、大气式除氧器和压力式除氧器。真空式除氧器只作为辅助除氧器，对补水进行初步除氧，大气式除氧器适用于中、低压机组，压力式除氧器适用于高压及以上机组。

2）按除氧头的布置方式可分为立式除氧器和卧式除氧器两种。

3）根据水在除氧器内流动形式可分为淋水盘式、水膜式、喷雾式除氧器等。

（2）除氧器的运行方式。除氧器采用定压和滑压两种运行方式，定压运行是指除氧器在运行过程中保持其工作压力不变，汽轮机的抽汽压力一般要高出除氧器工作压力0.2MPa，在抽汽管道上安装压力调节阀，保证机组负荷变化时除氧器的工作压力恒定不变。除氧器在对给水进行加热的过程也是除氧过程，在除去氧气的同时也除去了其他气体。除氧器热力系统如图6－18所示。

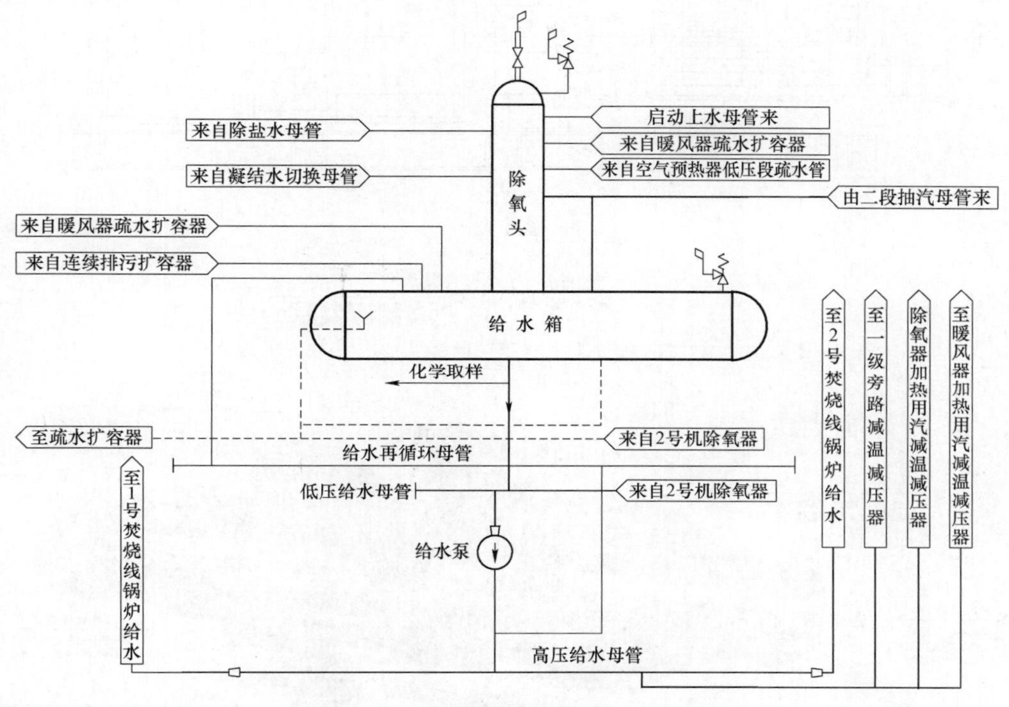

图6－18　除氧器热力系统

5. 给水泵

（1）给水泵的作用。给水泵是锅炉的主要辅助设备，锅炉运行中，给水泵不断地向锅炉补水，以保证工质的平衡和汽包水位的稳定。给水泵也为过热器提供减温水。

（2）给水泵的工作原理。锅炉给水泵的形式很多，按工作原理不同可分为离心式、轴流式等。垃圾电厂由于设备容量小，锅炉给水泵大都采用离心式。它由叶轮、外壳等部件组成。

电动机带动叶轮高速旋转时，叶轮中心区形成负压，低压水从吸入口流入泵内，然后进入叶轮流道。在离心力作用下水甩向泵壳的内壁，然后流经断面逐渐扩大的蜗形外壳，流速降低，压力提高，从出口排出。

垃圾电厂锅炉的给水泵，几乎都使用多级离心泵。它是由数个单级叶轮串联而成的，水的压力在各级泵体中逐级升高，克服省煤器和管道的阻力，给水进入汽包。

高压多级离心泵如图6－19所示。

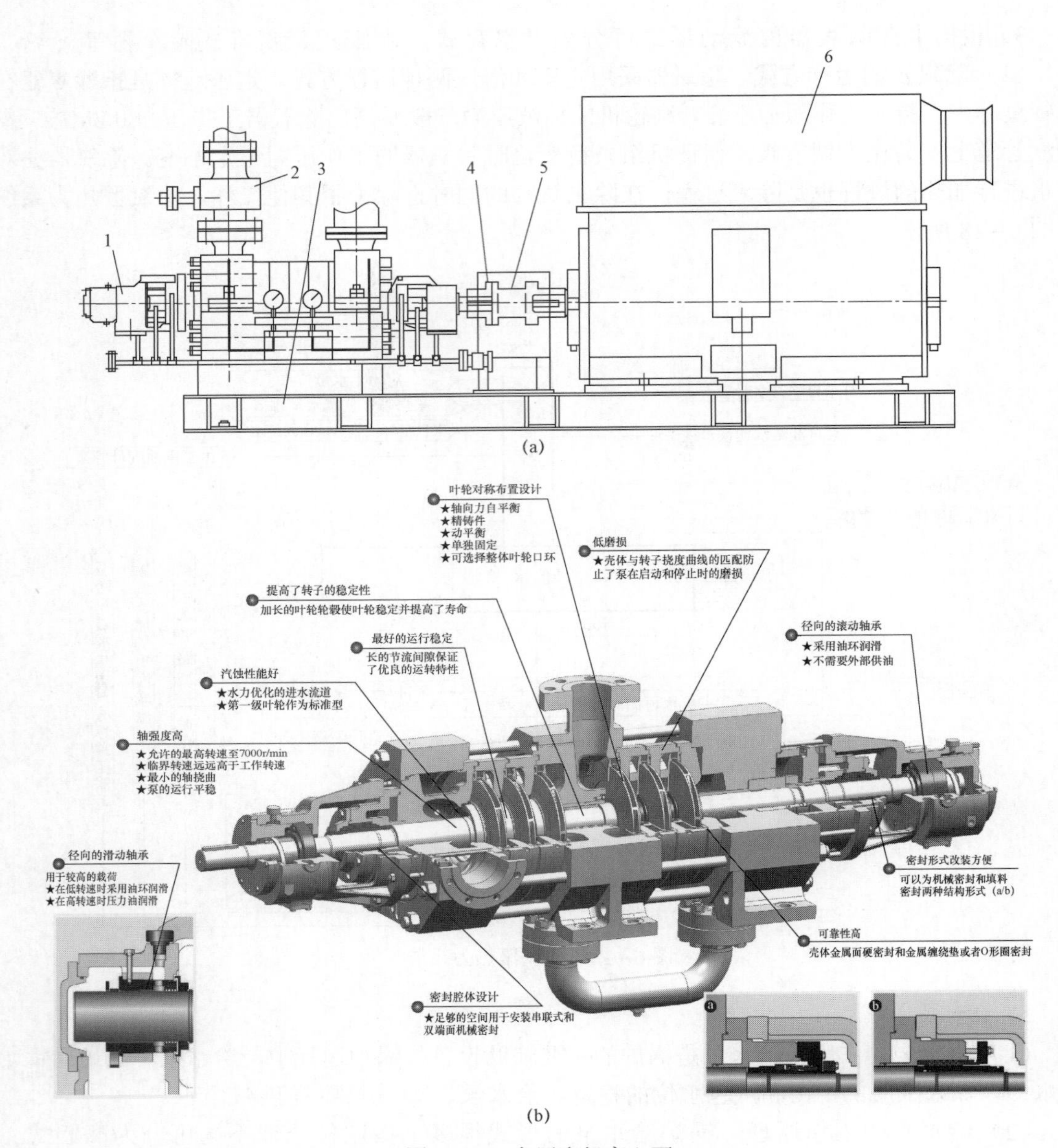

图 6－19　高压多级离心泵

（a）布置图；（b）结构图

1—轴套；2—出水段；3—底座；4—联轴器轮毂；5—联轴器；6—电动机

（3）给水泵的调节方式。给水泵的运行转速有定速和变速之分。定速给水泵由电动机直接驱动，变速给水泵由变频调节器电动机驱动。目前，垃圾电厂的给水泵趋向于用无级变速的电动机来驱动。利用转速变化来调节给水泵的流量和压头，比用节流调节所消耗的功率小，从而降低了厂用电，提高了运行经济性。

为了保证给水的可靠性，给水泵都设有备用泵。一旦运行水泵发生故障，可立即启动备用泵，以免造成给水中断。

第四节　余　热　锅　炉

一、余热锅炉的作用

余热锅炉的作用是吸收垃圾燃烧释放出的热能，把水加热成具有一定压力和温度的蒸汽。

垃圾电厂的余热锅炉多采用中温中压、单汽包、自然循环卧式或立式水管锅炉。

锅炉中工作的媒介物叫做工质。锅炉受热面内的工质主要有水、汽水混合物、蒸汽等，余热锅炉实际上是为工质与工质的热交换提供一个场所。

水在锅炉中的预热、蒸发、过热三个阶段，分别在余热锅炉的四大类受热面中完成，它们分别叫做省煤器、水冷壁、蒸发器和过热器。预热阶段主要在省煤器中进行，汽化阶段在水冷壁和蒸发器中进行，过热阶段在过热器中进行。

二、余热锅炉主要技术规范

中温中压余热锅炉主要技术规范见表 6－1。

表 6－1　　中温中压余热锅炉主要技术规范

项目	参数	项目	参数
余热锅炉出口蒸汽压力（MPa）	4.0	余热锅炉出口烟气温度（℃）	180～220
余热锅炉出口蒸汽温度（℃）	400	热效率（%）	≥82
汽包工作压力（MPa）	5.0	锅炉排污率（%）	＜1.5
汽包工作温度（℃）	264	最大连续蒸发量（%MCR）	≤110
给水温度（℃）	130		

中温中压余热锅炉高压部分材质见表 6－2。

表 6－2　　中温中压余热锅炉高压部分材质

部件	材质	部件	材质
汽包	Q345R	中温过热器	12Cr1MoVG
省煤器	20G－GB5310	高温过热器	TP347H
低温过热器	20G－GB5310		

三、余热锅炉结构

垃圾电厂的余热锅炉有卧式布置的也有立式布置的，立式布置占地较少。卧式余热锅炉采用四通道布置，包括 3 个垂直烟道和 1 个水平烟道。

燃烧室上部空间由膜式水冷壁组成一个垂直烟道，即锅炉第一烟道，水冷壁用耐磨、耐腐蚀的耐火材料覆盖，目的是防止水冷壁的高温腐蚀和减少水冷壁的吸热量，保证炉膛温度在 850℃以上，强化垃圾的燃烧。

两个未覆以耐火材料内衬的膜式水冷壁组成的垂直辐射烟道称为第二烟道和第三烟道。它们的四周由气密性的膜式水冷壁构成，水冷壁管端部接至共用集箱，再通过引出管接至汽包。

卧式余热锅炉第四烟道水平布置，蒸发器、过热器、省煤器等受热面布置在锅炉第四烟道上。

卧式余热锅炉结构如图 6－20 所示，立式余热锅炉如图 6－21 所示。

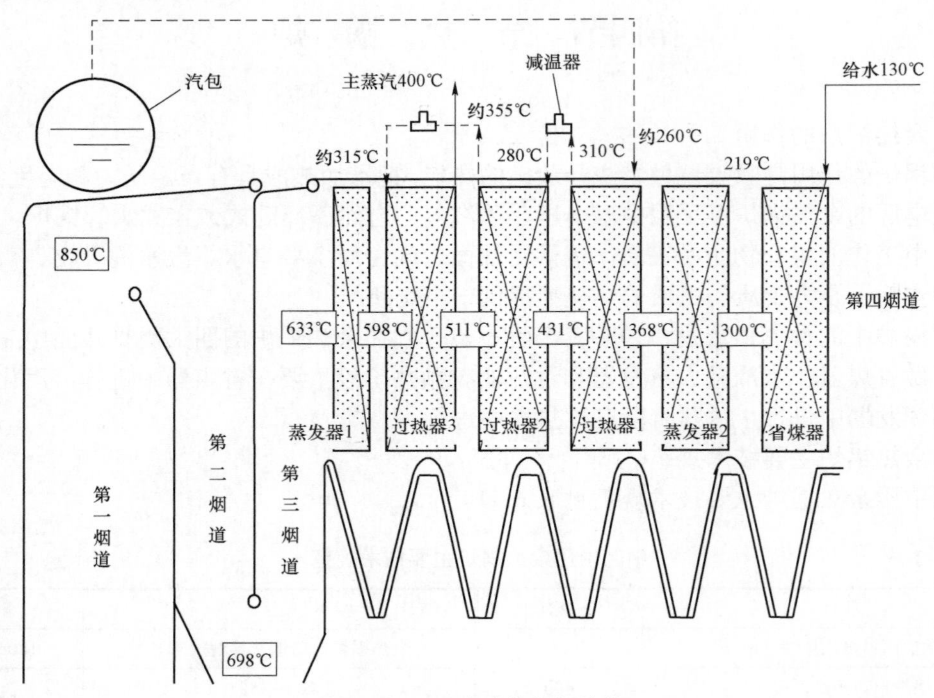

图 6－20　卧式余热锅炉结构

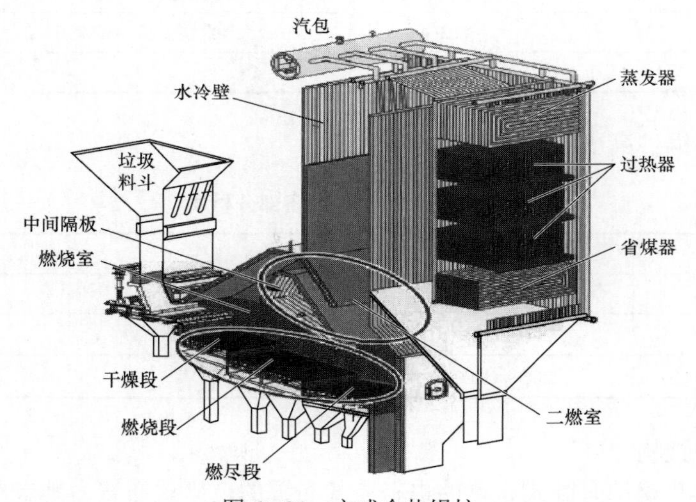

图 6－21　立式余热锅炉

四、烟道与受热面布置

余热锅炉第二、三烟道采用水冷结构，内壁不敷设耐火材料。在第二烟道，烟气向下流动；在第三烟道，烟气向上流动。在第二、三通道下部聚集的飞灰用螺旋输灰机送进出渣机。

卧式锅炉第四烟道为水平布置，侧墙则采用护板炉墙。在第四通道入口布置对流传热管束蒸发屏，使烟气在进入末级过热器之前温度降至 650℃以下，防止管壁的高温腐蚀。

在第四烟道里，依次设有一级蒸发器、高温过热器、中温过热器、低温过热器、二级蒸发器、省煤器，受热面的级数可根据需要布置。

五、余热锅炉汽水循环

余热锅炉为自然循环单汽包水管锅炉，由于水的密度大于汽水混合物的密度，汽水密度差产生循环推动力，推动汽水混合物在蒸发系统中流动。这种循环是因下降管与水冷壁管内工质的密度差而形成的，称为自然循环。单位时间内进入蒸发管的循环水量与生成汽量之比称为循环倍率，自然循环锅炉的循环倍率为4～30。

余热锅炉自然循环流程如图6-22所示。

锅炉给水在除氧器内经加热、除氧，由给水泵送入省煤器，省煤器多级布置，给水逆流而上进入省煤器中加热至距饱和温度最小10℃以下进入汽包，汽包中的水分别进入水冷壁和蒸发器加热，产生汽水混合物经各自的汽水引出管返回汽包。汽水混合物中的饱和蒸汽经汽包内汽水分离器分离进入过热器加热，变成过热蒸汽，送往汽轮机做功。

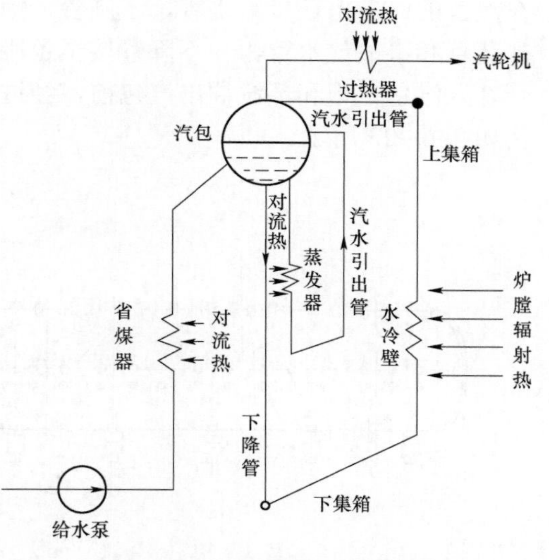

图6-22　余热锅炉自然循环流程

六、余热锅炉组成

余热锅炉由本体系统和辅助系统两大部分组成。汽水系统俗称为“锅”，汽水系统的任务是把水加热成为过热蒸汽。

垃圾电厂锅炉汽水系统的设备主要有省煤器、水冷壁、过热器、蒸发器及它们之间的连接管道，其中省煤器、水冷壁、过热器、蒸发器的管道称为锅炉“四管”。由炉墙构成一定形状的燃烧室和烟道，以使火焰和烟气与外界隔绝，使锅炉传热过程能正常进行，炉墙要有良好的密封性和支撑性。

辅助系统包括安全部件、疏水系统、取样系统、排污系统、加药系统、吹灰系统以及汽水管道和阀门等。安全部件包括汽包水位计、安全阀、压力表、温度表、自动控制装置等。

（一）汽包

1. 汽包的作用

（1）汽包是工质加热、蒸发、过热三个过程的中枢，是汽水循环的枢纽。

（2）汽包下半部存有一定的水量，上半部为蒸汽空间，具备一定的蓄热能力，压力剧烈变化时，可缓和蒸汽压力变化的影响，具有一定的缓冲作用，有利于锅炉调节。

（3）汽包内部装有汽水分离装置进行汽水分离，可以提高蒸汽品质，此外，布置在汽包内的加药、排污装置通过控制锅水含盐量来提高蒸汽品质。

（4）汽包上还装有安全阀、水位计和压力表等附件，汽包内部布置事故放水管，用来保证锅炉的安全运行。

（5）汽包内布置有加热器，用于冬季启炉时锅水加热。

2. 汽包的结构

汽包布置在炉外、垂直烟道的上方，不受火焰和烟气的热辐射，外部包有绝热保温材料。为了保证汽包能自由膨胀，汽包都用吊箍悬吊在炉顶大梁上。

汽包是一个长圆筒形容器，由筒身和两端的封头组成。在封头中部留有椭圆形人孔门，在汽包的筒身上连接给水管、下降管、饱和蒸汽引出管，以及连续排污管、给水再循环管、加药管和事故放水管等。下降管接至各段水冷壁下集箱，水冷壁上集箱的汽水混合物由引出管补入汽包。饱和蒸汽导出汽包前，经过汽水分离，避免蒸汽带水进入过热器。汽包外形结构如图 6－23 所示。

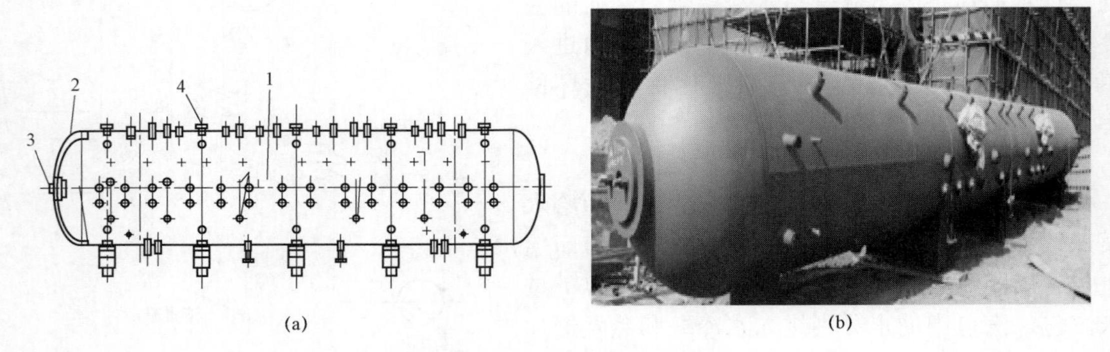

图 6－23　汽包外形结构

（a）结构图；（b）照片图

1—筒身；2—封头；3—人孔门；4—管座

汽包内部安装有旋风分离器、波形板分离器、加药管、排污管、加热器等，汽包内部结构如图 6－24 所示。

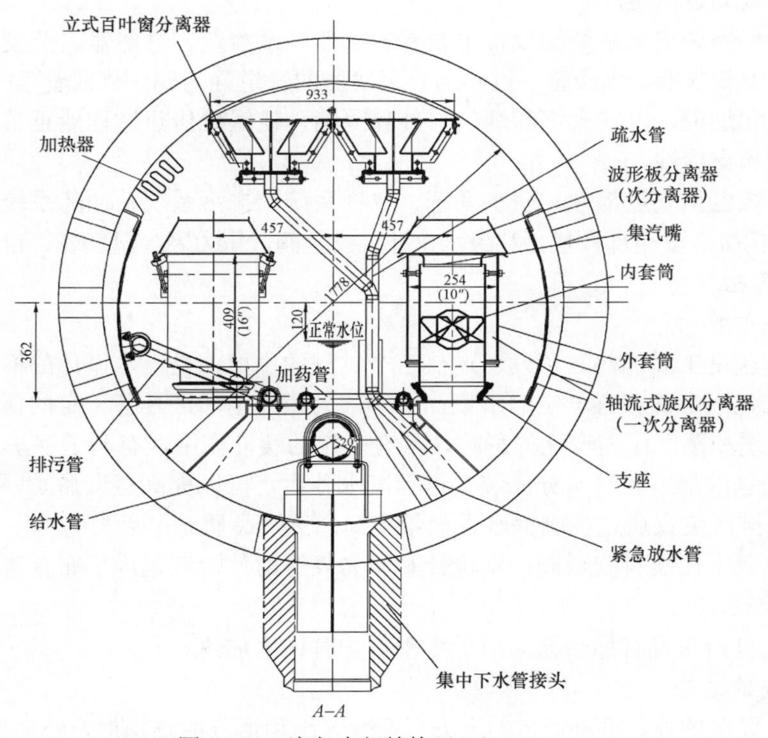

图 6－24　汽包内部结构（一）

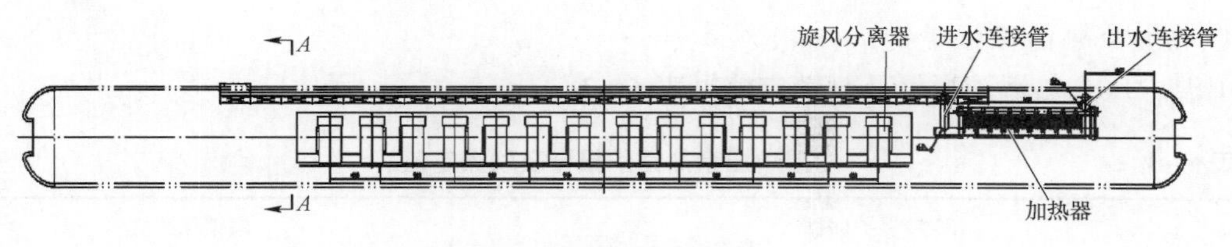

图 6－24　汽包内部结构（二）

3. 汽包水位计

为了满足汽包水位的监视、调整和保证锅炉安全运行的需要，汽包至少设置 3 种水位计，其中平衡容器式、智能电触点双色水位计的信号传至 DCS，强冲洗长窗式双色水位计就地显示水位。正常运行时汽包水位零点在汽包中心线以下 50mm 处。

（1）智能电触点双色水位计。智能电触点双色水位计由测量筒和二次表配套组成，测量筒上的电触点位置与二次表上的发光二极管相对应，二次表在控制室内显示水位状态，并进行声光报警和联锁控制。

智能电触点双色水位计的工作原理是基于水和汽的导电性能差别极大，水阻在几十千欧，汽阻在 1MΩ 以上。测量筒将水位的高低通过电触点阻值的变化，转化为电信号送至二次仪表进行运算和逻辑判断，以发光二极管和数码管准确显示水位值。智能电触点双色水位计前面板示意图如图 6－25 所示。

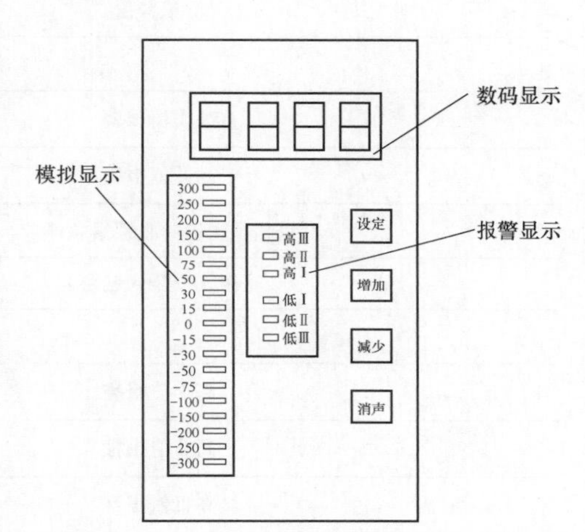

图 6－25　智能电触点双色水位计前面板示意图

（2）强冲洗长窗式双色水位计。强冲洗长窗式双色水位计的工作原理是由光源发出的光通过红、绿滤色镜片，射向水位计本体液腔，在腔内汽相部分，红光射向正前方；在腔内液相部分，由于水位的折射，绿光射向正前方。因此，站在水位计正前方观察时，显示汽红、水绿。强冲洗长窗式双色水位计的结构图如图 6－26 所示，安装图如图 6－27 所示。

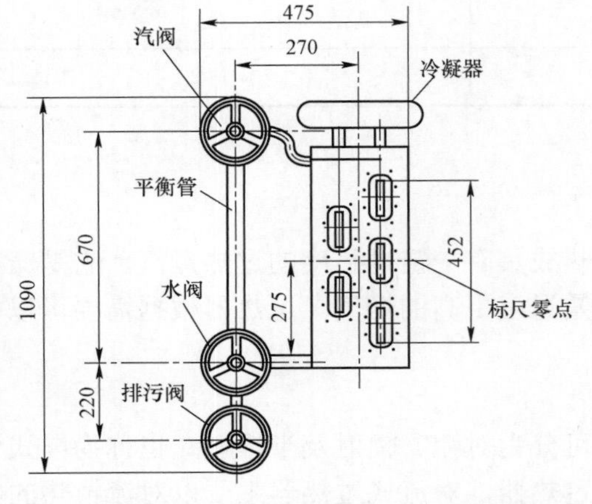

图 6－26　强冲洗长窗式双色水位计的结构图

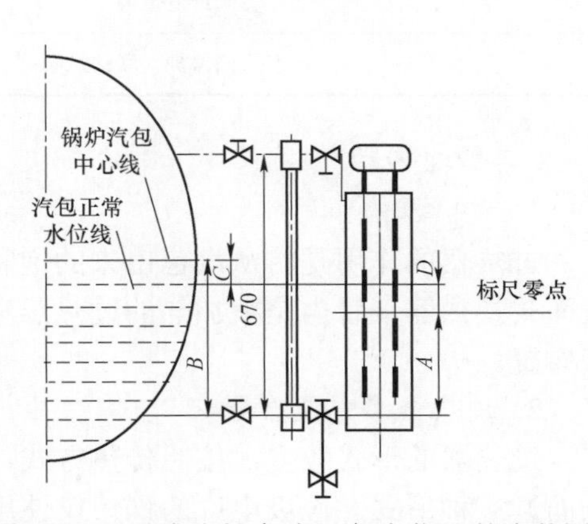

图 6－27　强冲洗长窗式双色水位计的安装图

4. 余热锅炉的保护联锁

中温中压余热锅炉报警及联锁定值见表6-3。

表6-3　　中温中压余热锅炉报警及联锁定值

联锁保护项目	联锁保护值
过热蒸汽出口压力（MPa）	
高报警值	4.1
主蒸汽超压保护（联锁紧急停炉）	4.15
超压（安全阀起跳）	4.16
低报警值	3.75
汽包压力（MPa）	
高Ⅰ值报警	4.9
高Ⅱ值报警	5.0
汽包超压保护（联锁紧急停炉）	5.08
超压（安全阀起跳）	5.088
汽包水位（mm）	
高Ⅰ值报警	+50
高Ⅱ值报警	+100
高Ⅲ值报警	+125
水位高保护（联锁开紧急放水）	+150
水位高保护（联锁关紧急放水）	正常水位
低Ⅰ值报警	-50
低Ⅱ值报警	-100
低Ⅲ值报警	-125
汽包水位低保护（联锁水泵）	-150

（二）过热器

1. 过热器的作用

过热器的作用是将从汽包出来的饱和蒸汽加热成具有一定过热度的过热蒸汽。它是一种表面式换热器，管内是被加热的过热蒸汽，管外是温度更高的烟气。过热器根据需要可以多级布置。

2. 过热器形式及布置

过热器的形式较多，按照传热方式，过热器可分为对流、辐射及半辐射（也称为屏式受热面）3 种形式。垃圾电厂的锅炉仅使用对流式过热器，对流式过热器主要以对流换热的方式来传递热量，布置在水平烟道或垂直烟道中，它的结构多为蛇形管，过热器两侧的烟气温度偏差小于 20℃。

对流过热器的形式如下：

（1）对流过热器按布置形式有立式和卧式两种。

（2）对流式过热器按管子的排列方式可分为顺列和错列两种类型。顺列布置传热系数小于错列布置，而错列布置时管壁的磨损比顺列布置严重。过热器常采用顺列布置，以便于吹灰。

（3）按烟气和管内蒸汽的流向，对流式过热器分为顺流、逆流和混合流 3 种类型。逆流布置具有最大的传热温差，可以节省金属消耗，但蒸汽的高温段恰恰是烟气的高温区域，该处的金属壁温很高，工作条件最差。顺流布置则相反，蒸汽出口处烟气温度最低，因而壁温较低，工作安全，但其传热温差最小，耗用的金属最多。混合流布置的过热器，综合了逆流与顺流布置的优点，蒸汽的低温段采用逆流布置，蒸汽的高温段采用顺流布置，既保证了管壁的安全工作，又可获得较大的传热温差，因此得到广泛应用。烟道中的过热器管如图 6－28 所示。

图 6－28　烟道中的过热器管

3. 过热蒸汽温度调节

为了保证锅炉、汽轮机机组安全、经济运行，必须维持过热蒸汽温度稳定。余热锅炉过热器出口蒸汽温度要求为 400℃，在 60%～110%MCR 工况下，蒸汽温度偏离额定值的波动不能超过－10～＋5℃。温度过高会影响金属材料的寿命，温度过低会造成蒸汽的含水量增加，影响汽轮机的安全。因此，必须设置可靠的蒸汽温度调节装置，以保持过热器出口蒸汽温度的稳定。

过热器温度的调节方法通常分为蒸汽侧调节和烟气侧调节两大类。蒸汽侧调节是通过减温器改变蒸汽的热焓来调节蒸汽温度，主要有喷水式减温器、表面式减温器。烟气侧调节是通过改变锅炉对流受热面的吸热量或改变流经过热器的烟气量的方法来调节蒸汽温度。

喷水式减温器是将锅炉的给水直接喷入过热蒸汽中，通过水的加热和蒸发吸收蒸汽的热量，达到调节温度的目的。在过热器不同级之间设置喷水减温器，喷水量的多少由过热器各级间出入口的温度值确定。

喷水减温器的形式很多，常用的是多孔喷管式减温器，它由多孔喷管和直混合管组成，布置在过热器集箱中，喷水方向与汽流方向相同。锅炉给水从喷管的小孔中喷出，形成雾滴，与蒸汽混合，使过热蒸汽降温。多孔喷管减温器结构简单，安装方便，它是自然循环锅炉过热蒸汽温度的主要调节方式。由于过热器采用多级布置，为了提高运行的安全性和改善过热器的调节性能，通常采用 2 级减温器，在第一、二级间，第二、三级间布置有二级喷水减温器，从而产生出合格的蒸汽。减温器布置如图 6-29 所示。

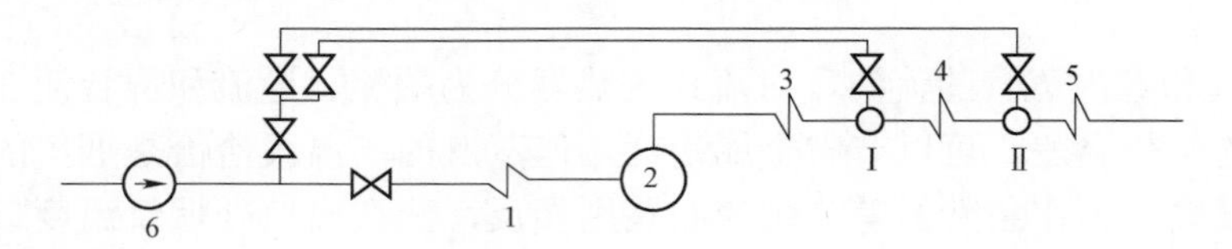

图 6-29　减温器布置

1—省煤器；2—汽包；3—一级对流过热器；4—二级对流过热器；5—三级对流过热器；6—给水泵

Ⅰ—一级喷水减温器；Ⅱ—二级喷水减温器

(三) 省煤器

1. 省煤器的作用

(1) 省煤器的作用是利用锅炉尾部烟气的热量加热锅炉给水，在提高给水温度的同时降低烟气温度，减少排烟热损失，提高锅炉效率。

(2) 由于给水进入汽包之前先在省煤器中加热，所以减少了给水在受热面的吸热，可以用省煤器来代替部分造价较高的蒸发受热面。

(3) 给水温度提高了，进入汽包就会减小壁温差，热应力相应地减小，延长汽包使用寿命。

2. 省煤器的布置方式

(1) 按布置形式分为立式和卧式两种。

(2) 按排烟与给水的相对流向分为顺流式、逆流式和混合式 3 种。

省煤器通常布置在尾部烟道中，这样布置既有利于停炉排除积水，减轻停炉期间的腐蚀，同时又有利于改善传热，节约金属。立式省煤器管如图 6-30 所示。

图 6-30　立式省煤器管

3. 省煤器再循环

在锅炉的启动过程中，由于汽水管道的循环没有建立，此时省煤器内的水处于不流动的状态，随着锅炉燃烧的加强、烟气温度的提高，省煤器内的水容易产生汽化，使省煤器的局部处于超温状态。为了避免这个情况的出现，从汽包的下部再接一管道到省煤器的入口，作为再循环管道，使省煤器内的水处于流动状态，避免其汽化。

（四）水冷壁

1. 水冷壁的作用

水冷壁是锅炉的蒸发受热面，敷设在炉膛四周，紧贴炉墙形成炉膛周壁，直接接受火焰和高温烟气的辐射热。管内流动的饱和水受热后部分生成饱和蒸汽。由于管内流动的工质温度是饱和温度，比火焰温度低得多，所以炉墙受到有效的冷却，故称水冷壁。

水冷壁的作用如下：

（1）吸收炉膛中火焰和高温烟气的辐射热量，将部分水蒸发成饱和蒸汽。

（2）保护炉墙，简化炉墙结构。

（3）降低炉墙附近和出口处的烟气温度，阻止炉墙和受热面结渣。

炉膛内部水冷壁结构如图 6－31 所示。

图 6－31 炉膛内部水冷壁结构

（a）炉膛；（b）前拱

2. 水冷壁的结构

水冷壁由无缝钢管弯制而成。鳍片管有两种类型：一种是在光管之间焊接扁钢制成，称为焊接鳍片管；另一种是轧制而成，称为轧制鳍片管。水冷壁是将许多鳍片管沿纵向依次焊接起来，构成整体的受热面，使炉膛内壁四周被一层整块的水冷壁膜严密包围起来。垃圾电厂常用的带销钉的膜式水冷壁结构如图 6－32 所示。

带销钉的膜式水冷壁是在光管水冷壁的外侧焊上许多直径为 6～12mm、长度为 20～25mm 的销钉，销钉可以固牢耐火材料，防止水冷壁受高温烟气的腐蚀、磨损，同时减少着火区域水冷壁吸热量，提高着火区域炉内温度，促进垃圾的着火和燃烧。

3. 蒸发器

在对流受热面入口，末级过热器前，布置一保护性蒸发屏，可使进入第四通道的烟气流更均匀，也可降低进入末级过热器的烟气温度。

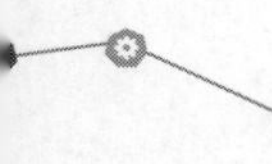

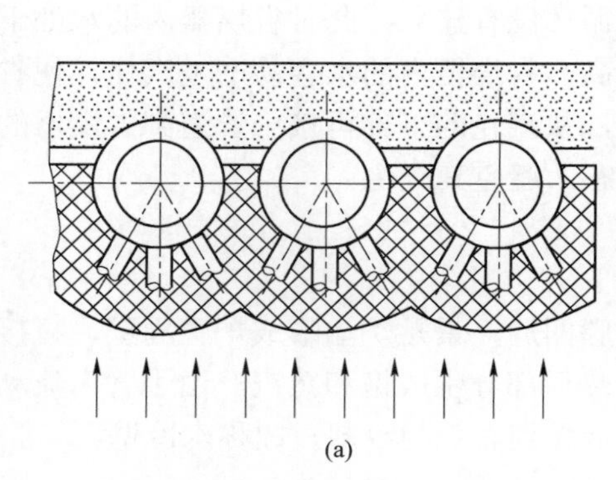
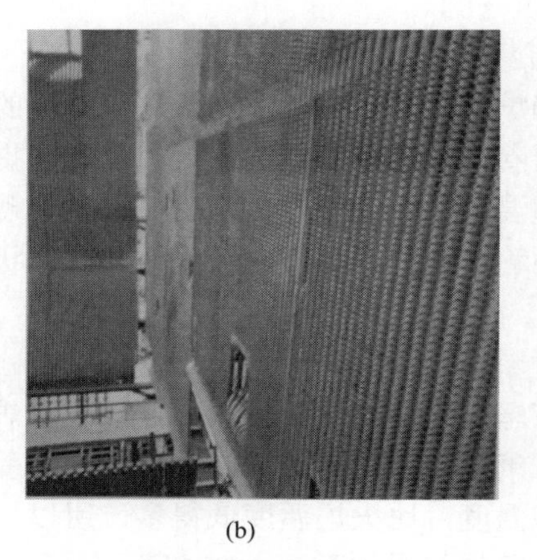
(a) (b)

图 6-32 垃圾电厂常用的带销钉的膜式水冷壁结构
（a）敷浇注料的水冷壁；（b）鳍片管和销钉

在过热器管束后，布置有二级蒸发屏，用以将烟气温度在进省煤器前降至 400℃以下。

蒸发屏采用顺列布置，由上下小集箱及管子组成，管子均采用无缝管，蒸发屏在厂内成片制作，组装出厂，从而保证了产品质量，减少了工地安装量。

蒸发屏为悬吊结构，通过吊杆安装在顶板梁；蒸发管屏与第四通道的锅炉侧墙膜式水冷系统相连。

为避免管子磨损及腐蚀，措施如下：

（1）在蒸发器进口、出口管子采用防磨瓦板、喷金属涂层。防磨瓦板为不锈钢材料，厚度为 3mm。

（2）管子采用大间距，较低烟速。

（3）合理控制烟气温度，减少管子积灰。

（五）锅炉辅助系统及设备

1. 安全阀

安全阀是锅炉保护设备的一种，用以防止锅炉超压，以保护锅炉的安全。当锅炉蒸汽压力超过规定值时，安全门自动打开，排出一部分蒸汽，使蒸汽压力降低，待蒸汽压力恢复正常后自动关闭。

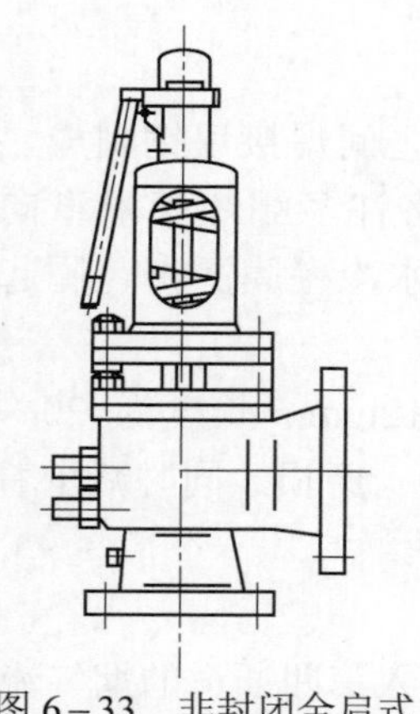
图 6-33 非封闭全启式隔热架带扳手结构

一般情况下，锅炉配置 3 只安全阀。两只安全阀在汽包上，1 只安全阀在过热器出口蒸汽管道上，汽包上的安全阀和过热器上的安全阀的总排放量大于或等于锅炉额定蒸发量。在过热器出口蒸汽管道上还装有点火排汽电动阀，用于锅炉启动时点火排汽。安全阀排放口上装有消声器，防止造成噪声污染。

弹簧式安全阀的形式较多，当介质温度高于 350℃时，选用带隔热架结构的安全阀。非封闭全启式隔热架带扳手结构如图 6-33 所示。

阀门起跳压力的调整利用阀门帽内的调节螺套顺、逆时针旋转来进行，如图 6-34 所示。顺时针旋转可以提高起跳压力；反之，降低起跳压力。

2. 风机

垃圾电厂锅炉的风机包括一次风机、二次风机、引风机、炉墙冷却风机、烟气再循环风机等。

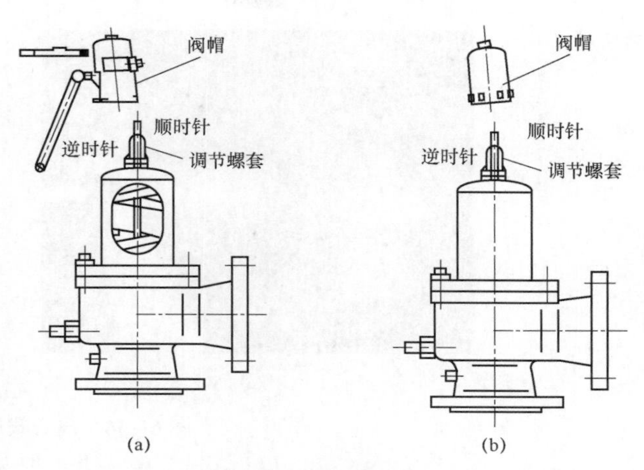

图 6-34 安全阀调整

（a）安全阀一；（b）安全阀二

（1）风机的作用。一、二次风机的作用是将空气输送入炉膛以满足垃圾燃烧需要的氧量。引风机的作用是将炉膛内的烟气抽出排入烟囱，并维持炉膛的负压。为减轻烟气中灰粒对风机的磨损，引风机多布置在除尘器之后。炉墙冷却风机为一燃室的侧面炉墙提供冷却风，防止侧面炉墙烧坏和结焦，同时将冷却风并入一次风，回收了炉墙的热量。烟气再循环风机将袋式除尘器出口的烟气抽出送入炉膛，替代部分二次风，实现低氧、低氮燃烧。

（2）风机的形式。风机有离心式风机和轴流式风机两类，垃圾电厂的锅炉通风量较小，故一般采用离心式风机，轴流式风机用于大容量的锅炉。离心式风机如图 6-35 所示。

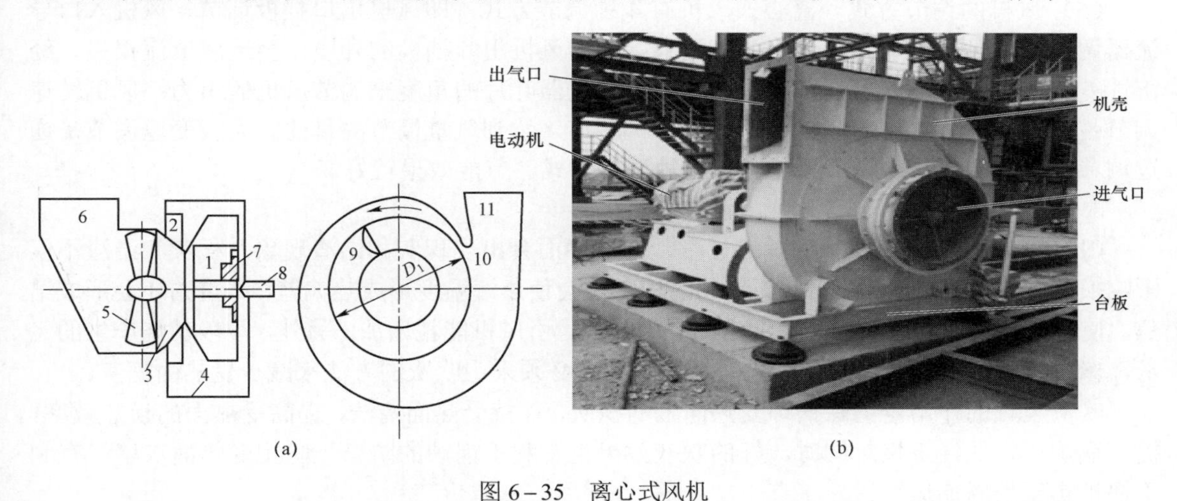

图 6-35 离心式风机

（a）结构图；（b）照片

1—叶轮；2—稳压器；3—集流器；4—机壳；5—导流器；6—进气箱；7—轮毂；8—主轴；9—叶片；10—蜗舌；11—扩散器

（3）离心式风机工作原理。流体轴向进入风机叶轮，充满在叶轮叶片之间流道中的气体被叶轮带动一起旋转，在离心力的作用下，气体主要沿径向流动，并同时获得能量，压力升高，从叶轮四周径向流出。

离心式风机的主要特点是风压高，流量低。

（4）离心式风机的主要部件。

1）叶轮。叶轮是风机的主要部件，叶轮由前盘、后盘、叶片及轮毂组成。其作用是把电动机的机械能转换成流体的压力能和动能。离心风机叶轮如图 6-36 所示。

(a)

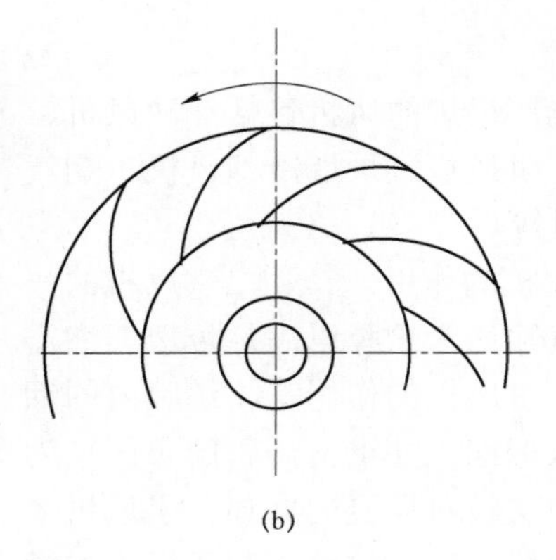

(b)

图 6-36　离心式风机叶轮

(a) 照片；(b) 结构图

2）蜗壳。蜗壳的作用是汇集从叶轮流出的气体并引向风机出口，同时，将气体的部分动能转换为压力能。为提高风机效率，蜗壳的外形一般采用螺旋线形。

3）集流器。集流器装在叶轮进口，其作用是以最小的阻力损失引导气流均匀地充满叶轮入口，集流器有圆筒形、圆锥形和锥弧形等。

(5) 风机的调节方式。离心式风机有 4 种调节方式，即风机出口挡板调节、风机入口导流器调节、风机转速调节和无级变速调节。调节风机出口挡板的开度，会造成节流损失，经济性差；风机入口导流器调节是指通过改变导流器叶片的角度来调节风机的出力；风机转速调节是指采用液力传动的联轴器来改变风机转速，达到风量调节的目的；无级变速调节是通过调节电动机的转速来调节风量。后 3 种调节方式，节能效果较好。

3. 吹灰系统

(1) 吹灰系统的作用。锅炉运行时，各受热面会出现积灰和结渣现象。积灰和结渣不仅影响换热效果，使排烟温度升高，局部的积灰还会使蒸汽温度形成热偏差，严重的还会形成结焦，使受热面损坏。积灰还会使烟道的阻力增加，引风机能耗增加。另外，垃圾焚烧产生的飞灰，聚集在管壁上，会对管壁产生腐蚀，因此，必须采用吹灰的方法来减少受热面积灰。

吹灰装置的作用是清除锅炉受热面上的积灰，保持受热面清洁，提高受热面的换热效率，提高锅炉运行的经济性。同时，好的吹灰效果也有利于锅炉的防腐，防止受热面灰堵，有利于锅炉实现长周期运行。

(2) 吹灰装置的形式。根据结构和用途的不同，垃圾电厂采用的吹灰器形式如下。

1）长、短蒸汽吹灰器。用于烟气温度较高的受热面，如过热器、蒸发器、省煤器。

2）振打除灰器。用于悬吊布置的过热器、蒸发器、省煤器。

3）脉冲激波吹灰器。用于蒸发器、过热器和省煤器。

(3) 蒸汽吹灰器。蒸汽来自主蒸汽管道，蒸汽从吹灰器喷嘴高速喷出，达到清除锅炉管束表面积灰、结焦的目的。蒸汽吹灰器作为一种传统的吹灰方式，蒸汽直接吹扫受热面，对清除受热面的积灰和挂渣都有较好的作用，对结渣性强、灰熔点低的灰也有非常好的效果。蒸汽吹灰器结构如图 6-37 所示。

蒸汽吹灰系统主要由蒸汽管道系统、吹灰器和程序控制装置 3 部分组成。蒸汽吹灰器不同受热面吹灰蒸汽参数见表 6-4。

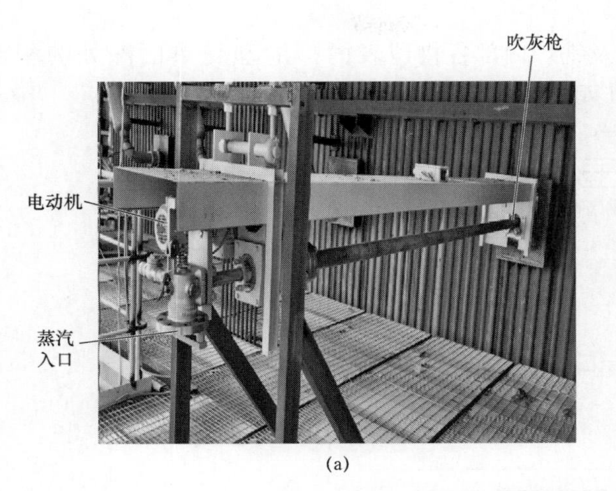

(a)

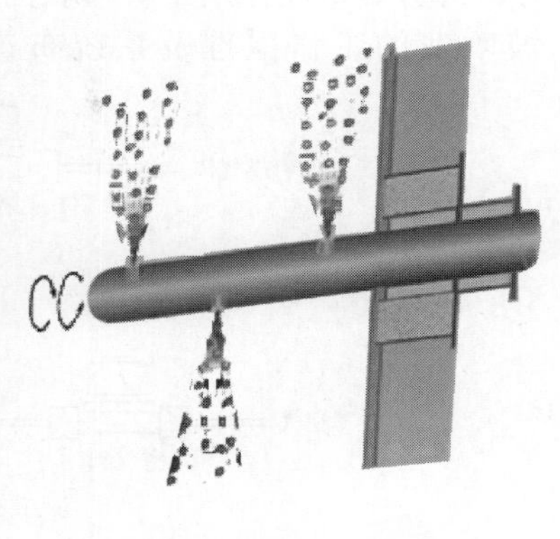

(b)

图 6-37　蒸汽吹灰器结构

(a) 外部；(b) 内部

表 6-4　　蒸汽吹灰器不同受热面吹灰蒸汽参数

项目	吹灰器入口蒸汽压力（MPa）	吹灰器入口蒸汽温度（℃）
蒸发器、过热器	1.5	220～260
省煤器	1.2	150

英国某垃圾电厂蒸汽吹灰器如图 6-38 所示。

图 6-38　英国某垃圾电厂蒸汽吹灰器

（4）脉冲激波吹灰器。

1）工作原理。脉冲激波吹灰器的工作原理是将空气和可燃气体（乙炔、氢气、天然气、液化气等）按一定比例在混合器内充分混合后，沿管路进入特制的脉冲发生器中，在内部形成高湍流的混合气体。高能点火器点火，引燃发生器内的高湍流混合气形成爆燃，爆燃气体在极短的时间内压力和温度急剧升高，迅速膨胀，形成强压缩波即爆燃波，在脉冲发生器的调制作用和脉冲喷口的强制压缩下，加强的爆燃波以一定能量和方向沿脉冲喷口向前传播，并在喷口出口突然扩张的截面形成冲击波，直接作用于受热面表面，同时沿喷管出口产生膨胀波束。喷口冲出的高速热气流直接冲刷受热面表面管排，吹扫表面灰垢，同时各种脉冲波通过反射、衍射、折射等特性作用于管排表面及锅炉内部各物理表面，清理受热面深处的积灰。脉冲激波吹灰的工作原理及系统布置如图 6－39 所示。

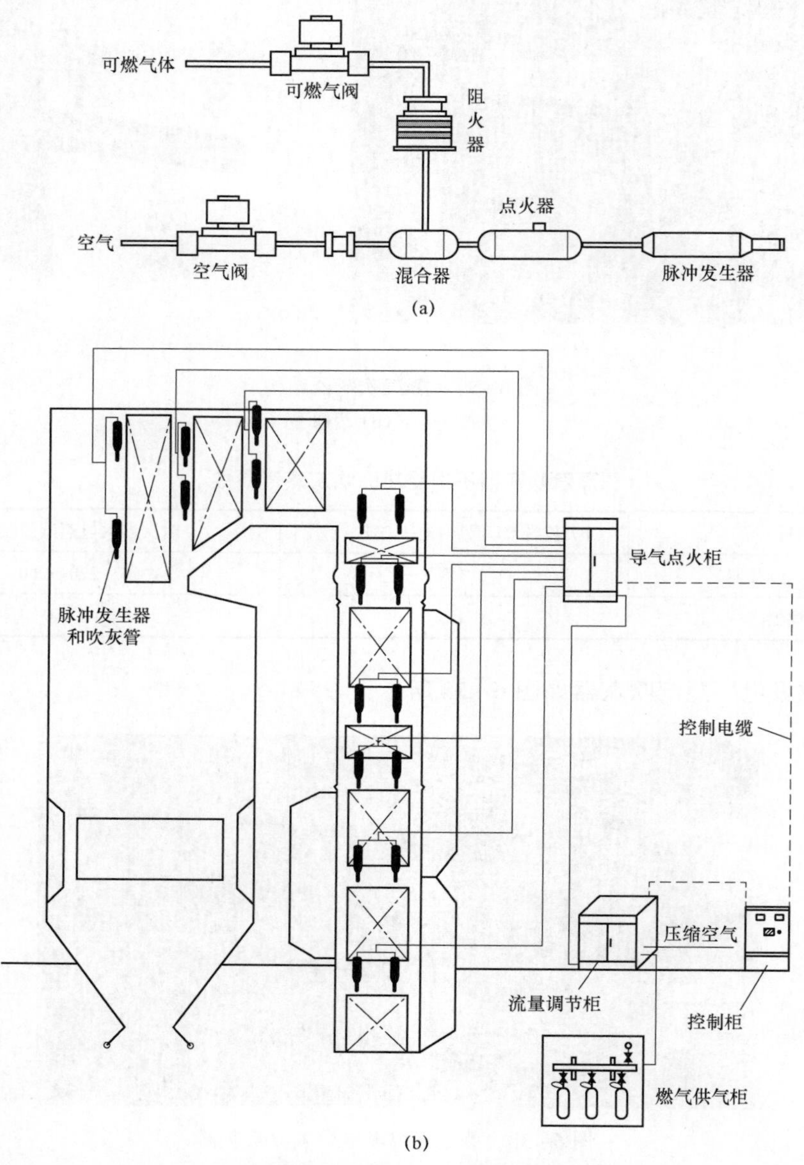

图 6－39　脉冲激波吹灰的工作原理及系统布置

（a）工作原理；（b）系统布置

吹灰管分为单孔和排孔两种形式，吹灰管安装形式如图 6－40 所示，吹灰管安装照片如图 6－41 所示。

2）吹灰机理。

a. 爆燃作用。混合气体经点火爆燃后，体积瞬间发生急剧膨胀，产生较高压力（1×10^6Pa）、较高速度（300～500m/s）的气流，经吹灰管定向导入炉内，其动能以脉冲波的形式作用于受热面积灰表面，并经多次折射，使积灰脱落飞扬，附着在管子表面的积灰层破裂、脱落，且作用时间极短（毫秒级），对受热面无任何损坏，特别适用于坚硬的积灰。

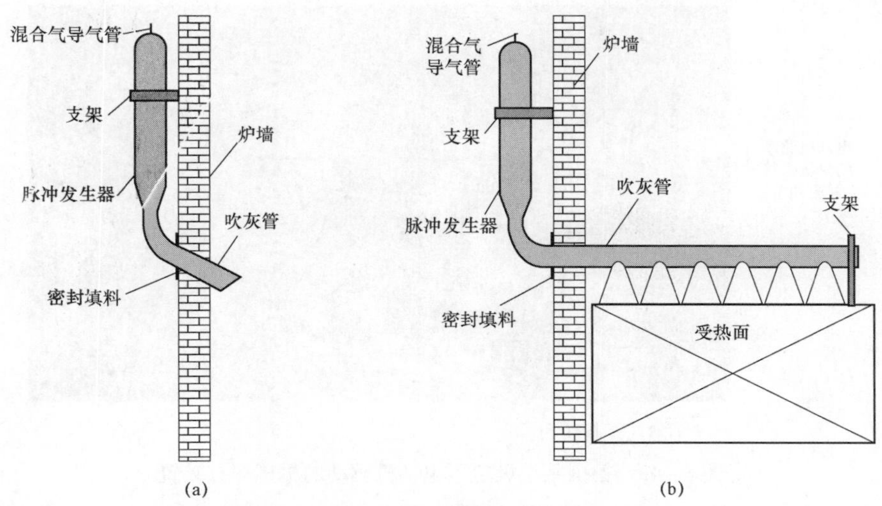

图 6-40 吹灰管安装形式

（a）单孔吹灰安装形式；（b）排孔吹灰安装形式

b. 热清洗作用。混合气体在脉冲发生器内被点火后爆燃，瞬间产生高温高压的气流。当高温气流射向积灰层时，可以使积灰软化，黏结强度降低，在高压气流吹扫下，灰层破碎脱落。这对于垃圾焚烧锅炉的黏结性积灰尤为有效。

c. 声波疲劳作用。当爆燃气体进入炉内时，伴有巨大的声响，能量以声能释放出来。在距离喷嘴轴线 6～7m 处，其声压级仍保持在 160dB 以上。声能以辐射状向受热面各个方向传播，通过声能量的作用，使这些受热面区域的积灰层产生振荡。受声波振荡的反复作用，沉积物松散破裂，直至脱落。

（5）振打吹灰器。振打吹灰器多用于悬吊布置的受热面，振打垫焊接在受热面的下集箱端头，外部的机械力通过振打锤击打振打杆作用在振打垫上，使悬吊受热面产生振动，达到清灰的目的。振打锤可以采用电动机驱动也可以采用电磁振打。英国某在建垃圾电厂电磁振打装置如图 6-42 所示。

图 6-41 吹灰管安装照片

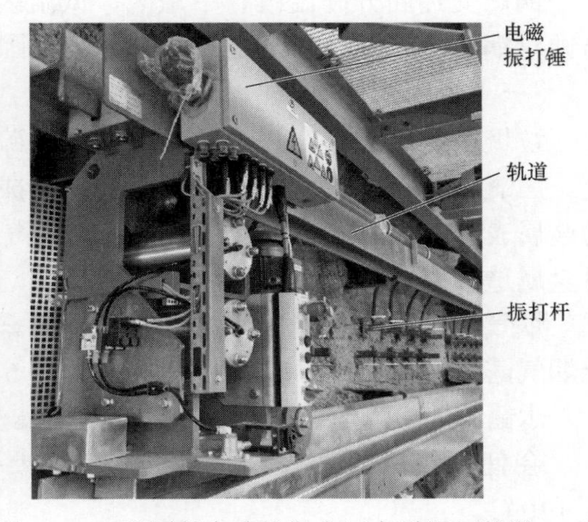

图 6-42 英国某在建垃圾电厂电磁振打装置

德国某垃圾电厂电动机驱动的机械振打装置如图 6－43 所示。

图 6－43　德国某垃圾电厂电动机驱动的机械振打装置

现代垃圾电厂为了取得理想的吹灰效果，通常采用组合式吹灰工艺。根据受热面的形式，在不同部位安装不同形式的吹灰器。

第五节　锅炉受热面的腐蚀及预防措施

一、低温腐蚀的预防

由于垃圾中含有废塑料、漂白纸、氯化钠盐等含氯化合物，这些含氯化合物焚烧后产生氯化氢和氯气，而烟气中的氯气和其他金属元素重新化合成对一般金属有较大腐蚀作用的金属氯化物及相关的共晶体混合物，这些氯化物则在 260～482℃的金属管壁温度下对金属管表面产生腐蚀。因此，研究垃圾焚烧烟气对焚烧炉金属管子的腐蚀问题是保证焚烧炉长周期运行的关键。

锅炉受热面分高温区、中温区、低温区，部分中温区和低温区主要发生低温腐蚀，低温腐蚀对锅炉金属部分也会造成很大危害，因此，必须采取有效措施防止低温腐蚀的发生。

（一）低温腐蚀机理

垃圾中的硫元素在燃烧后生成二氧化硫，其中部分二氧化硫又会进一步氧化形成三氧化硫。三氧化硫和烟气中的水蒸气化合，生成硫酸蒸汽。当含有硫酸蒸汽的烟气流过低温部分的金属表面时，如果金属壁温低于硫酸蒸汽的凝结温度，硫酸蒸汽会在金属表面上凝结下来，对金属造成腐蚀。

烟气中水蒸气开始凝结的温度称为水露点。烟气中硫酸蒸汽开始凝结的温度称为酸露点或烟气露点。露点与 SO_3 浓度的关系如图 6－44 所示。

水露点取决于水蒸气在烟气中的分压力，一般为 30～60℃，一旦烟气中含有 SO_3 气体，会使烟气露点大大升高，烟气中只要含有 50mg/m^3 左右的 SO_3，就可使烟气露点高达 130℃。

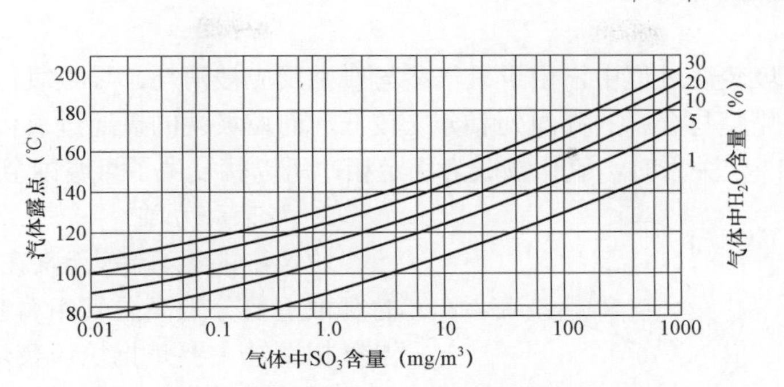

图 6－44　露点与 SO_3 浓度的关系

（二）低温腐蚀的危害

对于垃圾电厂锅炉而言，低温烟气侧金属腐蚀，不仅使腐蚀部分的金属表面被锈蚀掉，缩短金属的使用寿命，腐蚀严重时，要停炉更换金属部件。

低温腐蚀往往伴随着堵灰，产生的原因主要是由于温度较低，容易产生结露，形成弱酸后对金属产生腐蚀并黏结飞灰，低温腐蚀发生的概率随着垃圾含硫量的升高而升高。

沿烟气流动方向金属壁温逐渐降低。在低于烟气露点 20～45℃的壁温时，腐蚀速度达到最大值。当壁温下降至水露点时，则大量的水蒸气和稀硫酸液凝结，此时烟气中的 SO_2 溶解于水膜中形成亚硫酸液，使金属的腐蚀剧烈增加。为防止产生严重的低温腐蚀，必须避开烟气露点以下的严重腐蚀区。

二、预防和减轻低温腐蚀的措施

1. 提高排烟温度

由上述分析可知，如使金属壁温高于烟气露点，硫酸蒸汽不能在金属表面凝结，就不会发生腐蚀。要提高壁温，就要提高排烟温度。因此，在锅炉设计时要选用适当的排烟温度，垃圾电厂的设计排烟温度一般在 150℃左右，设置中温 SCR 脱硝系统的排烟温度会更高。

2. 提高冷段金属壁温

主要采用提高进口风温的方法来提高冷段金属壁温，具体方法有热风再循环和采用暖风器。

热风再循环是利用加热器加热空气，经热风循环管送热风，提高袋式除尘器的进口空气温度，热风再循环只在启停炉期间使用，用蒸汽或电加热器提高风温。

3. 减少锅炉烟道的漏风

合理的锅炉密封设计和良好的施工质量，可有效减少锅炉漏风。

三、垃圾电厂锅炉的高温腐蚀

在锅炉受热面处于高温区的金属材料最容易发生高温腐蚀，腐蚀严重局部甚至有可能产生爆管及泄漏，因此，高温腐蚀给安全生产带来了极大隐患，必须严加防止。

（一）高温腐蚀的机理

1. 腐蚀的热力学过程

在金属－氧－氯体系中，金属产物的存在形式往往需要根据外部因素而定，包括金属的种类、氯的分压、氧的分压、温度等因素。实际体系中，由于氯合金成分复杂、温度分布不均、金属产物可能挥发等原因，并不能很好地预测反应产物的组分。在氧气充足的情况下，金属表面与氧气接触，会发生氧化腐蚀，生成致密的氧化膜并阻止金属的进一步氧化，起到保护金属的作用。但在垃圾焚烧过程中，由于氧气参与腐蚀反应被消耗，导致氧化膜由外至内存在一个浓度梯度，在氧化膜与金属的界面处氧分压较低，而垃圾中的氯通过氧化膜到达该界面，当氯与氧的分压达到一定关系时，氯化物成为稳定相，所以就发生了氯腐蚀金属，生成氯化物。

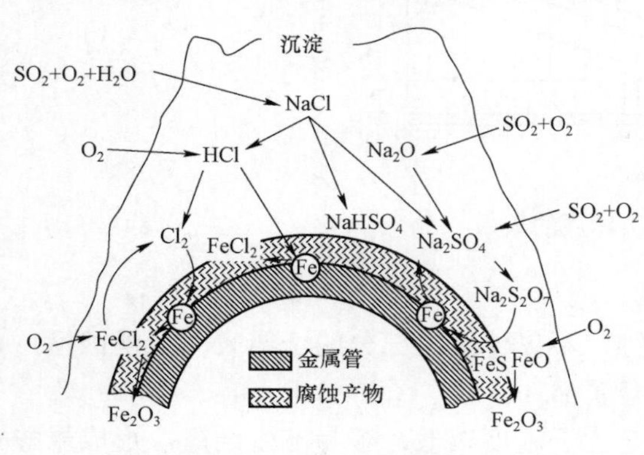

图 6–45　高温腐蚀反应物示意图

2. 腐蚀动力学

垃圾中的氯、硫等元素在高温状况下对金属的腐蚀主要分为高温气相腐蚀和熔融盐腐蚀，高温气相腐蚀主要是指垃圾焚烧产生的 HCl、Cl_2 与金属反应。熔融盐腐蚀指金属或者金属氧化物与沉积盐中的氯盐及硫酸盐反应发生腐蚀，可能产生的反应物如图 6–45 所示。

（1）气相腐蚀的机理。活化氧化垃圾中塑料、橡胶和厨房废料中都含有氯元素，例如聚氯乙烯废物、聚偏二氯乙烯废物、氯化丁基橡胶废物、氯化钠、氯化钾等，这些有机和无机氯化物在高温焚烧后都会产生 HCl。垃圾焚烧废气中的氧的质量分数为 5%～10%，而 HCl 的质量浓度为 800～4000mg/m³。高温 HCl 的腐蚀机理目前报道较多的是活化氧化的机理，可见以下化学反应式，即

$$2HCl + 1/2O_2 = Cl_2 + H_2O \tag{6-2}$$

$$Fe + Cl_2 = FeCl_2(s) \tag{6-3}$$

$$FeCl_2(s) = FeCl_2(g) \tag{6-4}$$

$$3FeCl_2 + 2O_2 = Fe_3O_4 + 3Cl_2 \tag{6-5}$$

$$2FeCl_2 + 3/2O_2 = Fe_2O_3 + 2Cl_2 \tag{6-6}$$

$$FeCl_2 + HCl + 1/4O_2 = FeCl_3 + 1/2H_2O \tag{6-7}$$

反应式（6–2）为 HCl 被氧化成氯气，进一步氯气经由孔隙或裂缝穿过氧化膜，在金属/氧化膜界面反应生成金属氯化物 $FeCl_2$ 等，见反应式（6–3）。氯化物 $FeCl_2$ 在温度 500℃下具有较高蒸汽压，图 6–46 列出了部分氯化物的熔点 T_m 和蒸汽压力达到 10.13Pa 时所需温度 T_4。部分固态氯化物在高温下转化为气态，向外扩散传输，在氧气浓度较高处被氧化，重新生成氧化物和氯气，这些由气相物反应生成的氧化膜，相比于无氯环境下的氧化膜更为疏松，黏附性差，丧失了保护性。氯气在这个过程中充当催化剂的作用，不会被消耗，一直循环利用，不断腐蚀金属。氧气的加入导致生成的 $FeCl_3$ 熔点更低、更易挥发，从而加剧金属的腐蚀，可见反应式（6–4）。

（2）熔融盐腐蚀。垃圾焚烧中的碱金属氧化物，也是锅炉高温腐蚀的一个重要因素。这些碱金属氧化物与 HCl 反应，形成碱金属氯化物，然后冷凝沉淀在表面。沉积盐中基于碱金属氯化物硫酸盐化作用机制，可见以下化学反应式，即

$$2KCl + SO_2(g) + 1/2O_2(g) + H_2O(g) \longrightarrow K_2SO_4 + 2HCl(g) \tag{6-8}$$

$$2KCl + SO_2(g) + O_2(g) \longrightarrow K_2SO_4 + Cl_2(g) \tag{6-9}$$

由反应式（6–8）生成的 HCl 可以进一步氧化成 Cl_2，从而进一步腐蚀金属，具体过程与 HCl 高温腐蚀相似。高温熔融的碱金属氯化物也可以与金属氧化物反应，具体可见以下化学反应式，即

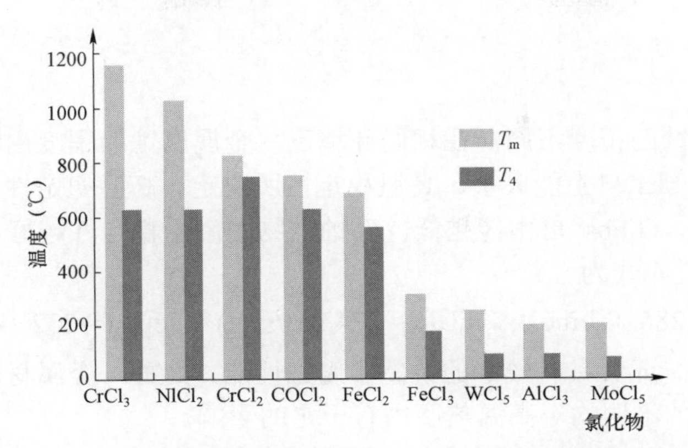

图 6－46 部分氯化物的熔点和蒸汽压达到 10.13Pa 时所需温度

$$2NaCl+Fe_2O_3+1/2O_2 = Na_2Fe_2O_4+Cl_2 \quad (6-10)$$

$$4NaCl+Cr_2O_3+5/2O_2 = 2Na_2CrO_4+2Cl_2 \quad (6-11)$$

在破坏金属氧化膜的同时，还释放出 Cl_2，进一步发生气相，腐蚀金属。此外，熔融盐含有多种混合氯化物，比如碱金属和重金属氯化物共混时，它们的共熔点变低，高温环境下，熔融盐成液相，这种液相腐蚀反应使熔融盐腐蚀进一步加快，原因是液相化学反应往往比固相化学反应快；其次，液相下会产生电解质发生电化学腐蚀。

（二）高温氯腐蚀的特点

1. 氧化膜疏松多孔附着性差

腐蚀产物氯化物 $FeCl_2$ 在 500℃时具有较高蒸汽压，部分固态氯化物在高温下转化为气态，向外扩散传输，在氧气浓度较高处被氧化，重新生成氧化物和氯气，这些由气相物反应生成的氧化膜，相比于无氯环境下的氧化膜更为疏松、黏附性差，丧失了保护性。由于氯化物向外挥发，锅炉基体留下了空洞，当氯化物不能充分通过氧化膜时，在氧化膜内氧化从而产生内部应力，导致氧化膜开裂和鼓泡。

2. 氯元素富集

氯元素在氧化膜/金属界面上富集高温腐蚀中，无论是表面盐膜腐蚀实验还是垃圾焚烧炉采样，都在氧化膜/金属界面发现了氯元素的富集现象。腐蚀区界面处的氯元素浓度远大于表面。氯元素的富集从侧面验证了腐蚀机理，因为在界面处，氯的分压高才能腐蚀金属生成金属氯化物，而氯化物向外扩散接触到高浓度氧气时被氧化成疏松的氧化物，所以氯在氧化膜内存在一定的梯度，氧化膜/金属界面处最高，氧化膜外最低。

3. 腐蚀突变

在氯化腐蚀初期，腐蚀速度很快，但到后期，腐蚀速度突然减缓，这种速率突变现象在金属表面氯化盐膜实验和垃圾焚烧现场中都是非常典型的。实验指出 0～6h 之间合金的腐蚀速率基本不变，腐蚀 10 h 之后，腐蚀增重基本停止。这种腐蚀突变现象的存在，可能预示着高温腐蚀速率与 HCl 的浓度关系不大，因为当氧化膜与基体之间逐渐形成一层富含氯的物质，就相当于金属表面涂了一层氯化物盐膜，烟气中的氯化物浓度影响就变低了。合金在氧气和 HCl 氛围中腐蚀实验结果表明，腐蚀程度与 HCl 浓度关系不大。有学者从流化床的实验得出，在 200℃和 400℃的温度下，随着 HCl 浓度的增加，腐蚀的速率加快。关于温度对 HCl 腐蚀的影响还需进一步研究。

（三）腐蚀的影响因素

1. 金属材料

合金不同，受腐蚀的程度不同。在相同环境下，金属腐蚀的程度由该金属元素与氯气反应生成腐蚀产物的 Gibbs 自由能大小、高温稳定性所决定。高温稳定性是指产物的分解压、熔点蒸汽压等。一般，Gibbs 自由能越低，腐蚀产物的高温稳定性越好，金属的抗腐蚀能力越强。Gibbs 自由能反应式为

$$CrCl_2(-286.0kJ/mol) < NiCl_2(-274.2kJ/mol) < FeCl_2(-232.1kJ/mol) \quad (6-12)$$

所以 Ni 比 Fe、Cr 元素具有较好的抗高温腐蚀性能。此外，金属材料的表面状态、涂层材料以及热处理工艺的不同均对高温热腐蚀有一定的影响。

2. 硫的影响

除了氯腐蚀外垃圾焚烧中的硫元素被氧化成 O_2、SO_3，其存在气相中，也会影响高温腐蚀。气态的 SO_2、SO_3 会与 KCl 反应，生成 K_2SO_4 沉积盐，具体机理如式（6－8）、式（6－9）。相关学者认为，该反应生成的薄而致密 K_2SO_4 层可以有效阻碍 HCl 与 Cl_2 的扩散，从而阻碍其腐蚀。有研究者发现，500℃时 316 L 不锈钢材料过热管的腐蚀过程中，SO_2 有一定保护的作用，因为相对于 HCl 和 KCl，K_2SO_4 一旦形成就相对稳定，不会继续腐蚀金属。实验指出，SO_2 的额外加入会促使 K_2SO_4 沉积盐的生成，而 HCl 的额外加入则会加剧金属的腐蚀。

3. 温度的影响

有学者发现，各种铁基材料随温度的升高，HCl 腐蚀急剧提高。一方面，温度的升高加快了反应的速率；另一方面，由于金属氯化物的蒸汽压随着温度升高而增加，加快了腐蚀过程。对于沉积盐的腐蚀，温度的影响就相对复杂。实验指出，在低温下钾主要存在形式为 KCl、K_2SO_4 等。高温下，主要以 KCl、KOH 气体存在。对硫腐蚀和氯腐蚀的分析可知，温度对沉积盐氯腐蚀金属速率的影响与垃圾的元素成分有关，在高温下（1200℃以上），硫含量多会使 K_2SO_4 增加，KCl 含量减少，此时沉积盐腐蚀变慢。

（四）防止高温腐蚀和磨损的措施

为了避免管束上飞灰的黏附和过热器、水冷壁管道的高温腐蚀和磨损，受热面管子防腐遵循以下原则：

1. 选择合理的过程参数

从耐腐蚀和经济的角度来考虑，垃圾电厂的蒸汽等级选为 4.0MPa/400℃。

2. 预防炉内腐蚀

炉内腐蚀主要指锅炉汽水管道内部发生的腐蚀，一般有汽水腐蚀、气体腐蚀、垢下腐蚀等。可通过水处理提高汽水的品质，以及合理设计受热面结构，防止死汽产生等手段来减轻腐蚀的发生概率。

3. 合理吹灰

选择合理的清灰方式，既可减少锅炉受热面管束的积灰，又可降低因积灰造成的金属壁超温，可以有效防止高温腐蚀的发生。

4. 合理选用管材

选择中温中压蒸汽参数，为了避免余热锅炉过热器的高温腐蚀，过热器的材质要满足相应的要求。

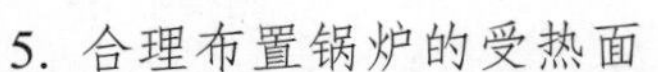

5. 合理布置锅炉的受热面

锅炉的对流受热，从高温到低温的布置依次为一级蒸发器、三级过热器、二级过热器、一级过热器、二级蒸发器和省煤器。三级过热器中的蒸汽流向与烟气流向相同（顺流布置），二级过热器和一级过热器的蒸汽流向与烟气相反（逆流布置）。这样可以控制进入高温过热器和省煤器的烟气温度在650℃和350℃以下。

6. 对受热面管材表面进行防腐防磨处理

可以采取喷涂、高温耐磨陶瓷涂层等工艺对管材表面进行处理，增加管材的防腐、耐磨能力。

7. 对受热面管壁进行堆焊和熔融处理

水冷壁管一般采用铺设耐火材料进行防腐，也可采用堆焊和熔融处理进行防腐。某垃圾电厂应用华北电力大学曲作鹏博士生导师开发的垃圾电厂锅炉受热面高频感应重熔涂层防腐蚀技术经过处理的管材如图6－47所示。

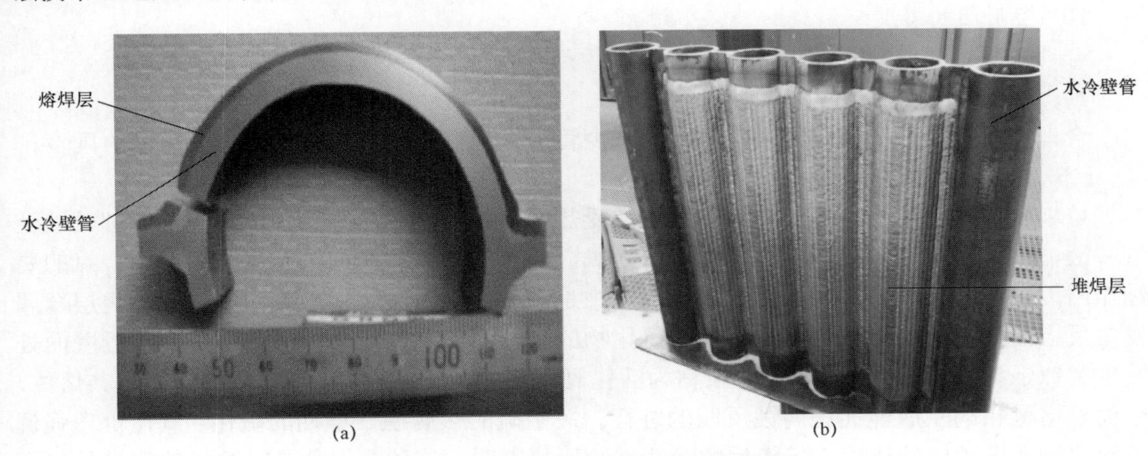

图6－47　某垃圾电厂经过处理的管材

（a）熔焊；（b）堆焊

8. 水冷壁烟气侧铺设防磨防腐砖

德国某垃圾电厂水冷壁烟气侧铺设防磨防腐砖如图6－48所示，对水冷壁起到较好的保护作用。

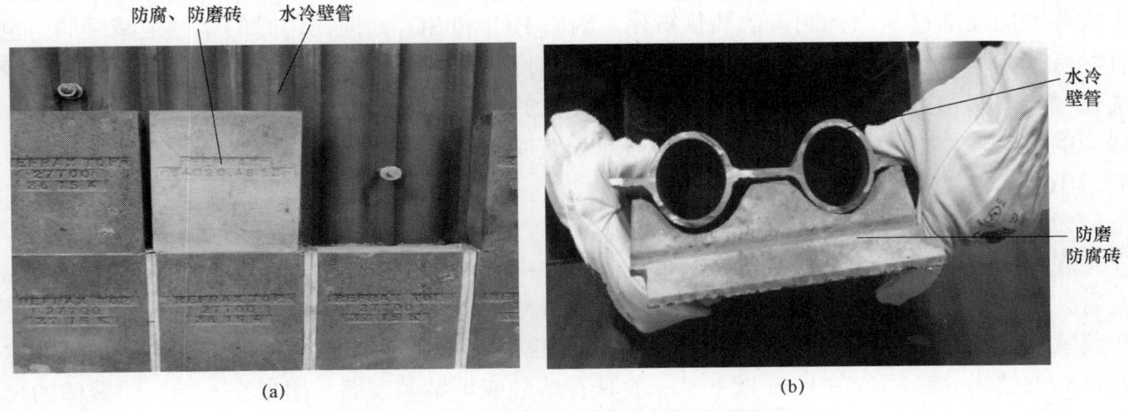

图6－48　水冷壁烟气侧铺设防磨防腐砖

（a）外观；（b）局部

9. 蒸发器受热面进、出口管子加装防磨瓦板

防磨瓦板为不锈钢材料，厚度为3mm。德国某垃圾电厂防磨瓦板如图6－49所示。

图6－49　德国某垃圾电厂防磨瓦板

10. 控制烟气温度

合理控制烟气温度，减少管子积灰。

11. 管子采用大空挡，降低烟速

合理布置管距，采用在线清灰方式，减少管子积灰，降低积灰引起的管子腐蚀的风险。

（五）焚烧炉受热面的积灰腐蚀

垃圾焚烧过程中，布置于高温烟气中的受热面多被积灰覆盖。这种条件下的腐蚀是涉及气、液、固多相作用的复杂过程，通常认为氯、硫和碱金属与腐蚀的发生关系密切。氯的腐蚀作用因存在状态的不同而异，气态氯的腐蚀是通过向金属氧化保护膜内扩散并与内层金属发生反应而进行的，而受热面沉积物中氯化物的腐蚀性表现在两个方面：一是在靠近壁面处发生类似于气态氯腐蚀的反应，一般称为活化氧化；二是积灰中氯化物易形成低熔点共熔体，壁面处熔融相的生成能促进腐蚀反应的进行。关于硫的热腐蚀，早期的硫化－氧化机理强调了硫化物在腐蚀中的作用，但随后的一些试验研究表明，这种金属共晶对腐蚀的促进是有限的，碱金属硫酸盐膜的熔融对腐蚀的加速作用更明显。实际运行中，HCl和SO_2经常同时作用于腐蚀过程。有学者使用热重法研究了氧化气氛下和有SO_2存在时，NaCl和垃圾焚烧灰对合金钢的腐蚀行为，认为气态HCl和积灰中的氯化物引起的腐蚀是主要的，SO_2虽然可通过使氯化物硫酸盐化释放出氯或者高温下生成熔融相来促进腐蚀，但其更主要的作用则是通过生成稳定的硫酸盐从而抑制氯的活化氧化，因而HCl和SO_2共同作用时的腐蚀是减缓的。也有学者认为垃圾焚烧炉内积灰条件下，氧化氯化反应是主要的腐蚀反应，硫则通过生成少量硫化物参与腐蚀过程。积灰高温腐蚀是普遍存在的，关于煤和生物质燃烧过程的研究认为，煤中的Na与生物质中的K及它们的熔盐对积灰腐蚀的发生起着重要的作用。在垃圾焚烧方面，HCl气相腐蚀被认为是最大的威胁。

1. 积灰的微观结构

底层积灰的微观结构如图6－50所示。从图6－50(a)上可以看出，底层积灰厚度在100μm左右，大体上可分为两部分，最底层的一部分通过金属氧化层的裂隙向金属层内部渗透，使金属氧化层与积灰参差交错，紧密结合。放大观察发现，这些渗透入缝隙中的积灰小颗粒主要呈立方结构，粒径多在1μm以下，一般具有熔融或半熔融表面，团聚在一起，团聚体的尺寸也很小，一般不超过5μm，小团聚体内部烧结和致密化现象较明显，但团聚体之间的联系比较松散。积灰与金属的结合段之上是底层积灰的另一部分，其致密程度沿生长方向逐渐增

强，但整体结构还是相对比较疏松的。从图 6－50（b）观察，金属氧化层开裂成很多小块，裂隙宽度很小，多为 1～2μm，小块呈不规则的多边形，尺寸一般在 20～50μm，在金属氧化层的脱落表面可看到腐蚀或机械作用的痕迹。底层积灰之上都可认为是积灰的生长段，生长段积灰的组成可根据粉碎的难易程度分为脆性积灰和致密积灰，其中致密积灰占主要。脆性积灰的颜色较深，容易破碎，内部存在少量裂纹和空隙，烧结程度中等。致密积灰坚硬如岩石，颜色较浅，破碎很困难，内部结构严密坚实。

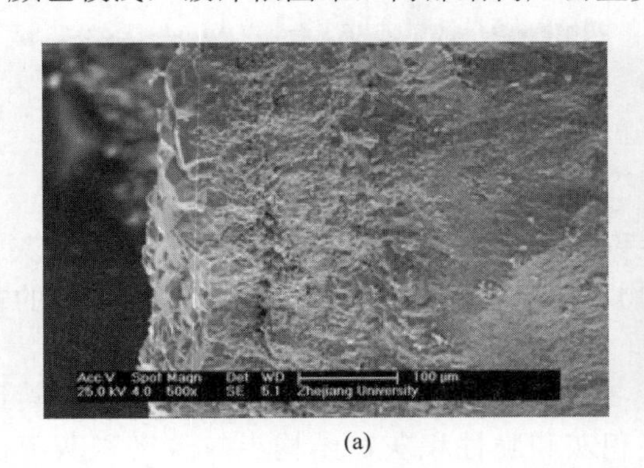

(a)

(b)

图 6－50　底层积灰的微观结构

（a）断面图（×500）；（b）金属脱落层（×2000）

烧结积灰的这种结构特点与其腐蚀倾向可能存在如下两个方面的联系：

（1）烧结积灰具有很高的强度，因此会在温度波动时产生较大的应力冲击，造成受热面金属缺陷的增加。

（2）底层积灰的疏松结构可以为腐蚀反应提供反应物和生成物渗透、扩散的通道。

2. 积灰的成分分布

图 6－51 所示为金属氧化保护膜到积灰生长段的 XRO 图谱。研究结果表示，在腐蚀前沿的脱落层金属表面及其缝隙内的渗透积灰中，氯含量很低，仅为 0.25%；从底层积灰开始一直到生长段中，氯的含量都很高，达到 3.5%～7.3%，其中生长段脆性积灰含氯量最高。对飞灰的测量表明，氯含量约为 1.25%，且粒径越小的飞灰氯含量越低，低值为 0.8%左右。比较积灰与飞灰的氯含量可知，积灰在形成和发展过程中发生了氯的富集，原因是烟气中的 HCl 与积灰发生了长时间的气固反应。金属表面渗透积灰中氯的减少则可能是由于腐蚀产物的流失。Na 在积灰中的含量在 1%～1.7%之间，底层积灰中最高，在含量最低的金属氧化层内表面也有将近 1%，总的看来分布比较均匀，以氯化物的生成来衡量，Na 在金属氧化层表面过余而在积灰中显得不足。在金属氧化层和积灰底层，K 的含量非常低，在积灰生长段的含量也只为 0.8%左右。飞灰中碱金属 Na 和 K 的含量多在 1.5%～2%之间，积灰中碱金属含量的减少与其化合物多为低熔点易挥发的特性有关，减少以 K 为最多。

与氯的分布类似，金属脱落层及其内部积灰 Ca、S 的含量也很低，从底层积灰开始，Ca、S 成分变得特别突出，这是高钙积灰在烟气中长期硫酸盐化反应所致，硫酸盐化也是造成积灰烧结强度较高的最主要原因。从积灰底层到生长段，Ca 的含量呈增加趋势，但 S 的含量相差不大，因此，底层积灰的钙硫摩尔比大于生长段，硫酸盐化最完全，脆性积灰的硫酸化程度高于致密积灰。对生长段脆性积灰和致密积灰分别进行 XRD 物相分析的结果也印证了这一

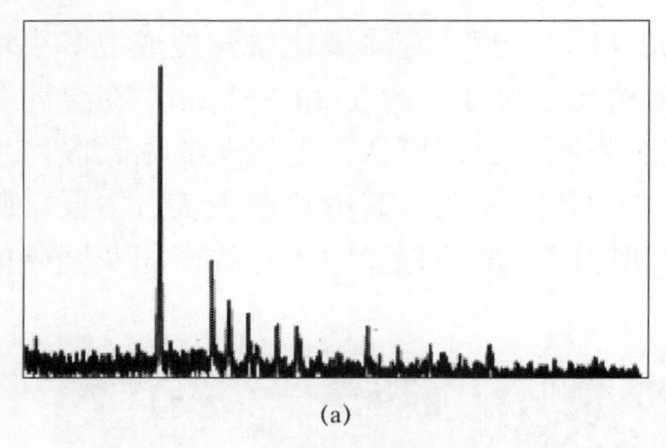

(a)

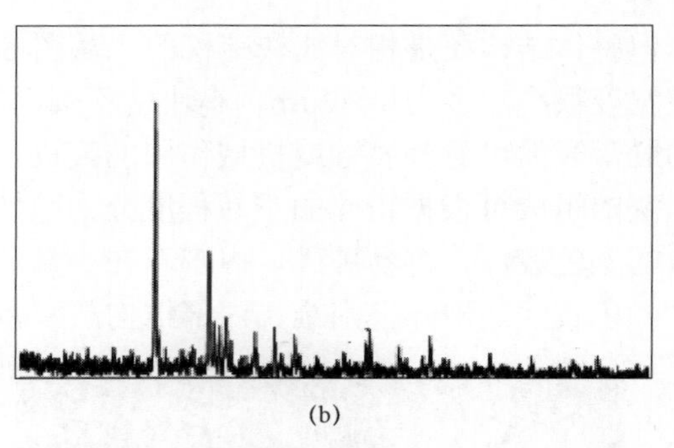

(b)

图 6-51 金属氧化膜到积灰生长段的 XRD 图谱

(a) 脆性积灰；(b) 致密积灰

结论，积灰中主要的物相是 $CaSO_4$，而且脆性积灰的 $CaSO_4$ 衍射峰强度稍大于致密积灰。另外，致密积灰在硫酸盐化过程中伴生的复合物相如羟基硅磷灰石是形成高强度烧结的重要因素。

$CaSO_4$ 的摩尔体积是 CaO 摩尔体积的近 3 倍，一般积灰的硫酸盐化程度越高其致密程度也是越高的，硫酸盐化程度较高的底层积灰和脆性积灰在结构上较致密积灰疏松，主要是因它们的氯含量不同以及氯在积灰中存在形式的差异而引起的。氯的迁移性较强，能在烧结积灰内部产生较多的疏松结构。氯的迁移性与其存在形式的关系很大，致密积灰中也有 4.6%的氯含量，但其中的一部分被固定在矿物成分当中，难以自由移动；另外，致密积灰距离受热面较远，内部的温度很高且梯度很小，有利于烧结致密结构形成而不利于氯的扩散。这种氯在底层积灰以及靠近底层的脆性疏松积灰中的迁移扩散也可能是腐蚀反应发展的主要原因。腐蚀过程依赖于致腐物质源源不断地补充到腐蚀前沿，决定于附着层的物理化学性质，积灰覆盖下的受热面很难有气体渗入，积灰中的液相成分也是极少的，根据固态反应理论推断，积灰中主要依靠离子的扩散将腐蚀反应物输运到受热面，这种固体中的扩散表现为离子不断地从一个平衡位置到另一个平衡位置的跃迁，而这种扩散过程主要取决于积灰和受热面的结构缺陷，以及受热面附近的浓度梯度和温度梯度。氯的反应活性很强，而且从靠近受热面的脆性积灰到底层积灰再到金属氧化层的渗透积灰，存在着明显的温度梯度和氯的浓度梯度，使得氯离子向受热面的扩散和反应成为可能。积灰中各种成分的存在形式包括离子态、原子态和分子态，很多活泼的阴阳离子常常是参与积灰固相反应的。

3. 积灰腐蚀机理分析

通过以上分析，可以对烧结积灰条件下的腐蚀过程做出如下推测：受热面金属氧化层在高强度烧结积灰的应力冲击下产生裂纹和缺陷，一些微小的积灰颗粒慢慢侵入到裂隙中，底层积灰中较多的迁移性较强的 Cl 在浓度梯度和温度梯度促进下向金属氧化层内扩散，与金属反应生成疏松的氯化物，加之高温下氯化物的挥发和向外扩散，造成缺陷的进一步加重，反应持续进行。最终，这些因素的综合导致氧化层的脱落。整个腐蚀反应中，扩散过程是控制步骤。这一过程与腐蚀理论中机械化学效应下的应力腐蚀机理和高温破裂氧化机理类似，都是由应力和腐蚀环境相结合造成腐蚀的加剧。但机械化学效应多指应力产生裂纹后有电解液存在的电化学腐蚀，破裂氧化多指应力导致氧化膜破裂后气相进入内部发生高温氧化反应引起的腐蚀。积灰条件下的应力开裂腐蚀中应力裂纹产生是由于温度和机械作用力，腐蚀反应则主要是固态积灰中 Cl^- 向金属氧化层的扩散和离子反应引起的，底部积灰的松散结构和氧化膜的缺陷为 Cl^- 的扩散迁移创造了有利条件，扩散到氧化层内部的 Cl^- 与氧化层内部的 Fe^{2+} 或 Fe^{3+} 发生离子反应生成 $FeCl_2$ 或 $FeCl_3$，高温下腐蚀反应产物向外扩散使得渗入氧化层裂隙内的积灰颗粒氯含量很低。积灰腐蚀过程可能发生的反应如下：

（1）Cl^- 的产生为

$$CaCl_2(s,l) \longrightarrow Ca^{2+} + 2Cl^- \tag{6-13}$$

或

$$NaCl(l) \longrightarrow Na^+ + Cl^- \tag{6-14}$$

（2）离子反应为

$$Fe^+ + 2Cl^- \longrightarrow FeCl_2(s) \tag{6-15}$$

或

$$Fe^{3+} + 3Cl^- \longrightarrow FeCl_3(s) \tag{6-16}$$

（3）高温挥发为

$$FeCl_2(s) \longrightarrow FeCl_2(g) \tag{6-17}$$

或

$$FeCl_3(l) \longrightarrow FeCl_3(g) \tag{6-18}$$

（4）氯的循环为

$$FeCl_2(g) + CaO(s) \longrightarrow FeO(s) + CaCl_2(s) \tag{6-19}$$

$$2FeCl_3(g) + 3CaO(s) \longrightarrow Fe_2O_3(s) + 3CaCl_2(s) \tag{6-20}$$

腐蚀环境与腐蚀物质共同组成腐蚀反应发生的条件，积灰腐蚀发生的主要原因是高强度烧结积灰在受热面产生的应力冲击环境及积灰中较高的氯含量。

4. 防止积灰的措施

垃圾焚烧过程中很难避免烟气中 HCl 的产生，积灰中必然会有或多或少的氯存在，而且固态下氯的腐蚀作用在金属氧化保护膜缺陷增加的情况下更加凸显，因此，改善腐蚀环境可能是减少垃圾焚烧过程腐蚀危险的可行手段，包括受热面的改善和积灰改善。受热面改善主要是指通过金属表面处理或高温涂层技术减少表面缺陷或增强抗应力冲击能力，积灰改善是指采用合理的吹灰方式和科学的吹灰间隔及时清除受热面的积灰，防止高强度烧结，同时避免积灰中过高的氯含量。这些措施都是为了尽量减少受热面缺陷的产生和扩大，从而抑制腐蚀反应的速度。

第六节　堵灰机理及减少锅炉受热面堵灰的措施

一、堵灰机理

当金属壁温低于酸露点时，酸液凝结，引起飞灰黏附，导致受热面堵塞，即为堵灰。受热面堵灰的产生，主要是由于烟气中的硫酸蒸汽凝结在受热面上，腐蚀引起积灰，积灰加剧腐蚀，最后导致堵灰。

二、堵灰的危害

积灰和堵灰会引起受热面与烟气、汽水之间的传热恶化，导致排烟温度升高，增加引风机电耗。若堵灰情况严重，会影响锅炉运行的可靠性，须停炉检修。

三、减少堵灰的措施

（1）选取合理的锅炉尾部温度。锅炉尾部温度的选择，既要考虑锅炉的经济性，又要考虑锅炉运行的安全。

（2）提高烟气流速。提高烟气流速可以减轻积灰，但会加剧磨损和增大流动阻力损失。这是因为烟气流速高，在金属上不易积灰，而提高烟气的流速，还能增强自吹灰能力。为了使积灰不过分严重，烟气流速一般不小于4.5m/s。

（3）装设高效组合吹灰装置，并合理吹灰。

（4）运行中应加强对各段烟气压力和烟气温度的监视，特别是在冬季气温急剧下降时更应注意。此时，采取加强吹灰等措施，以确保受热面清洁，防止堵灰加剧。

（5）合理的受热面管距。受热面管子的横向管壁间距保持在65mm或以上。在烟气流动方向上管心距应保持在100mm或以上，其距离的确定还要考虑与管子外径相适合的弯曲半径。

（6）停炉时，对受热面进行检查和清理。

第七节　汽　轮　机

一、汽轮机的作用

汽轮机是以过热蒸气为工质，将蒸汽的热能转变为机械能的设备，汽轮机驱动发电机旋转，将热能转化成机械能，再转化成电能。

二、汽轮机的分类

（一）按工作原理

按工作原理分为冲动式汽轮机和反动式汽轮机两种，垃圾电厂通常都采用冲动式汽轮机。

1. 冲动式汽轮机

蒸汽在喷嘴或静叶中膨胀做功的汽轮机称为冲动式汽轮机。

2. 反动式汽轮机

蒸汽在静叶和动叶中都膨胀的汽轮机称为反动式汽轮机。

（二）按汽轮机的功能

按汽轮机的功能分为凝汽式汽轮机、调节抽汽式汽轮机和背压式汽轮机3种。

1. 凝汽式汽轮机

凝汽式汽轮机是指蒸汽在汽轮机内膨胀做功以后，除小部分轴封漏汽以外，全部进入凝汽器凝结成水的汽轮机，它只作为发电机的原动机用来生产电能。国产12MW凝汽式汽轮机模型如图6－52所示。

2. 调节抽汽式汽轮机

从汽轮机的某级抽出部分具有一定压力的蒸汽进行供热，它不仅生产电能还对外供热，效率更高。国产15MW调节抽汽式汽轮机结构如图6－53所示。

3. 背压式汽轮机

背压式汽轮机的排汽压力要高于大气压力，排汽直接供给热用户，这种汽轮机的发电量由供热量决定，不能同时得到调节。由于没有冷源损失，背压式汽轮机的热效率最高。

以上3种类型的汽轮机在垃圾电厂都有应用，可根据需要选择汽轮机的类型。

汽轮机除按以上分类外，还可以按汽缸数目分为单缸、双缸和多缸汽轮机。按轴数分为

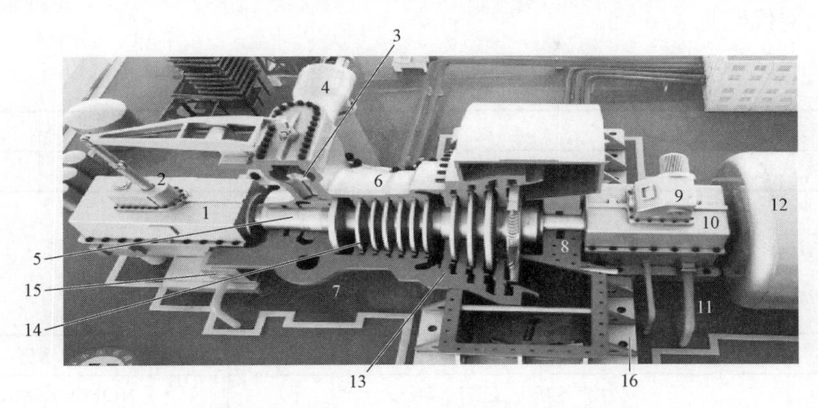

图 6－52　国产 12MW 凝汽式汽轮机模型

1—前轴承箱；2—油动机；3—调节汽门；4—主汽门；5—转子；6—上汽缸；7—下汽缸；8—支撑轴承；9—电动盘车；10—后轴承箱；11—润滑油管；12—发电机；13—隔板；14—叶轮；15—猫爪；16—台架

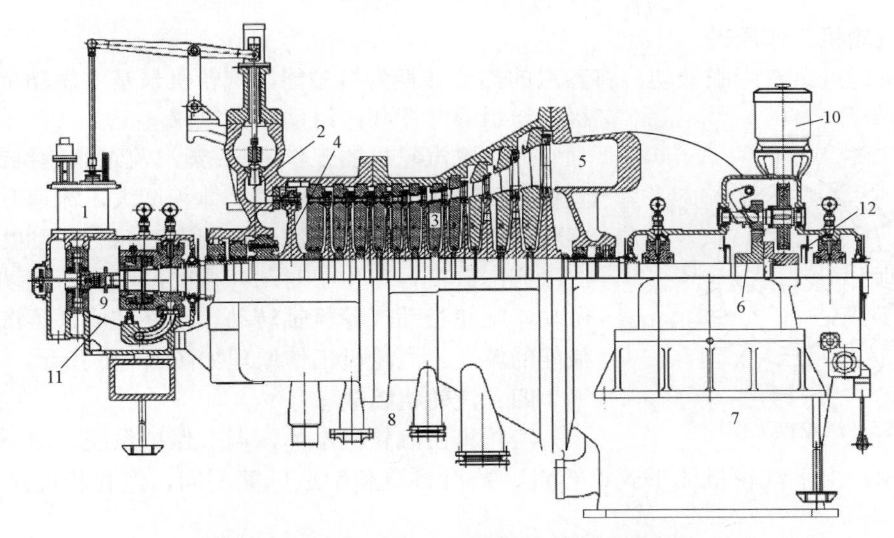

图 6－53　国产 15MW 调节抽汽式汽轮机结构

1—油动机；2—调节汽门；3—隔板；4—叶轮；5—后汽缸；6—联轴器；7—后座架；8—抽汽管；9—危急遮断器；10—盘车电动机；11—前轴承箱；12—后轴承箱

单轴和双轴汽轮机，按汽流方向分为轴流式和辐流式汽轮机等。

由于我国大多数的垃圾电厂的锅炉蒸汽参数都选择中温中压参数，所以我国垃圾电厂一般都选择轴流式、单缸、单轴、中压、冲动、抽气凝汽式汽轮机，同时供热和发电。机组的电负荷和热负荷，可按用户需要分别进行调节，也允许在纯凝汽工况下运行，单缸汽轮机本体结构简图如图 6－54 所示。机组结

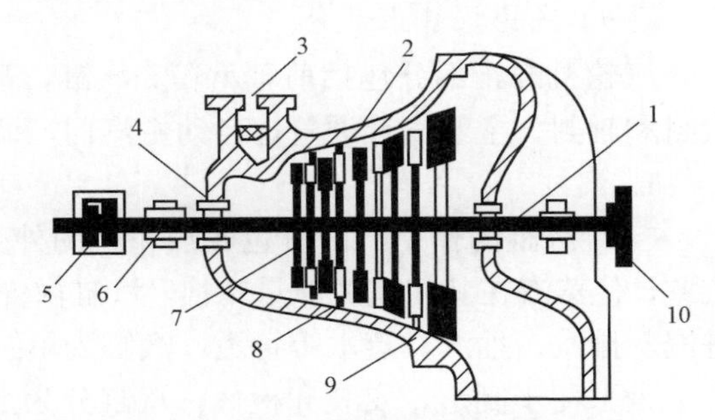

图 6－54　单缸汽轮机本体结构简图

1—转子；2—隔板；3—调节汽门；4—汽封；5—推力轴承；6—支撑轴承；7—叶轮；8—汽缸；9—叶片；10—联轴器

构简单紧凑，布置合理，操作简便，运行安全可靠。

汽轮机机型代码见表 6－5。

表 6－5　　汽轮机机型代码

代号	N	B	C	CC	CB
形式	凝汽式	背压式	一次调整抽汽式	二次调整抽汽式	抽汽背压式

汽轮机蒸汽参数的表示方法见表 6－6。

表 6－6　　汽轮机蒸汽参数的表示方法

形式	参数表示方法	示例
凝汽式	主蒸汽压力/主蒸汽温度	N12MW/3.9MPa/395℃
抽汽式	主蒸汽压力/低压抽汽压力	C15MW/3.93MPa/0.118MPa
背压式	主蒸汽压力/背压	B9MW/3.9MPa/0.18MPa

三、汽轮机工作原理

汽轮机通过蒸汽膨胀做功，将蒸汽的热能转换为机械能，汽轮机最基本做功单元是级，级由一组静叶栅和一组动叶栅组成。

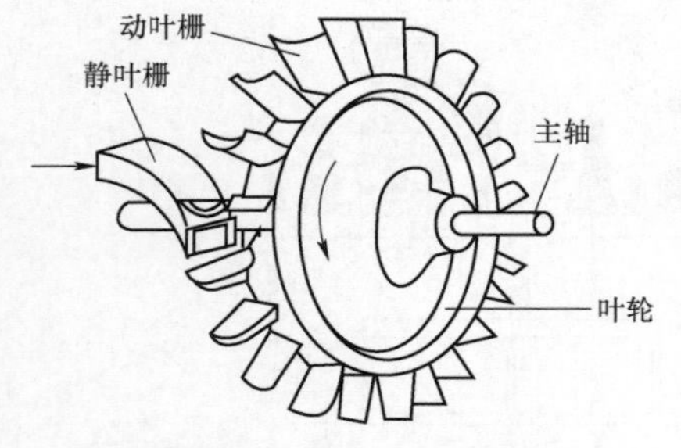

图 6－55　汽轮机工作原理

冲动式汽轮机的工作原理：蒸汽流过汽轮机的喷嘴（静叶栅）时，压力、温度降低，体积增大，流速升高，把热能转变为动能。高速汽流冲击装在叶轮上的动叶栅，由于汽流方向改变，产生了对动叶栅的冲动力，推动叶轮旋转做功，叶轮带动汽轮机轴转动。最终完成了蒸汽热能到机械能的转变。汽轮机工作原理如图 6－55 所示。

四、汽轮机组成

汽轮机由汽轮机本体、调节保护系统、油系统及辅助系统等组成。由于汽轮机的形式、容量、蒸汽参数和制造厂家不同，汽轮机的结构也有所不同。

汽轮机本体是汽轮机设备的主要组成部分，由静止部分和转动部分组成。汽轮机本体是汽轮机完成蒸汽热能转换为机械能的基本部分。

（一）汽轮机静止部分

汽轮机静止部分包括前轴承箱、汽缸、基础台板、垫铁、地脚螺栓、轴承、喷嘴、隔板、汽封和轴封、主蒸汽连通管、自动主汽门、调节汽门、汽轮机本体保温外壳罩、滑销系统等。

1. 汽缸

（1）汽缸的作用。汽缸也叫汽轮机的外壳，作用是将蒸汽与外界大气隔绝，形成封闭的汽室，使蒸汽在其间完成能量转换。汽缸内安装着蒸汽室、隔板、隔板套等零部件，外连接着进汽、排汽、抽汽、疏水等管道。汽缸为单缸、水平中分结构。

为了便于制造、安装和检修，汽缸分为上、下两个半缸，国产 30MW 汽轮机上、下汽缸用螺栓装配紧固，其外观如图 6－56 所示。

国产 30MW 汽轮机汽缸内部结构如图 6－57 所示。

图 6－56 国产 30MW 汽轮机外观

图 6－57 国产 30MW 汽轮机汽缸内部结构

（a）上部中汽缸；（b）上部前汽缸；（c）下汽缸

（2）汽缸支承。汽缸支承在台板上，台板用地脚螺栓固定在基础上。汽缸的支承方法如下。

1）前汽缸通过猫爪支承在前轴承箱上，前轴承箱放置在台板上。

2）后汽缸用外伸的撑脚直接放置在固定于基础上的后座架上。

（3）对汽缸的要求。汽缸的受力情况比较复杂，设计、制造汽缸结构时，必须满足以下几点：

1）要保证汽缸有足够的强度。在满足强度、刚度的情况下，尽量减薄汽缸和法兰壁的厚度，力求汽缸形状简单、对称。

2）保证各部分受热时能自由膨胀，并能始终保持中心不变。

3）根据汽流压力、温度和容积的变化，汽缸通流部分要有较好的流动特性。

4）便于安装、检修、操作。

5）汽缸要有较好的蒸汽严密性。

6）在汽轮机运行时，必须合理地控制汽缸的温度变化速度，以避免汽缸产生过大的热应力和热变形，以及由此而引起的汽缸结合面不严密或汽缸裂纹。汽缸排汽口位于汽轮机下方，与凝汽器连接。凝汽式汽轮机在空负荷运行时，由于鼓风作用，会引起汽缸排汽部分温度上升，温度不允许超过限值，因此，在汽缸缸壁上装有温度测量仪表和喷水减温装置。

汽轮机支持结构如图 6-58 所示。

图 6-58　汽轮机支持结构

1—前台板；2—前轴承箱；3—猫爪；4—后台板

2. 喷嘴

喷嘴又称静叶栅，是相邻两静叶栅形成的汽流通道，其作用是将蒸汽的热能转变为动能。汽轮机喷嘴通常分为若干组，称为喷嘴组，喷嘴装在隔板上。喷嘴组由单个铣制的喷嘴件焊接而成。单个铣制的喷管叶片焊接而成的喷管组如图 6-59 所示。

3. 隔板

隔板用来固定静叶，并将整个汽缸内间隔成若干个汽室。冲动式汽轮机的隔板主要由隔板外缘、静叶栅和隔板体组成。它可以直接固定在汽缸上或固定在隔板套上，通常都做成水平对分形式，其内圆孔处开有隔板汽封的安装槽，隔板可以用销钉、键支承、悬吊销定位。焊接隔板如图 6-60 所示。

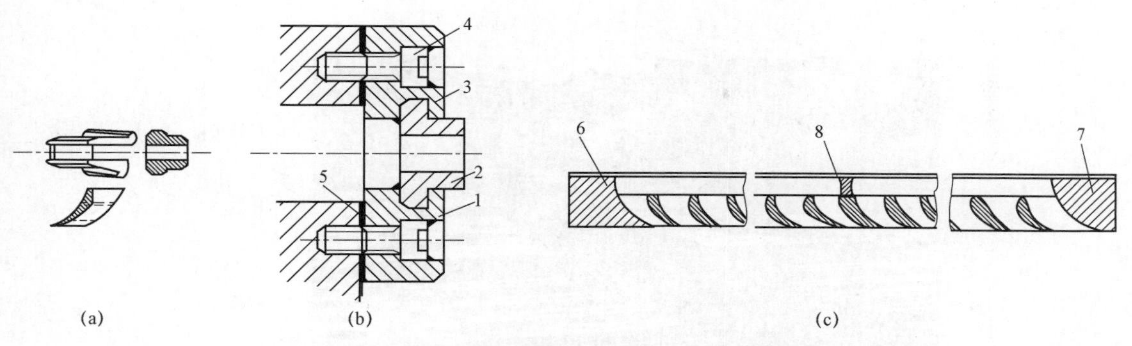

图 6-59 单个铣制的喷管叶片焊接而成的喷管组

（a）单个铣制喷管；（b）喷管组段的装配；（c）喷管组段的展开

1—内环；2—喷管；3—外环；4—螺钉；5—垫片；6—首块；7—末块；8—隔筋

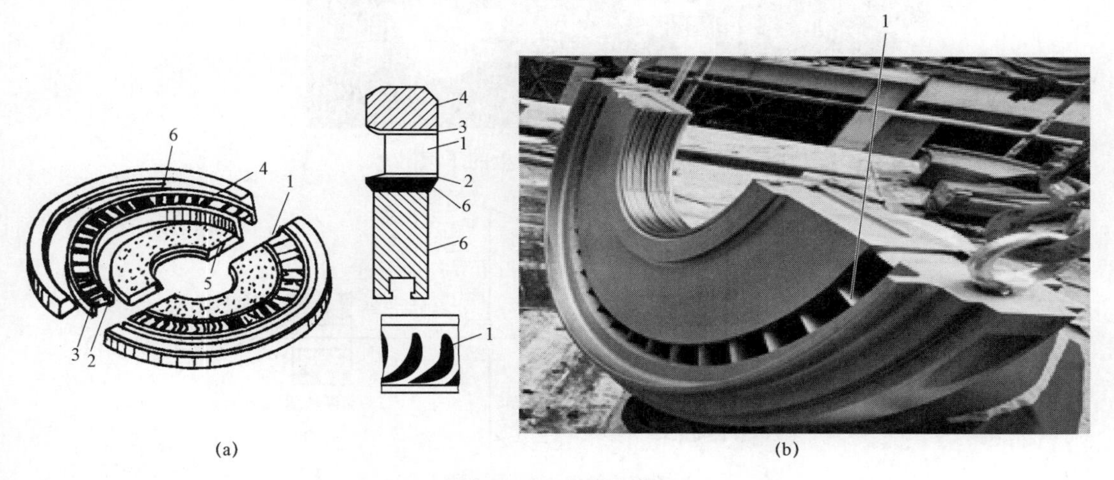

图 6-60 焊接隔板

（a）结构图；（b）照片

1—静叶栅；2—内围带；3—外围带；4—隔板外缘；5—隔板体；6—焊缝

为保证机组运行具有良好的经济性和安全性，隔板应满足以下几点要求：

（1）具有足够的刚度和强度。

（2）良好的汽密封性。

（3）合理的支承与定位。合理的支承与定位可以保证隔板与汽缸、转子有良好的同心度，避免动、静部分摩擦和隔板汽封漏汽增大。

（4）结构简单，便于检修。汽轮机常将相邻几级隔板装在一个隔板套中，然后将隔板套固定在汽缸内壁上。为了安装拆卸方便，隔板沿水平中分面对分为上、下两半块。装配完隔板的下汽缸如图 6-61 所示。

4. 汽封

（1）汽封的作用。为了防止汽轮机的动静部分摩擦，汽轮机的动、静部分之间留有一定的间隙，间隙的存在会导致漏汽，使汽轮机的效率降低。汽封的作用是防止蒸汽从间隙向外漏汽，同时防止外部的冷空气通过间隙漏入汽缸内。汽封示意如图 6-62 所示。

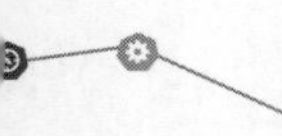

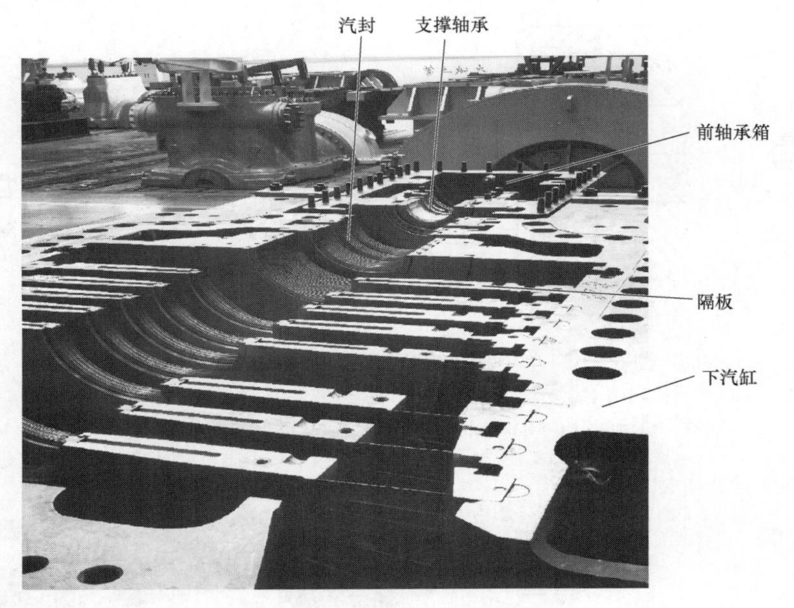

图 6－61　装配完隔板的下汽缸

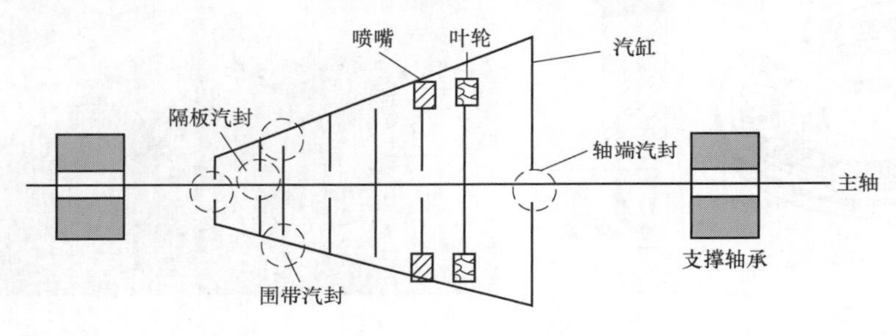

图 6－62　汽封示意图

（2）汽封的结构。汽封的结构形式较多，一般可分为迷宫汽封、碳精汽封和水封 3 种。垃圾电厂汽轮机采用迷宫汽封，迷宫汽封又分为平齿梳齿汽封、高低齿梳齿汽封、枞树形汽封和 J 形汽封，小型汽轮机多采用梳齿汽封，不同形式的迷宫汽封结构形式如图 6－63 所示。

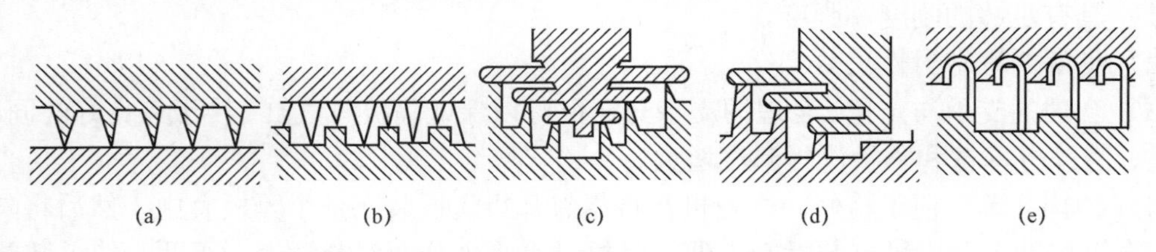

图 6－63　迷宫汽封结构形式

（a）平齿梳齿汽封；（b）高低齿梳齿汽封；（c）枞树形汽封一；（d）枞树形汽封二；（e）J 形汽封

梳齿汽封一般由汽封套、汽封环及汽封套筒 3 部分组成。汽封套固定在汽缸上，内圈有 T 形槽道，汽封环一般由 6～8 块汽封块组成，装在汽封套 T 形槽道内，并用弹簧片压住。在汽封环的内圆和汽封套筒上，有相互配合的梳齿及凹凸肩，形成蒸汽曲道和膨胀室，以减少蒸汽的泄漏。梳齿密封结构如图 6－64 所示。

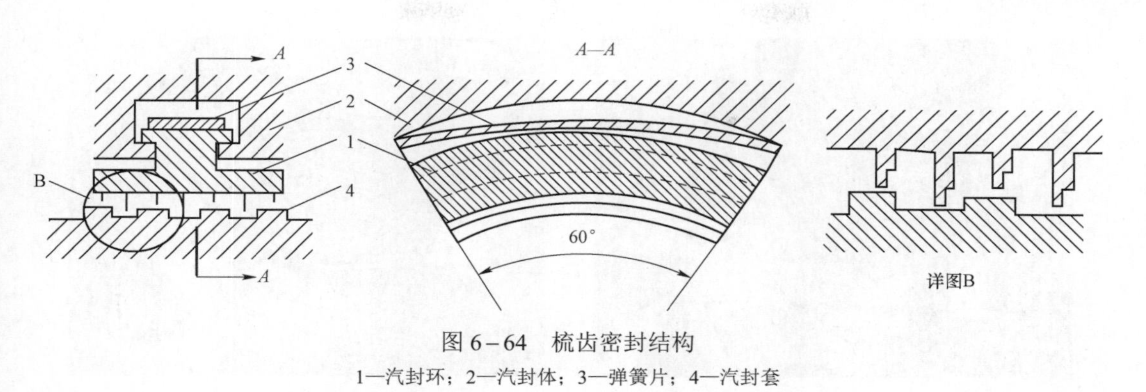

图 6-64 梳齿密封结构

1—汽封环；2—汽封体；3—弹簧片；4—汽封套

（3）汽封的分类。汽封根据其装置部位不同分为围带汽封、隔板汽封和轴端汽封3类。

1）围带汽封。在汽轮机的通流部分，由于动叶顶部与汽缸壁面之间、动叶栅根部和隔板之间都存在着间隙，而动叶两侧又具有一定的压力差，所以在动叶的顶部和根部必然会有蒸汽的泄漏，为了减少级与级之间的蒸汽泄漏，装有通流部分的汽封。

2）隔板汽封。冲动式汽轮机隔板前后的压差大，而隔板与主轴之间又存在着间隙，因此，必然会引起蒸汽泄漏。为减少泄漏，装设了隔板汽封。通常隔板汽封的间隙为 0.6mm 左右。

反动式汽轮机无隔板结构，只有单只静叶环结构，静叶环内圆处的汽封称为静叶环汽封。由于反动式汽轮机静叶环前后压差小，所以静叶环汽封径向间隙一般设计为 1.0mm 左右。隔板汽封如图 6-65 所示。

图 6-65 隔板汽封

（a）整体结构；（b）汽封片

3）轴端汽封。转子穿过汽缸两端处的汽封简称轴封。汽轮机主轴与汽缸之间必须留有一定的径向间隙，这将使汽缸的蒸汽向外泄漏，造成工质的损失；或者使外界空气进入汽缸破坏真空，从而增大了抽汽器的负荷，降低机组效率。为了提高机组的效率，必须尽量防止或减少这种泄漏现象。高压轴封的作用是防止高压蒸汽从轴端漏入大气或串入轴承箱，低压轴封的作用是防止空气从低压轴端漏入汽缸。汽轮机轴端汽封结构如图 6-66 所示。

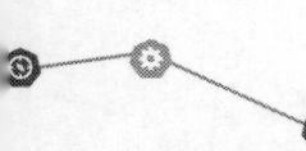

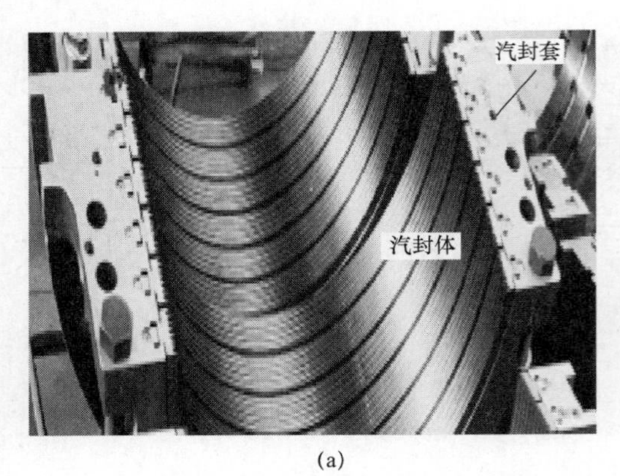

(a)

(b)

图 6-66　汽轮机轴端汽封结构

(a) 前汽封；(b) 后汽封

（4）汽封的工作过程。不同工况下，轴封系统的工作方式有所不同。在汽轮机启动和低负荷阶段，汽缸中的压力低于大气压力，外界提供的密封蒸汽由轴封母管进入腔室，经过若干汽封片后，流向汽缸内部。随着机组负荷增加，汽缸内的压力增加，当汽缸两端的排汽压力高于腔室压力时，汽流在内汽封环内发生反向流动，随着负荷的增加，蒸汽漏汽量也在增加。当汽缸的轴端排汽压力达到密封压力后，汽轮机的密封方式变为“自密封”。轴封工作过程如图 6-67 所示。

轴封调整器应能适应来自回热抽汽和辅助蒸汽两种汽源向轴封供汽的调节要求，轴封系统上应配置简便、可靠的调压和调温装置，以满足轴封供汽参数的要求。国产 12MW 汽轮机轴封系统如图 6-68 所示。

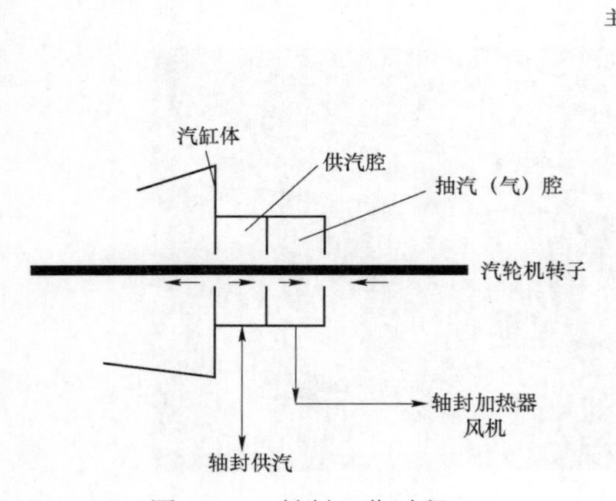

图 6-67　轴封工作过程

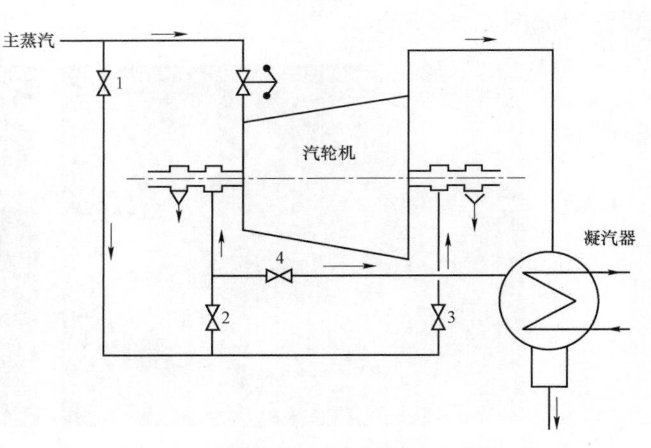

图 6-68　国产 12MW 汽轮机轴封系统

1—进汽门；2、3—调整门；4—排汽门

5. 轴承

（1）轴承的分类。汽轮机轴承有径向支撑轴承和推力轴承两种。

（2）轴承的作用。径向支撑轴承的作用是用来承担汽轮机转子的质量和旋转的不平衡力，并确定转子的径向位置，从而保持转子与汽缸同心。

推力轴承承受蒸汽作用在转子上的轴向推力，并确定转子的轴向位置，以保证通流部分动静间正确的轴向间隙。因此，推力轴承被看成转子的定位点，或称汽轮机转子对静子的相对死点。

（3）径向支撑轴承的润滑。轴承工作时将承受很大的载荷，轴颈转速又很高。为保证轴承运行的安全，汽轮机的轴承都采用油膜润滑的滑动轴承。轴承运行时，要在两个具有相对运动的表面之间形成动压油膜。

径向支撑轴承油膜的形成原理如下：

轴颈的直径小于轴承孔的直径，轴颈未转动时，由于转子自身质量使轴颈与轴瓦在下部接触。这样，轴颈与轴瓦之间便形成了楔形空间。当连续地向轴承供给具有一定压力和黏度的润滑油之后，高速旋转的轴颈将油从楔形间隙的宽口带向窄口，使润滑油积聚在狭小的间隙中而产生油压，产生的油膜压力将轴颈抬起。轴颈与轴瓦之间完全被油隔开。

（4）径向支撑轴承的结构。径向支撑轴承按轴瓦可分为圆筒轴承、椭圆轴承、多油楔轴承及可倾瓦轴承等。小型汽轮机的径向轴承为圆筒轴承。

圆筒轴承体外部为圆筒形，轴瓦由上、下两半组成，下轴瓦支持在 3 个用碳素钢制成的垫块上，垫块用螺栓与轴瓦固定在一起。通过调整轴瓦与垫块间垫片的厚度来找中心。圆筒轴承的结构如图 6－69 所示。

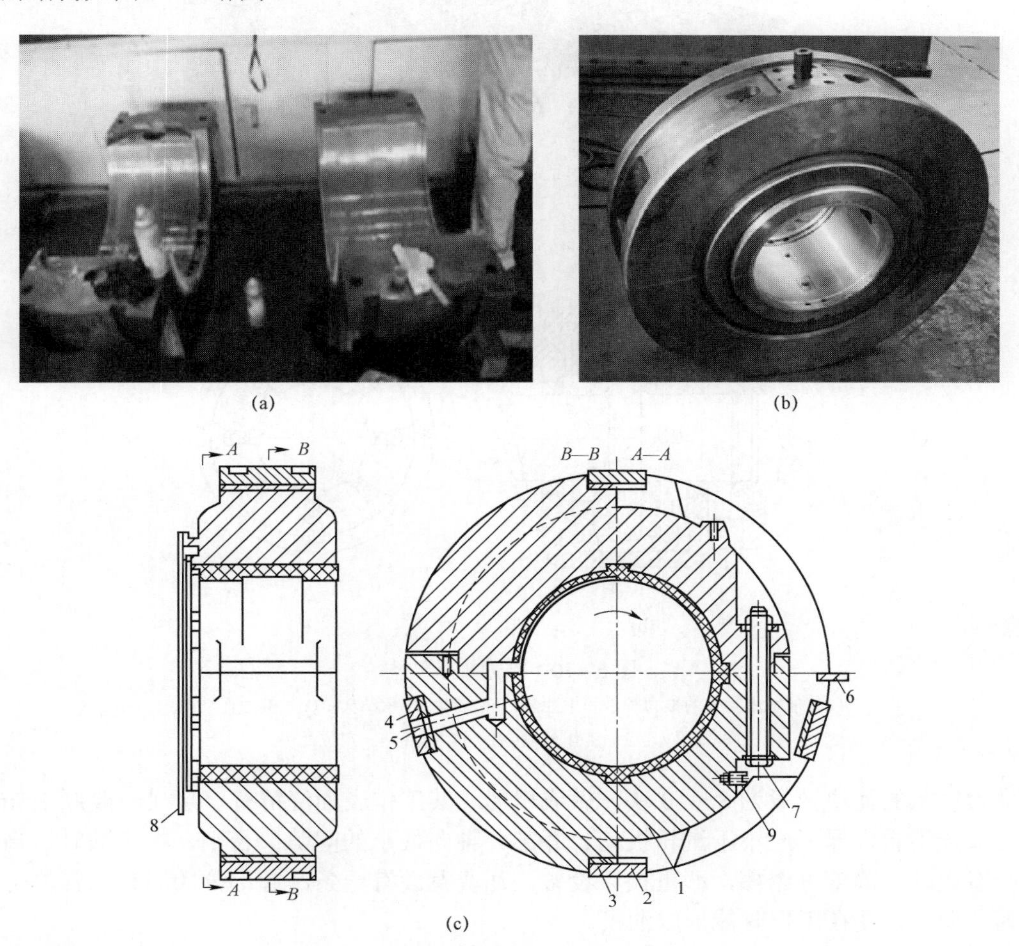

图 6－69　圆筒轴承的结构

（a）轴瓦上下半组；（b）装配完的轴承；（c）轴承结构

1—轴瓦；2—垫块；3—垫片；4—节流孔板；5—进油口；6—锁饼；7—连接螺栓；8—油挡；9—止落螺钉

轴瓦一般用优质铸铁铸造。在轴瓦内部车出燕尾槽，然后浇铸一层乌金。其成分含锑10%～12%、铜5.5%～6.5%，其余为锡。这种合金的特点是质软、熔点低，具有良好的耐磨性能。如油膜破裂，轴颈与轴瓦发生摩擦时，乌金被磨损甚至被熔化，从而保护轴颈不被磨损。

（5）推力轴承。推力轴承由推力盘、推力瓦块安装环和外壳组成，装在汽轮机转轴上的推力盘，两侧都有推力瓦块。正常情况下，推力盘和工作瓦块之间建立油膜，使之在液态摩擦下工作。轴向推力通过推力盘传递给工作瓦块。定位瓦块的作用是固定转子的轴向位置，并承担偶尔发生的反向推力。推力轴承结构如图6-70所示。推力轴承的工作推力瓦块上装有铂热电阻测温元件。

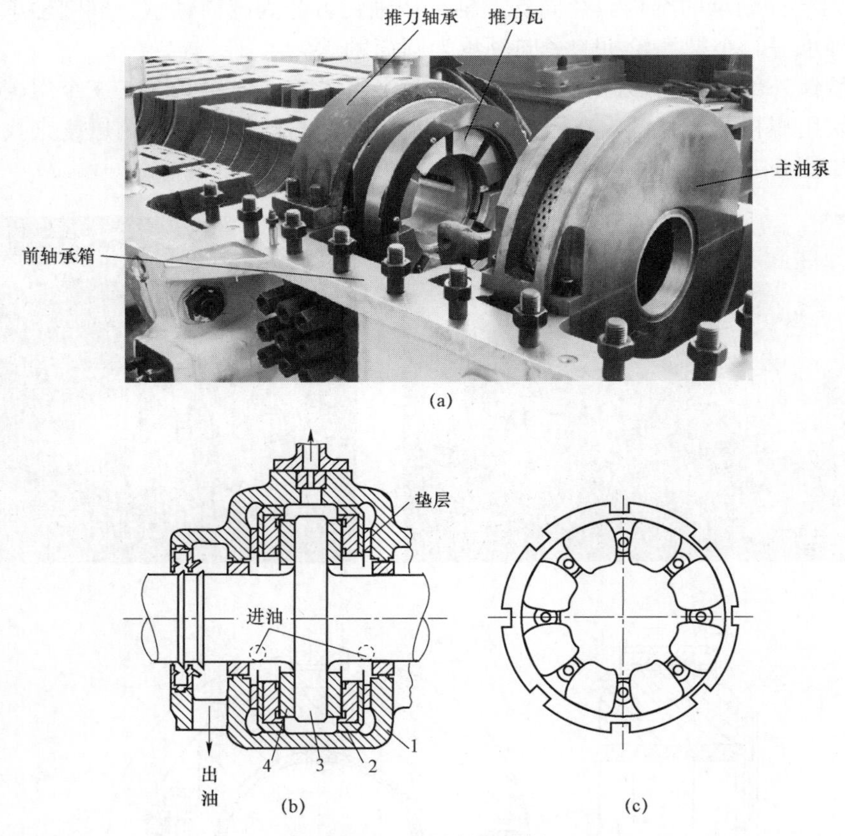

图6-70　推力轴承结构

（a）前轴承箱里的推力轴承和主油泵；（b）推力轴承结构；（c）推力瓦结构

1—轴承体；2—工作瓦块；3—推力盘；4—定位瓦块

推力轴承的瓦块一般为8～10块，做成扇形。其工作表面浇铸有一层（一般厚1.5mm）乌金。乌金不宜太厚，应小于汽轮机动、静部分轴向最小的间隙；否则，在事故时，乌金熔化后会造成动、静部分摩擦，严重损坏设备。瓦块背面有一条凸起部分的肋条，瓦块可以绕它略为转动，以便在工作时能形成油楔。

6. 前轴承箱

前轴承箱安装在固定于基础上的前座架上。在汽轮机前端的前轴承箱内，装有主油泵、危急遮断器、轴向位移发送器、推力支撑联合轴承以及调节系统其他部套等。前座架上装有热膨胀指示器，以反映汽缸热膨胀的情况。在前轴承箱上装有油动机。国产 12MW 汽轮机前轴承箱内设备如图 6－71 所示。国产 30MW 汽轮机前轴承箱内设备如图 6－72 所示。

图 6－71　国产 12MW 汽轮机前轴承箱内设备

1—推力轴承；2—主油泵

图 6－72　国产 30MW 汽轮机轴承箱内设备

1—支撑轴承；2—推力轴承；3—主油泵；4—齿轮盘

7. 滑销系统

汽轮机在纵向和垂直方向都装有定位的膨胀滑销，以保证轴承座在膨胀时中心不致变动。

（1）滑销系统的作用。汽轮机在启动、停机和运行时，汽缸的温度变化较大，将沿长、宽、高几个方向膨胀或收缩。由于基础台板的温度升高低于汽缸，如果汽缸和基础台板为固定连接，汽缸将不能自由膨胀。所以保证汽缸的自由膨胀才能保证汽轮机安全运行。

因此，汽缸要设置滑销系统，保证汽轮机自由地膨胀，保持汽缸和转子的中心一致，避免因机体膨胀造成中心变化，引起机组振动或动、静之间的摩擦，避免产生过大应力，引起变形。汽轮机滑销示意如图 6－73 所示。

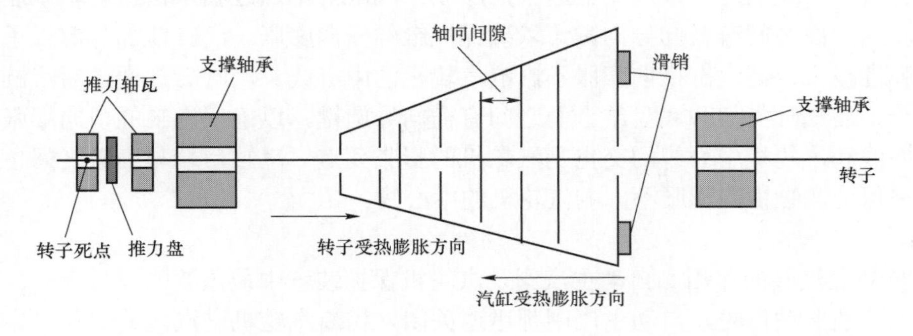

图 6－73　汽轮机滑销示意

汽缸、转子的膨胀方向不一样，膨胀的程度不一样，从而使轴向间隙较冷态下发生变化，即胀差。

前座架上装有沿汽轮机水平中心线方向的纵向键，机组受热膨胀时，将沿此纵向键向前滑动。前轴承座与前汽缸通过猫爪连接，在横向和垂直方向均有定位和导向的膨胀滑销，以保证汽轮机中心在膨胀时不致变动。

后汽缸安装在固定于基础上的后座架上。后座架上装有横向销，后汽缸导板上安装有一纵向键，纵向键在纵向线上与横向销在横向线的交点构成了汽缸“死点”。当机组受热膨胀时，可沿纵向键和横向销膨胀。

（2）滑销系统的形式。根据滑销的构造、安装位置和不同的作用，滑销系统通常由横销、纵销、立销等组成。热膨胀时，立销引导汽缸沿垂直方向滑动，纵销引导轴承座和汽缸沿轴向滑动，横销则引导汽缸沿横向滑动并与纵销（或立销）配合，确定膨胀的固定点，即死点。对凝汽式汽轮机来说，死点多布置在低压排汽口的中心或附近，这样在汽轮机受热膨胀时，对凝汽器影响较小。国产某型 12MW 汽轮机的滑销系统布置如图 6－74 所示。

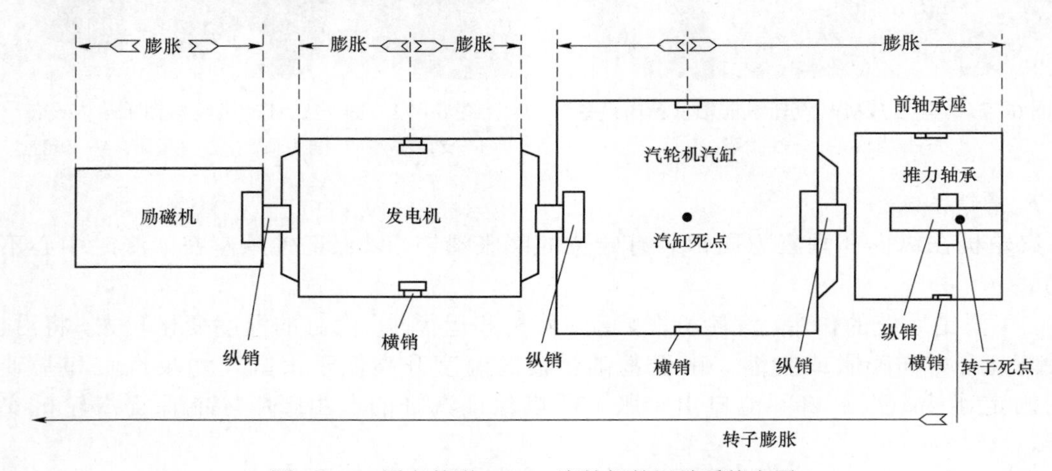

图 6－74　国产某型 12MW 汽轮机的滑销系统布置

该汽轮机采用快装式的整体公共底盘布置方式，前轴承座位于底盘的前端，通过导向键确保与汽轮机中心线的对中及汽轮机的轴向膨胀；汽缸前部通过猫爪搭在前轴承座上，猫爪和前轴承座结合面之间有横向导向键，以确保汽缸的横向膨胀。汽缸前部与前轴承座之间还设有一块弹性板来保证汽缸横向膨胀不影响汽轮机的中心线。汽缸后部通过后汽缸支架直接搭在底盘上，后汽缸支架和底盘结合面之间有横向导向键，以确保汽缸的横向膨胀，横向导向键的中心线和汽轮机中心线的交点是汽轮机的膨胀死点。汽缸后端与底盘之间也设有垂直的导向键来保证汽缸横向膨胀不影响汽轮机的中心线。

8. 自动主汽阀

（1）自动主汽阀的作用。自动主汽阀是汽轮机保护装置中最重要的设备之一。当汽轮机的任一个保护装置动作时，自动主汽阀都迅速关闭，切断汽轮机进汽，紧急停机。自动主汽阀应动作迅速可靠、关闭严密、阻力损失小、提升力小。自动主汽阀一般不用来调节进汽量，以防阀芯磨损。

（2）自动主汽阀的控制过程。自动主汽阀的关闭是通过保安油的泄放控制的，主汽阀位于调节阀的右侧，由主汽阀油动机控制，油动机活塞一侧受到弹簧的压力，另一侧受到快速关闭油的作用。快速关闭油经过滑阀节流孔进入油缸，使活塞克服弹簧的阻力而上升，阀门随之打开。如果快速关闭油失压，滑阀下移，切断快速关闭油，使主汽阀快速关闭。自动主汽阀有卧式、立式及与调节阀连成一体的联合式等形式。某型 12MW 汽轮机中压自动主汽阀如图 6－75 所示。

(a)

(b)

图 6－75 某型 12MW 汽轮机中压自动主汽阀

（a）自动主汽阀阀头；（b）自动主汽阀阀座

自动主汽阀结构如图 6－76 所示。高压油路经节流孔板、电磁阀后连接到主汽阀油缸 E 油口（可通到油缸活塞下部）。主汽阀 D 油口连接保安油路。开机前，电磁阀处于油路关闭位置。当保安油路建立时，保安油通过 D 油口进入滑阀下部，滑阀被顶起，此时 E 油口开通，但无高压油通过。

开机时，使电磁阀一侧电磁铁通电，高压油通过 E 油口进入主汽阀活塞下部，克服弹簧力将活塞顶起，开启主汽阀。当危急遮断油门或电磁阀动作之后，主汽阀 D 油口滑阀下保安油与排油相通，滑阀被顶回原位，截断高压油，同时油缸活塞下部高压油泄油，弹簧将活塞压下，主汽阀迅速关闭，截断进入汽轮机的蒸汽。同时，操纵主汽阀关闭的电磁阀另一侧电磁铁通电，电磁阀归位，切断高压油。

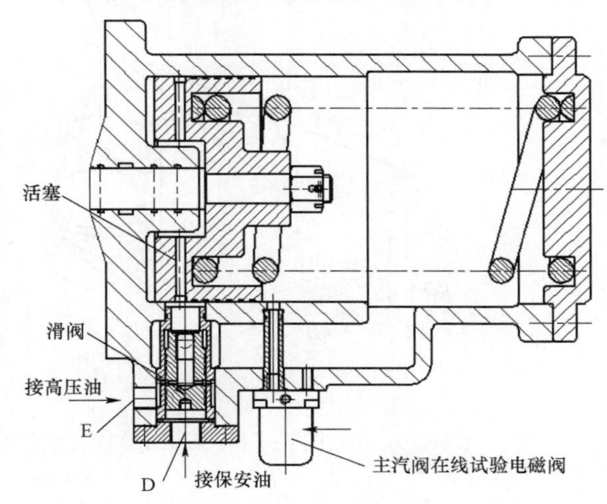

图 6－76 自动主汽阀结构图

自动主汽阀有两个行程开关，可分别指示出主汽阀处于关闭状态和处于最大开启状态。主汽阀还配有在线实验电磁阀，使主汽阀在不停机状态下进行在线活动实验，防止主汽阀阀杆卡涩。

9. 调节汽阀

安装在前汽缸上部蒸汽室内的调节汽阀由若干只汽门组成。通常调节汽阀有 5～8 只汽阀，分别控制 5～8 组喷嘴及各喷嘴室的进汽量。

（1）调节汽阀的作用。调节汽阀的作用是调节汽轮机的功率和转速，是通过改变进入汽轮机的蒸汽流量来实现的。调节汽阀是通过泄放快关油来实现控制的。

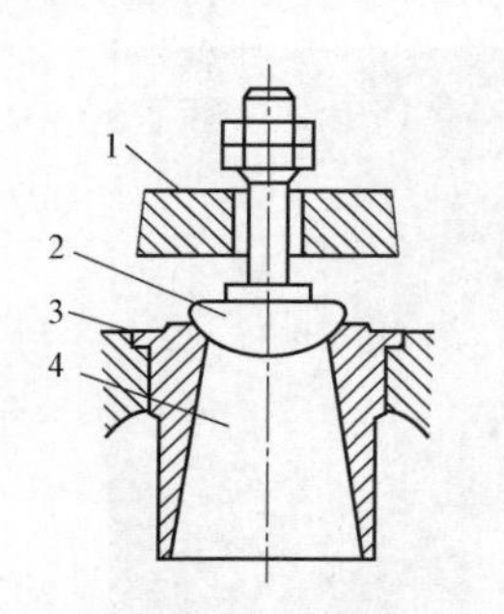

图 6－77　单座调节阀结构

1—提板；2—球形阀；3—阀座；4—扩压管

（2）配汽机构组成。改变汽轮机进汽量的机构称为汽轮机配汽机构，它由调节汽阀和带动它的传动机构两部分组成。根据电负荷的需要，位于前轴承箱上的调节油动机带动配汽机构，改变汽轮机的进汽量，满足负荷要求。调节汽阀一般采用单座的球形门或锥形门，各阀掰的升程，出厂时已调整好，不应随意改动。单座调节阀结构如图 6－77 所示。

（3）调节汽阀油动机。调节汽阀油动机是调节汽阀的执行机构，它将由电液转换器输入的二次油信号转换为有足够做功能力的行程输出，以操纵调节汽阀，控制汽轮机进汽。调节汽阀油动机主要由油缸、错油门和反馈机构组成。

油动机借助传动机构，按顺序开闭调节汽阀分别控制各喷嘴室的进汽量。传动机构通常有提板式、凸轮式和杠杆式 3 种，垃圾电厂汽轮机往往采用一台油动机通过提板式传动机构带数个调节阀的机构进行进汽调节。某型 15MW 汽轮机提板式传动配汽机构如图 6－78 所示。

（二）汽轮机的转动部分

转动部分又称转子，包括主轴、转子组件、动叶栅、联轴器和盘车装置等部件。某型 12MW 汽轮机的转子由 1 级复速级和 12 级压力级组成，除末两级叶片为扭叶片外，其余压力级叶片均为直叶片。

汽轮机转子采用套装结构，为柔性转子，叶轮采用锥形轮面，红套于轴上，以保证高度的对中性，并装有轴向键，以防止叶轮松动时，与轴产生相对滑动。叶轮之间借助隔圈保证

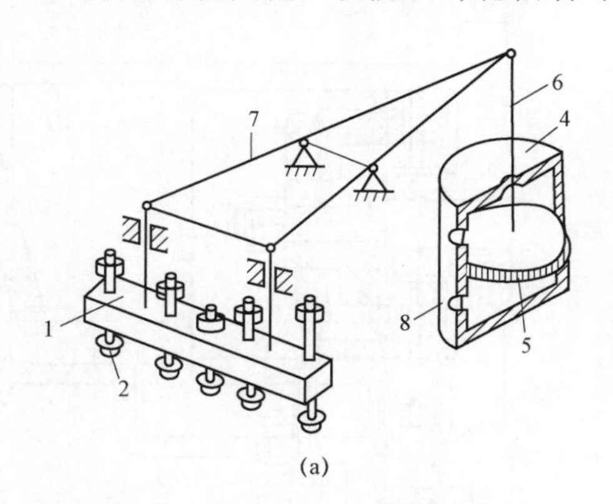

(a)

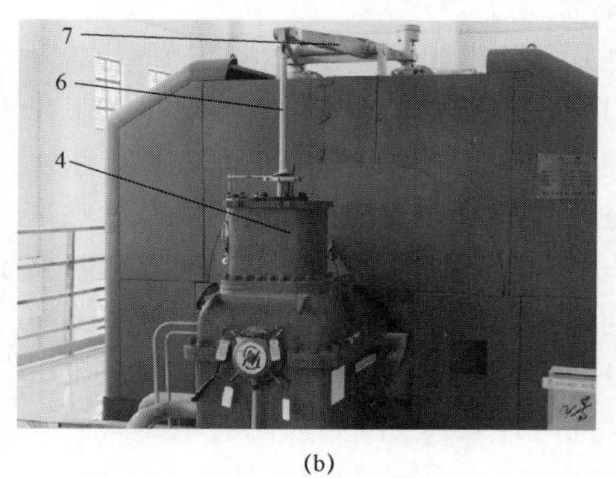

(b)

图 6－78　某型 15MW 汽轮机提板式传动配汽机构（一）

（a）示意图；（b）外观图

图 6－78　某型 15MW 汽轮机提板式传动配汽机构（二）

（c）阀照片；（d）阀座照片；（e）调节汽阀外观照片

1—提板；2—球阀；3—阀座；4—油动机；5—活塞板；6—活塞杆；7—三脚架；8—油动机油缸

叶轮的轴向位置。隔圈以一定的过盈量红套于轴上，为防止其松动，也装有轴向键。推力盘也以一定的过盈量红套于主轴上，同样装有轴向键，而主油泵与主轴相连。主轴和叶轮由中碳铬钢锻件制成，动叶由铬不锈钢铣制而成，动叶片用倒 T 形或叉形叶根装入叶轮，第一级叶轮和末级叶轮有用于动平衡配重的安装槽。

汽轮机转子轴与发电机转子轴的连接采用刚性联轴器，联轴器以一定过盈量红套于汽轮机主轴上，以传扭矩。这种联轴器结构简单、工作可靠、经久耐用，但连接后汽轮机－发电机转子轴系的临界转速要比汽轮机的临界转速有所提高。

抽气凝气汽轮机第 3、6、11 级后共有 3 级回热抽汽。第 3 级后抽汽供空气预热器或其他生产用汽，第 6 级后抽汽供除氧器用汽，第 11 级后抽汽供低压加热器用汽。

1. 转子

（1）转子的作用。转子是汽轮机最重要的部件，除了起工质能量转换及扭矩传递的作用外，转子还要承受动叶栅和主轴部件在旋转中产生的离心力及各部分温差引起的热应力，以及由振动产生的动应力。

（2）转子的类型。

1）按转子形状。汽轮机转子按形状可分为转轮型和转鼓型两种。冲动式汽轮机常采用转轮型转子，反动式汽轮机则采用转鼓型转子。

2）按制造工艺。按制造工艺可分为套装转子、整锻转子、组合转子和焊接转子。垃圾电厂的汽轮机容量小、蒸汽参数低，一般采用套装转子。

套装转子主轴和叶轮分别加工制造，然后将叶轮红套在主轴上，为了防止配合面发生松动，各部件与主轴采用过盈配合，并用键传递力矩。由于套装转子的叶轮和主轴是单独制造的，故锻件小、加工方便、节省材料、容易保证质量、转子部分零件损坏后也容易拆换。但轮孔处应力较大、转子的刚性较差，特别是在高温下工作时，金属的蠕变容易使叶轮与主轴套装处产生松动。因此，套装转子只适用于中、低参数的汽轮机，其工作温度一般在 400℃以下。某垃圾电厂 30MW 汽轮机转子结构如图 6－79 所示。

图 6－79　某垃圾电厂 30MW 汽轮机转子结构

2. 叶轮

（1）叶轮的作用。冲动式汽轮机转子上都有叶轮。叶轮也称轮盘，用来装置动叶栅并传递汽流作用在动叶栅上的力所产生的扭矩。动叶栅安装在转子叶轮（冲动式汽轮机）或转鼓上，接受静叶栅射出的高速汽流，把蒸汽的动能转换成机械能，使转子旋转。

（2）叶轮的组成。叶轮由轮缘和轮面组成，安装式叶轮还有轮鼓。轮缘是安装叶栅的部位，其结构取决叶根形式，轮毂是为了减小内孔应力的加厚部分，轮面将轮缘与轮毂连成一体。叶轮的结构及形式如图 6－80 所示。

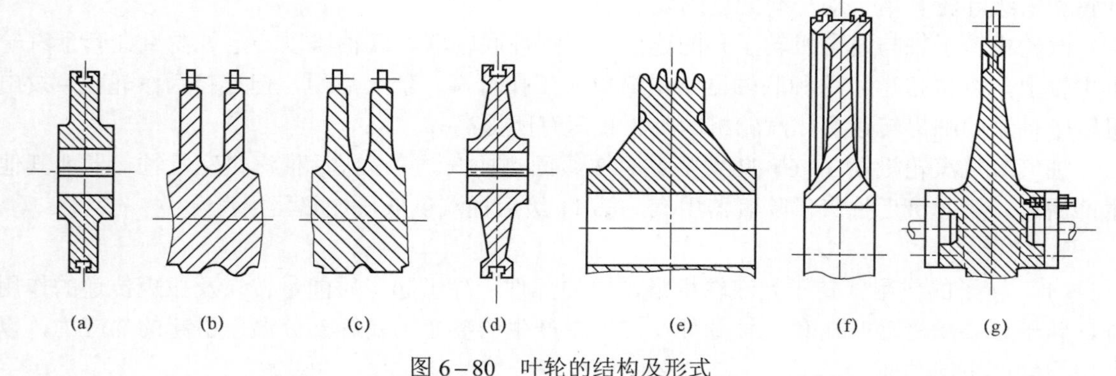

图 6－80　叶轮的结构及形式

（a）、（b）、（c）等厚度叶轮；（d）、（e）锥形叶轮；（f）双曲线叶轮；（g）等强度叶轮

3. 叶片

（1）叶片的作用。叶片是将喷嘴喷出的高速汽流的动能和部分热能转变为机械能的重要部件。它除了受汽流作用力外，还要承受高速旋转运动所产生的离心力的作用，因此，要求叶片强度高，型线好，抗腐蚀、抗振动性能强。叶片又分为静叶片和动叶片，也叫静叶栅和动叶栅。动叶栅如图 6－81 所示，静叶栅（静叶片）如图 6–60 所示。

图 6－81　动叶栅

（2）动叶片的类型。叶片按工作原理可分为冲动式和反动式两大类，按叶型沿叶高是否变化分为两种形式，一种是断面沿叶高方向相同的等截面叶片，另一种是断面沿叶高方向变化的扭曲叶片。

（3）动叶片的结构。动叶片由叶根、叶身和围带或拉筋 3 部分组成，如图 6－82 所示。叶身部分是叶片的工作部分，相邻叶片的叶身部分组成蒸汽的通道。

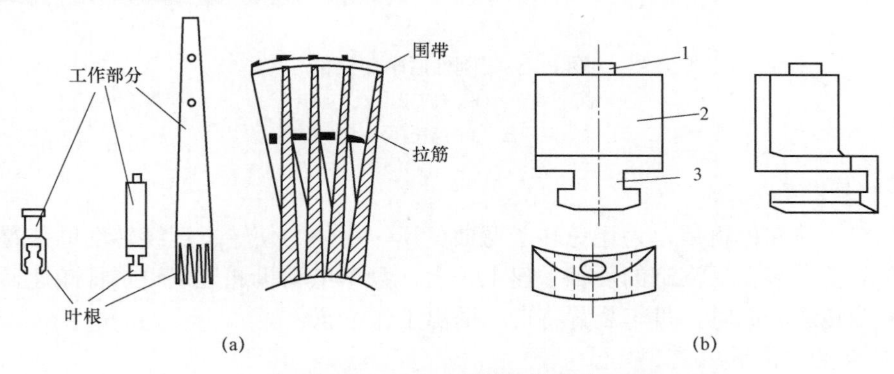

图 6－82　动叶片的结构形式

（a）结构图；（b）示意图

1—叶顶；2—叶型；3—叶根

蒸汽在汽轮机内逐级膨胀，比容不断变大，蒸汽容积流量增大，因此，从高压到低压各级叶片长度需逐渐加长。

动叶片的工作条件很复杂，除承受较高的静应力和动应力以外，还因其分别处于过热蒸汽区、两相过渡区（指从过热蒸汽区过渡到湿蒸汽区）和湿蒸汽区内工作而承受高温、高压、腐蚀和冲蚀作用。

4. 联轴器

（1）联轴器的作用。轴器器是汽轮发电机组各转子间的连接装置。通常由两个用螺栓连接的对轮组成，因此又称靠背轮。它的作用是把汽轮机转子及发电机的转子连接起来并传递扭矩。

（2）联轴器的形式。联轴器一般分为刚性、半挠性和挠性 3 类。

刚性联轴器由两根轴上的带有凸缘的圆盘（称为对轮）组成，用螺栓将两个对轮紧紧地连接在一起。两个对轮上的螺孔是在找好中心后一起铰出的，用严密配合的紧固螺栓连接。出厂时螺栓与螺孔均作有标记，现场装配时不能互换。

刚性联轴器结构简单、连接刚性强、尺寸小，除可传递较大的扭矩外，还可传递轴向力和径向力。刚性联轴器结构如图 6－83 所示。

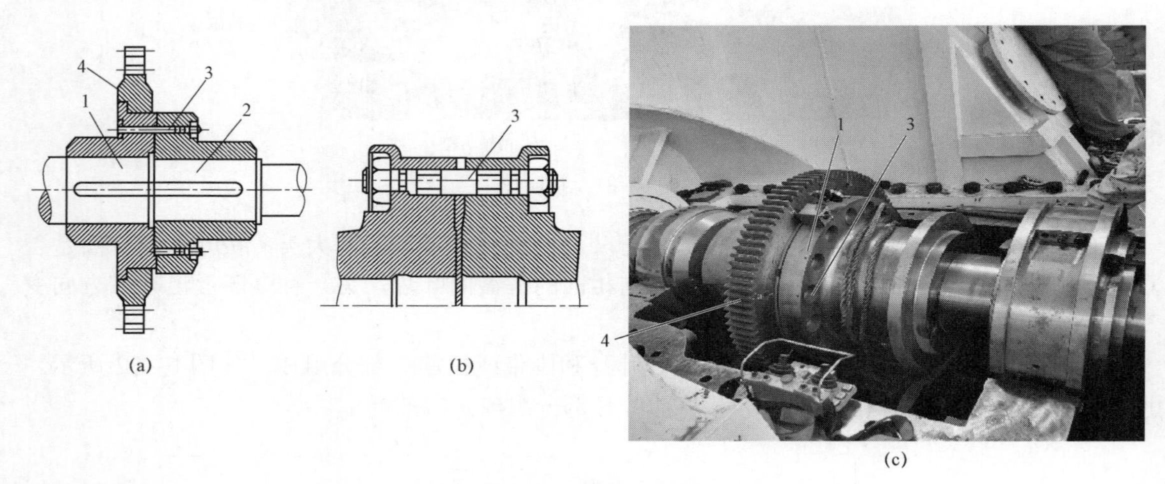

图 6－83　刚性联轴器结构

（a）正视图；（b）剖面图；（c）照片

1、2—联轴器；3—螺栓；4—盘车齿轮

（三）盘车装置

汽轮机启动前和停机后，为避免转子弯曲变形，用外力使转子连续转动的装置称为盘车装置。盘车装置安装在后汽缸的后轴承座上盖上，盘车电动机通过蜗轮蜗杆减速后带动主轴旋转，当主轴转速升高时，盘车装置将自动退出工作位置。

1. 盘车装置的作用

（1）汽轮机在启动冲转之前一般需要汽封送汽，当供给轴封蒸汽后即有蒸汽从端轴封漏入汽缸内，大部分集中在汽缸上部，使转子和汽缸的上、下部之间产生温差，若转子静止不动就会产生弯曲变形。汽轮机停机后上汽缸与下汽缸之间也存在温差，若不盘动转子也会产生热弯曲。在汽轮机冲转前和停机后用盘车装置驱动转子转动，以避免转子受热和冷却不均而产生热弯曲。

（2）汽轮机冲转前，用盘车驱动转子，检查动、静部件间是否有摩擦，以及主轴弯曲是否过大等，用来检查汽轮机是否具备正常启动条件。

2. 盘车装置的组成

盘车装置的主要零件有电动机、用来减速的大小齿轮传动系统以及使小齿轮与盘车大齿轮相啮合和退出所必需的连杆机构和操纵杆。

3. 盘车装置的转速

盘车装置按转速分有低速（3～6r/min）和高速（40～70r/min）两种。垃圾电厂汽轮机的盘车装置的转速一般为 5.7r/min。采用高速盘车时可以加快汽缸内的热交换，减小上、下缸之间及转子内部温差，缩短机组启停时间，并可以在轴承内较好地建立起油膜，保护轴颈和轴瓦。低速盘车时启动力矩小，冲击载荷小，有利于延长部件的使用寿命。

4. 盘车装置的形式

盘车装置按驱动形式分有电动盘车、液动盘车、气动盘车等方式。电动盘车装置通过一对蜗轮副与一对齿轮进行两级减速，当转子转速高于盘车速度时，盘车装置能自动退出工作位置。

5. 电动盘车装置的工作过程

电动盘车装置由交流电动机驱动，电动机通过齿轮带动热套在汽轮机联轴器外缘上的齿轮，使转子旋转。盘车装置的投入或退出都是通过操作杠杆系统使摆动壳和摆动齿轮上下摆动来实现，杠杆系统的动作可由手轮控制。当汽轮机在盘车过程中失去厂用电时，机组可采用手动盘车。电动盘车装置如图 6－84 所示。

(a)

(b)

图 6－84　电动盘车装置

（a）外部；（b）内部

1—挂闸连杆；2—限位开关；3—盘车齿轮；4—挂靠齿轮；5—油挡；6—盘车电动机

6. 盘车装置保护

盘车装置应有压力保护装置，在系统建立起合适油压前，禁止启动盘车装置。在启动汽

轮机前，首先启动盘车装置，在汽轮机启动并达到一定转速时，盘车应自动脱离啮合而不能对汽轮机产生冲击，并且不能重新啮合。盘车装置在运行中如发生供油中断或油压过低时，应及时报警并停止运行。

（四）汽轮机油系统

汽轮机的调节和保护装置的动作都以油作为工作介质，同时支撑轴承和推力轴承也需要大量的油来润滑和冷却。

油泵应能满足自动启动、手动启动的要求，并包括所需的压力开关、就地启停按钮和油系统启动试验阀的电磁线圈。

1. 汽轮机油系统的作用

汽轮机油系统是保证汽轮发电机组正常运行不可缺少的一个部分，油系统的主要作用如下。

（1）向调节和保安系统提供压力油。

（2）向汽轮发电机组各轴承提供润滑油，并带走摩擦产生的热量和由高温转子传来的热量。

2. 汽轮机油系统组成

汽轮机油系统主要由主油箱、主油泵、交流电动辅助油泵、直流事故油泵、注油器、高位油箱、油净化装置、冷油器和排烟风机等组成。汽轮机油系统如图 6－85 所示。

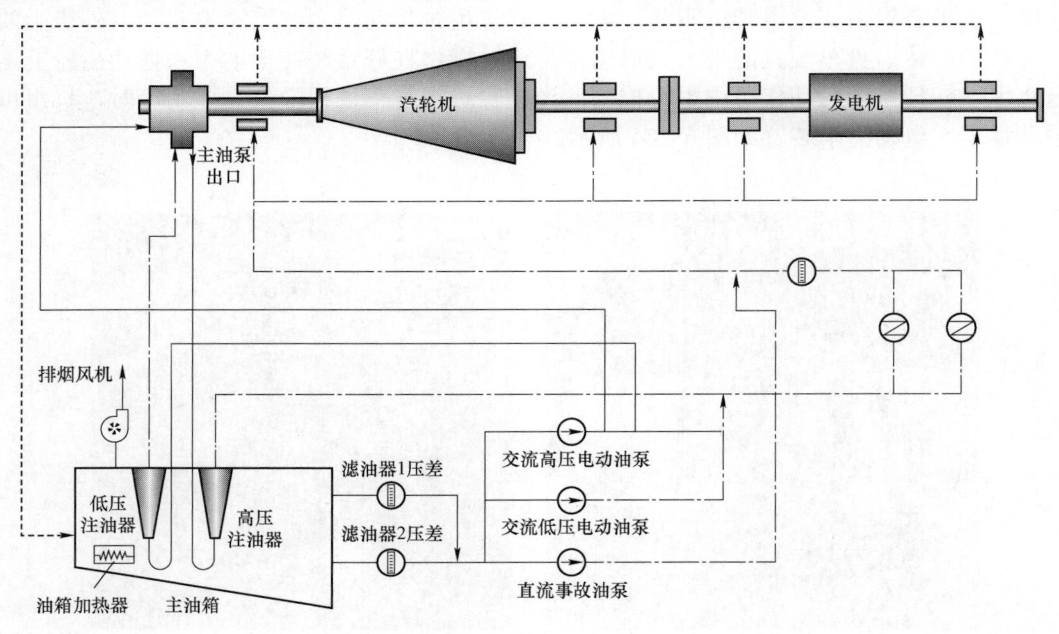

图 6－85　汽轮机油系统

汽轮机润滑油系统采用整体布置方式，某垃圾电厂汽轮机润滑油系统现场布置如图 6－86 所示。

（1）主油箱。主油箱的作用是储存一定量的油，同时进行空气、水分及机械杂质的分离，主油箱中的油温不超过 60℃。

图 6－86　汽轮机润滑油系统现场布置图

1—交流高压电动油泵；2—交流低压电动油泵；3—直流事故油泵；4—主油箱；5—滤油器

油箱体是一个由钢板焊制成的容器，主油箱的所有接口应有防止外部水及其他杂质漏入主油箱的措施。

组合式主油箱布置交流高压电动油泵、直流事故油泵、交流低压电动油泵、高低油位警报器、电加热装置以及油位计等。主油箱内部装有内部油管路、止回阀、节流孔板等。这种组合式油箱使油系统结构更紧凑，同时也能减少运行时油的泄漏，有利于油系统的安全运行。主油箱的容量要足够大，在机组甩负荷时，容纳全部回油；在交流电源失电和冷油器断水时，保证机组惰走、停机，油温小于或等于 80℃。在正常运行时，要求回油在主油箱中停留时间足够长，以便杂质分离。主油箱底部设置放油门，主油箱的事故排油口应足够大，应满足失火时的处置需要。

（2）油泵。

1）主油泵。主油泵由汽轮机主轴直接带动，安装在汽轮机转子前端短轴上，为离心油泵，由低压注油器供油。机组正常运行时，由主油泵和注油器向系统供油。主油泵的出油分三路：一路向调节、保安系统供油；另一路经冷油器后向径向轴承、推力轴承提供冷却润滑油；同时也有一部分用作主油泵的进油。主油泵结构如图 6－87 所示。

随汽轮机转速升高，主油泵出口油压逐渐升高。当出口油压升高到设定值时，系统自动切换至主油泵供油，交流高压电动油泵可通过人工或自动停止工作，当主油泵出口油压降至设定值时，交流高压电动油泵自动开启。

2）交流高压电动油泵。交流高压电动油泵也叫启动油泵，是带有压力调节装置及自启动装置的交流高压电动油泵，用于机组启动时供油，在启动和停机过程中，当主轴转速小于 2700r/min 时，主油泵不能提供足够的油压和油量时，启动油泵自动启动，为系统提供轴承润滑油。在正常运行过程中，当润滑油压低至设定值时，也会联动启动油泵，以确保机组的安全运行。当汽轮机事故停机时，启动油泵立即启动。

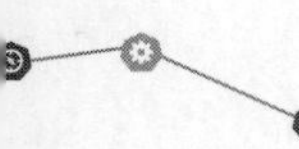

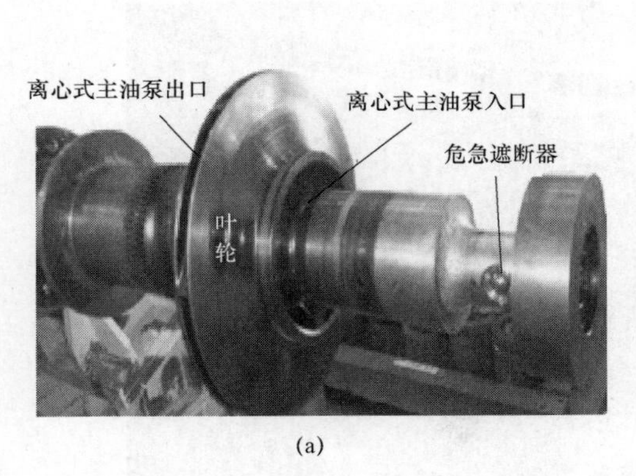

(a)

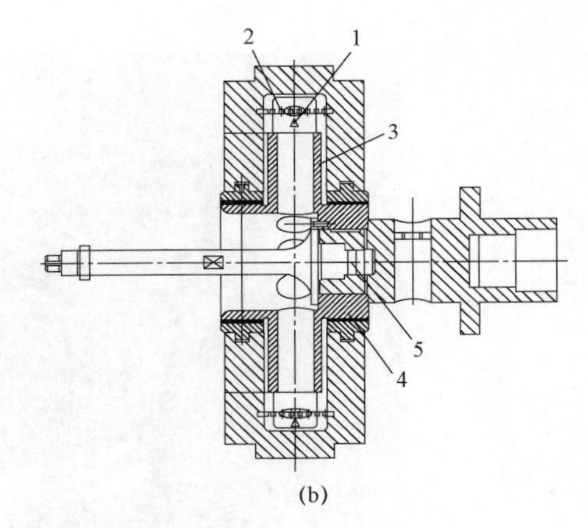

(b)

图 6－87　主油泵结构

（a）照片；（b）剖面图

1—油泵环室；2—稳流网；3—叶轮；4—油封；5—轴头

3）交流低压电动油泵。交流低压电动油泵主要用于机组盘车时供油。应带有自启动装置，机组故障或启动油泵不能启动时，在润滑油压低于设定值时自动投入运行。

4）直流事故油泵。直流事故油泵为直流低压电动油泵，带有自启动装置，能够自动投入运行。直流事故油泵应有足够的容量满足停机要求。它是在机组事故情况下或者厂用电失电情况下，保护汽轮发电机组轴承润滑油的最后保障。

5）油泵运行方式。机组启动时应先开交流低压电动油泵，以便在低压的情况下驱除油管道及各部件中的空气。然后再开启交流高压电动油泵，进行调节保安系统的试验调整和机组的启动。在汽轮机启动过程中，由高压交流电动油泵供给调节保安系统和通过注油器供给各轴承润滑用油。为了防止压力油经主油泵泄走，在主油泵出口装有止回阀。同时，还装有主油泵启动排油阀，以使主油泵在启动过程油流畅通。

当汽轮机升速至额定转速时（主油泵出口油压高于交流高压电动油泵出口油压），可通过出口管道上的阀门减少供油量，然后停用该泵，由主油泵向整个机组的调节保安和润滑系统供油。在停机时，可先启动交流高压电动油泵，在停机后的盘车过程中再切换成交流低压电动油泵。

当运行中发生故障，润滑油压下降时，由润滑油压力控制器使交流高压电动油泵自动启动，系统另备有一台直流事故油泵，当润滑油压下降而交流电动油泵不能正常投入工作或厂用电失电时，由润滑油压力控制器使直流事故油泵自动启动，向润滑系统供油。某厂 12MW 润滑油系统联锁保护设置参数如下：

a. 正常的润滑油压力：0.08～0.15MPa。

b. 油压降低时要求：

a）小于 0.078MPa 时，发信号报警。联锁启动交流高压电动油泵。

b）小于 0.054MPa 时，交流低压电动油泵自动投入。

c）小于 0.039MPa 时，直流事故油泵自动投入，停机。

d）小于 0.015MPa 时，停盘车装置。

机组正常运行时，电动辅助油泵都应停止运行，除非在特殊情况下，允许启动投入运行。

在润滑油路中设有一个低压油过压阀，当润滑油压高于 0.15MPa 左右即能自动开启，将多余油量排回油箱，以保证润滑油压维持在 0.08～0.15MPa 范围内。

油动机的排油直接引入油泵组进口，这样，当甩负荷或紧急停机引起油动机快速动作时，不致影响油泵进口油压，从而改善了机组甩负荷特性。

（3）注油器。注油器的作用是将小流量的高压油转换成大流量的低压油，对主油泵的入口或润滑油系统供油。两只注油器并联组成，注油器Ⅰ（低压注油器）向主油泵进口供油，注油器Ⅱ（高压注油器）经冷油器、滤油器后供给润滑油系统。它装在主油箱内油面以下的管道上，实质上是一个射流泵。其优点是结构简单、工作稳定、易于制造和调整，缺点是噪声大且效率低。

注油器由喷嘴、吸油室和扩压管等组成。工作时，主油泵来的压力油以很高的速度从喷嘴射出，在吸油室中造成一个负压区，油箱中的油被吸入吸油室。同时，高速油流带动吸入吸油室的油进入注油器喉部，油流通过喉部进入扩压管以后速度降低，部分动能又转变为压力能，使压力升高，最后将有一定压力的油供给系统使用。为了防止喷嘴被杂质堵塞和异物进入系统，在注油器的吸油测装有一个可拆卸的多孔钢板滤网，滤网还起着稳定注油器工作的作用。注油器结构如图 6－88 所示。

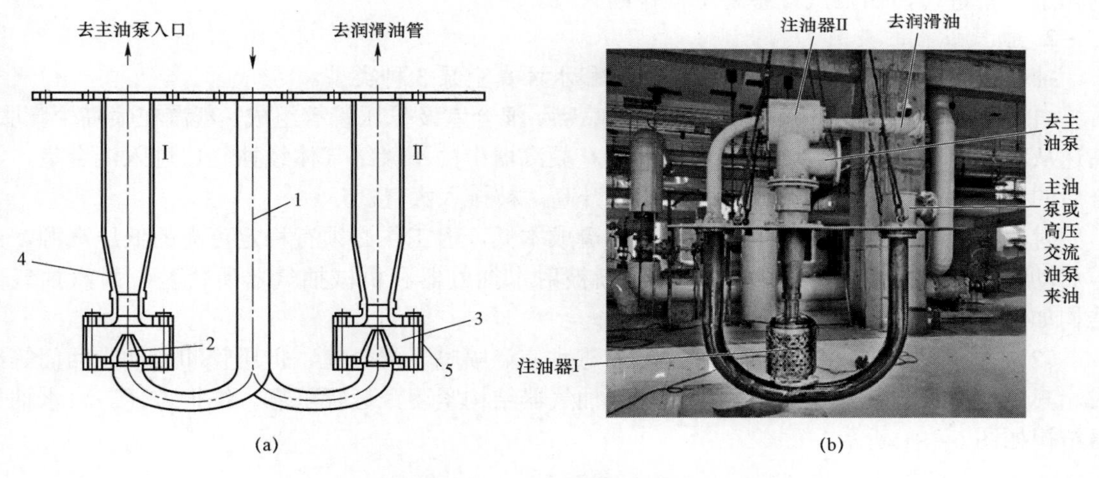

图 6－88　注油器结构图

（a）注油器简图；（b）注油器照片

1—进油管；2—喷嘴；3—吸油室；4—扩压管；5—吸油室外侧滤网

（4）冷油器。冷油器的作用是降低润滑油的温度，在汽轮机最大负荷、进口冷却水温为 33℃、水侧清洁系数为 0.85、管子堵塞 5%的情况下可满足供油温度要求，保持油温在 35～45℃之间。

冷油器是一种表面式换热器，用循环水冷却，为了避免冷却水漏入油中，冷却水的压力应低于油压。油系统中常设有两台冷油器，其中一台发生故障时，另一台仍能保证油系统正常冷却。冷油器垂直安装，采用浮头直管式结构，全部管束可整体抽出。冷油器结构如图 6－89 所示。

（5）排油烟装置。油系统应设有排油烟装置，使各轴承及腔内维持微负压，确保各轴承

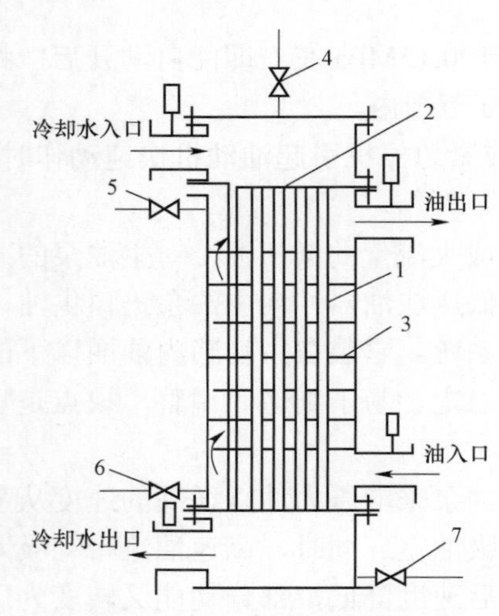

图 6－89　冷油器结构图

1—钢管；2—管板；3—隔板；4、5—排汽阀；6—放油阀；7—放水阀

内不吸入蒸汽，避免油中带水。

在润滑油系统运行时，少部分油蒸发为油雾，这些油雾积聚在油箱内的油面之上以及轴承箱和油管中。如果油雾积累过多，使油雾压力太高，会使油雾通过汽轮机轴的油封漏入厂房。为了防止这种现象，设置了除油雾装置。该装置通过 1 台吸气口与油箱内部油面以上空间相通的风机，使油雾积聚的地方产生微弱负压，从而可将油雾吸出，并将油从油雾中分离出来送回油箱，经过分离净化的油雾排向大气。

（五）真空系统

1. 真空系统的作用

蒸汽在汽轮机内膨胀做功后排入凝汽器凝结成水，在凝汽器内部形成真空，为了去除在运行中逐渐积聚在凝汽器中的空气，在凝汽器上装有抽汽管，接到真空系统进口，由抽汽设备将空气排向大气。

2. 抽气设备的类别

抽气设备有射汽抽气器、射水抽气器和水环真空泵 3 种类型。

（1）射汽抽气器。射汽抽气器主要由喷嘴、混合室及扩压管等组成。蒸汽在喷嘴中膨胀，高速从喷嘴中喷出，使混合室内形成真空。凝汽器中的不凝结气体经抽气口进入混合室，混合后的气体进入扩压管后速度下降，压力升高，被排入大气。

射汽抽气器结构紧凑，工作可靠，制造成本低，但工作必须有稳定可靠的低压汽源，由于启动初期的汽源问题，射汽抽汽器逐渐被射水抽气器和机械抽气器所代替。射汽抽气器结构如图 6－90 所示。

（2）射水抽气器。射水抽气器主要由进水室、喷嘴、混合室、扩压管和自动止回门等组成。其工作原理与射汽抽气器相同。射水抽气器结构紧凑，运行可靠，维护方便。射水抽气器结构如图 6－91 所示。

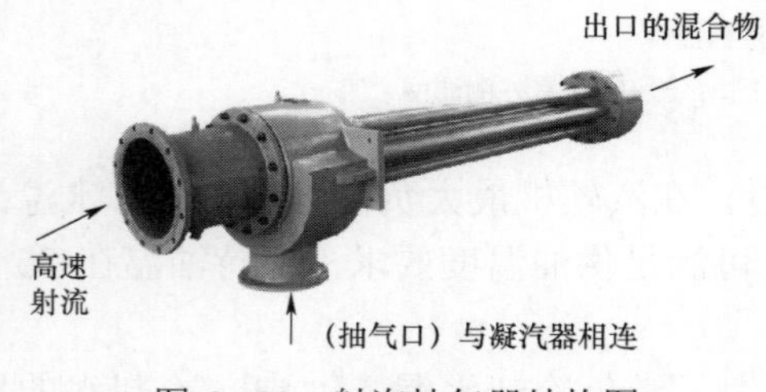

图 6－90　射汽抽气器结构图

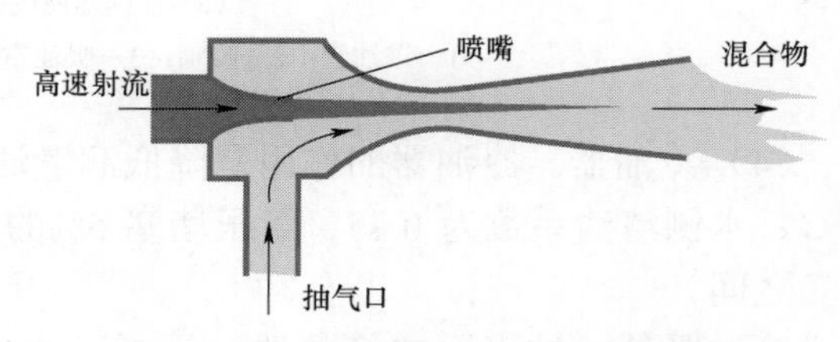

图 6－91　射水抽气器结构图

（3）水环真空泵。水环真空泵的主要部件是泵壳和叶轮，叶轮由叶片和轮毂构成。叶轮偏心安装在由泵壳形成的圆柱形内腔中，在叶轮侧面壳体上开设吸气口和排气口，进行轴向吸气和排气。启动前泵壳内充以一定量的水，当叶轮旋转时，受离心力

的作用，水在泵壳内形成水环，同时在各叶片间形成由水环密封的空气小空间。随着叶轮的转动，小空间的容积不断地由小变大，再由大变小。当空间处于由小变大的变化过程时产生真空，气体被吸入。当空间处于由大变小的变化过程时产生压力，气体被压缩并经排气口排出。这样，水环真空泵就完成了吸气、压缩、排气的全部过程。水环真空泵结构如图 6-92 所示。

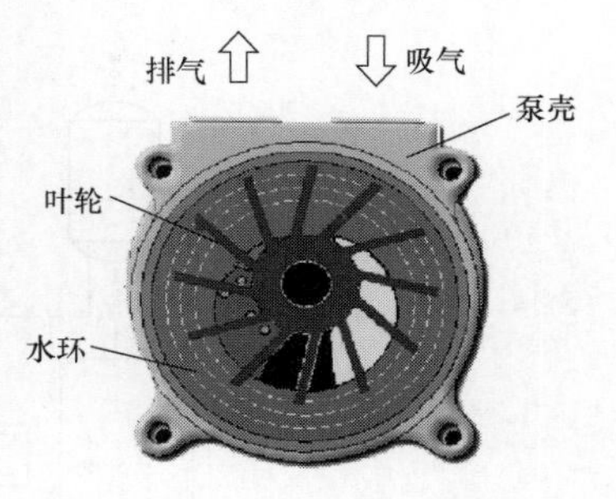

图 6-92　水环真空泵结构

水环真空泵系统流程如图 6-93 所示。

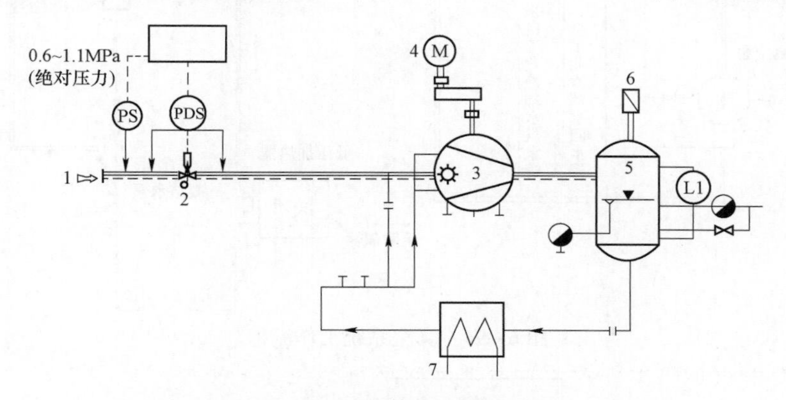

图 6-93　水环真空泵系统流程

1—气体吸入口；2—气动蝶阀；3—水环真空泵；4—电动机；5—气水分离器；6—气体排出口；7—冷却器

由凝汽器抽来的气体经气体吸入口、气动蝶阀及进气管道进入真空泵，由真空泵排出的气体经排气管道进入气水分离器，分离后的气体经气体排出口排向大气，分离出来的水和通过调节器的补充水一起进入冷却器，冷却后的工作水一路经喷射支管喷入真空泵进口，即将抽入真空泵中气体中的可凝部分凝结，提高真空泵的抽吸能力；另一路直接进入泵体，维持真空泵的水环和降低水环温度。真空系统工作流程如图 6-94 所示。

（六）凝汽系统

1. 凝汽系统的作用

（1）在汽轮机的排汽口建立并保持真空。

（2）将汽轮机的排汽凝结成水并回收。

2. 凝汽系统的组成

凝汽系统是凝汽式汽轮机的一个重要组成部分，对汽轮机的运行安全和经济性有较大的影响。凝汽系统主要包括凝汽器、抽气器（或水环真空泵）、循环水泵、凝结水泵以及连接管道等。汽轮机排汽在凝汽器内凝结后，汇集到热井中，由凝结水泵加压，经轴封加热器、低压加热器后进入除氧器。由于垃圾电厂的机组容量较小，循环水系统较简单，为了表述方便，本书将垃圾电厂的循环水系统和凝结水系统并入凝汽系统。凝汽系统流程如图 6-95 所示。

3. 凝汽系统工作流程

汽轮机的排汽进入凝汽器并在其中凝结成水，凝结水泵将热井中的凝结水抽出，经加热器加温后，送入除氧器。漏入凝汽系统和汽轮机真空部分的空气集中在凝汽器汽侧，由抽气

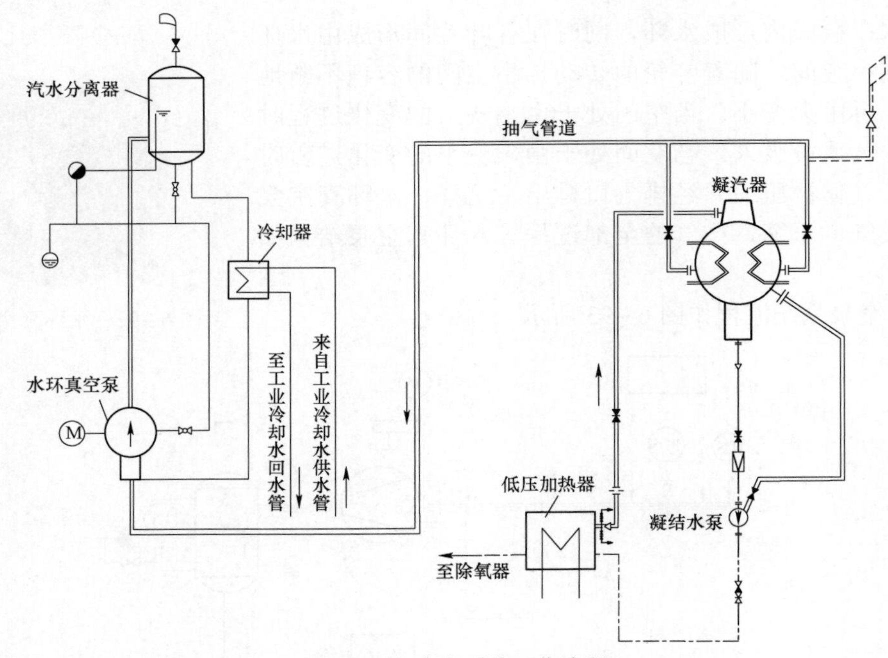

图 6-94 真空系统工作流程

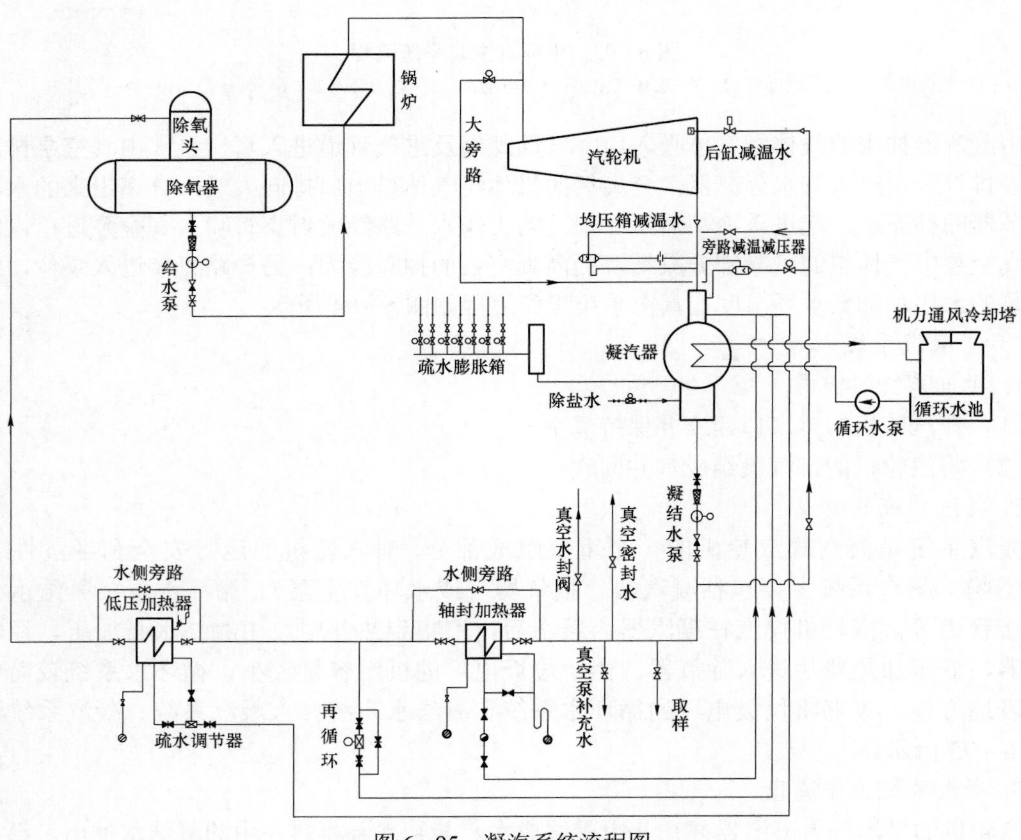

图 6-95 凝汽系统流程图

器或水环真空泵将这些不凝结气体抽出，以维持凝汽器的真空。循环冷却水经循环水泵不断送入凝汽器，吸收并带走排汽放出的热量。

4. 凝汽系统类型

凝汽器的种类很多，分类方法也不同，通常按冷却介质分有湿冷却和干冷却。湿冷却主要是以水为冷却介质的表面式凝汽器，由此构成的系统又称水冷系统。干冷却主要是以空气为冷却介质的表面式凝汽器，由此构成的系统又称空气冷却系统。这两种冷却系统在垃圾电厂都有应用。

（1）水冷系统。水冷系统由循环水泵和空冷塔构成，空冷塔又分为自然通风冷却塔和机力通风冷却塔。循环冷却水采用闭式循环。循环水可以采用河水、中水等水源，如果采用河水做水源，河水水质指标要求如下：

1）溶解固形物：＜5000mg/L。

2）氯离子 Cl^-：＜2000mg/L。

3）悬浮物和含砂量：＜500mg/L。

4）COD_{Cr}（用重铬酸钾作为氧化剂测定出的化学耗氧量）：约为 40mg/L。

采用自然通风的水冷系统及冷却塔如图 6－96 所示。

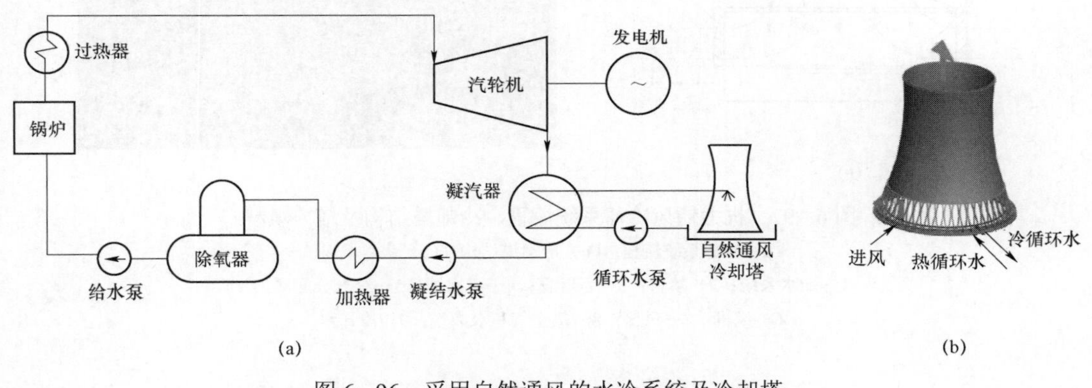

图 6－96　采用自然通风的水冷系统及冷却塔

（a）水冷系统；（b）冷却塔

机力通风冷却系统流程、冷却塔结构及塔内填料如图 6－97 所示。建设中的冷却塔如图 6－98 所示。

（2）空气冷却系统。在无害化、资源化处理垃圾的同时，也耗用大量水资源。目前，焚烧处理 1t 生活垃圾需要 2.5t 左右的水资源。采用空气冷却系统可以节约水资源。

1）空气冷却系统类别。空气冷却系统包括直接空气冷却系统和间接空气冷却系统两种，直接空气冷却是指汽轮机的排汽直接用空气来冷凝。目前，我国垃圾电厂都采用直接空气冷却系统。

2）直接空气冷却系统流程。采用直接空冷技术时，汽轮机的排汽经分断阀后直接进入空冷凝汽器，与空气进行换热，经空气冷却后蒸汽凝结成水，由凝结水泵升压后返回系统中。热空气由空冷凝汽器下部设置的轴流风机排入大气中，同时补充冷空气进行循环冷却。直接空气冷却系统流程如图 6－99 所示。

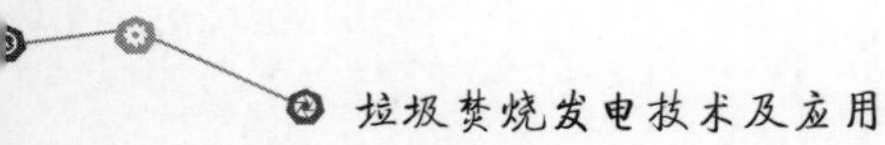

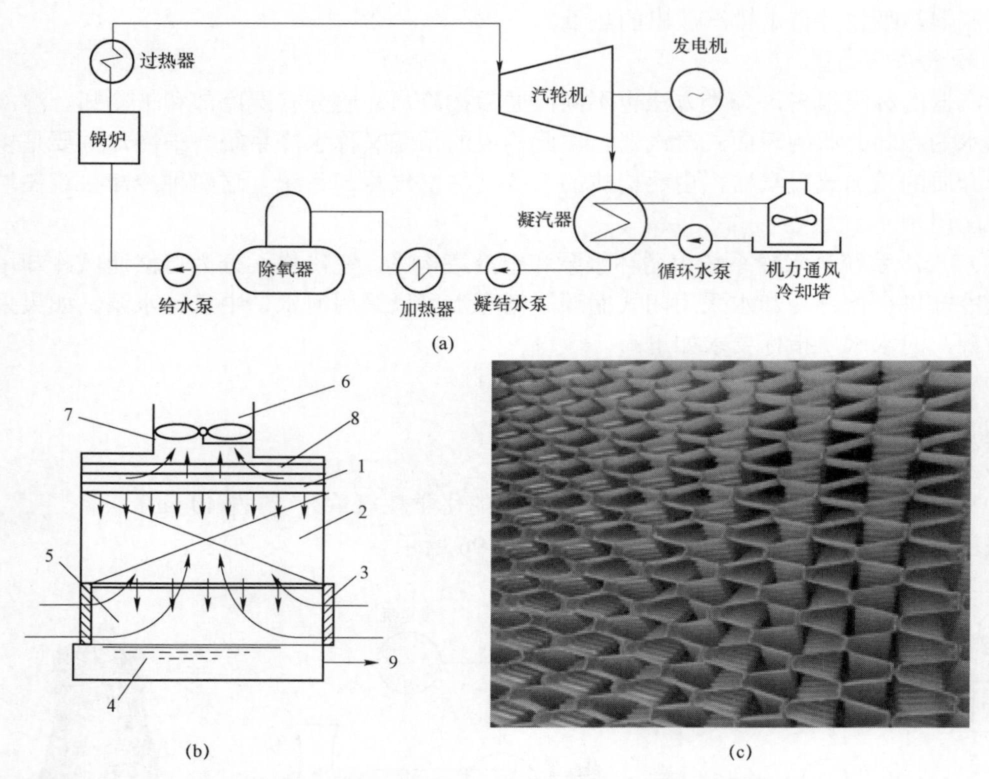

图 6-97　机力通风冷却系统流程、冷却塔结构及塔内填料

（a）冷却系统流程；（b）冷却塔结构；（c）塔内填料

1—配水系统；2—填料；3—百叶窗；4—集水池；5—空气分配区；

6—风机；7—风筒；8—热空气和水蒸气；9—冷却水

图 6-98　建设中的冷却塔

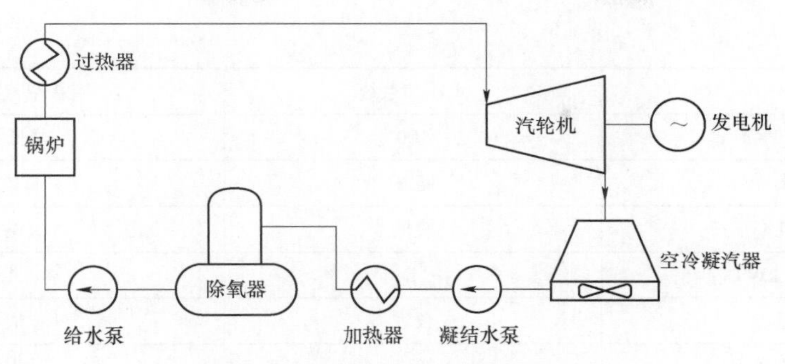

图 6-99　直接空气冷却系统流程

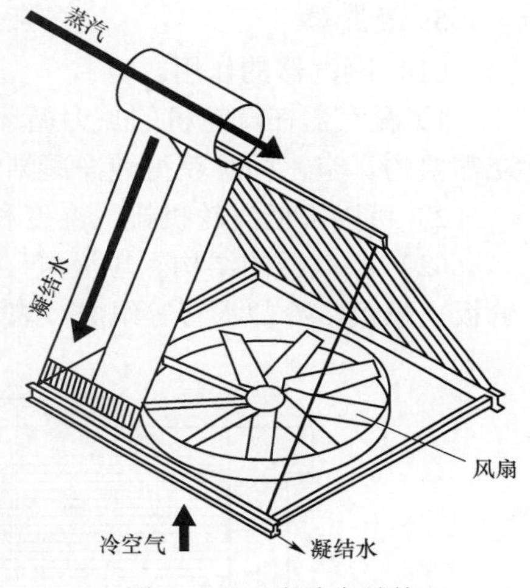

图 6-100　空冷岛结构

直接空气冷却系统的优点是设备少、系统简单、基建投资较小、占地少、空气量的调节灵活；缺点是运行时粗大的排汽管道密封困难、维持排汽管内的真空困难、启动时为建立真空需要的时间较长。由于夏季空气的温度高，汽轮机相应的排汽压力也要升高，机组焓降减少，效率较低，空气冷却系统的厂用电率较高，汽耗也较高，经济性不如水冷却机组。空冷岛结构如图 6-100 所示。

法国某垃圾电厂的空冷岛如图 6-101 所示。

（3）水冷却系统与直接空气冷却系统比较。汽轮机排汽采用水冷方式，其投资较小，真空较高，水耗较高；采用空气冷却方式，投资大，运行节水，真空较低。两种冷却方式比较见表 6-7。

图 6-101　法国某垃圾电厂的空冷岛

表 6-7　　两种冷却方式比较

项目	水冷却系统	直接空气冷却系统
机组背压变化幅度（kPa）	5～11.8	13～40
安全背压（kPa）	18～19	50 以上
蒸汽膨胀曲线	较长	较短

续表

项目	水冷却系统	直接空气冷却系统
发电效率（%）	100	降低 5～8
热效率	略高	低约 5%
发电汽耗率	较低	略高
系统电耗（kW）	1	1.3
耗水量	较大	较小
凝汽器换热面积	较小	很大

5. 凝汽器

（1）凝汽器的作用。

1）凝汽器在汽轮机的热力循环中起冷源的作用，使汽轮机乏汽凝结，在汽轮机排汽口建立需要的真空，同时获得纯净凝结水，送入给水箱。

2）可以降低汽轮机排汽温度和排汽压力，提高循环热效率。

（2）凝汽器的结构。垃圾电厂水冷系统广泛采用的是表面式凝汽器，它由外壳、水室、管板、隔板、冷却水管等组成。表面式凝汽器结构如图 6－102 所示。

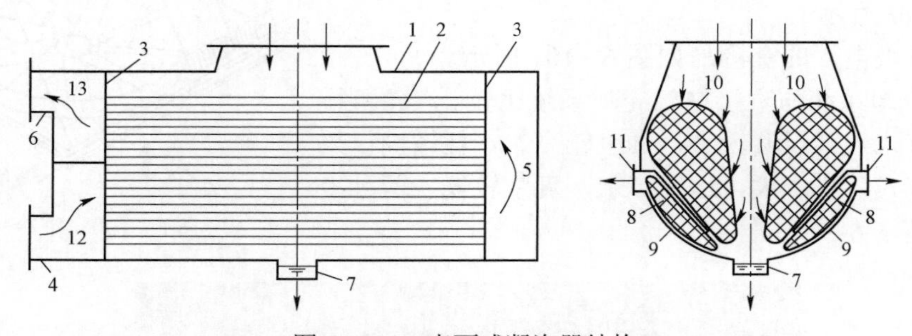

图 6－102　表面式凝汽器结构

1—外壳；2—冷却水管；3—管板；4—冷却水进水管；5—冷却水回水室；6—冷却水出水管；7—热井；8—空气冷却区；9—空气冷却区挡板；10—主凝结区；11—空气抽出口；12—冷却水进水室；13—冷却水出水室

凝汽器水侧最好采用双流程，并设有分隔水室，允许一半检修，一半运行。每个水室至少应设一个人孔门，并有适当的排气、放水接口。凝汽器应留有回热系统疏水、汽轮机疏水、给水补充水及其他返回凝汽器杂项水的进口，进口处应设消能和防冲击挡板。凝汽器外观和内部如图 6－103 所示。

（3）凝汽器的工作原理。如图 6－102 所示，冷却水由进水管 4 进入凝汽器，先进入下部冷却水管内，通过回水室 5 进入上部冷却水管内，再由出水管 6 排出。冷却水管 2 安装在管板 3 上，蒸汽进入凝汽器后，在冷却水管外汽测空间冷凝，凝结水汇集在下部热井 7 中，由凝结水泵抽走。

凝汽器的传热面分为主凝结区 10 和空气冷却区 8 两部分，这两部分之间用挡板 9 隔开。空气冷却区的面积占凝汽器面积的 5%～10%。设置空气冷却区，可使蒸汽进一步凝结，使被抽出的汽气混合物中的蒸汽量大大减少，减少了工质浪费的同时，汽气混合物进一步被冷却，使其容积减小，减轻了抽气器的负担。

(a)

(b)

图 6－103　凝汽器外观和内部
（a）外观；（b）内部

（4）凝汽器的运行。

1）每台汽轮机设 1 台凝汽器，正常运行时凝汽器出口凝结水温度不应低于凝汽器工作压力下的饱和水温度。汽轮机额定排汽压力为 0.005MPa，冷却水进水温度为 22～27℃（最大为 33℃）。

2）凝汽器出口凝结水的含氧量在正常范围运行，防止循环水对凝汽器管材的腐蚀。

3）在额定工况下，凝汽器管内水的流速应小于或等于 2.0m/s，凝汽器管子的清洁系数应大于或等于 0.9。在最大工况下，凝汽器管内水的流速应小于或等于 2.7m/s，管子清洁系数应大于或等于 0.85。凝汽器应设胶球清洗装置。

4）凝汽系统应严密、不漏气，真空下降速度不大于 400Pa/min。

（七）汽轮机调节系统

汽轮发电机组在运行时，作用在转子上的力矩有两个，一个是蒸汽力矩，一个是电磁力矩。蒸汽力矩是蒸汽对转子的作用力在主轴上产生的力矩，它的大小与蒸汽流量、蒸汽参数、汽轮机中的焓降有关，力矩的方向决定转子旋转的方向。电磁力矩是发电机带上负荷后，由于转子磁场与定子电流的相互作用而产生的力矩。它的大小与发电机输出的有功功率有关，方向与转子旋转方向相反。

由于电能不能大量储存，汽轮发电机组输出的电功率必须与外界负荷相平衡，即蒸汽力矩必须与电磁力矩相平衡，以满足电力用户的需要。因为外界负荷是随时变化的，所以汽轮机就要随时调节蒸汽流量，改变蒸汽力矩，使之与外界负荷相适应，确保供电的数量和质量。

1. 汽轮机调节系统的作用

汽轮机调节系统包括调速和调压两部分。通过开大和关小调节汽阀以改变汽轮机的蒸汽流量，从而调整机组的转速或负荷、抽汽口压力或抽汽量，以适应外界负荷的变化。调速部分和调压部分按一定的自整要求设计，当电负荷、抽汽热负荷中的一个变化时，调节系统基本上能保证另一个参数不变。

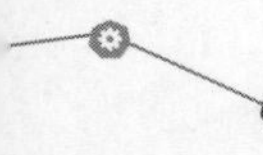

2. 汽轮机调节系统的工作原理

垃圾电厂汽轮机一般采用的是数字电液调节系统（Digital Electro Hydraulic Control System，DEH）。采用 DEH 系统比一般液压系统控制精度高，自动化水平高，热电负荷自整能力高。DEH 能实现升速（手动或自动）、并网、负荷控制（阀位控制或功频控制）及其他辅助控制，并与 DCS 通信，具有控制参数在线调整和超速保护功能等。能使汽轮机适应各种工况，并长期安全运行（包括孤岛运行工况）。

DEH 由采样器采集转速、功率、抽汽压力等控制信号，信号经模数转换器送入数字计算机，给定信号经模数转换后也输入数字计算机，数字计算机经过运算输出一数字量，经数模转换器转换成模拟量，送至电液转换器，将电信号转变为液压信号，此液压信号作用于油动机去改变汽轮机调节汽阀的开度（即对应的调节汽阀的进汽量），以达到改变进入汽轮机的蒸汽流量，从而达到调整机组的转速（或负荷）、抽汽口压力（或抽汽量），以适应负荷的变化，从而达到自整调节的目的。

DEH 调节系统工作原理如图 6－104 所示。

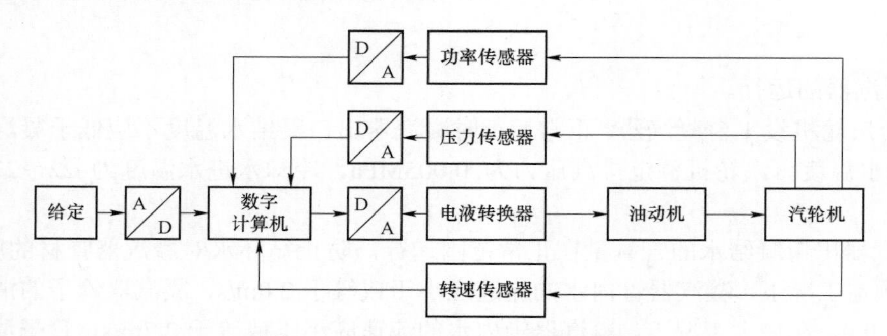

图 6－104　DEH 调节系统工作原理

3. 调节保安系统供油

调节保安系统供油有 3 种模式，第一种模式是正常运行时，由汽轮机的主油泵供油，启动时由启动油泵供油；第二种模式是汽轮机的主油泵只供汽轮机的润滑油，调节和保安系统另设独立的油源；第三种模式是调节系统采用独立的油源，汽轮机的主油泵供机组润滑和保安用油。

4. DEH 的功能

DEH 的基本自动控制功能是汽轮机的转速控制和负荷控制，同时它也具有超速保护及试验等功能。DEH 应具备下列基本功能：

（1）转速控制和负荷控制。DEH 应具有转速控制、负荷控制功能，实现汽轮发电机组的升速、并网、负荷的调节及进汽压力的自动控制。保持汽轮机转速偏差不超过规定的范围，保持机组稳定运行。

控制系统应具有大范围的调速功能，调节范围可以从盘车转速直至 3600r/min。控制系统根据预先给定的升速率、暖机速率和暖机时间自动改变转速调节的给定值，使汽轮机由盘车状态以设定升速率平衡地升速至额定转速。升速率、暖机速率和暖机时间可以由运行人员选定或者由控制系统根据汽轮机的状态自动确定。DEH 可按运行人员给定的目标值及负荷变动率自动调节机组的电负荷和热负荷。

1）手动控制。冲转暖机升速，当转速达到给定值时，再通过 DEH 的操作手动控制汽轮机进行升/减转速和负荷。

2）自动控制。打开主汽阀，由运行人员自行选定目标转速、升速率、暖机时间及目标负荷和升负荷率。

3）程序控制启动。打开主汽阀，根据预先输入 DEH 的最佳运行曲线做成程序控制启动，整个升速过程全部自动完成，无需人为干预，运行人员可任意切换运行模式。运行曲线可在线修改。

（2）保护功能。DEH 应具有保护及试验等功能，具有超速保护、低真空保护、低油压保护、低频保护等功能。机组脱网甩负荷后，机组转速自动控制在安全范围内。

（3）同步及初负荷控制。控制系统能保持汽轮机在额定转速下空负荷运行，并能根据自动同期系统的指令，完成汽轮发电机组的转速匹配以保证发电机能自动地平稳并网。发电机开关合闸后，控制系统应能保证汽轮机迅速接带初负荷以防止电动机出现逆功率。初负荷值可以是预先确定的，也可以根据汽轮机的状态由控制系统自动确定，应能按照机组的不等率进行负荷控制。

（4）负荷限制功能。在重要运行参数超过允许值时，为了保证机组的安全运行，自动限制负荷。当机前蒸汽压力过低或其他条件出现时应自动限制汽轮机负荷。

（5）操作及通信功能。

（6）自诊断及系统保护。每次启动前，DEH 控制器可以自诊断控制器组态、接线及内部硬件是否正常。可对运行过程中控制参数在线进行故障诊断并给出报警指示。当机组超速或程序组态中需要保护项目处于保护状态时，DEH 控制器执行停机。

（7）参数调节、监测。DEH 控制器可以在线调整控制参数，并监测设定参数、实际参数及控制参数。

（8）试验功能。

1）摩擦检查。DEH 控制汽轮机在 500r/min 范围内来回进行升速和降速以检查汽轮机的工作和安装情况。

2）超速试验。在 DEH 控制下可进行 103%超速试验、电超速试验及机械超速试验。当转速达到 103%额定转速时，DEH 发出超速保护信号送到 OPC（电子超速电磁阀），使其动作，将调节汽阀关闭，减少转子动态超调量。当转速达到 110%额定转速时，DEH 发出停机信号。

3）阀门严密性试验。能分别对主汽阀和调节汽阀进行严密性试验。

4）启机前拉阀试验。

（9）同期（AS）。DEH 设有与 AS 装置的接口，可以接收 AS 装置发出的脉冲量或开关量信号。通过接收 AS 装置的信号使 DEH 将实际转速很快达到网频转速，再并网。

机组并网后，DEH 将自动带 2%～3%初负荷，以防止逆功率运行，并且有负荷限制功能。

（10）能够与协调控制系统（CCS）系统配合实现机炉协调，接收自动发电控制系统（AGC）控制指令。

（11）硬手操功能。如 DEH 有故障时，可通过硬手操盘直接控制油动机，故障处理完后可无扰切换到 DEH 工作。

（12）控制机组的抽汽压力。

（13）孤网运行控制功能。

（14）监视、追忆和打印功能。

5. DEH 系统技术性能指标

（1）转速控制范围为 20～3600r/min，精度为±1r/min，转速不等率为 4.5%（3%～6%可调）。

（2）负荷控制范围为 0～115%额定负荷，精度为±0.5%，额定工况甩负荷时飞逸转速小于 7%。

（3）具有 103%、110%超速保护功能。

（4）抽汽压力不等率为 10%（可调）。

（5）系统迟缓率小于或等于 0.3%。

（6）DEH 平均连续无故障运行时间小于 25 000h。

（7）系统可用率为 99.9%。

（八）汽轮机保安系统

1. 汽轮机保安系统的作用

为了确保汽轮机的运行安全，防止设备损坏事故的发生，除了要求调节系统动作可靠以外，还应具备必要的保护系统。保安系统在收到威胁机组安全的信号后，立即动作，关闭主汽阀、调节汽阀，同时发电机的油开关跳闸。

2. 汽轮机保安系统的类型

汽轮机保安系统通常包括机械液压保安装置和电气保护装置两种，保安系统的脱扣系统应有联锁保护，以防止汽轮机突然再进汽。当出现保护（停机）信号时，立即使主汽阀、调节汽阀关闭，同时报警。主汽阀的关闭是通过保安油的泄放达到的，调节汽阀关闭是通过建立事故油来实现的。事故油的建立一方面通过保安油泄放产生；另一方面电气保护部套（电磁保护装置）的动作，也可直接建立事故油。当汽轮机具备再次启动条件时，只有按照启动前的正常操作进行，才能使脱扣系统重新复位。

机组一般设置 3 套遮断装置：

（1）运行人员手动紧急脱扣的危急遮断装置。

（2）机械超速脱扣的危急遮断器。

（3）电动脱扣的电磁保护装置。汽轮机可分别在主控室和就地实现紧急停机。

3. 汽轮机保安系统的主要技术规范

某型 20MW 汽轮机调节保安系统技术规范见表 6－8，某型 30MW 汽轮机系统联锁保护定值见表 6–9。

表 6－8　某型 20MW 汽轮机调节保安系统技术规范

项　目	单位	技术规范
汽轮机额定转速	r/min	3000
主油泵进口油压	MPa	0.1～0.15
主油泵出口油压	MPa	1.27
转速不等率	%	3～6
迟缓率	%	≤0.2
油动机最大行程	mm	100

续表

项　目		单位	技术规范
危急遮断器动作转速		r/min	3270～3330
危急遮断器复位转速		r/min	3055±15
喷油试验时危急遮断器动作转速		r/min	2920±30
转速表超速报警值		r/min	3150
转速表超速保护值（停机）		r/min	3270
转子轴向位移报警值		mm	+1.0 或 −0.6
转子轴向位移保护值		mm	+1.3 或 −0.7
润滑油压降低报警值	联动交流油泵	MPa	0.05～0.055
	联动直流油泵		0.04
润滑油压降低保护值	停机	MPa	0.02～0.03
	停盘车		0.015
润滑油压升高报警值（停电动泵）		MPa	0.16
主油泵出口油压低报警值		MPa	1.0
轴承回油温度报警值		℃	65
轴瓦温度报警值		℃	100
轴承回油温度停机值		℃	75
轴瓦温度停机值		℃	110
冷凝器真空降低报警值		MPa	−0.083
冷凝器真空降低保护值（停机值）		MPa	−0.061
轴承座振动报警值		mm	0.06
DEH 控制器超速停机值		r/min	3270

表 6-9　　某型 30MW 汽轮机系统联锁保护定值表

项　目	单位	报警或动作值					备注
		LLL	LL	L	H	HH	
凝结水系统							
凝结水泵出口总管压力	MPa		0.500	0.550			<LL，联启备用泵；<L，报警
凝汽器热井液位 1	mm			300	450	1400	>H，允许启泵；>HH，联启备用泵；<L，停泵
真空系统							
凝汽器汽室压力	MPa		–0.060	–0.084			<L，报警；<LL，联启备用泵
凝汽器真空低低 1[压力开关到汽轮机跳闸保护系统（ETS）]	MPa		–0.060				“三取二”停机

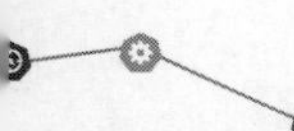

续表

项　目	单位	报警或动作值					备注
		LLL	LL	L	H	HH	
凝汽器真空低低 2（压力开关到 ETS）	MPa		−0.060				“三取二”停机
凝汽器真空低低 3（压力开关到 ETS）	MPa		−0.060				
润滑油系统							
主油泵出口油压低	MPa			0.700			启动交流高压油泵
润滑油压低	MPa			0.055			启动交流油泵
润滑油压低低	MPa			0.020			启动直流油泵
润滑油压低低低	MPa			0.015			停盘车
润滑油压低低停机 1(压力开关到 ETS)	MPa			0.020			“三取二”停机
润滑油压低低停机 2(压力开关到 ETS)	MPa			0.020			
润滑油压低低停机 3(压力开关到 ETS)	MPa			0.020			
汽轮机本体系统							
汽轮机转速 1	r/min				3270	3300	≥H，报警；≥HH，“三取二”停机［汽轮机仪表监视系统（TSI）至 ETS］
汽轮机转速 2	r/min				3270	3300	
汽轮机转速 3	r/min				3270	3300	
汽轮机转速 4	r/min				3270	3300	≥H，报警；≥HH，“三取二”停机（DEH 至 ETS）
汽轮机转速 5	r/min				3270	3300	
汽轮机转速 6	r/min				3270	3300	
汽轮机前轴承振动	mm				0.05	0.08	≥H，报警；≥HH，停机(TSI 内组态取逻辑或，TSI 至 ETS)
汽轮机后轴承振动	mm				0.06	0.08	
发电机前轴承振动	mm				0.06	0.08	
发电机后轴承振动	mm				0.06	0.08	
汽轮机轴向位移 1	mm		−1.4	−0.8	0.8	1.4	≥H，报警或≤L，报警；≥HH，停机（TSI 内组态取逻辑或，TSI 至 ETS）
汽轮机轴向位移 2	mm		−1.4	−0.8	0.8	1.4	
工作推力瓦块回油温度	℃				65	75	≥H，报警；≥HH，停机(取逻辑或)
定位推力瓦块回油温度	℃				65	75	
推力支撑轴承回油温度	℃				65	75	
汽轮机后轴承回油温度	℃				65	75	
发电机非汽轮机端轴承回油温度	℃				65	75	
发电机前轴承回油温度 1	℃				65	75	≥H，报警；≥HH，停机
发电机前轴承回油温度 2	℃				65	75	

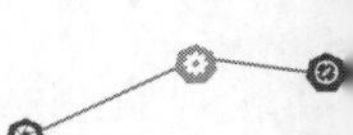

续表

项　目	单位	报警或动作值					备注
		LLL	LL	L	H	HH	
推力支撑轴承轴瓦温度	℃				95	105	≥H，报警；≥HH，停机（取逻辑或）
汽轮机后轴承轴瓦温度	℃				95	105	
发电机前轴承轴瓦温度	℃				95	105	
发电机非汽端轴瓦温度	℃				95	105	
定位推力瓦块温度 1	℃				95	105	≥H，报警；≥HH，停机（或）
定位推力瓦块温度 2	℃				95	105	
工作推力瓦块金属温度 3	℃				95	105	≥H，报警；≥HH，停机（“十取一”）
工作推力瓦块金属温度 4	℃				95	105	
工作推力瓦块金属温度 5	℃				95	105	
工作推力瓦块金属温度 6	℃				95	105	
工作推力瓦块金属温度 7	℃				95	105	
工作推力瓦块金属温度 8	℃				95	105	
工作推力瓦块金属温度 9	℃				95	105	
工作推力瓦块金属温度 10	℃				95	105	
胀差 1	mm		−2	−1.5	2.5	4	≥H，报警或≤L，报警；≥HH，停机或≤LL，停机（TSI内组态取逻辑或，TSI至ETS）
胀差 2	mm		−2	−1.5	2.5	4	
主油箱油位 1	mm	−190	−100	0			≤L和≤LL，报警；≤LLL，停机（“三取二”）
主油箱油位 2	mm	−190	−100	0			
主油箱油位 3	mm	−190	−100	0			
AST（机械超速电磁阀）油压力低 1	MPa		0.5				≤LLL，停机（“三取二”）
AST（机械超速电磁阀）油压力低 2	MPa		0.5				
AST（机械超速电磁阀）油压力低 3	MPa		0.5				
疏水泵系统							
疏水箱左侧液位	mm			500		1500	≤L，报警；≥HH，联启备用泵
疏水箱右侧液位	mm			500		1500	
低压缸喷水阀							
后汽缸排汽温度	℃			60		80	≤L，关阀；≥HH，开阀

4. 汽轮机保安系统的组成

汽轮机保安系统包括机械安全装置及液压安全装置，由感受装置、操作装置和油管路等组成，参与保护系统动作的设备包括危急遮断器、电磁保护装置、AST组件、OPC组件阀、油动机等。现将主要设备介绍如下：

（1）危急遮断器。危急遮断器是防止汽轮机转速超过设计允许值的安全保护装置，在汽轮机转子前端装有偏心环式危急遮断器，用来防止汽轮机超速，以保证机组运行安全。危急保安器有飞环式和飞锤式两种，飞锤式危急保安器结构如图 6－105 所示。

危急遮断器重锤的重心相对汽轮机主轴重心略有偏差。当汽轮机转速小于或等于额定转速时，危急遮断器的弹簧作用力大于飞锤的离心力，故飞锤不动作。

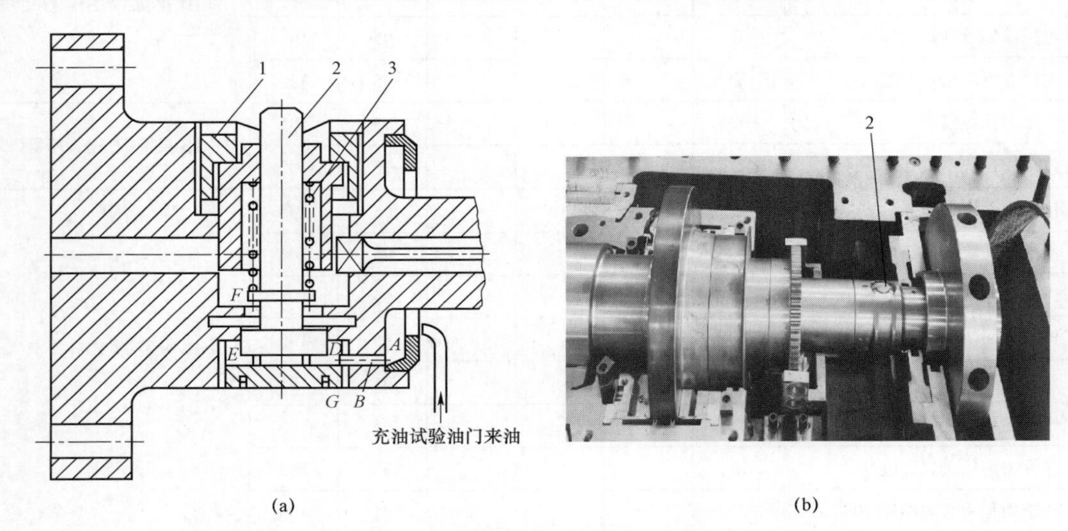

图 6－105　飞锤式危急保安器结构

（a）结构图；（b）照片图

1—调整螺帽；2—偏心飞锤；3—压弹簧

当转速大于 3270～3330r/min 时，飞锤因离心力增大克服弹簧力而飞出，撞击危急遮断油门的挂钩，使其脱扣，保安油泄放，关闭主汽阀，同时建立事故油去关闭调节汽阀。主汽阀关闭信号同时送到 DEH，通过 DEH 关闭调节汽阀，实现停机。当危急遮断器动作后主汽阀、调节汽阀、抽汽阀关闭时间应在 1s 以内。飞锤复位转速为 2910r/min，当需要重新开机时，则需拉出机头前“复位”手柄，使机组恢复到正常状况。

（2）电磁保护装置。国产某型 12MW 汽轮机的电磁保护装置由两个并联的 AST 电磁阀和两个并联的 OPC 电磁阀组成，机组正常时 AST 电磁阀及 OPC 电磁阀不带电。AST 电磁阀接受不同来源的停机信号（即 ETS 系统停机信号），电磁阀得电动作，安全油和控制油泄掉关闭主汽阀、调节汽阀，切断汽轮机进汽而使其停机。信号来源可以是转速超限、轴向位移超限、润滑油压降低、瓦温高、冷凝器真空降低等保护信号，也可是手控开关停机信号等。OPC 电磁阀接收 OPC 信号，关闭调节汽阀。OPC 电磁阀控制原理如图 6－106 所示。

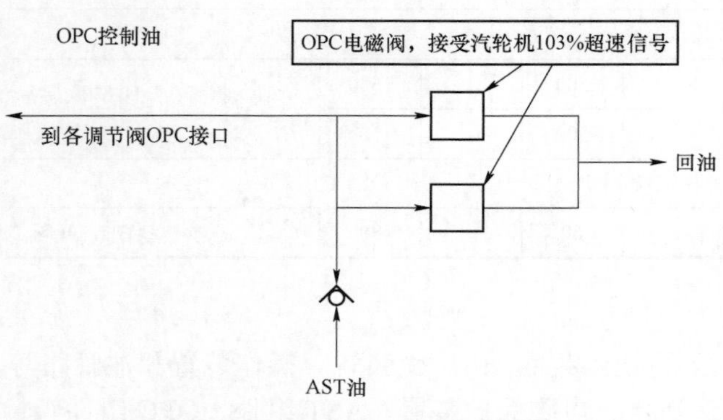

图 6－106　OPC 电磁阀控制原理

（3）AST 组件。AST 组件主要由电磁阀、压力开关、压力表、截止阀、油路块及支架等组成。

AST 工作原理简图如图 6－107 所示。

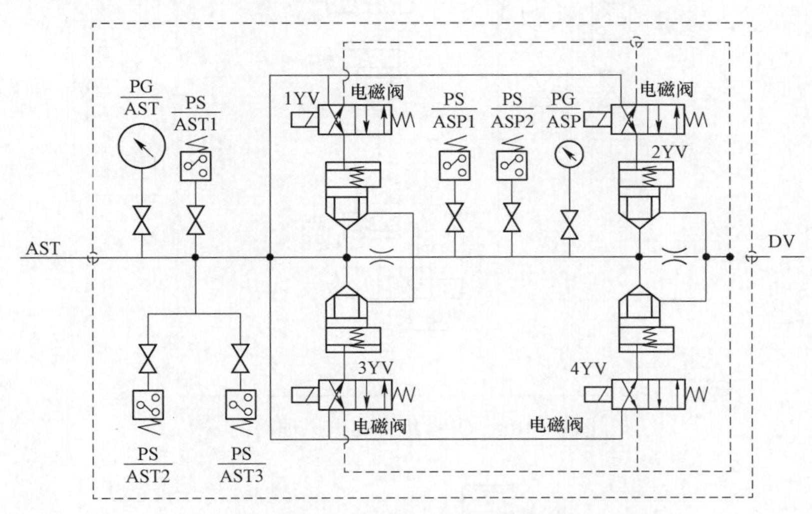

图 6－107　AST 工作原理简图

4 只电磁阀受停机信号的控制，正常运行时，电磁阀带电。当电磁阀 1YV、2YV 或者 3YV、4YV 失电，AST 安全油泄掉，导致隔膜阀 OPC 安全油泄掉，使系统所有调节门关闭。另外又设置了 ASP 的两个压力开关，由其高低报警来监视 4 个电磁阀及卸荷阀是否处于正常工作状态。当其 ASP 压力开关发出 0.65MPa 高报警信号时，一般为 1YV、3YV 电磁阀及其对应卸荷阀发生故障或者后置节流孔发生堵塞；如发出 0.3MPa 低报警信号，则为 2YV、4YV 电磁阀及其对应卸荷阀发生故障或者前置节流孔发生堵塞。

AST 管路上安装有 3 只压力开关，用来监测 AST 压力，另配有两只 ASP 压力开关，用来检测电磁阀及对应卸荷阀是否处于正常工作状态。而在 AST 管路上和 ASP 上安装的压力表则用来就地观测 AST 安全油压及 ASP 油压。

（4）OPC 组件。当汽轮机出现故障需要调节门动作或停机时，危急遮断系统动作并泄掉超速保护控制油，关闭全部汽轮机蒸汽调节门，以保护汽轮机安全。

1）OPC 组件工作原理简图如图 6－108 所示。

2）OPC 电磁阀。图 6－108 所示为汽轮机在正常工作时的状态，有两只 OPC 电磁阀，它们受 DEH 控制器的 OPC 部分所控制，按并联布置。正常运行时，该两只电磁阀是常闭的（失电），即堵住了 OPC 总管 OPC 油液的卸放通道，从而建立起 OPC 油压。当转速达 103%额定转速时，OPC 动作信号输出，两个 OPC 电磁阀被励磁（通电）打开，使 OPC 母管 OPC 油液卸放，从而使调节汽门迅速关闭。待汽轮机转速正常时，电磁阀即刻失电，各调节门恢复正常工作状态。

（5）油动机。

1）组成。油动机是较为重要的一个部套，由油缸、控制油路块、电液转换器、位移传感器、卸荷阀等组成。油动机结构如图 6－109 所示。

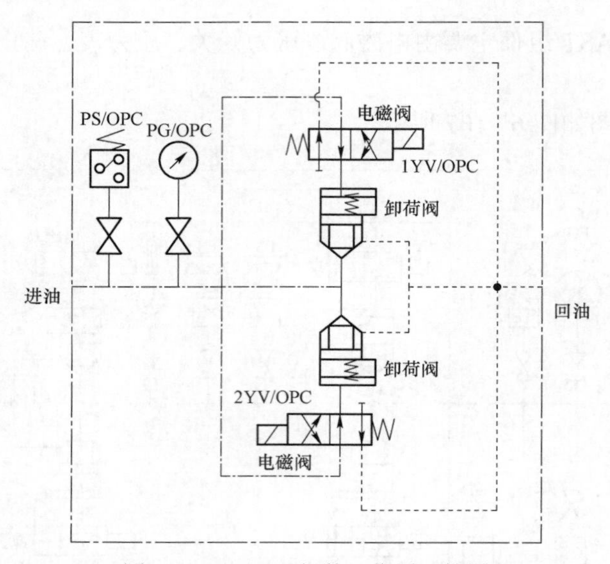

图 6－108　OPC 组件工作原理简图

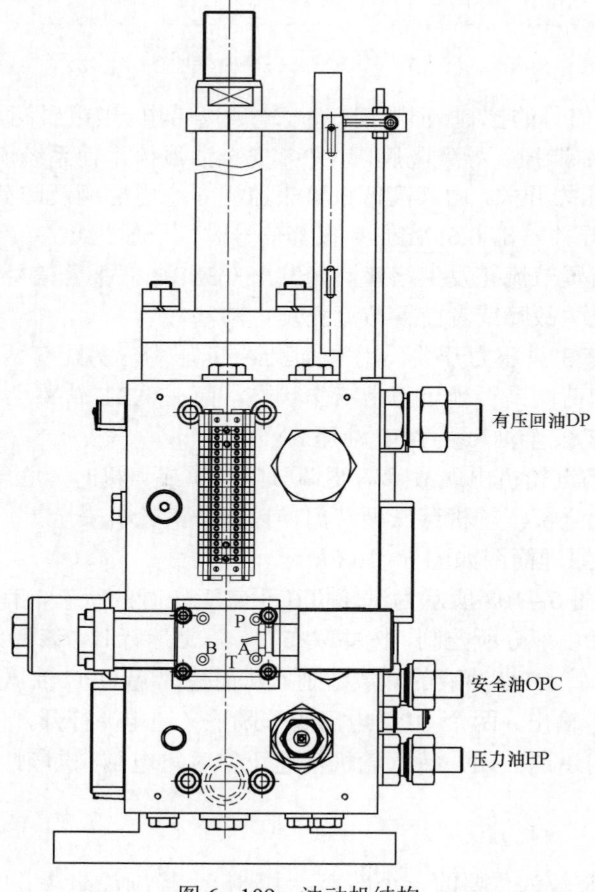

图 6－109　油动机结构

2）工作原理。控制系统给伺服放大器一个阀位指令信号，此信号与位移传感器反馈给伺服放大器的当前阀位信号作比较，伺服放大器将此差值经运算放大后发送给电液转换器（伺服阀），由电液转换器控制油的流动方向，从而控制阀门运行于某个位置。当控制系统发出快关指令时，遮断控制模块，卸掉安全油，高压油迅速通过一只卸荷阀进入油缸下腔，油缸上腔的油迅速从另外一只卸荷阀排至回油，从而油动机迅速关闭调节汽阀。油动机液压原理如图6－110所示。

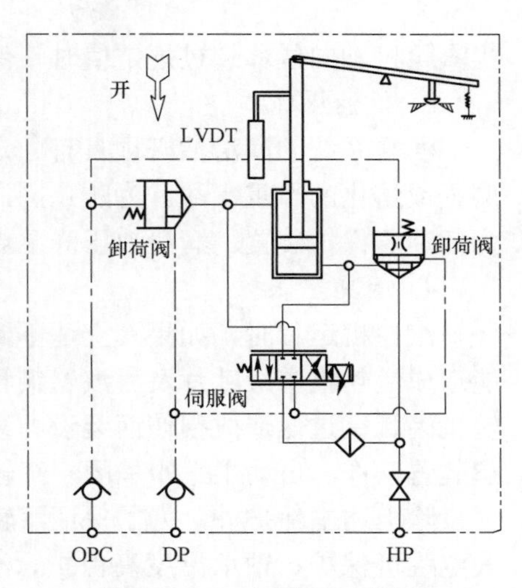

图6－110　油动机液压原理

（九）汽轮机主要保护

以国产某型12MW垃圾电厂汽轮机为例，主要保护设置有汽轮机超速保护、轴向位移保护、低油压保护、低真空保护、紧急停机保护等。

1. 汽轮机超速保护

汽轮机超速事故会造成大轴断裂、轴瓦损坏，甚至飞车等恶性后果，必须严防。

一般汽轮机保护系统中设有4套遮断装置，即机械超速保护遮断装置、手动遮断装置、磁力遮断装置（或称电磁阀）和仪表超速保护，其中任一遮断装置动作均会泄去安全油，关闭自动主汽阀和调节汽阀，迫使机组紧急停机。

（1）103%超速保护（OPC超速保护）。机组转速升高到3090r/min时，两个OPC电磁阀动作，快速关闭调节汽阀，调节汽阀在转速低于3000r/min以下时，重新打开各调节门，如转速又超3090r/min，会再动作，防止出现更高的超速。

（2）110%超速保护（电超速保护）。110%超速（3300r/min）时，DEH、TSI、ETS动作于AST，AST自动停机遮断电磁阀失电开启，使AST油压消失，自动主汽阀、调节汽阀关闭，停机。

机组在做电超速保护试验前，必须先进行并确认如下试验：

1）手动打闸试验正常。

2）机械保护的注油试验、动作试验正常。

确认上述试验后，设定电超速保护动作值（n_d）、机械超速保护动作值（n_j），则

$$n_d = n_j -（15\sim30）\text{r/min}$$

试验中，当转速超过电超速设定值而机组未跳闸时，立即手动打闸停机。

（3）机械超速保护。汽轮机前轴承箱内的机头部位装有一套机械式危急遮断保安系统，包括危急遮断器、危急遮断油门等。危急遮断器与主轴同速旋转，当汽轮机转速达到110%～112%额定转速（3330～3360r/min）时，飞锤在离心力的作用下飞出，打击在危急遮断油门挡板上，使危急遮断油门安全油压快速泄掉，安全油压快速下降使隔膜阀动作开启，进而泄去危急遮断油总管油压，使自动主汽阀、调节汽阀关闭，停机。

（4）仪表超速保护（后备保护）。当汽轮机112%超速（3360r/min）时，而上述汽轮机超速保护拒动时，仪表超速保护动作。

2. 轴向位移保护

在汽轮机转子轴向位移超过规定值时，能够使主汽阀关闭的装置称为轴向位移保护装置。

当汽轮机轴向位移超过规定值时，保护装置动作。

3. 低油压保护

润滑系统的润滑油必须具有一定的压力。若油压过低，将导致润滑油膜破坏，造成轴瓦磨损或熔化的严重事故。为防止因润滑油压过低使轴承乃至汽轮机损坏而装设的保护装置称为低油压保护装置。润滑油压降至规定值，保护装置动作，汽轮机停机。

4. 低真空保护

汽轮机运行时，如果真空达不到额定值，机组的热效率会降低，真空恶化到某种程度可能造成汽轮机末级叶片及凝汽器铜管过热损伤，真空低时也有可能造成叶片断裂。为防止汽轮机因真空过低造成损伤而装设的装置称为低真空保护装置。真空降低至规定值，低真空保护装置动作，自动主汽阀关闭，汽轮机停机。

除上述主保护外，为了保证汽轮机的安全，还设有轴承振动保护、轴向位移保护、DEH失电跳机保护、轴承温度高保护、汽轮机差胀保护、汽轮机手动跳闸保护、锅炉MFT动作后联跳汽轮机保护、主/再热蒸汽温度下降跳汽轮机保护、发电机主保护动作联跳汽轮机保护。

当汽机发生任何一种保护超过规定值时，均应使电磁阀动作而使机组紧急停机。如果机组发生其他故障，机组需要手动紧急停机时，在机头侧面装有手动危急遮断油门，取下保险罩，向里推入滑阀，泄去安全油建立事故油，即可实现停机，重新开机时再将滑阀向外拉出。

（十）TSI

1. TSI的作用

为了保证汽轮发电机组安全、经济和可靠地运行，需对汽轮机建立相应的安全监视系统。

汽轮机的安全监视系统能够连续监测汽轮发电机组的诸多安全方面的重要参数，从而能够及时地帮助运行人员判断运行机组出现的故障，在不能正常工作并可能引起严重损坏前迅速遮断汽轮发电机组。

汽轮机的安全监视系统需要接入4～20mA DC模拟信号及开关量信号，需要监测的项目至少包括下列内容：

（1）汽轮机转速。

（2）轴向位移。

（3）轴承振动。

（4）缸胀。

（5）汽轮机胀差。

（6）润滑油压。

（7）真空。

国产某型30MW机组，当汽轮机轴向位移超过+1.4mm、润滑油压降至0.02MPa、转速升至3300r/min、真空降低至−0.06MPa、轴承回油温度达75℃时，TSI、ETS系统发出停机信号都将使停机电磁阀动作，使安全油泄掉，从而关闭主汽阀。同时，安全油通过电液转换装置泄掉脉冲油，使油动机向关闭汽阀方向动作，实现停机。

2. TSI系统组成

TSI系统包括探头、前置器、延伸电缆、接线盒、安装支架、信号电缆、二次仪表和仪表盘柜等。

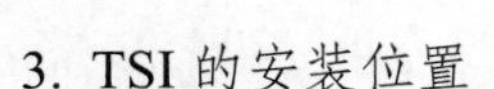

3. TSI的安装位置

在机组的前轴承箱内，安装有汽轮机的转速测量、轴向位移监视等装置，安装在汽轮机前轴承箱内的主油泵前端的支臂上，轴向位移传感器在安装时，应以推力盘紧贴定位推力瓦（副瓦）设置机械零位，在确认推力盘紧贴定位推力瓦（副瓦）后，设定信号“0”位，安装好后的自由状态下（未启动），轴向位移值往往显示一个小的负值，这是因为此时的推力盘未紧贴推力瓦，所以是正常的。轴向位移值定义轴系向发电机方向窜动为“+”，向汽轮机方向窜动为“-”。

在机组的前轴承箱与前基架接触处、靠近前轴承（轴承进油口）附近外侧，安装有汽轮机的热膨胀位移传感器，安装应在汽轮机处于冷态时进行，安装时，把热膨胀位移传感器紧固在热膨胀测量支架上，调整热膨胀位移传感器，使热膨胀位移传感器指示为零即可。

在各轴承箱上盖外壳各轴承的垂直中心线附近，安装有振动测量仪表，将振动测量仪转速测量、轴向位移监视装置旋进相应的安装螺孔即可。在后汽缸上的汽轮机后轴承箱的中分面靠近汽轮机与发电机的联轴器处，安装有相对膨胀测量仪表，相对膨胀测量仪表用于测量汽轮机转子和汽缸之间的相对热膨胀，规定转子的热膨胀大于汽缸热膨胀为正方向；反之，为负方向。同样，相对膨胀也以推力盘紧贴定位推力瓦（副瓦）设置为机械零位。

第七章

烟气脱硫

第一节 垃圾电厂污染物

一、垃圾电厂污染物类别

垃圾电厂生产过程中生产的污染物主要有：

（1）大气污染物。包括悬浮颗粒物、硫氧化物、氮氧化物、多环芳烃类物质、重金属（如汞、镉、铅等）、臭气等。

（2）污水。包括渗沥液、生活和生产污水。

（3）危险废弃物。包括飞灰等。

二、垃圾电厂污染物防治技术

（1）飞灰无害化处置技术。

（2）渗沥液处理技术。

（3）臭气处理技术。

（4）烟气处理技术。

1）干法、半干法、湿法烟气脱硫。

2）低氮燃烧，烟气再循环，SCR、SNCR 烟气脱硝。

3）静电、袋式烟气除尘。

4）3T+E 燃烧控制技术，控制 CO、NO_x、二噁英的生成量。

5）活性炭吸附烟气中重金属和二噁英。

6）熬合固化、熔融处理飞灰。

垃圾电厂的污染物防治不仅要在燃烧中控制污染物的产生量，在燃烧后提高污染物的去除效率的同时，也要从源头上提高入厂垃圾的品质。

三、烟气中硫的产生和危害

硫是垃圾中的有害物质，垃圾中的硫按其燃烧特性可分为可燃硫和不可燃硫。按成分可分为无机硫和有机硫，无机硫和有机硫均为可燃硫。垃圾中不可燃硫主要为硫酸盐，它一般存在于垃圾中的灰、渣中，灰、渣中硫酸盐含量将影响炉渣的综合利用价值，其含量越高，炉渣的利用价值越低。

垃圾燃烧主要产生 SO_2，并伴有少量 SO_3。SO_2 为无色、有强烈辛辣刺激味的不燃性气体，易与水生成亚硫酸，随后转化为硫酸。

（一）SO_2和SO_3的产生机理

在垃圾燃烧过程，由于O_2的存在，垃圾中的S会被氧化生成SO_2，烟气在温度较高时，小部分的S也会被氧化生成SO_3。经过脱硫反应以后的烟气中还会含有少量的SO_2，SO_2在SCR脱硝中也会被催化氧化生成SO_3。

（二）燃烧过程中影响SO_2和SO_3生成的因素

1. 炉膛内氧原子的浓度

过剩空气系数越高，炉膛内O_2含量越高，会加快SO_2生成。氧原子的浓度随着火焰温度的升高而增大，随着氧原子浓度的提升及烟气在高温区停留时间的增长，SO_2分子和氧原子碰撞概率就越大，SO_3的生成量就越多。

2. 催化影响

垃圾燃烧产生的飞灰中含有氧化铁、氧化硅、氧化铅等金属氧化物，在SCR系统的催化剂表层含有V_2O_5等物质，这些物质均会催化SO_2氧化成SO_3，使得SO_3的生成量增加。

（三）硫的危害

1. 影响锅炉效率

SO_3浓度增加会显著提高烟气的酸露点温度。通过蒸汽–烟气换热器（SGH）提高排烟温度又会加大排烟热损失和蒸汽消耗，降低锅炉运行效率。

2. 影响SCR催化剂

由于SCR运行操作过程中会发生喷氨过量和氨逃逸现象，过量的NH_3与SO_3和水蒸气反应生成$(NH_4)_2SO_4$及NH_4HSO_4，$(NH_4)_2SO_4$及NH_4HSO_4结晶会吸附在SCR脱硝催化剂表面，腐蚀催化剂，改变催化剂的活性，影响脱硝效率和催化剂寿命。

3. 影响设备运行可靠性

硫酸冷凝结露造成设备低温腐蚀，受热面腐蚀又加剧堵灰。垃圾中含硫量增加将导致飞灰熔融温度下降，使锅炉易产生结渣或加剧其结渣的严重程度。

4. 污染环境

如酸雨使土壤破坏。

四、脱硫的物理和化学反应

烟气脱硫过程在气、液、固三相中进行，发生了气–液反应和液–固反应。不同工艺的化学反应过程是十分相似的，都是用碱性物质吸收烟气中的SO_2等酸性气体，以石灰石法为例，反应包括：

（1）气相SO_2被液相吸收。

（2）吸收剂溶解和中和反应。

（3）氧化反应。

（4）结晶分析。

第二节　烟气脱硫类型

一、脱硫技术分类

（一）按脱硫剂种类分类

按脱硫剂种类可分为以$Ca(OH)_2$为基础的钙法、以MgO为基础的镁法、以$NaHCO_3$为基

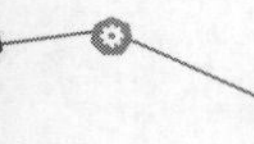

础的钠法、以 NH_3 为基础的氨法，以有机碱为基础的有机碱法。

（二）按脱硫剂状态分类

按脱硫剂及脱硫产物在脱硫过程中的状态可分为干法、半干法和湿法。

（1）干法。还原剂干料进，脱硫产物干料出。

（2）半干法。还原剂湿料进，脱硫产物干料出。

（3）湿法。还原剂湿料进，脱硫产物湿料出。

（三）按脱硫产物用途分类

按脱硫产物用途可分为抛弃法和回收法。

（四）按脱硫位置分类

根据脱硫工艺在生产过程中的不同位置，可将脱硫工艺分为燃烧前脱硫、燃烧中脱硫和燃烧后脱硫。燃烧前脱硫主要是垃圾分类技术和添加剂技术；燃烧中脱硫是指采用清洁燃烧技术，在垃圾燃烧中同步进行脱硫；燃烧后脱硫是指吸收法、洗涤法等对燃烧后产生的烟气进行脱硫，燃烧后脱硫被认为是最有效也是应用最广泛的脱硫工艺技术。

烟气脱硫技术分类如图 7–1 所示。

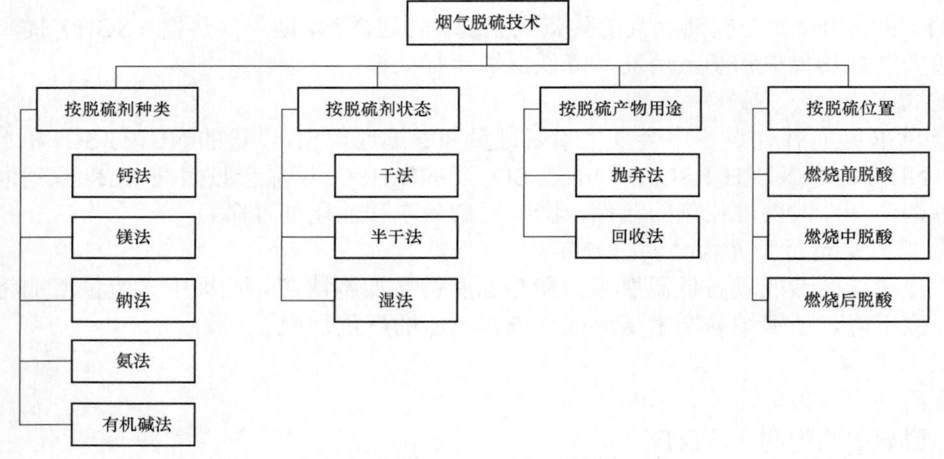

图 7–1　烟气脱硫技术分类

干法脱硫工艺的详细分类见表 7–1。

表 7–1　干法脱硫工艺分类

分类	技术方法	脱硫剂	副产物
干法	烟道喷入法	石灰等	碳酸钙
	炉内吹入法	石灰石	灰、渣

半干法脱硫工艺的详细分类见表 7–2。

表 7–2　半干法脱硫工艺分类

分类	技术方法	脱硫剂	副产物
半干法	烟道喷入法	石灰等	灰、渣
	吸收塔吹入法	石灰等	亚硫酸钙
	电子束法	氨	硫铵、硝铵

湿法脱硫工艺的详细分类见表 7–3。

表 7–3 湿法脱硫工艺分类

分类	技术方法	脱硫剂	副产物
湿法	石灰石–石膏	石灰石/石灰	石膏
	海水脱硫	海水	海水
	氨–硫酸铵法	液氨/氨水/尿素	硫酸铵
	氨–酸法	氨水	硫酸铵、硝酸铵
	双碱法	氢氧化钠、氢氧化钙	亚硫酸钙
	氧化镁法	氧化镁	元素硫
	氢氧化镁法	氢氧化镁	硫酸镁

二、烟气脱硫工艺发展历程

烟气脱硫技术在 20 世纪 30 年代开始应用于燃煤电厂，垃圾焚烧发电的脱硫技术起步较晚，即使在发达国家的德国也是从 20 世纪 70 年代才开始对垃圾焚烧产生的烟气进行有效的处理。经过数十年的发展、应用和技术改进，为了满足不断提升的环保排放要求，烟气脱硫工艺已经从单一工艺，发展成组合工艺，脱硫效率不断提升。对单一的脱硫工艺而言，如半干法、湿法脱硫也是经历了几代的技术演化使技术不断地发展、进步。烟气脱硫工艺的发展路线见表 7–4。

表 7–4 烟气脱硫工艺的发展路线

阶 段	主 要 工 艺
第一阶段：20 世纪 30 年代，以石灰石–石膏湿法为代表的第一代烟气脱硫	湿法脱硫：技术成熟，效率高达 90%左右，运行可靠，已经大型化应用，但脱硫后产生的脱硫废水含有汞、铜、铅、镁、氯根、硫酸根等，处理比较麻烦，烟气温度降低不利于扩散，传统湿法的工艺比较复杂，占地面积和投资较大，厂用电率高，能耗高。脱硫产物石膏可用于建材生产
第二阶段：20 世纪 70 年代，以石灰石干法为代表的第二代烟气脱硫	干法脱硫：解决了湿法脱硫的相关缺陷，但是由于其工艺的局限性，导致其脱硫效率远低于湿法脱硫，且对脱硫剂的品质要求较高
第三阶段：20 世纪 70 年代末，以旋转喷雾干燥吸收法（SDA）为代表的半干法脱硫	半干法脱硫：该技术是利用烟气显热蒸发石灰浆液中的水分，同时在干燥过程中，石灰与烟气中的 SO_2 反应生成亚硫酸钙等，最终产物为干粉状。与干法相比，能提高 10%左右的脱硫效率
第四阶段：以改进后的湿法、半干法和干法脱硫工艺组合的烟气脱硫	组合工艺的应用使脱硫效率更高，运行灵活性更高，设备可靠性更高，能够满足更高的环保排放要求

近年来，随着 SCR 的应用，烟气 SCR 脱硝催化剂中的 V_2O_5 作为一种强氧化剂，会加速 SO_2 向 SO_3 的转化过程，通过适当增减催化剂组分，从而达到降低 SO_3 含量的目的。此外，减小 SCR 系统内烟气的停留时间可以降低 SO_2 向 SO_3 的转化率，因此，可以适当减小催化剂的厚度和表面积，从而控制脱硝过程中 SO_3 的生成。

第三节 脱硫工艺分类

垃圾电厂酸性气体脱除的工艺广泛应用干法、半干法和湿法，这三种工艺各有其优缺点。脱硫工艺可根据具体情况和环保排放指标要求，单独使用某一种工艺或对这些工艺进行组合运用。

一、干法脱硫工艺

（一）干法脱硫工艺的类型

干法脱硫工艺一般有两种类型：

（1）炉外干法脱硫是在烟气进入除尘器前的烟道内喷入干性脱硫剂，脱硫剂在烟道中与酸性气体反应。为了提供最佳的反应温度，需要在前部设置减温塔。

（2）炉内干法脱硫是将脱硫剂（如石灰石或消石灰）直接喷入炉内，磨细的石灰石粉通过气力方式喷入焚烧炉炉膛中温度为 900～1000℃的区域，在炉内发生的化学反应包括石灰石的分解和煅烧，SO_2 和 SO_3 与生成的 CaO 之间的反应。颗粒状的反应产物与飞灰的混合物被烟气带入反应塔中，剩余的 CaO 与水反应，在反应塔内生成 $Ca(OH)_2$，而 $Ca(OH)_2$ 很快与 SO_2 反应生成 $CaSO_3$，其中部分 $CaSO_3$ 被氧化成 $CaSO_4$，脱硫产物大部分与飞灰一起被除尘器收集下来。

炉内喷钙脱硫技术的优点是炉内喷钙脱硫工艺技术具有占地小、系统简单、投资和运行费用相对较小、无废水排放等优点。

炉内喷钙脱硫技术的缺点是脱硫效率只能达到 60%～80%，而且该技术需要改动焚烧炉，会对焚烧炉的运行产生一定影响，因而此技术的应用不广泛。

（二）干法脱硫剂

干法脱硫剂大多采用消石灰［$Ca(OH)_2$］或者碳酸氢钠，微粒表面直接与酸气接触，发生中和反应，生成无害的中性盐颗粒，在除尘器里，反应产物连同烟气中粉尘和未完全反应的吸收剂一起被捕集下来，达到净化酸性气体的目的。

干法脱硫的化学反应式为

$$HCl + NaHCO_3 = NaCl + H_2O + CO_2 \tag{7-1}$$

$$SO_2 + 2NaHCO_3 + 1/2O_2 = Na_2SO_4 + H_2O + 2CO_2 \tag{7-2}$$

$$2HCl + Ca(OH)_2 = CaCl_2 + 2H_2O \tag{7-3}$$

$$Ca(OH)_2 + SO_2 \longrightarrow CaSO_3 \cdot 1/2H_2O + 1/2H_2O \tag{7-4}$$

$$Ca(OH)_2 + SO_2 + 1/2O_2 + H_2O \longrightarrow CaSO_4 \cdot 2H_2O \tag{7-5}$$

（三）炉外干法脱硫的最佳反应温度

脱硫剂吸附 SO_2、HCl 等酸性气体并起中和反应，要有一个合适温度（150～170℃），而从余热锅炉出来的烟气温度往往高于这个温度，为增加脱硫效率，需通过换热器或喷水调整烟气温度，也可以采用减温塔喷水法来实现降温。

（四）干法脱硫的特点

1. 优点

（1）不需配置复杂的石灰浆制备和分配系统，工艺简单，操作方便。

（2）系统压降低，节省了引风机的耗电量。

（3）整套工艺系统无废水产生。

（4）占地面积小、投资和运行费用较低。

（5）设备故障率低，维护简便。

（6）净化后烟气温度较高，有利于烟囱排气扩散；净化后的烟气不需要二次加热，腐蚀性小。

2. 缺点

（1）反应速度慢，脱硫率低。脱硫效率相对湿法和半干法低。

（2）吸收剂利用率低。

（3）药剂使用量大，药剂消耗费用略高。

（五）炉外干法脱硫系统的主要设备

1. 脱硫减温塔

（1）减温塔的作用。调整反应塔出口的烟气温度，为脱硫反应提供最佳的反应温度。

（2）减温塔的组成。减温塔系统主要由减温塔组件（包括减温塔本体、旋转排灰阀）、工艺水箱、冷却水泵、冷却水雾化喷嘴、吹扫风机、吹扫风加热器、管道和控制仪表等组成。

（3）减温塔的工艺流程。从余热锅炉省煤器出口来的180～220℃的烟气从减温塔顶部进入，减温塔入口处设有整流板，可使烟气形成均匀烟流，顺畅地向下回旋。减温塔设置足够高度以确保喷入的雾化水可以完全蒸发。同时，设置合适的塔直径以防止水微粒接触塔内壁。

烟气中的部分粉尘由于烟流方向的改变，掉落到减温塔底部的料斗内，由旋转排灰阀排至飞灰输送和储存系统中。减温塔底部装有伴热装置，可以防止粉尘结块与腐蚀。烟气从下部烟气出口排出，并经烟道进入袋式除尘器。

工艺水箱中的水由泵送至布置在减温塔上部圆周布置的双流体型雾化喷嘴，被压缩空气雾化后喷入减温塔内与烟气直接接触，雾化水被蒸发，减温塔出口的烟气温度控制在150℃左右。

2. 脱硫剂喷射系统

（1）脱硫剂喷射系统的作用。脱硫剂喷射系统的作用是将干粉喷入烟道内，为脱硫反应提供还原剂。

（2）脱硫剂喷射系统的组成。系统设置消石灰或者碳酸氢钠干粉的存储及喷射系统，包括脱硫剂干粉仓、仓顶袋式除尘器、破拱装置、喷射鼓风机及控制仪表等。脱硫剂干粉喷射风机出口管道设压力报警和压力指示，监控脱硫剂干粉的下料和管道内物料的输送情况，管道压力和给料装置联锁，压力超过设定值时自动停止给料装置，以防止和消除管道堵塞。

脱硫剂干粉输送的关键部位是输送始端和输送末端，始端采用文丘里混合喷射器，保证脱硫剂干粉能够通畅进出输送管道及与烟气的良好混合。混合干粉喷射器结构如图7－2所示。

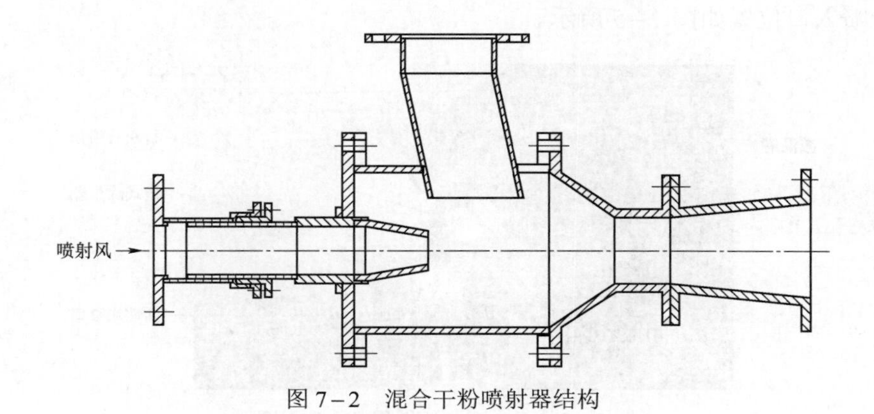

图7－2　混合干粉喷射器结构

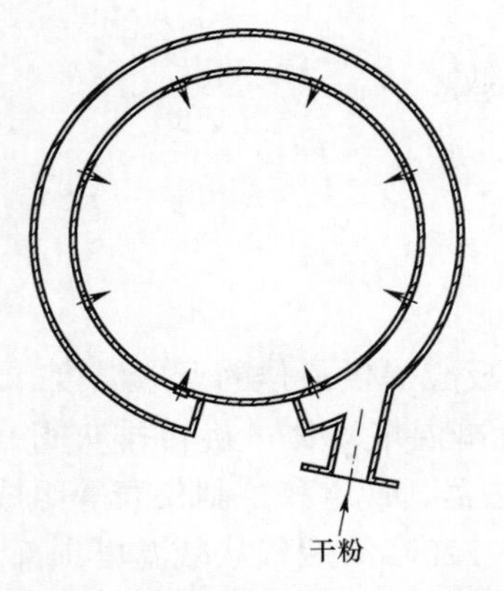

图 7-3　管道式高分散气体混合装置

末端脱硫剂干粉分布与烟气混合均匀是影响酸性气体脱除的关键，采用管道式高分散气体混合装置，如图 7-3 所示，保证了脱硫剂干粉均匀喷入烟道，提高酸性气体的脱除率。

（六）炉外干法脱硫工艺流程

干法脱硫工艺流程如图 7-4 所示。

脱硫剂干粉由罐车从厂外运来送入石灰粉仓。脱硫剂干粉石灰粉仓顶部设有除尘器，收集脱硫剂干粉粉尘并将进入石灰粉仓的输送空气排出。石灰粉仓底部设有空气流化装置，以防止物料搭桥并保持脱硫剂干粉的流动性。

消石灰或碳酸氢钠从石灰粉仓底部进入给料装置，从喷射风机来的空气将脱硫剂干粉给料装置排出的脱硫剂干粉喷入设置在减温塔和袋式除尘器之间的烟道中，与烟气中的酸性气体 SO_x、HCl 等进行反应，可以去除 90%的 HCl 及 70%的 SO_x，反应后的烟气进入袋式除尘器。

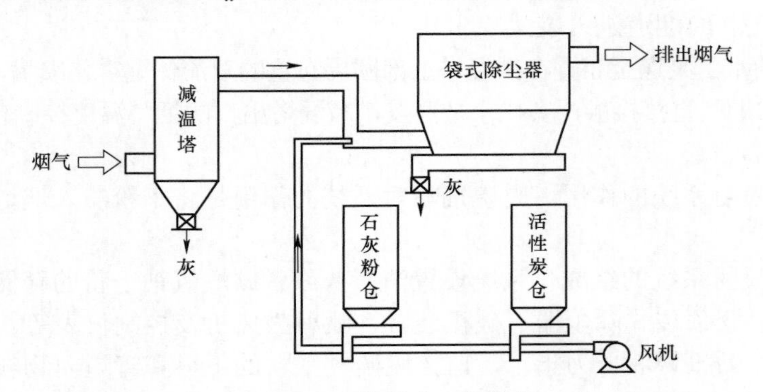

图 7-4　干法脱硫工艺流程

给料机根据袋式除尘器出口 SO_x 和 HCl 的浓度调节向烟气中供给的脱硫剂干粉量，流量调节要稳定可靠，计量精度在±2%以内。在启炉阶段，系统在垃圾进料前预先将脱硫剂干粉粉末喷入烟道使其附着于滤袋表面，保护袋体，避免低温烟气结露而导致的滤袋损坏。石灰石、活性炭喷入口位置如图 7-5 所示。

图 7-5　石灰石、活性炭喷入口位置

二、半干法脱硫技术

目前，应用于垃圾电厂的半干法脱硫工艺有 NID（New Integrated Desulphurization，创新的综合烟气脱硫、除尘一体化）脱硫工艺、SDA（旋转喷雾法）脱硫工艺两种类型。

国内垃圾电厂 SDA 工艺的应用案例多于 NID 工艺。

（一）NID 脱硫工艺

1. NID 脱硫工艺起源

NID 脱硫工艺是法国 ALSTOM 公司在半干法 DRYPAC 系统上发展而成，借鉴了半干法技术的脱硫原理，又克服了该技术制浆系统的弊病，使其具有干法的成本低、系统简单、可靠性高、维护量小等优点，又具有湿法脱硫效率高的优点。

2. NID 脱硫工艺反应原理

（1）NID 脱硫工艺反应脱硫剂。NID 脱硫工艺常用的脱硫剂为生石灰 CaO，生石灰在 ALSTOM 公司专利设计的消化器中喷水消化成 $Ca(OH)_2$，这种新鲜消化不经仓储停留的消石灰具有极好的脱硫反应活性。为了获得最佳工况而加入的水会在固体颗粒表面形成一层薄膜，这层薄膜将会加大水的表面积，提高石灰的利用率。

（2）NID 脱硫工艺反应原理。袋式除尘器入口的 U 形烟道作为 NID 系统的脱酸反应器，用喷射风将石灰送入反应段入口，烟气中的酸性成分 SO_2、SO_3、HCl、HF 等被 $Ca(OH)_2$ 吸收，生成 $CaSO_3$、$CaSO_4$、$CaCl_2$、CaF_2 等，未完全反应的 $Ca(OH)_2$ 与从除尘器除下的大量的循环灰相混合，然后以流化风为动力借助导向板和螺旋输送器进入消化器，在此加水增湿使混合灰的水分含量从 1%增湿到 5%左右，再进入 U 形烟道反应器。

利用循环灰和喷水量的大小来降低滤袋入口烟气温度，烟气温度从 180℃左右冷却到 150℃左右，为脱硫反应提供最佳的反应温度条件。

同时，喷水也可以调节烟气的湿度，由于在反应器内具有很大的蒸发表面，水分蒸发很快，烟气相对湿度很快增加，形成较好的脱硫工况。一般工况下，最佳的反应湿度设置在 17%左右（滤袋出口处的湿度）。

NID 脱硫反应式为

$$CaO + H_2O \longrightarrow Ca(OH)_2 \tag{7-6}$$

$$Ca(OH)_2 + SO_2 \longrightarrow CaSO_3 \cdot 1/2H_2O + 1/2H_2O \tag{7-7}$$

$$Ca(OH)_2 + 2HCl + 2H_2O \longrightarrow CaCl_2 \cdot 4H_2O \tag{7-8}$$

$$CaSO_3 \cdot 1/2H_2O + 3/2H_2O + 1/2O_2 \longrightarrow CaSO_4 \cdot 2H_2O \tag{7-9}$$

3. NID 脱硫技术特点

（1）NID 脱硫技术 CaO 的消化及灰循环增湿采用一体化设计，能够保证新鲜的高质量消石灰 $Ca(OH)_2$ 及时参与脱硫反应，有效地提高了脱硫效率，同时也解决了传统干法、半干法脱硫技术的一系列负面问题，降低了吸收剂系统的投资和维护费用。

（2）利用循环灰携带水分，大量粉尘和水接触时，水分在粉尘颗粒表面形成水膜，水膜会蒸发在烟气流中，使烟气温度降低的同时增加了烟气湿度，达到温度和湿度都非常适宜的反应环境。

（3）因为建立最佳反应条件的时间大大减少，所以总反应时间也大大降低，从而有效地降低了脱硫反应塔的高度和体积。

（4）脱硫副产品为干态，无污水产生，脱硫后的烟气不用再加热就可以直排，减少了能耗。

（5）NID 法循环灰的循环倍率高，极大地提高了吸收剂的利用率，脱硫剂的利用率大于 95%。

总之，NID 脱硫系统具有工艺系统简单、循环倍率高、脱硫剂利用率高、脱酸效率较高、烟气干燥快、无废水排出、排出的烟气不需要再加热、电力消耗少、运行成本低、反应器尺寸小、占地面积少等优点。

4. NID 脱硫系统组成

NID 脱硫系统由反应塔、循环灰给料机/混合器、控制系统、石灰储存及输送等部分组成。NID 脱硫系统的组成及流程如图 7-6 所示。

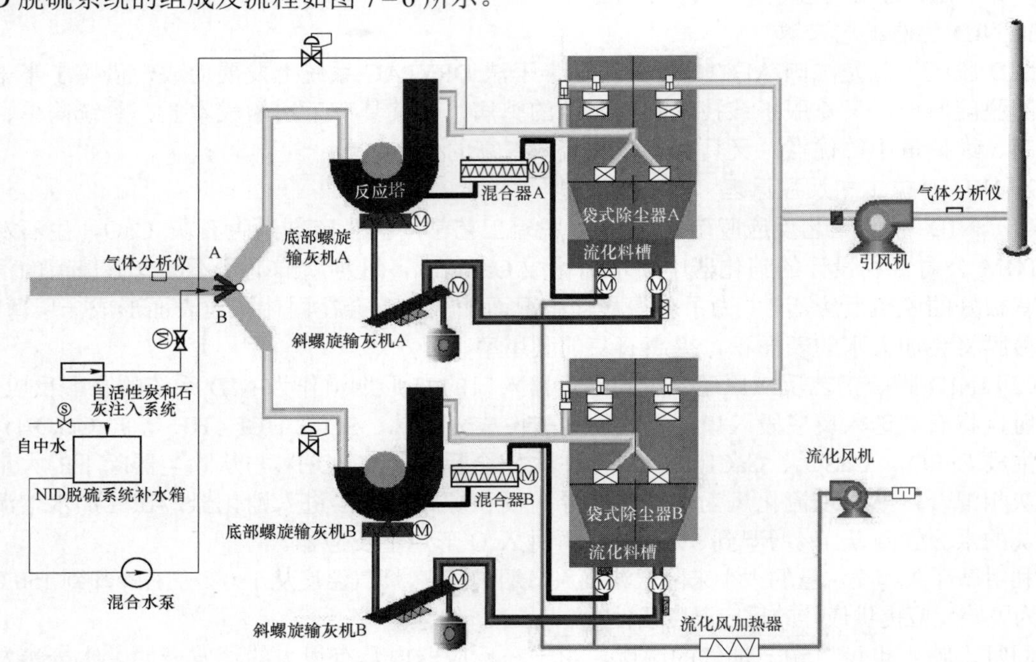

图 7-6 NID 脱硫系统的组成及流程

循环灰给料机/混合器如图 7-7 所示。

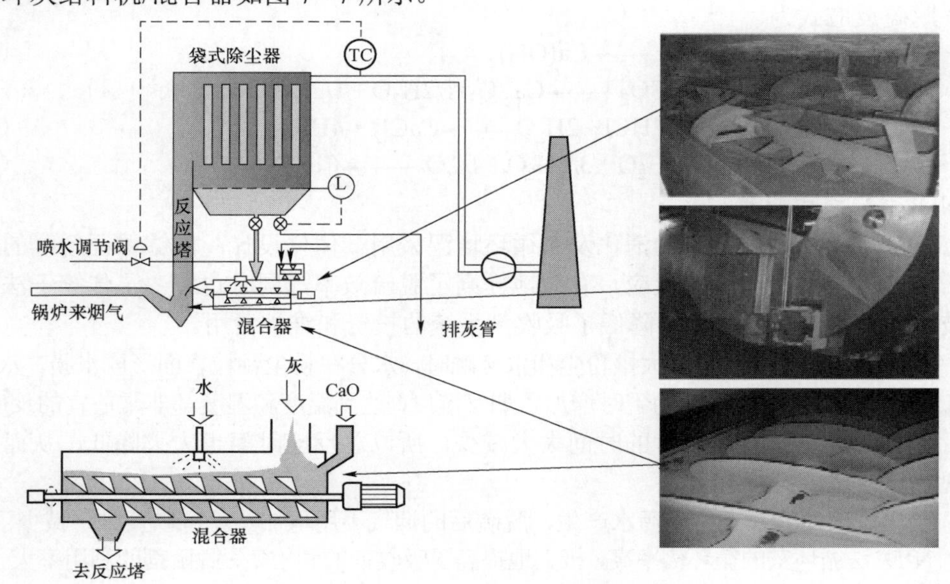

图 7-7 循环灰给料机/混合器

5. NID 脱硫工艺流程

余热锅炉出口来的烟气，经烟气分布器进入U形反应塔，袋式除尘器前的U形烟道就是NID脱硫系统的脱硫反应塔。烟气在反应塔内与石灰粉接触，与二氧化硫等酸性气体起反应，产生亚硫酸钙、硫酸钙等。带有大量固体颗粒物的烟气进入除尘器，洁净的烟气经引风机排出，由于烟气温度高于露点温度，故烟气不需要再加热。

滤袋外表面粉尘被压缩空气清除落入流化槽，大部分经卸灰阀落入仓泵被输送到灰仓，流化风将部分没有完全反应的脱酸剂再循环到给料机/混合器中。物料在此与一定量的水混合增湿后，返回U形反应塔继续进行脱硫反应。气体分布、粉末流速和分布、增湿水量的有效控制确保了SO_2脱除效率。

6. NID 控制系统

NID 控制系统由一个 PLC 及仪表组成，仪表包括烟气分析仪、温度计、流化槽料位监测器等。

PLC 依据 NID 脱硫系统上下游入口烟气的数据，优化石灰的消耗和控制喷水量、反应温度等。加入 NID 系统的水量取决于烟气流量以及进入和排出 NID 反应器的烟气温度差和湿度差，温差越大需要蒸发的水量也越大。一般情况下，吸收效率和石灰利用率与离开反应器的烟气的相对湿度有关，一定的湿度是反应的条件，但湿度大副产品及灰的混合物很难输送。

NID脱硫系统正常运行参数及效率如下：

（1）NID入口烟气温度为180℃。

（2）NID 出口温度为150℃。

（3）脱除SO_2率大于85%。

（4）脱除HCl率大于95%。

（5）脱除HF率大于90%。

（二）SDA 脱硫工艺

1. SDA 脱硫工艺起源

SDA 脱硫工艺是美国JOY公司与丹麦NIOR公司联合开发的新工艺，是利用机械或气流的力量将吸收剂分散成极细小的雾状液滴，雾状液滴与烟气形成比较大的接触表面积，在气–液两相之间发生的一种热量交换、质量传递和化学反应的脱硫方法。自1978年安装了第一套装置以来，发展迅速。其核心设备为高速旋转雾化器、两相流喷嘴等，该技术广泛应用于垃圾发电烟气处理领域。工艺流程比湿法简单、投资也较小，脱硫率在90%左右，在我国垃圾电厂应用较广。

2. SDA 技术脱硫原理

石灰浆液被高速旋转雾化器雾化成30～100μm雾滴，形成具有很大表面积的分散颗粒，与烟气接触便会发生强烈的热交换和化学反应。一方面，烟气和雾滴在脱硫塔中与烟气中的SO_2、SO_3、HCl、HF迅速发生中和反应；另一方面，烟气将热量传递给脱硫剂，使之不断干燥。

石灰浆与烟气中的HCl、SO_2等酸性物质混合反应分为以下两个阶段：

（1）第一阶段。气–液接触发生中和反应，石灰浆液滴中的水分得到蒸发，同时烟气得到冷却。

（2）第二阶段。气–固接触进一步中和并获得干燥的固态反应物 $CaCl_2$、CaF_2、$CaSO_3$

及 $CaSO_4$ 等。

由于烟气呈螺旋状快速转动，石灰浆不会喷射到反应器壁上，从而使器壁保持干燥，不致结垢。在塔内脱硫反应后形成的产物为干粉，其一部分在塔内分离，由反应塔底部的出口排出；另一部分随烟气进入除尘器，被除尘器捕捉后进入灰仓储存。

SDA 半干法工艺反应原理如图 7－8 所示。

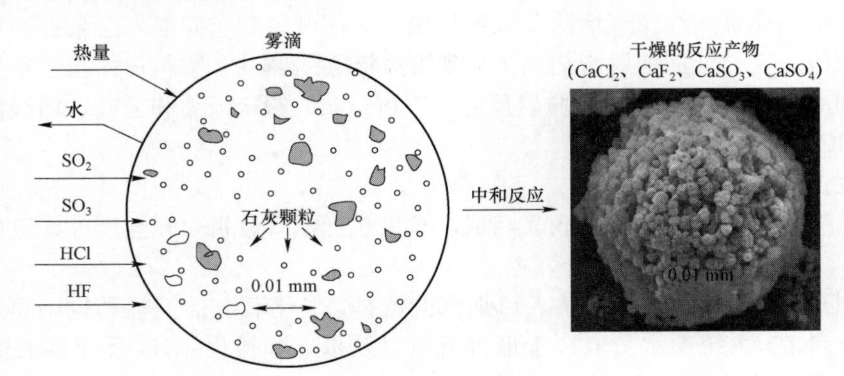

图 7－8　SDA 半干法工艺反应原理

3. SDA 技术脱硫剂

目前绝大多数装置都使用石灰石浆液作为吸收剂。制浆多用氧化钙（CaO）或氢氧化钙[$Ca(OH)_2$]。根据排放指标要求，将原料制备成 6%～25%的氢氧化钙[$Ca(OH)_2$]浆液。

石灰石品质对制浆系统的运行影响较大，对石灰石的品质要求如下。

（1）石灰石纯度。一般要求纯度大于 90%。

（2）石灰石的粒径。石灰石粒径大，会造成给料不均，石灰石浆液细度通常要求是 90%通过 325 目筛。

（3）石灰石的含水率。石灰石的含水率过大，容易使细颗粒的石灰石贴附在物料输送管路上，另外对系统的物料平衡也将产生影响，一般要求石灰石的含水率小于 3%。

（4）石灰石中的杂质。如果石灰石中的杂质过多，尤其是 SiO_2 含量过多会导致设备功率消耗大，随着浆液在系统循环，还会造成系统磨损严重和系统堵塞。

4. SDA 脱硫工艺的特点

（1）SDA 脱硫工艺的优点。

1）脱硫在气、液、固三相状态下进行，脱硫效率较高。

2）生成物为干态的，易处理，不产生废水排放。

3）系统简单，操作容易，没有严重的设备腐蚀和堵塞情况，耗水也比较少。

4）投资和运行费用较低。

5）低电耗量，运行、维护费用低。

6）占地面积小。

（2）SDA 脱硫工艺的缺点。

1）自动化控制要求比较高。

2）对设备运行、维护水平要求高。

3）雾化盘磨损大。

5. SDA 脱硫工艺的系统组成

半干脱硫系统由石灰浆制备系统、反应塔、高速旋转雾化器、旋转雾化器辅助系统和仪表等设备组成。

（1）石灰浆制备系统。石灰浆液制备通常有 3 种方案：

1）外购合格的石灰石粉，制备成石灰石浆液。

2）在厂内干磨制石灰石粉，制备石灰浆溶液。

3）在厂内湿磨制石灰石粉，制备石灰浆溶液。

由于垃圾发电机组容量较小，通常采用外购合格的石灰石粉，在厂内制备石灰石浆液模式。石灰浆制备系统包括 1 个消石灰料仓、2 个石灰浆制备罐、1 个石灰浆储罐、石灰定量给料机、石灰浆泵以及连接各个设备的管道、阀门、清洗及其他配套设备。1 套石灰浆制备系统可供应多条烟气净化系统使用。

石灰浆泵是石灰浆系统的输送动力设备。由于石灰浆是一种悬浮液，$Ca(OH)_2$ 只有一小部分溶解于水，大部分呈微小颗粒悬浮于水中，容易沉淀，因此，石灰浆泵采用离心泵，并且输浆母管设计较大的回流比率，以防止石灰在泵及管路内沉积堵塞。

石灰浆液制备系统如图 7－9 所示。

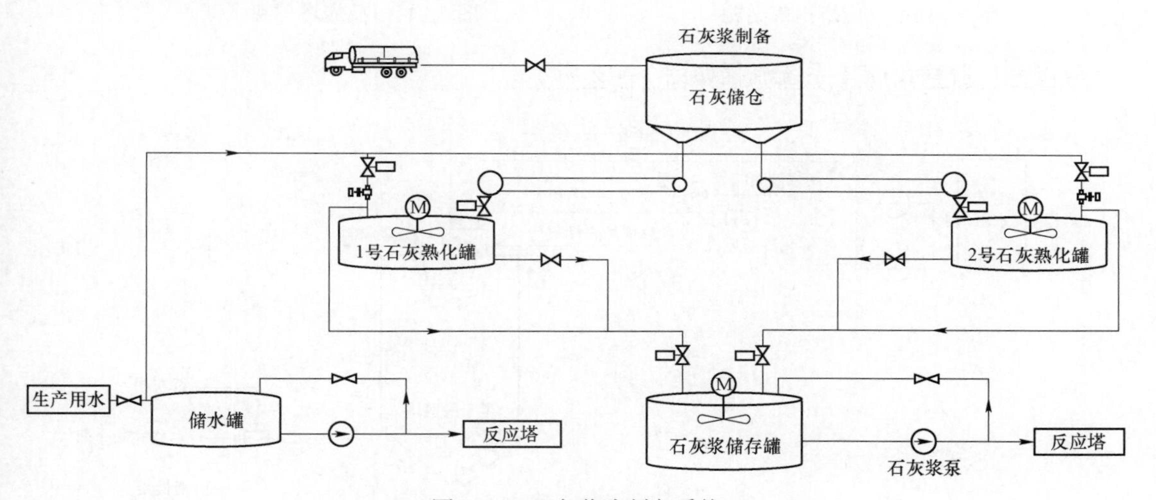

图 7－9　石灰浆液制备系统

（2）反应塔。反应塔是指脱硫的反应装置，筒体直径和高度应满足化学反应与反应产物干燥所需时间，并且保证化学反应在旋转雾化器半径范围内发生，适应焚烧线负荷在 60%～110%范围内波动，并能处理 MCR 工况下的 120%烟气量。

反应塔系统主要包括反应塔、雾化器及相关连接管道。从余热锅炉来的温度为 180～220℃的烟气从反应器顶部的水平烟道进入，烟道内设有导流板，可使烟气呈螺旋状向下运动。反应塔可采用顺流或逆流设计，其主要目的均为维持烟气与石灰浆液滴充分反应的接触时间和最佳的反应温度和湿度，以获得较高的脱硫效率。

为获得酸性气体高的去除效率而又不使 $CaCl_2$ 产生吸潮而沉积，反应塔入口烟气温度控制在 180℃，出口烟气温度控制在 150℃，为确保石灰浆液中的大液滴完全蒸发及烟气混合的时间，烟气在反应器中的滞留时间保持在 10～12s。为防止反应生成物吸潮沉积，锥体部分设有电加热装置，在系统冷态启动及锥体温度偏低时加热保温。反应塔内部结构及外观如图 7－10、图 7－11 所示。

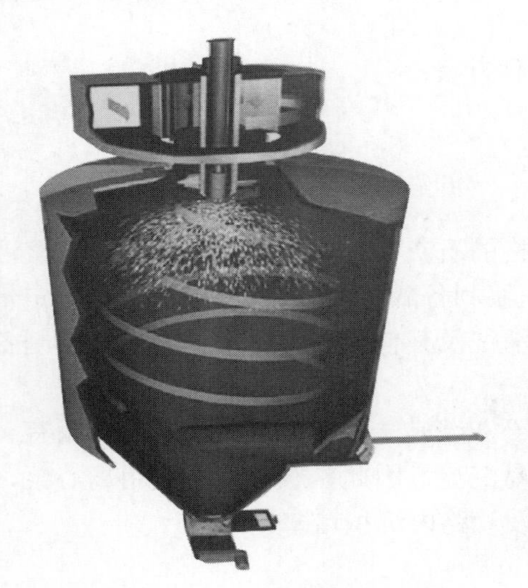

图 7－10　反应塔内部结构

图 7－11　反应塔外观

我国某厂脱酸反应塔系统流程如图 7－12 所示。

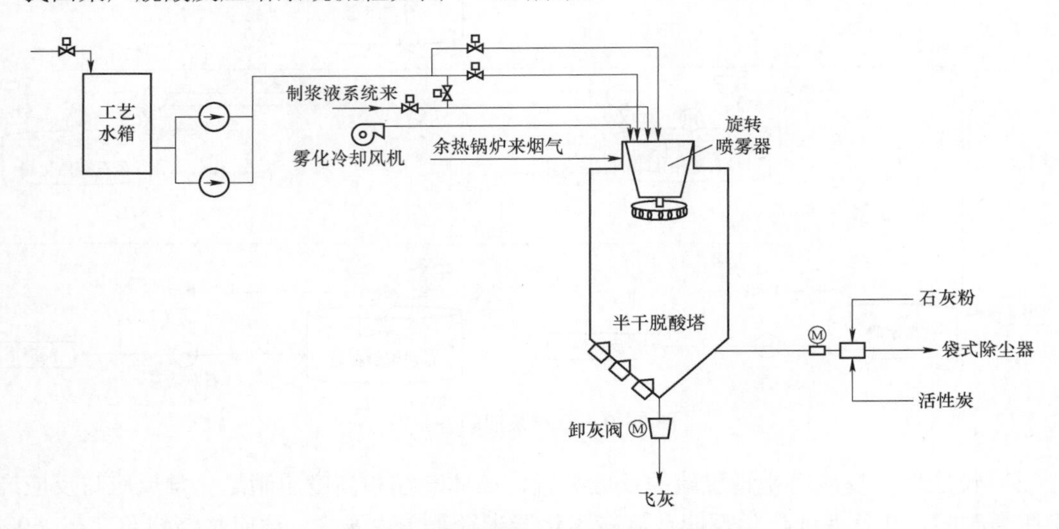

图 7－12　我国某厂脱酸反应塔系统流程

（3）高速旋转雾化器。

1）高速旋转雾化器工作原理。高速旋转雾化技术是通过高速旋转设备使石灰石浆液雾化成微米级尺寸的雾滴，雾滴喷入反应塔，在反应塔中冷却烟气，同时中和 HCl、SO_2 和 HF 气体。其核心设备为高速电动机和雾化盘，高速电动机驱动雾化盘高速旋转，使其产生强大的离心力，石灰浆液在旋转表面上，伸展为薄膜，并以不断增长的速度，向盘的边缘运动，离开盘边缘时，就使石灰液体雾化成为具有微米级尺寸的雾滴。雾化后料液的表面积增大，更有利于传质传热或与其他介质混合发生化学反应，烟气的旋转方向与石灰浆薄雾的旋转方向相反。在这种方式下，实现烟气流和雾滴之间的强接触。

石灰浆和工艺水用泵送到雾化器中，在高速旋转雾化器底部，专用分配件保证进入旋转式喷雾盘的石灰浆能均匀流入。

高速旋转雾化器设有润滑油冷却系统，对轴承和电动机进行润滑和冷却。在运行过程中，雾化喷嘴需要定期清理，因此，高速旋转雾化器一台运行、一台备用，更换时，用电动葫芦将需更换的雾化器吊出，装入备用高速旋转雾化器即可。由于高速旋转雾化器各接口采用快速接头，更换时所用的时间很短。

高速旋转雾化器工作原理如图 7－13 所示。

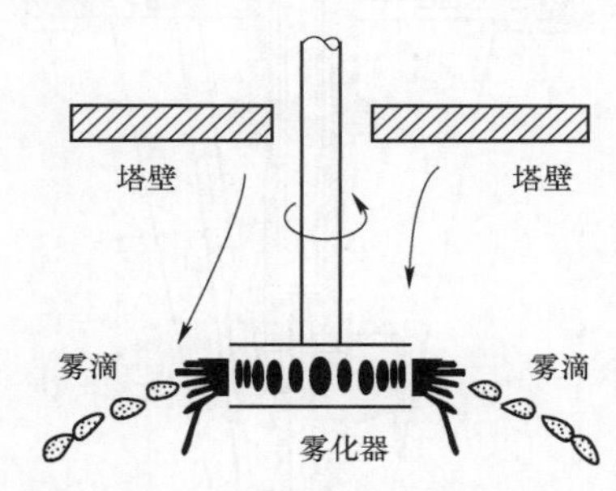

图 7－13 高速旋转雾化器工作原理

2）高速旋转雾化器优点。

a. 生产能力调节范围大。通过脱硫剂制液处理量、浓度及转速相配合，来进行生产能力调节。塔内安装一个雾化器便可达到排放指标，脱硫剂浓度调节范围在 0～25%之间，流量调节范围在 1～10t/h 之间。

b. 操作简单。采用 PLC 控制柜进行设备运行状态多点监测，也可根据运行要求，进行中央控制，即控制室内及设备现场双点检测及控制。

c. 在一定范围内，可调节雾滴尺寸。采用变频控制器控制电动机转数，电动机转数在 0～16 000r/min 之间进行无级调速。当流量一定时，可通过调整电动机转速，来控制雾滴粒径大小。

d. 雾化器可以产生精细的和均一的雾化粒子，适应于大范围的烟气脱硫处理。

e. 雾滴和烟气流在反应塔内的驻留反应时间能够达到 20s 左右。

f. 烟气与石灰浆雾滴能够更好地混合，有利于充分反应。

g. 反应过程没有污水产生，没有副产品产生。

h. 脱硫效率高，能满足严格的排放标准。

i. 对水质要求不高。

j. 脱硫剂的使用费用和系统的安装费用较湿法都要低。

此工艺是目前应用成熟、广泛使用的一种半干法脱硫工艺。

3）高速旋转雾化器的结构和性能要求。

a. 应用于高腐蚀性环境的雾化盘。应采用哈氏合金雾化盘。

b. 雾滴粒径要求更高的场合的雾化器旋转速度较高，可使雾滴直径更小。

c. 应用于雾化相对较高含固量的料液，高速旋转雾化器采用矩形通道雾化轮，防堵能力强。

高速旋转雾化器剖面图如图 7－14 所示。

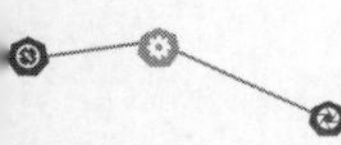

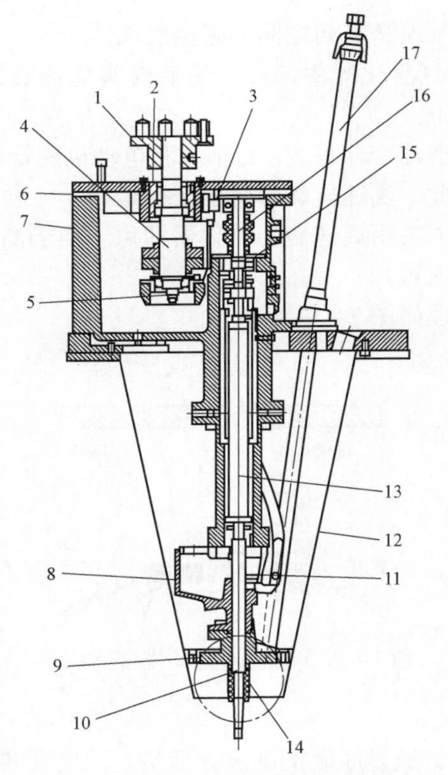

图 7－14　高速旋转雾化器剖面图

1—联轴器；2、3—轴承安装衬套；4—主动轴；5—安装定位销；6—安装中间环；7—齿轮箱体；8—下部油箱；9—进料总成；10—弹簧；11—迷宫密封；12—外套；13—高速主轴；14—导向轴承；15—衬套；16—高速齿轮组件；17—上部进给管

高速旋转雾化器局部布置如图 7－15 所示。

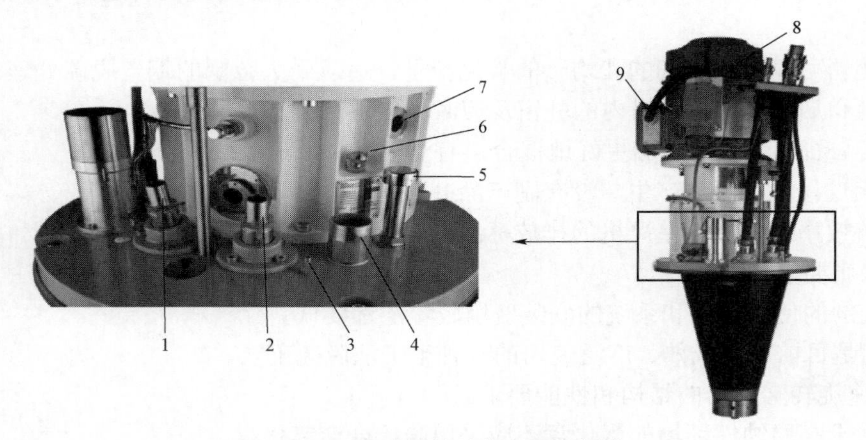

图 7－15　高速旋转雾化器局部布置

1—石灰浆液快接口；2—工艺水快接口；3—雾化轮安全水；4—雾化轮冷却空气；5—轴冷却空气入口；6—加油口；7—齿轮泵注油口；8—电动机；9—电动机电源接线

雾化盘照片及结构如图 7－16、图 7－17 所示。

图 7－16　雾化盘照片

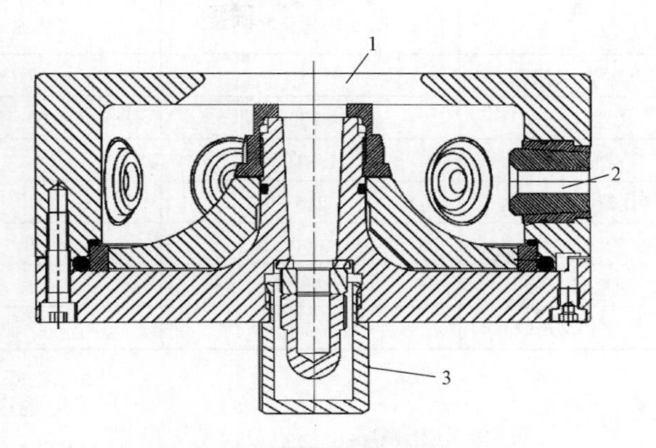

图 7－17　雾化盘结构

1—雾化轮；2—耐磨喷嘴；3—中心圆锥锁紧帽

液料分配器结构如图 7－18 所示。

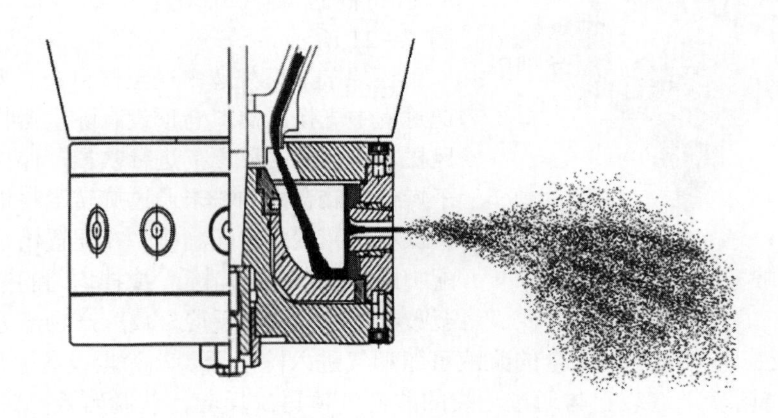

图 7－18　液料分配器结构

4）高速旋转雾化器的运行。

a. 现场采用 PLC 组合柜控制，可实现远程或就地监控，生产过程控制简便、快捷。

b. 可实现无极调速，转速在 0～16 000r/min 之间连续可调。

c. 在高速旋转雾化器正常连续运行基础上每 8h 进行一次水反冲洗，确保高速旋转雾化器无堵塞。

d. 在反应器出口以烟气温度的调节功能控制石灰浆流。

e. 石灰浓度由酸性排放物指标控制。

f. 高速旋转雾化器的冷却通过安装在油－空气－冷却单元中闭环主级冷却回路进行。

5）高速旋转雾化器性能比较。已经在我国应用的不同厂家的高速旋转雾化器技术规格比较见表 7－5。

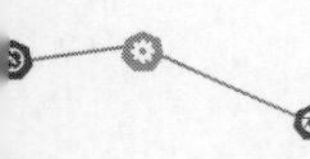

表 7-5　　高速旋转雾化器技术规格比较

项目	国产某型高速旋转雾化器	国外某型高速旋转雾化器（高速电动机驱动）	国外某型高速旋转雾化器（齿轮箱驱动）
功率（kW）	75	74	75
转速（r/min）	0～14 250 可调	0～12 000 可调	13 500 恒定
雾化能力（t/h）	1～10	1～5	1～10
雾化轮直径（mm）	215	210	210
雾化轮线速度（m/s）	0～160 可调	0～130 可调	150 恒定
总质量（kg）	252	295	500
润滑方式	油脂润滑	油气润滑	油浴润滑

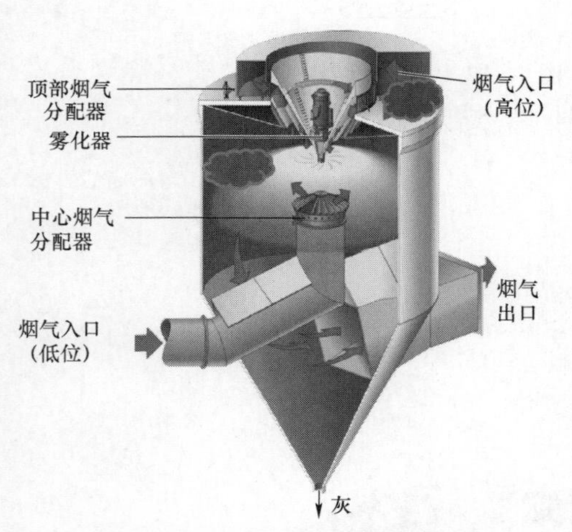

图 7-19　喷雾反应塔内部结构

6. SDA 半干法的工艺流程

SDA 半干法按烟气进入反应塔的位置不同可分为低位烟气进入和高位烟气进入两种不同工艺，喷雾反应塔内部结构如图 7-19 所示。

低位烟气入塔半干法脱硫的工艺流程如图 7-20 所示。高位烟气入塔半干法脱硫的工艺流程如图 7-21 所示。

还原剂从厂外运来送至储料仓，为防止还原剂输送过程中飞扬，储料仓顶设有除尘器收集粉尘。流化风机对粉仓内的还原剂进行吹扫，保持粉的流动性和干燥性，储仓内的粉末通过旋转给料机（可调速、调整供料量）供粉给配制槽，在配置槽中加定量水消化配制成的 6%～25%乳液，搅拌均匀的浆液由浆液泵送至吸收塔参与脱硫反应，反应产物部分落入反应塔底部进行收集。反应塔内未反应完全的浆液可随烟气进入除尘器，若除尘设备采用袋式除尘器，部分未反应物将附着于滤袋上与通过滤袋的酸性气体再次反应，使脱硫效率进一步提高，相应地提高了浆液的利用率。

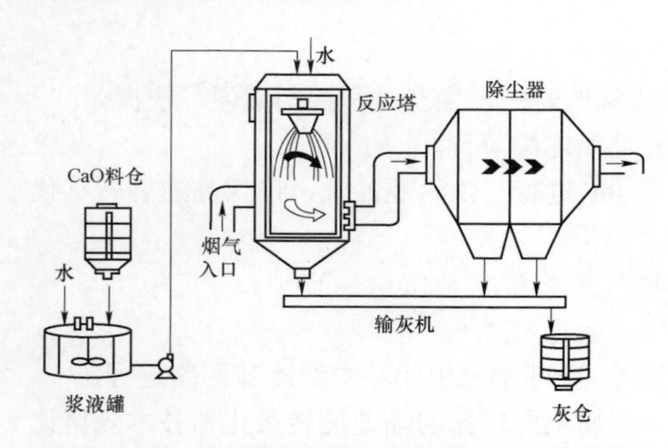

图 7-20　低位烟气入塔半干法脱硫的工艺流程

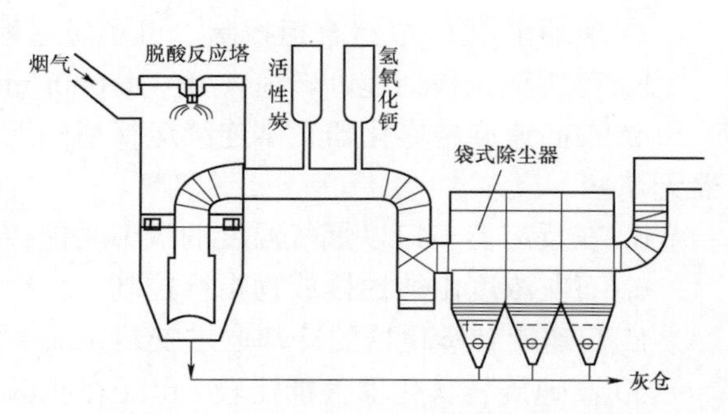

图 7-21　高位烟气入塔半干法脱硫的工艺流程

由高速旋转喷雾器将浆液喷入反应器中，形成粒径极小的液滴。稀浆中的水使烟道中的烟气湿润并将烟气温度调节到最佳的反应温度，从而保证化学反应能够充分地进行，以提高酸性气体的去除率。

浆液的流量由安装于反应塔顶部平台的调节阀根据锅炉出口和袋式除尘器出口的 SO_x 和 HCl 浓度控制，工艺冷却水的调节根据反应塔出口烟气温度控制。在浆液调节阀开度不变而流量下降超过 20%的情况下，系统应自动切断浆液的供应，同时开启工艺水进行冲洗，确保管道系统得到合理的维护。

为了提高半干法系统的脱硫效率，需对烟气进出口温度、吸收剂粒度、雾化效果及烟气停留时间进行控制。主要的控制方法有两种：

（1）通过调整进入反应塔的水量，对反应塔的烟气温度进行调节。

（2）根据要达到的排放标准，通过余热锅炉出口、袋式除尘器出口和末端 CEMS（烟气在线监测系统）上反馈的排放指标调节浆液的投加量。

三、湿法脱硫工艺

（一）湿法脱硫的反应机理

湿法脱硫是采用液体吸收剂洗涤烟气，以吸收 SO_2 等酸性气体，达到脱硫的目的。湿法脱硫吸收 SO_2、HCl 等酸性气体是一个气液传质过程，该过程大致分为以下 4 个阶段。

（1）气态反应物从气相主体向气－液界面传递。

（2）气态反应物穿过气－液界面进入液相，并发生化学反应。

（3）液相中的反应物由液相主体向气相界面附近的反应区迁移。

（4）反应生成物从反应区向液相主体迁移。

因此，湿法脱硫过程包括扩散、吸收和化学反应等过程，是一个复杂的物理化学过程。

（二）湿法脱硫反应步骤

湿法脱硫反应分为以下 4 个步骤。

1. SO_2 的吸收

$$SO_2+H_2O \longleftrightarrow H^+ + HSO_3^- \tag{7-10}$$

$$CO_2+H_2O \longleftrightarrow H^+ + HCO_3^- \tag{7-11}$$

2. 亚硫酸氢根的氧化

$$HSO_3- + 1/2O_2 \longrightarrow H^+ + SO_4^{2-} \tag{7-12}$$

3. 石灰石的溶解

$$CaCO_3 + H^+ + HSO_3^- \longrightarrow Ca^{2+} + SO_3^{2-} + CO_2 + H_2O \tag{7-13}$$

4. 石膏的结晶

$$Ca^{2+} + SO_3^{2-} + 1/2H_2O \longrightarrow CaSO_3 \cdot 1/2H_2O \tag{7-14}$$

$$Ca^{2+} + SO_4^{2-} + 2H_2O \longrightarrow CaSO_4 \cdot 2H_2O \tag{7-15}$$

总反应式为

$$CaCO_3 + 1/2H_2O + SO_2 \longrightarrow CaSO_3 \cdot 1/2H_2O + CO_2 \tag{7-16}$$

$$CaCO_3 + 2H_2O + SO_2 + 1/2O_2 \longrightarrow CaSO_4 \cdot 2H_2O + CO_2 \tag{7-17}$$

$$Ca(OH)_2 + SO_2 \longrightarrow CaSO_3 \cdot 1/2H_2O + 1/2H_2O \tag{7-18}$$

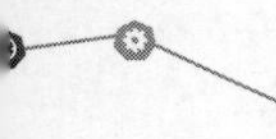

采用氢氧化钠浆液吸收烟气中的酸性气体，反应原理相同。

（三）湿法脱硫的特点

1. 湿法脱硫的优点

（1）技术成熟，运行可靠，大型化，在众多的脱硫技术中，占据主导地位。

（2）反应速度快，脱硫效率高，吸收剂利用率高，国外应用多年的业绩均可证明其对 HCl 的脱除效率可达 99%以上，对 SO_2 也可达 95%以上。

（3）吸收剂资源丰富，价格便宜，副产品可再利用。

（4）烟气中的粉尘含量低。某厂湿法脱硫的湿式洗涤塔出口侧烟气参数见表 7–6，可见湿法脱硫可以实现较好的脱硫效率。

表 7–6　　某厂湿法脱硫的湿式洗涤塔出口侧烟气参数

项目	LHV（kJ/kg）	NO_x（mg/m^3）	SO_2（mg/m^3）	HCl（mg/m^3）
高品质垃圾	9200	65	50	10
设计工况（MCR）	7100	63	50	10
110%MCR	7100	63	50	10
60%MCR	7100	63	50	10
低品质垃圾	4600	60	50	10

2. 湿法脱硫的缺点

（1）处理后的烟气因温度降低至烟气露点温度以下，不利于烟气在大气中扩散。

（2）为防止低温烟气对后续设备腐蚀，需要配置 SGH 或烟气–烟气换热器（GGH）加热装置对烟气再加热，因而能耗较高。

（3）系统管理操作复杂，运行费用较高，如厂用电率偏高、耗水量大、废水处理量大。

（4）磨损腐蚀现象较为严重，如果采用氢氧化钙作为脱硫剂，不合格的副产品石膏与废水很难处理。

（5）生成物是液体或淤渣，较难处理。

（6）设备庞大，一次性投资高。

（7）系统流程阻力大，根据需要配置增压风机。增压风机和引风机可以二合一配置。配置增压风机的湿法脱硫系统如图 7–22 所示。

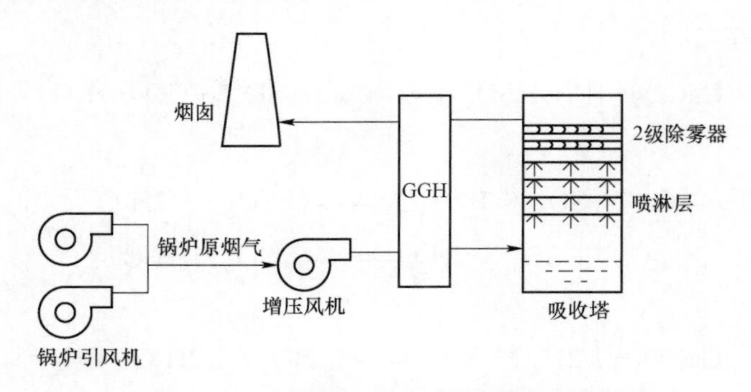

图 7–22　配置增压风机的湿法脱硫系统

3. 脱硫塔入口烟道特点

（1）脱硫塔入口烟道斜向下与脱硫塔连接，烟气斜向下进入脱硫塔，此种结构有利于减弱塔内烟气回流，降低压损，延长气液接触时间，防止浆液倒流。

（2）在脱硫塔烟气入口处增设导流板，将大大提高气液分布的均匀性，且可减小压力损失。

（3）吸收塔干湿交界烟道由于能够形成具有强腐蚀性的酸冷凝物和固体沉积物，从可靠性和耐久性考虑，吸收塔入口烟道可采用贴衬合金板或整体合金板。

4. 脱硫塔的防腐

系统介质具有很强的腐蚀性，设备及管道选择充分考虑满足腐蚀性要求，洗涤塔、减湿水箱等需内衬设备的焊接处理满足防腐工艺的要求。

洗涤塔壳体为碳钢，洗涤塔入口烟道部分防腐采用抗火石，塔体内其他部分（塔体内面、减湿水槽内面、人孔盖等）防腐采用乙烯基酯树脂防腐。

石灰石–石膏法吸收塔入口段采用高温树脂玻璃鳞片+增强 FRP 进行防腐，可耐高温180℃冲击，防腐效果优于抗火石。

（四）湿法脱硫脱硫剂的选择

采用钙基脱硫剂吸收二氧化硫将生成亚硫酸钙、硫酸钙，它们溶解度较小，极易在脱硫塔内及管道内形成结垢、堵塞现象。为了克服石灰法容易结垢的缺点，垃圾焚烧湿法脱硫通常采用氢氧化钠作为脱硫剂。

（五）湿法脱硫系统的工艺流程

垃圾电厂的湿法脱硫采用洗涤塔形式，洗涤塔分为吸收部和减湿部，在吸收部喷入碱溶液，烟气进入吸收部后经过与碱溶液充分接触得到很好的脱硫效果，脱硫率能达到95%左右，且可喷入少量的螯合剂去除烟气中的Hg。

经吸收部处理后的烟气进入减湿部，在减湿部喷入大量工艺水，使烟气急骤冷却达到饱和温度以下。脱硫后烟气温度低，不利于烟气在大气中扩散，采取在脱硫后对烟气再加热，有利于烟气的扩散。

湿法脱硫洗涤塔布置在袋式除尘器的下游，以防止因粒状物阻塞喷嘴而影响其正常运行。湿法洗涤塔产生的废水经处理后，其产生的污泥经浓缩脱水后，以干态形式排出。

湿法脱硫系统主要由脱硫烟气系统、湿式洗涤塔、冷却液循环泵、湿液循环泵、湿式洗涤塔补充水箱、还原剂储罐、还原剂泵及控制仪表等组成。

30%的 NaOH 原料通过槽车运来注入 NaOH 储罐中，经 NaOH 稀释泵注入 NaOH 稀释槽中，加水稀释成为20%的 NaOH 溶液。

引风机出口温度约 150℃的烟气从烟气换热器原烟气入口进入，经过管程换热后温度降至约 108℃，经过换热器的烟气进入到洗涤塔并在塔内向上运行。

冷却液循环泵将塔底冷却液喷入，与逆流的烟气充分接触，使烟气温度从 108℃逐渐降低，其饱和温度为 60～70℃。pH 值为 6%、20%的氢氧化钠溶液通过氢氧化钠输送泵输送至塔中与烟气中酸性气体 HCl、SO_2 等进行反应，生成 NaCl、NaF、Na_2SO_3、Na_2SO_4 等盐类。

烟气经冷却部的冷却和吸收后进入洗涤塔上部的吸收减湿部。从减湿水箱来的减湿水经热交换器降温后，输送至吸收减湿部上方喷嘴向下喷入，均匀地经过填料床与烟气充分接触，然后再回到减湿水箱形成循环。在吸收减湿部，烟气温度进一步降低，烟气中含水量也随之降低。低温有利于碱液对酸性气体的吸收，烟气中的酸性气体含量将进一步降低。净化后约 62℃的烟气经塔顶除雾器进入烟气换热器并将烟气加热到约 125℃，通过烟囱排除到大气。

所有设备的溢流、排污、放净、泵冲洗等产生的废水统一汇集至废水池，通过废水池液下提升泵输送至洗烟废水处理系统。湿法脱硫系统工艺流程如图 7－23 所示。

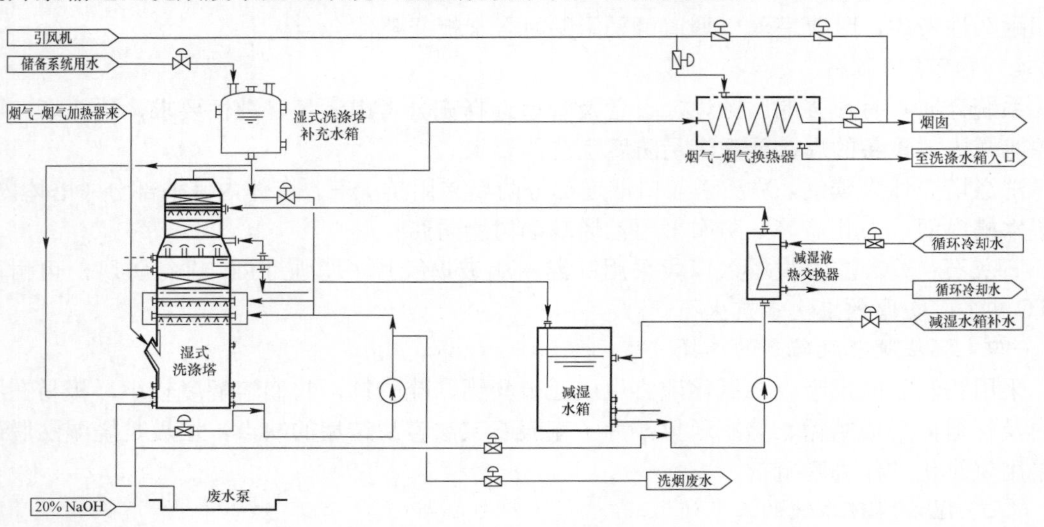

图 7－23　湿法脱硫系统工艺流程

湿法脱硫塔结构如图 7－24 所示。

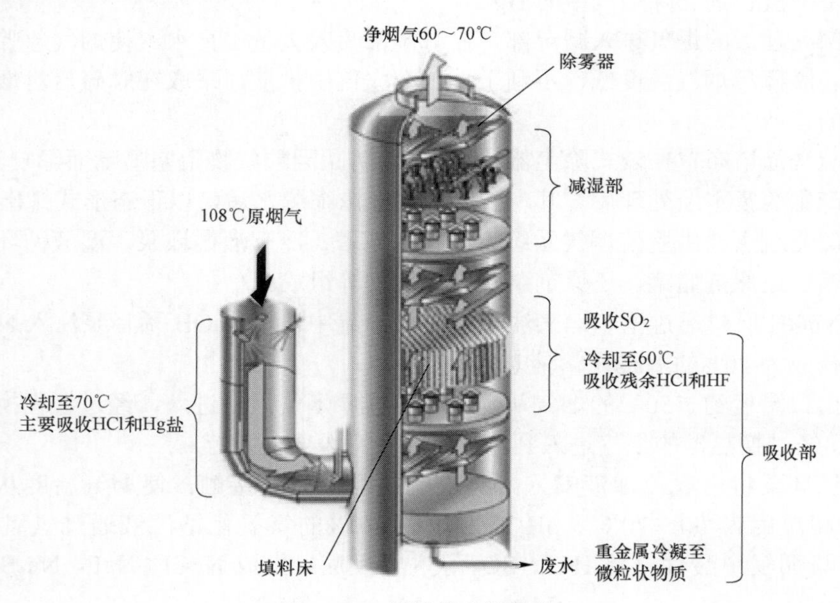

图 7－24　湿法脱硫塔结构

采用石灰石做脱硫剂的湿法脱硫工艺有石膏产生，废水产生量较大。此工艺在我国垃圾电厂应用较少。

（六）GGH

1. GGH 的作用

GGH 是一种利用高温烟气的热能来加热从洗涤塔出来的洁净烟气的换热设备。GGH 的主要作用是改变脱硫前后烟气温度，主要通过从原烟气中吸收热量来加热净烟气。烟气经过湿法脱硫后，吸收塔出口的烟气温度会降低到 60～70℃，烟气中含水率较大，经 GGH 加热后，烟气温度提升到 120℃，可以实现以下作用：

（1）由于从吸收塔出来的烟气处于饱和状态，在环境温度较低时会形成白色的烟羽，烟气经 GGH 加热后，烟气温度提升到 120℃，可以防止烟囱附近产生凝气。

（2）提高了烟气从烟囱排放时的提升高度，减少了污染物的落地浓度。

（3）原烟气经过 GGH 后温度降低，一方面，防止高温烟气进入吸收塔，对设备及防腐层造成破坏；另一方面，湿饱和净烟气通过 GGH 后温度升高，减少烟气的酸结露现象，从而降低烟道和烟囱腐蚀。

（4）可使吸收塔内烟气降低至利于吸收 SO_2 的温度。

2. GGH 的防腐

为了防止腐蚀，换热器侧面用特殊防腐材料包覆，换热器的顶部和底部用氟塑料板材包覆。换热器外壳由碳钢架构，与湿热气体接触的部分都通过涂层与板材覆盖处理，以防止腐蚀的产生。

换热管为 PTFE（聚四氟乙烯），壳体及内部支撑为碳钢+PTFE 内衬，清洗水管及喷嘴为 PP（聚丙烯），GGH 结构如图 7-25 所示。

(a)

(b)

图 7-25 GGH 结构

(a) 正视图；(b) 仰视图

3. 安装 GGH 带来的负面问题

（1）带来净烟气下游侧的腐蚀，降低了系统运行的稳定性和可靠性。

（2）增加了烟气系统的压力损失，增加了能耗。

（3）增加了辅助设备和运行成本。

（4）增加了设备投资。

（5）增加了设备维护成本。

（6）为解决换热器的防腐而采用 PTFE 管材，影响了热交换效果。

4. GGH 系统组成

GGH 系统包括 GGH 本体、工艺水泵、管道等。为了清除 GGH 换热器管内部积灰，可以设置冲洗水系统，根据换热器管程差压清灰或由操作员定时开启冲洗水清灰。但由于 GGH 入口的烟气已经较为洁净，也可以不安装冲洗水系统。

（七）湿法脱硫废水处理

1. 湿法脱硫废水的特性

（1）脱硫废水的水质比较特殊。垃圾组分复杂，既含有一类污染物重金属离子（Cd、Hg、Cr、Pb 等重金属离子），又含有二类污染物（氟化物、硫化物等），这些物质进入脱硫塔浆液中，并在吸收循环过程中不断富集。

（2）水量不稳定，水质波动大。不同脱硫装置的废水水质往往存在很大差异，即使同一套脱硫装置在不同阶段排出的废水水质也不尽相同。废水呈弱酸性，pH 值为 4～6。悬浮物（石膏、氧化硅、金属氢氧化物以及飞灰等）、COD（化学耗氧量）和可溶性的氯化物、硫酸盐、氨氮等污染物含量高。

（3）具有强腐蚀性。

（4）硬度高。

2. 脱硫废水的再利用方式

经处理符合废水排放标准的脱硫废水，主要有以下几重用途：

（1）可以作为灰增湿水使用。

（2）脱硫废水可以作为出渣机补充水使用。

3. 湿法脱硫废水处理工艺流程

废水进入冷却器，经过冷却器降温处理后的废水进入排水储罐，排水储罐的废水由排水原泵提升至第一反应槽。在第一反应槽内加入 10%浓度的螯合剂、35%浓度的盐酸、35%浓度的氧化钙、37%浓度的混凝剂、20%浓度的氢氧化钠、0.1%浓度的助凝剂进行物化反应。

在搅拌机的搅拌作用下脱硫废水和加入的药剂充分混合流入第一沉淀槽，污水在第一沉淀槽内进行沉淀，分离上清液自流入第二反应槽。第一沉淀槽内安置一台污泥收集机对沉淀下来的污泥进行收集，沉淀的污泥被第一沉淀槽污泥泵吸入污泥浓缩池。经过一次泥水分离的工艺废水在二次反应槽中加盐酸和助凝剂，在搅拌机的作用下再次混合进入第二沉淀槽进行二次沉淀。第二沉淀槽内安置一台污泥收集机对沉淀下来的污泥进行收集，沉淀的污泥被第二沉淀槽污泥泵吸入污泥浓缩池进行浓缩处理。第二沉淀槽内分离的上清液自流入中和罐，中和罐内安置的 pH 探头对流入的工艺废水进行实时监控。一旦发现污水的 pH 值不在 6～9 之间便启动加药装置，加入 35%浓度的盐酸或 20%苛性钠进行中和。

经过中和处理的污水溢流入过滤原水罐。过滤原水罐外设置过滤水泵将污水提升至砂滤塔、活性炭吸附塔进行深度处理。经过砂滤塔、活性炭吸附塔处理后的污水达标排放。砂滤塔、活性炭吸附塔配置一套反冲洗装置定期对被污染或者吸附达到饱和的滤料进行反洗再生，保证出水效果的稳定。

污泥浓缩池内设置一台污泥收集机对污泥进行泥水分离。分离出来的浓缩液流入排水储罐循环处理。浓缩后的污泥被污泥泵抽吸至污泥池。污泥池的污泥通过螺杆泵抽吸进入离心机进行压滤。压滤后的污泥拖至污泥堆场定期外运。离心机分离出来的污泥浓缩液流入压滤水罐通过压滤水泵提升至排水储罐进行再次处理。

第四节 垃圾发电组合脱硫工艺

一、垃圾发电不同脱硫工艺的比较

干法烟气脱硫技术指加入的脱硫剂是干态，脱硫的最终反应产物也是干态的。该工艺设计简单、投资少、占地面积小且不存在腐蚀和结露，副产品是固态的，在缺水地区优势明显。一般脱硫效率只能达到60%～80%。

半干法脱硫技术脱硫过程和脱硫产物处理分别采用不同的状态反应，特别是在湿状态下脱硫、在干状态下处理脱硫产物，既有反应速度快、脱硫效率高的优点，又有无废水废液排放、在干状态下处理脱硫产物的优势，脱硫效率能达到90%。

湿法烟气脱硫技术是指吸收剂投入、吸收反应、脱硫副产物收集和排放均以水为介质的脱硫工艺，湿法脱硫工艺效率最高，脱硫效率能达到95%。

脱硫工艺的选择，要以环保达标排放为主要依据。通过以上分析可以看出：

（1）干法脱硫工艺不能满足较高的排放指标的要求。

（2）半干法脱硫工艺能满足GB 18485—2014规定的烟气排放指标的要求。

（3）湿法脱硫工艺的酸性气体脱除效率最高，可满足高标准的酸性气体脱除需要，但流程过于复杂，配套设备较多，系统运行能耗高，并有后续的废水处理问题。

干法、半干法、湿法脱硫技术虽然原理相同，但工艺流程有明显的区别。3种脱硫工艺比较见表7－7。

表7－7　3种脱硫工艺比较

项目	设备投资	运行成本	可靠性	操作难度	脱硫效率（%）	副产物	工艺流程	占地面积
干法脱硫工艺	+	+	+	+	60～80	钙基化合物	+	+
半干法脱硫工艺	0	0	0	0	80～90	脱硫灰	0	0
湿法脱硫工艺	–	–	–	–	＞90	石膏	–	–

注　+表示好，0表示中性，–表示差。

二、垃圾发电组合脱硫工艺的选择

考虑满足较高的环保排放指标要求、运行可靠性、运行灵活性及经济性等因素，采用组合脱硫工艺，这样既能满足当前的环保排放指标的要求，也能满足今后相当长的时间内环保超低排放升级的要求，还能提高运行的可靠性和经济性。保证在异常工况下，有备用系统能运行。

组合脱硫工艺可采取以下几种方案：

（1）减温塔+干法（碳酸氢钠）+湿法（NaOH 溶液）。

（2）半干法+干法。

（3）半干法+湿法（NaOH 溶液）。

（4）干法+半干法+湿法（NaOH 溶液）。

目前，国内应用较多的是“半干法+干法+湿法”组合工艺，该组合工艺技术成熟、运行可靠、脱硫效率高。由于“半干法+干法”可以满足 GB 18485—2014 排放要求，故现阶段只设置“半干法+干法”，预留湿法工艺的位置。将来若排放标准提高，可以在“半干法+干法”的基础上加入湿法脱硫工艺。

烟气“半干法+干法+湿法”组合脱硫工艺流程如图 7－26 所示。

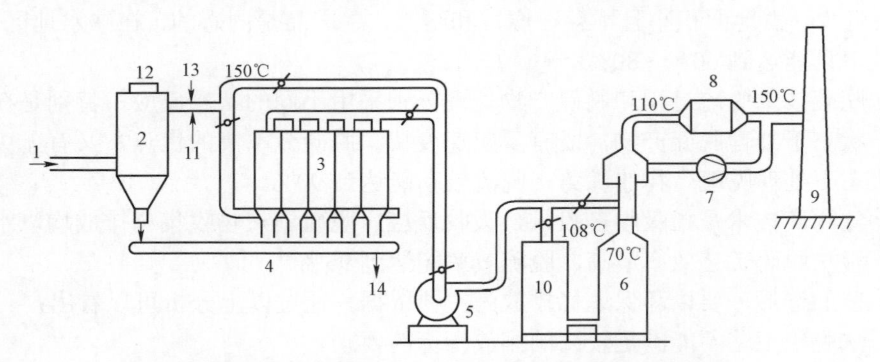

图 7－26　烟气“半干法+干法+湿法”脱硫工艺流程

1—原烟气进口；2—脱酸塔；3—除尘器；4—输灰机；5—引风机；6—湿法脱酸塔；
7—循环风机；8—加热器；9—烟囱；10—烟气换热器；11—干粉喷口；12—雾化器；13—活性炭喷口；14—灰仓

三、“半干法+干法+湿法”组合工艺优点

（1）在半干式反应塔内喷射 $Ca(OH)_2$ 浆液，与酸性气体的反应效率较高。

（2）$NaHCO_3$ 粉末喷射系统简单、易维护，可靠性高且使用灵活。

（3）脱硫系统中设备简单、不易出故障，稳定性好。

（4）$NaHCO_3$ 与酸性气体的反应效率很高，与半干法的 $Ca(OH)_2$ 浆液喷射系统同时使用，可以确保烟气中的酸性气体排放稳定达标。

（5）当环保排放标准提高时，可加装湿法工艺。

四、脱硫剂的选择

（一）脱硫剂的基本要求

脱硫系统所用吸收剂的选择应满足以下要求：

（1）吸收能力高，在确保吸收速率的同时，减少吸收剂的用量、设备体积，降低能耗。

（2）选择性能好，在保证对 SO_2、HCl 有较高的吸收能力的同时，对其他成分不吸收或吸收能力很低。

（3）挥发性低，无毒，不易燃烧，化学稳定性好，凝固点低，不发泡，黏度小，比热小。

（4）不产生腐蚀或腐蚀小，可以减少设备投资及维护费用。

（5）资源丰富，价格便宜，便于运输。

（6）便于处理，不易产生二次污染。

碱性反应剂一般用 CaO 或 $NaHCO_3$。跟钙类碱相比，钠碱具有与酸性物质反应强，且反应产物质量小的优势，两者的价格与消耗量综合比相差无几，但钠碱的运行管理要求高。

目前，石灰石是应用最为广泛的碱性反应剂，石灰石具有产地分布广、原料充分、取之容易、价格便宜的特点，副产品石膏有利用价值。

NaOH、$NaHCO_3$ 是用于中和酸性物质较常见的钠碱物质。NaOH 较 $NaHCO_3$ 反应能力强，但是 NaOH 的价格高于 $NaHCO_3$，且在运输、储存和系统运行过程中存在一定的风险性。

（二）脱硫剂的选择

1. 干法工艺脱硫剂

采用干法工艺时，相对于消石灰粉末而言，$NaHCO_3$ 粉末的反应性更好，其生成物 NaCl 无吸湿性（而 $CaCl_2$ 有较强的吸湿性），而且 Na_2SO_4 的风化性较好，容易失去结晶水，容易处理。因此，干法工艺脱硫剂优先选用 $NaHCO_3$。

2. 半干法工艺脱硫剂

半干法的脱硫剂通常用氧化钙（CaO）制备成氢氧化钙 [$Ca(OH)_2$] 浆液。由反应塔上部的旋转雾化器将 $Ca(OH)_2$ 浆液喷入半干式反应器中，形成粒径极小的液滴。因水分的蒸发而降低烟气的温度并提高其湿度，使酸性气体与石灰浆液反应成为盐类，掉落至底部的灰斗。

综合考虑烟气排放指标及运行的安全性，选用 $Ca(OH)_2$ 作为半干法工艺脱硫的吸收剂，选用 $NaHCO_3$ 粉末作为干法工艺脱硫的碱性吸收剂，选用氢氧化钠 NaOH 作为湿法脱硫的吸收剂。脱硫工艺碱性吸收剂的选择见表 7-8。

表 7-8　　脱硫工艺碱性吸收剂

脱硫工艺项目	碱性吸收剂名称	化学分子式
干法	碳酸氢钠	$NaHCO_3$
半干法	石灰石	$Ca(OH)_2$
湿法	氢氧化钠	NaOH

第五节　影响脱硫效率的因素

一、运行参数对脱硫效率的影响

（一）烟气量对脱硫效率的影响

为了保证脱硫系统的正常运行，要保证脱硫塔入口烟气量均衡，其他条件不变时，烟气量增大，脱硫效率降低；烟气量减小，则脱硫效率增大。

（二）反应塔入口 SO_2 浓度对脱硫效率的影响

当反应塔入口 SO_2 浓度很低时，由于反应塔出口 SO_2 不会低于其平衡浓度，当烟气中 SO_2 浓度适当增加时，有利于 SO_2 通过浆液表面向浆液内部扩散，加快反应速度，脱硫效率随之提高。但随着 SO_2 浓度进一步增加，受液相吸收能力的限制，脱硫效率将下降。

（三）半干法反应塔入口温度对脱硫效率的影响

反应塔最佳反应温度为150～155℃，由于脱硫反应是放热反应，温度降低，利于SO_2的吸收。

高温烟气影响脱硫效率，高温烟气不利于SO_2的吸收，脱硫浆液水分蒸发较多，脱硫补水率升高，净烟气湿度大对吸收塔后设备包括烟囱带来腐蚀风险。

反应塔出口的温度也不易过低，烟气温度低会出现酸结露现象，大量酸液会附着在烟道和烟囱的内表面，使烟道和烟囱发生腐蚀。烟气温度降低，烟气自拔力减弱，影响烟气的抬升高度，使烟气的扩散范围减少。烟气温度的降低造成烟囱正压区范围扩大，烟气通过内壁裂缝渗入烟囱筒体内表面，加重烟囱腐蚀，降低烟囱寿命。

（四）烟气中O_2浓度对脱硫效率的影响

O_2含量增加，加快亚硫酸钙的氧化，脱硫效率增大，但当O_2含量增加到一定程度后效率增加较小。

（五）烟气流速对脱硫效率的影响

（1）在一定范围，流速增加有利于提高传质效果，从而提高脱硫效率。

（2）烟气流速增加过多，会使气-液接触时间缩短，脱硫效率可能下降。但烟气流速增加，也会使吸收塔内压损增大，引风机能耗增加，造成引风机压头不足，发生喘振。若发生喘振，则可能导致设备的轴承损坏，造成事故，直接影响整个系统的安全运行。

（3）烟气流速增加，会使烟气带水现象加重。

（六）湿法脱硫吸收塔浆液pH值对SO_2吸收的影响

（1）吸收塔正常运行的pH控制范围在5.8～6.5之间。

（2）pH值影响SO_2的吸收过程，pH值越高，传质系数越大，SO_2吸收速度就越快，但过高的pH值不利于石灰石的溶解，且系统设备容易结垢。

二、脱硫效率低及对策

脱硫系统正常运行过程中，常常会遇到脱硫率低于设计值，造成SO_2浓度排放不达标，受到环保部门的考核，这给垃圾电厂运行和管理人员带来很大压力。因此认真分析影响脱硫率的因素并找出相应的对策，对脱硫系统的高效运行具有很好的指导意义。脱硫系统脱硫率低的原因与对策见表7-9。

表7-9　脱硫系统脱硫率低的原因与对策

序号	脱硫率低的原因	主要因素	采取对策
1	脱硫系统设计因素	（1）烟气流速过高。 （2）浆液停留时间太短。 （3）氧化空气量少或布置不合理。 （4）喷嘴设计不合理	改进设计、进行系统的改造等
2	脱硫系统入口烟气因素	（1）烟气量超出设计值。 （2）入口SO_2浓度增大，超出设计值。 （3）烟气温度超出设计值。 （4）烟气含尘量增大等	（1）优化垃圾混配、优化燃烧，使入口SO_2浓度在设计范围内。 （2）优化燃烧、加强吹灰。 （3）改进除尘器的运行
3	系统运行控制参数因素	（1）吸收塔浆液pH值过低或过高。 （2）吸收塔浆液浓度太高。 （3）氧化差，造成浆液SO_3^{2-}含量过大。 （4）钙硫比Ca/S过小	（1）控制pH值在5.8～6的合适范围。 （2）控制浆液浓度为20%（质量分数）。 （3）增加运行氧化风机，疏通氧化管路，确保搅拌器运行正常。 （4）增加石灰石浆液的给入

续表

序号	脱硫率低的原因	主要因素	采取对策
4	垃圾品质因素	入炉垃圾品质较差	加强入炉垃圾的发砖、脱水、搅拌和混合
5	燃烧调整因素	燃烧工况变差	加强燃烧调整，及时调整炉排运行速度、炉膛氧量、一次风量
6	其他各种因素	（1）设备故障等（如喷嘴堵塞、循环泵叶轮磨损出力下降等）。 （2）仪表显示不准。 （3）旁路挡板泄漏使原烟气直接漏到烟囱（对无旁路系统不存在）。 （4）GGH 泄漏使原烟气直接漏到净烟气内等	（1）疏通喷嘴或更换，修复叶轮或更新。 （2）定期校验仪表（主要是 CEMS、pH 计、密度计），使之尽量准确。 （3）调节挡板，提高密封片材质，检查密封风机运行正常。 （4）重新调整或更换密封片，检查低泄漏风机运行正常
其他提高脱硫率的有效措施		向吸收塔加入脱硫添加剂等	

第六节 脱硫系统的运行管理

一、脱硫系统日常运行调整的主要任务

（1）保证机组和脱硫装置的安全、环保、稳定、经济运行，保证各参数在最佳工况下运行，降低电耗、脱硫剂耗、水耗、废水药品消耗等。

（2）保证脱硫系统的各项技术经济指标在设计范围内，SO_2 脱除率、废水品质等满足环保要求。脱硫系统在正常运行时控制的主要参数石灰石浆液的 pH 值、吸收塔出口烟气的 SO_2 浓度、烟气温度、烟尘浓度在设计范围内运行。

二、脱硫系统的优化运行与指标管理

脱硫系统优化运行的目的是在满足环保排放要求的前提下，使得运行成本最低，并且使设备在最优工况下运行。脱硫设备性能指标主要有脱硫效率等。垃圾电厂烟气治理设施运行管理的绩效考核包括影响烟气治理设施达标排放的原料质量、生产运行、检修维护、设备管理等方面，如吸收剂采购考核、锅炉及辅机运行考核、检修维护考核、仪表管理考核、化学监督考核、环保监督考核等。

1. 垃圾电厂脱硫设施运行管理的考核指标

垃圾电厂脱硫设施运行管理的考核指标包括性能指标、生产管理。

性能指标主要有脱硫设施的效率、系统投运率、排放达标状况及总量控制情况、脱硫吸收剂耗量、电耗、水耗、压缩空气消耗量等。

生产管理方面包括管理体系的建立和运行管理两部分。管理体系主要是制度与规程、人员培训、应急预案等；运行管理主要是运行、检修、维护台账及记录、检测分析报告、化学分析记录、设备台账、技术资料、技术改进和运行优化等。

2. 降低脱硫系统电耗的措施

降低脱硫系统的电耗应该从运行和设计两个方面开展，运行阶段要求做到：

（1）优化烟气流场、降低烟气系统阻力。

（2）定期冲洗雾化器和清洗雾化器的雾化盘，降低雾化器差压。

（3）调整锅炉燃烧效果，降低过剩空气系数，以减少烟气量。

（4）排查锅炉烟气系统，减少系统漏风量。

（5）脱硫入口增加低温省煤器或空气预热器，降低脱硫系统入口烟气温度，从而降低烟气量。

（6）在设计阶段优化设计，减少整个系统阻力。

3. 烟气系统优化运行

烟气系统节能降耗的关键就是降低烟气系统的阻力从而降低风机电耗。机组停运时，清理原烟道积灰，从运行和设备改造方面降低进入脱硫系统的烟气量，从而降低能耗。

加强烟气在线系统比对检查，确保烟气系统取样合法、合理，测量准确，防止因测量偏差导致脱硫各项能耗增加。

4. 脱硫系统的化学检测

为了保证脱硫系统的正常运行，应该定期开展脱硫系统的化学检测工作，应检测以下项目：

（1）校验在线仪表。如吸收塔 pH 计、密度计等。

（2）定期检测工艺过程中的各种流体。如吸收塔浆液密度、还原剂成分的分析等。

（3）鉴别和查找工艺过程出现的问题，为运行人员提供调整依据。

（4）测定脱硫系统性能。脱硫系统安装、调试后需通过一系列试验来验证脱硫装置能否达到设计性能保证值，往往要通过化学分析结果来描述脱硫系统性能。

（5）优化系统性能。通过一系列化学分析明确判明整个系统或某个子系统目前的性能，如果其性能下降则需寻找最佳运行参数，使系统达到预期的性能并获得较好的经济效益。

（6）按照环保标准监测系统排放物是否达到排放标准，监测废水等是否符合标准规定的要求。

三、脱硫系统运行中常见问题处理

1. 造成脱硫系统二氧化硫超标排放的因素

（1）烟气流量增大，垃圾中硫分偏高，造成原烟气中二氧化硫超标，超出系统处理能力。

（2）运行调整不当，浆液 pH 值过低、浆液浓度低或浆液循环量小。

（3）CEMS 故障。仪表异常、取样管漏气导致折算值超标等。

（4）浆液泵出力下降、雾化器喷嘴堵塞或脱落等异常，部分区域浆液覆盖不足，形成烟气走廊。

2. 发生二氧化硫出口浓度超标时的处理方法

（1）降低机组负荷，调整焚烧炉燃烧。

（2）根据运行工况，及时做出调整，控制雾化器电流、浆液 pH 值在正常范围。

（3）启动备用浆液泵。

（4）合理调整制浆系统，确保还原剂浆液合格。

（5）检查氧化风管通畅，及时清理入口滤网，提高氧化风机出力。

（6）校验、标定 CEMS 仪表，恢复正常运行。

（7）恢复浆液泵正常出力，对堵塞和脱落的雾化器的喷嘴进行疏通，保证浆液喷淋覆盖率足够，防止出现烟气走廊。

3. 脱硫系统供浆中断时确保二氧化硫达标排放的方法

（1）投运备用浆液泵，保证出口 SO_2 排放达标。

（2）联系相关人员紧急处理供浆中断异常事故，尽快恢复正常供浆方式。

（3）汇报值长，机组降负荷准备，降低吸收塔入口二氧化硫浓度。

4. SNCR 脱硝系统氨逃逸量大时对湿法脱硫系统的影响

（1）造成原烟气二氧化硫浓度下降，净烟气二氧化硫浓度波动。

（2）氨逃逸量大时，会与烟气中的 SO_3、水蒸气反应生产亚硫酸氢铵、硫酸氢铵，造成大量细灰进入脱硫吸收塔。

（3）吸收塔浆液中氨离子含量过多时，造成浆液品质变差，影响 SO_2 吸收，脱硫系统出力下降。

（4）氨逃逸过大会造成脱硫废水中含有氨离子，增加废水处理难度。

（5）净烟气含有部分氨离子进入 CEMS 取样管线后，生成硫酸氢氨结晶体，影响数据的测量。

第八章
烟气脱硝

一、国家垃圾焚烧排放标准

GB 18485—2014《垃圾焚烧大气污染物排放标准》规定 NO_x 排放浓度日均值为 250mg/m^3，小时均值为 300mg/m^3，与发达国家的排放标准相比已经差别不大。

二、地方垃圾焚烧 NO_x 排放标准

近年来，一些地方环保部门为了改进环境污染的现状，提出比 GB 18485—2014 更为严格的标准。如 2018 年 9 月，福建省要求 NO_x 排放限值日均值为 100mg/m^3，小时均值为 120mg/m^3。海南省要求日均值为 120mg/m^3，小时均值为 150mg/m^3。武汉、东莞要求日均值控制在 100mg/m^3 以下。山东部分重点地区要求日均值控制在 100mg/m^3 以下。南京、深圳要求日均值控制在 80mg/m^3 以下。浙江宁波、杭州、台州要求日均值控制在 75mg/m^3 以下。也有一些地方对垃圾电厂污染物排放限值进一步趋严，要求垃圾电厂 NO_x 排放达到火力发电机组排放水平，目前，我国火力发电机组 NO_x 排放小于或等于 50mg/m^3（在基准氧含量 6%条件下）。

第一节 NO_x 的产生

一、NO_x的生成机理

（一）NO_x 的成分

NO_x（nitrogen oxides）是氮、氧两种元素组成的化合物，是氮氧化物的分子式。垃圾中的含氮无机物及有机物在焚烧过程中形成 NO_x，其中占多数的为 NO，约占 90%；少量为 NO_2，约占 10%，其总量称为 NO_x。

（二）NO_x 的生成机理

在垃圾焚烧过程中，NO_x 的产生方式包括热力型 NO_x、燃料型 NO_x 和瞬时型 NO_x 3 种类型。

1. 热力型 NO_x 形成机理

热力型 NO_x 由过量的 O_2 与 N_2 在高温下反应生成，温度和氧浓度是反应的关键因素。由于氮气分子分解需要的活化能比较大，故该反应要在高温下进行。

（1）温度对热力型 NO_x 生成的影响。温度在 1300℃时，NO_x 的浓度值很小；温度为 1500℃

时，NO_x的浓度值快速升高。垃圾焚烧炉炉膛温度都控制在850～1100℃之间。因此，热力型NO_x不是垃圾焚烧NO_x生成的主因。热力型NO_x的生成反应式为

$$N_2+O_2=2NO$$

$$2NO+O_2=2NO_2$$

（2）氧浓度对热力型NO_x生成的影响。在过剩空气系数小于1的运行工况下，随着氧浓度的升高，热力型NO_2生成量增大，在过剩空气系数大于或等于1时达到最大值。随着过剩空气系数的增大，O_2浓度过高时，由于存在过量氧对火焰的冷却作用，NO_2生成值有所降低。因此，有效控制燃烧过程中的氧浓度和温度峰值是降低热力型NO_x的有效措施。NO_x生成量与氧浓度的关系如图8-1所示。

O_2浓度与CO、NO_x产生量的关系如图8-2所示。

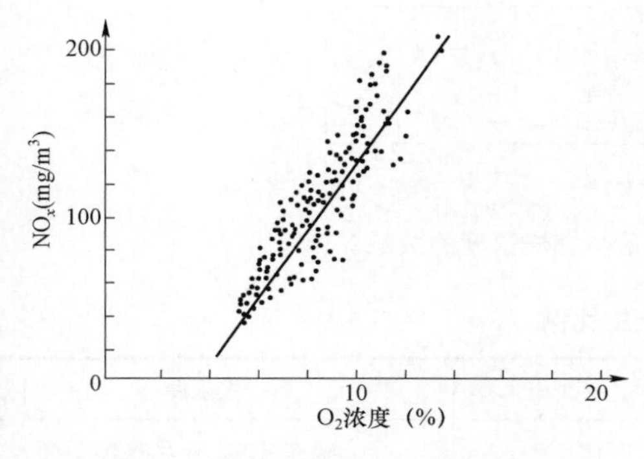

图8-1　NO_x生成量与O_2浓度的关系

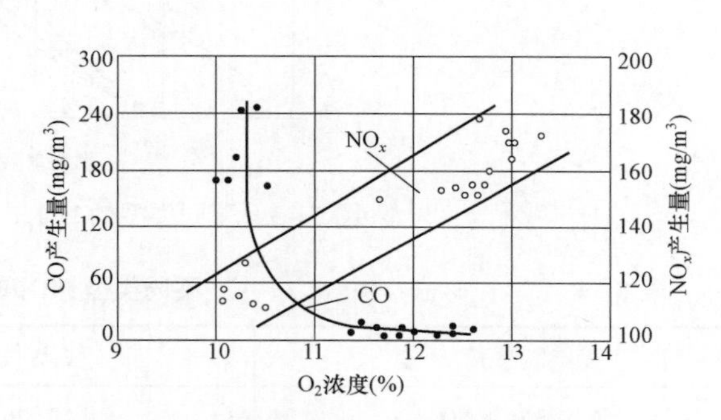

图8-2　O_2浓度与CO、NO_x产生量的关系

2. 燃料型NO_x生成机理

燃料型NO_x由垃圾中固有的氮元素、氮化合物在燃烧过程中氧化分解生成，燃料型NO_x在较低温度下生成，其生成率与炉膛内的空气量关系密切，生成量随着空气量的增加而增加。燃料型NO_x的生成量占锅炉排放总量的60%～80%。燃料型NO_x的生成机理大致如下：

在一般的燃烧条件下，垃圾中的氮化物受热分解，并在挥发分析出过程中，大量的气相氮随挥发分释放出来，被氧化成NO。

燃料型NO_x主要在垃圾燃烧的初始阶段生成，垃圾焚烧炉选用的过剩空气系数为1.2～1.4。当炉膛温度为1000℃时，燃料型NO_x约占总生成量的80%。

燃料型NO_x的生成和破坏过程不仅与垃圾组分，还与垃圾中的氮受热分解后在挥发分和焦氮中的比例、成分和分布有关，而且大量的反应过程还与燃烧条件，如温度和氧及各种成分的浓度等有关。

3. 瞬时型NO_x生成机理

瞬时型NO_x是在高温条件下，燃料中的碳氢化合物受热分解产生碳氢自由基，碳氢自由基与炉膛内空气中的氮气反应生成，由于分解需要的温度高于常规的炉膛温度，所以瞬时型NO_x生成量较小。不同类型的NO_x产生量与燃烧温度的关系如图8-3所示。

4. NO_x生成量占比

在垃圾焚烧过程中，炉膛的温度通常保持在850～1100℃的范围内，在这个运行工况下，

以上 3 种 NO_x 中，燃料型 NO_x 占大部分，在炉膛温度足够高时，热力型 NO_x 会产生，瞬时型 NO_x 在燃烧过程中的生产量极低，不同类型 NO_x 的产生比例见表 8－1。

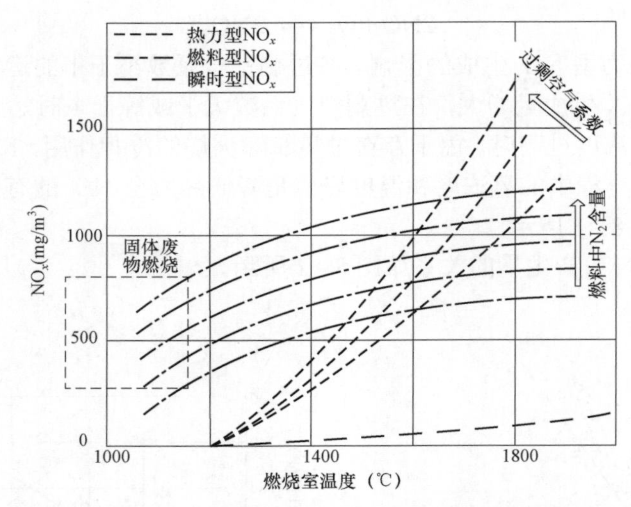

图 8－3　不同类型的 NO_x 产生量与燃烧温度的关系

表 8－1　　**不同类型 NO_x 的产生比例**

类型	占比（%）	产生条件
热力型 NO_x	20	极高温度、充足的氧
燃料型 NO_x	80	较低温度、充足的氧
瞬时型 NO_x	0	较高温度、充足的氧

二、影响垃圾电厂 NO_x 生成的主要因素

垃圾焚烧炉烟气中的 NO_x 主要来自垃圾组分中的氮，从总体上看垃圾中氮含量越高，则 NO_x 的排放量也就越大。此外，还有很多因素都会影响焚烧炉烟气中的 NO_x 的含量，如燃烧工况的影响、锅炉过剩空气系数的影响等。

实际运行中，影响 NO_x 生成量的因素有：

（一）垃圾组分

垃圾组分的不同会影响 NO_x 的产生量，挥发成分中的各种元素比会影响燃烧过程中的 NO_x 生成量，垃圾中氧/氮（O/N）比值越大，NO_x 排放量越高。此外，垃圾中硫/氮（S/N）比值也会影响 SO_2 和 NO_x 的排放水平，S 和 N 氧化时会相互竞争，因此，随着 SO_2 排放量的升高，NO_x 排放量会相应降低。

（二）焚烧炉过剩空气系数

过剩空气系数大，转化率高，减少过剩空气系数会降低炉膛内的氧浓度，对 NO_x 的生成有明显的控制作用，采用这种方法可使 NO_x 的生成量降低 10%～15%。但是 CO 随之增加，燃烧效率下降，对焚烧炉的燃烧会起一定的负面影响。当采用烟气再循环时，二次风的投入会减少，可有效降低 NO_x 排放量。

（三）炉膛温度

炉膛温度对 NO_x 的生成会有较大的影响，较低的炉膛温度有利于抑制 NO_x 的生成量。在950℃以下的工况下运行时，NO_x 的生成量较少，NO_x 的排放量会随着炉膛温度的升高而加大。

（四）停留时间

在燃烧区域内，在氧气充足的工况下，垃圾中释放出来的氮停留时间越长，生成的 NO_x 就越多。

（五）焚烧炉负荷率

通常情况下，增大焚烧炉负荷率，增加入炉垃圾量，燃烧室及尾部受热面处的烟气温度随之增高，生成的 NO_x 随之增加。

第二节　垃圾焚烧发电脱硝技术概述

目前，垃圾发电 NO_x 的控制采用 3 类控制技术，即燃烧前、燃烧中和燃烧后控制。

一、燃烧前控制技术

减少垃圾中氮元素的含量，通过改善垃圾的品质，提高入炉垃圾的热值，有益于垃圾燃烧工况的改善，可以使各种燃烧调整手段得到良好执行，从而减少燃烧过程中 NO_x 的产生量。

（一）进行垃圾分类

垃圾焚烧前的 NO_x 控制，通常采取的措施是对垃圾进行分类处理，垃圾中的氮多以有机物的形式存在，通过垃圾分类，降低垃圾中的含氮量，将有利于减少 NO_x 的生成量。

（二）进行垃圾预处理

有条件的情况下，可以在厂内设置垃圾预处理系统，首先对垃圾进行人工或机械分选，捡出垃圾中的渣土、玻璃等不燃物。再利用垃圾破碎机、金属分离器等设备对垃圾进行破碎和金属分选，将大块的垃圾破碎成小块的垃圾。从而减小入炉垃圾的粒径和垃圾中的不燃物，提高垃圾热值，有利于改善燃烧工况、控制燃烧温度、减少氧量、加快垃圾燃烧速度，从而减少 NO_x 的产生量。

（三）优化垃圾池的管理

通过优化垃圾池管理，及时排出垃圾池内的渗沥液，增加垃圾的堆放时间，垃圾入炉前对垃圾进行充分的混合、搅拌，这些措施有利于改进燃烧工况，减少 NO_x 的产生量。

二、燃烧中控制技术

燃烧中控制技术也叫生成源控制技术，又称一次措施。通过各种优化燃烧的技术手段减少燃烧过程中 NO_x 的生成量。

低 NO_x 燃烧技术作为垃圾焚烧过程中 NO_x 减排一次措施已经在国外的焚烧炉上得到了很好的应用，实现了垃圾在炉内燃烧过程中降低 NO_x 产生量的目的，降低了后续烟气中脱硝的处理量，也相应地减少了后续的脱硝处理成本。燃料型 NO_x 和热力型 NO_x 是炉排炉 NO_x 生成的主要来源，垃圾燃烧过程中，对 NO_x 的形成起决定作用的是燃烧区域的温度和过量空气量。在燃烧过程中，通常利用空气分级燃烧、烟气再循环等技术控制燃料型 NO_x 的生成。通过降低烟气温度、缩短烟气在高温区域的停留时间和降低高温区域局部氧气浓度技术控制燃料型 NO_x、热力型 NO_x 的生成。

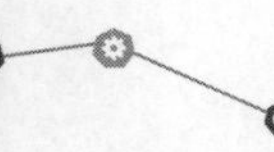

流化床垃圾焚烧炉生成的主要是燃料型 NO_x，通过调整一、二次风配比，控制含氧量等手段来控制燃烧，并采用分级布风、多点给料、均匀给料的方式，有效地降低了 NO_x 的排放。

垃圾焚烧应用的垃圾燃烧中控制技术如下。

（一）空气分级燃烧技术

空气分级燃烧技术是从焚烧炉二次风中抽取 30%左右的风量，通过安装在炉膛上不同高度、不对称安放的二次风喷嘴，以高速射流方式射入垃圾焚烧炉炉膛上部，达到空气分级燃烧利用，推迟一、二次风的混合时间和混合强度。空气分级进入炉膛的同时会在炉膛内形成涡流和扰动，在炉膛内形成一个过剩空气系数为 0.9 左右的富燃区，一级富燃区在缺氧条件下燃烧时燃烧速度和燃烧温度较低，减少热力 NO_x 的生产量。到了炉膛上部的燃尽区，燃烧不完全的烟气与二次风混合，在富氧条件下燃尽。这个过程中不可避免地有一部分残留的氮会氧化成 NO，但由于火焰温度较低，NO 生成量有限，总的 NO_x 生成量降低。

目前，该技术在欧美发达国家有良好的应用，炉膛出口 NO_x 的排放量减排 30%～40%。某公司生产的 750t/日的焚烧炉，通过空气分级燃烧和烟气再循环，标准状态、不投 SNCR 情况下炉膛出口 NO_x 性能保证值小于 250mg/m^3。

（二）烟气再循环技术

烟气再循环技术是将袋式除尘器出口的烟气的 10%～25%（温度为 150℃），经过烟气再循环风机回抽替代一部分的二次风，在燃烧室喉部送入炉膛，减少了二次风用量，即降低了燃烧区域的温度，也降低了氧气的浓度，从而降低了 NO_x 的产生量。

国外的垃圾电厂烟气再循环技术应用广泛，由于我国的垃圾热值低、水分大、组分复杂，从国内一些垃圾电厂的运行经验来看，烟气再循环确实能够减少烟气中有害气体的产生量，特别是 HCl、NO_x 的生成量，但也会降低炉膛的温度，造成燃烧不完全，对燃烧存在一定的负面影响。随着垃圾热值的提高，烟气再循环技术在我国将会得到更多的应用。

某垃圾电厂的烟气再循环工艺流程如图 8－4 所示。

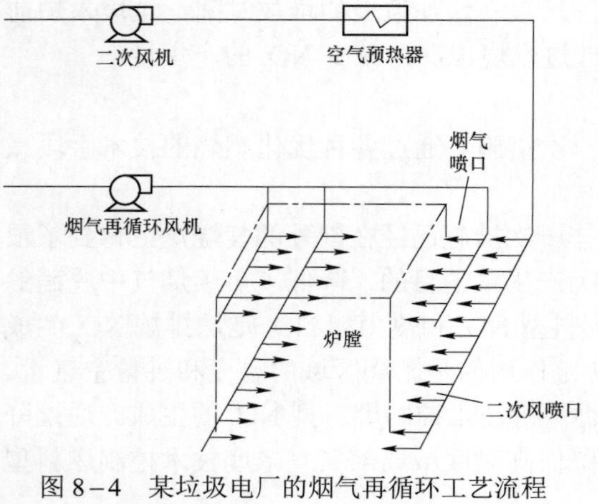

二次风机
空气预热器
烟气喷口
烟气再循环风机
炉膛
二次风喷口

图 8－4　某垃圾电厂的烟气再循环工艺流程

（三）低氧燃烧技术

低氧燃烧是使燃烧过程尽量在接近理论空气系数（a=1）的条件下进行，这是一种最简单的降低 NO_x 排放的方法。使炉膛内的含氧量尽量降低，随着烟气中过量氧的减少，降低燃烧过程中 NO_x 的生成量，低氧燃烧会使 NO_x 的排放量减排 10%～20%。低氧燃烧在实际运行中，不仅会降低 NO_x 的生成量，还会减少锅炉的排烟热损失。

如炉内氧浓度过低（3%以下），会造成 CO 浓度急剧增加，增加化学不完全燃烧热损失，引起飞灰含碳量增加，燃烧效率下降。因此，在锅炉设计和运行时，应选取最合理的过剩空气系数。

不同形式焚烧炉脱除 NO_x 的量见表 8－2。

表 8-2 不同形式焚烧炉脱除 NO_x 的量 mg/m³

方法		焚烧炉形式	NO_x 减少量
消减过剩氧	低氧燃烧	炉排炉	9～15
		流化床炉	9～15
	空气分级燃烧	炉排炉	约 30
		流化床炉	约 20
降低过高温度	烟气再循环	炉排炉	约 30
		流化床炉	10～20

（四）燃烧优化技术

通过调整焚烧炉各段炉排的燃烧配风，保持最佳的一、二次风配比，是控制 NO_x 排放的一种实用方法。它采取的措施是通过控制燃烧空气量保持各段炉排的风比相对平衡及进行燃烧调整，使燃料型 NO_x 的生成降到最低，从而达到控制 NO_x 排放的目的。

燃烧中控制技术是通过降低燃烧温度、减少过剩空气系数、缩短烟气在高温区的停留时间，以及降低入炉垃圾的含氮量来达到控制 NO_2 的目的。在某些方面，根据 NO_2 的生成原则组织燃烧的技术是与提高燃烧效率的传统观念相矛盾的，在实施这些技术时，会不同程度地遇到下列问题：

（1）较低温度、较低氧量的燃烧环境势必以牺牲燃烧效率为代价，因此，焚烧炉的热效率会下降。

（2）由于在燃烧区域欠氧燃烧，所以炉膛壁面附近的 CO 含量增加，有引起水冷壁管金属腐蚀的潜在可能性。

（3）为了降低燃烧温度，推迟燃烧过程，在某些情况下，可能导致着火稳定性下降。

（4）采取的大部分燃烧调整措施均可能使沿炉膛高度的温度分布趋于平坦，使炉膛吸热量发生不同程度的偏移，使炉膛出口烟气温度偏高，造成锅炉的排烟热损失增加。

（5）燃烧控制技术的脱硝效率较低，一般为 10%～20%，无法满足 GB 18485—2014 的要求。

尽管如此，采用该类方法仍然是垃圾电厂焚烧炉降低 NO_x 的措施之一，通过燃烧控制技术的使用，可以减少 NO_x 的产生量，节省后续烟气脱硝处理的成本。

随着环保排放指标的提高，仅仅靠燃烧控制技术是无法满足较高的排放指标要求的，需要设置燃烧后脱硝装置，以便满足较高环保标准的要求。

三、燃烧后控制技术

燃烧后控制技术即烟气脱硝治理技术，是对烟气中已经生成的 NO_x 进行治理，通过化学反应去除 NO_x。尾部烟气脱硝方法可分成干法和湿法两类。

1. 干法

干法包括 SCR、SNCR、活性炭吸附法、等离子体法及联合脱硫脱氮方法等，目前应用成熟的烟气脱硝技术主要有 SCR、SNCR 及 SCR+SNCR 组合工艺。

2. 湿法

采用水、酸、碱液吸收法，氧化吸收法和吸收还原法等。湿法脱硝由于系统复杂、能耗高、效率低等原因，目前的使用尚不普及。

垃圾焚烧 NO_x 控制技术分类如图 8-5 所示。

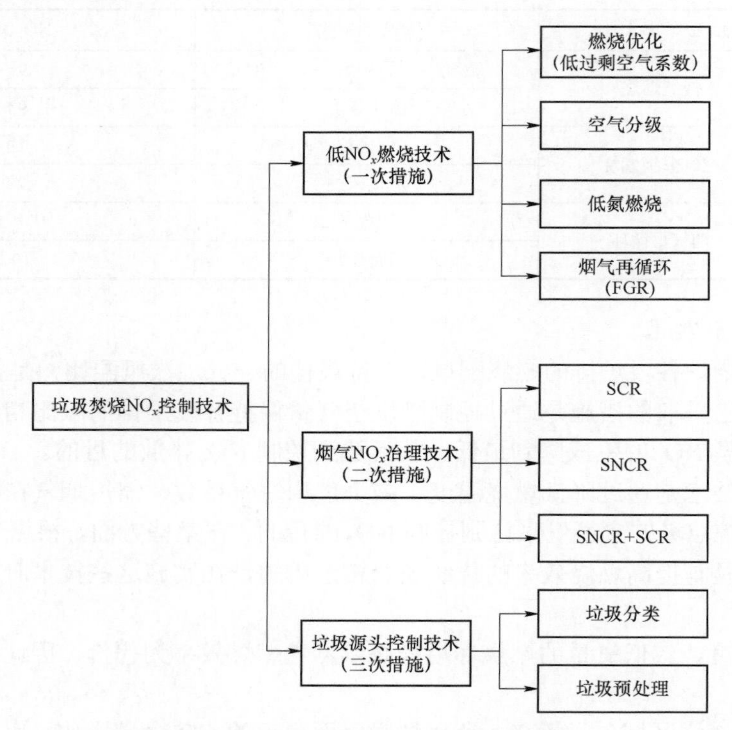

图 8-5　垃圾焚烧 NO_x 控制技术分类

第三节　垃圾电厂的 SNCR 脱硝技术

一、SNCR 定义

SNCR 即在最适宜的炉膛温度范围内，喷入尿素或氨水等氨基还原剂，氨基还原剂在炉膛中迅速分解，与烟气中的 NO_x 发生化学反应，生成无毒的氮气和水，还原剂基本不与烟气中的氧发生反应，在特定的温度范围内，NO_x 的还原反应优于其他化学反应发生，因此，它被认为是一种选择性的化学过程。

二、SNCR 脱硝技术反应原理

SNCR 脱硝是一种相对简单的化学反应过程，还原剂氨（NH_3）或尿素[$CO(NH)_2$]喷入炉膛后，在适当的温度范围内，气化后的气相尿素或氨分解成自由基，氨自由基与 NO 和 NO_2 发生反应生成 N_2 和 H_2O。

SNCR 脱硝反应在高温下完成，不使用催化剂，燃烧室的热量为还原反应提供了能量，一般还原剂浓度小于 10%。SNCR 还原剂如图 8-6 所示。

（一）化学反应

1. 尿素做还原剂

SNCR 脱硝反应包括还原反应与氧化反应，当使用尿素为还原剂时，在高温工况下，尿

素溶液与 NO_x 进行如下反应，即

$$CO(NH_2)_2 + H_2O \longrightarrow 2NH_3 + CO_2 \tag{8-1}$$

$$4NH_3 + 4NO + O_2 \longrightarrow 4N_2 + 6H_2O \tag{8-2}$$

$$8NH_3 + 6NO_2 \longrightarrow 7N_2 + 12H_2O \tag{8-3}$$

图 8-6 SNCR 还原剂

2. 氨水做还原剂

氨水为还原剂时，在高温下，氨与 NO_x 进行如下反应，即

$$4NH_3 + 4NO + O_2 \longrightarrow 4N_2 + 6H_2O \tag{8-4}$$

当温度高于 1050℃时，NH_3 则会被氧化为 NO，即

$$4NH_3 + 5O_2 \longrightarrow 4NO + 6H_2O \tag{8-5}$$

（二）氨氮摩尔比（*NSR*）

氨氮摩尔比计算式为

$$NSR = \frac{m_{NH_3}}{m_{NO_x}} \tag{8-6}$$

式中 *NSR*——氨氮摩尔比；

m_{NH_3}——还原剂折算成 NH_3 的摩尔数，mol；

m_{NO_x}——未喷氨时烟气中 NO_x 浓度折算到标准状态、干基、6%O_2 下 NO_x 的摩尔数，mol。

脱硝系统运行中氨氮摩尔比是重要控制参数之一，氨氮摩尔比大小与还原剂用量有关，摩尔比有一个最合理值，此时脱硝效率最佳，再增大还原剂量即摩尔比对继续增加脱硝效率作用不大，相反氨逃逸量会迅速上升，导致对下游设备如催化剂带来堵塞等问题。

（三）脱硝效率

SNCR 的实际应用受到锅炉设计和运行条件的限制，氨氮摩尔比为 1.1～1.5 时，SNCR 脱硝效率可达 40%～60%。

SNCR 烟气脱硝装置的脱硝效率计算式为

$$\eta_{NO_x\text{-SCR}} = \frac{C_{NO_x\text{-in}} - C_{NO_x\text{-out}}}{C_{NO_x\text{-in}}} \times 100 \tag{8-7}$$

式中 $\eta_{NO_x\text{-SCR}}$——SCR 烟气脱硝装置的脱硝效率，%。

$C_{NO_x\text{-in}}$——折算到标准状态、干基、6%O_2 下的 SCR 反应器入口烟气中 NO_x 浓度，mg/m³。

$C_{NO_x\text{-out}}$——折算到标准状态、干基、6%O_2下的SCR反应器出口烟气中NO_x浓度，mg/m³。

（四）还原剂消耗量

还原剂耗量计算式为

$$G_{NH_3}=Q\times\frac{C_{NO_x}}{M_{NO_2}}\times NSR\times M_{NH_3}\times10^{-6} \tag{8-8}$$

式中 G_{NH_3}——还原剂耗量，kg/h；

Q——折算到标准状态、干基、6%O_2下的SCR反应器入口烟气流量，m³/h；

C_{NO_x}——折算到标准状态、干基、6%O_2下的SCR反应器入口烟气中NO_x浓度，mg/m³；

M_{NO_2}——NO_2的摩尔质量，g/mol；

M_{NH_3}——NH_3的摩尔质量，g/mol。

三、SNCR技术特点

（一）SNCR技术优点

SNCR脱硝技术由于其独特的系统组成，具有以下优点：

（1）系统简单，在脱硝过程中不使用催化剂，运行成本低。

（2）系统的设备占地面积小，设备投资小，适合于老机组的环保提标改造。

（3）整个还原过程都在锅炉内部进行，不需要另外设反应器。

（4）可以单独使用或作为SCR及低氮燃烧技术的补充。

（二）SNCR技术缺点

（1）SNCR脱硝效率较低，在40%～60%的范围内。

（2）还原剂和运载介质（压缩空气）的消耗量大。

（3）氨逃逸量大。

（4）脱硝反应过程中生成的硫酸铵和亚硫酸铵会腐蚀和堵塞下游的SCR催化剂和设备。

四、影响SNCR系统脱硝效率的因素

为了提高SNCR系统的脱硝效率，要保证焚烧炉能在SNCR的最佳反应工况下运行。影响SNCR系统脱硝效率的设计和运行因素包括炉膛烟气温度、还原剂和烟气的混合均匀度、还原剂的停留时间、还原剂液滴尺寸、*NSR*、炉膛尺寸、NO_x原始浓度等。

（一）炉膛烟气温度

1. 温度窗口

脱硝反应的最佳炉膛温度范围称为温度窗口，不同还原剂有不同的温度窗口。SNCR的反应需要有足够的热量驱动反应，因此SNCR需在焚烧炉膛内完成。

用尿素做还原剂的温度窗口要大于用氨作还原剂的温度窗口，造成两种脱硝工艺最佳反应温度不同的原因主要是由于尿素热解消耗的热量大于氨水汽化消耗的热量。

温度较低时，NH_3和NO的反应速率较低，反应较难进行，NH_3逃逸严重，随着温度的升高，两个反应同时进行，但是由于还原反应在整个过程中起控制作用，生成的NO少于反应消耗的NO，NO和NH_3的浓度同时减小，从而起到脱硝作用。随着温度的进一步升高，氧化反应代替还原反应在整个过程中起控制作用，生成的NO多于反应消耗的NO，脱硝效率开始下降。

用氨水做还原剂的SNCR系统，温度、氨逃逸量和NO_x去除率的关系如图8-7所示。

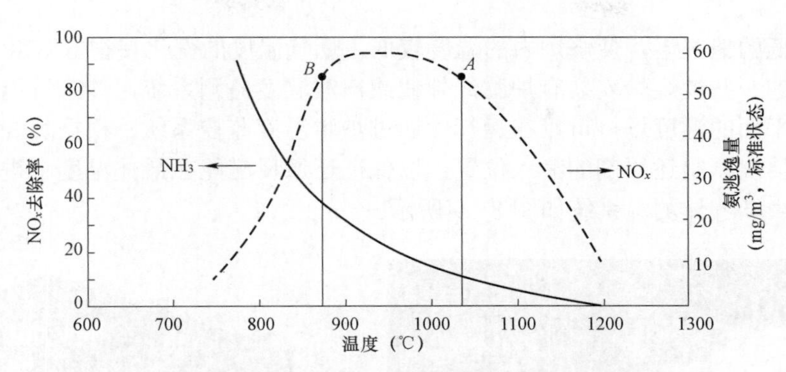

图 8－7　温度、氨逃逸量和 NO_x 去除率的关系

A—SNCR 的最佳温度（低氨逃逸量）；*B*—SNCR+SCR 的最佳温度（高氨逃逸量）

不同还原剂的最佳反应温度窗口见表 8－3。

表 8－3　　**不同还原剂的最佳反应温度窗口**　　℃

项目	氨水	尿素
温度窗口	880	900～1050

理想的运行工况是还原剂刚好喷射到炉膛内满足上述温度范围的区域。对于大多数焚烧炉，炉膛上部二次风喷口区域上部的温度基本符合这一条件。因此，还原剂的喷入点都选择在这一区间。喷口位置选择正确，将会有效提高 SNCR 系统的脱硝效率。

2. 温度过低会导致脱硝效率降低

若反应温度低于温度窗口区域，会因热量不足使还原剂和 NO_x 没有足够的活性使脱硝反应快速进行，而反应缓慢，造成还原剂不能完全参加反应，造成氨的浪费和逃逸，其后果是一方面使脱硝效率降低；另一方面使大量未反应的氨随烟气逃逸进入大气，造成新的环境污染。

3. 温度过高会生成更多的 NO_x

温度高于该范围则会增强氧化作用，当温度高于 1200℃时，还原剂本身被氧化，将 NH_3 氧化成 NO，使 NO_x 的产生量增加，脱硝效率降低。合适的反应温度，不但能保证必要的脱硝效率，还能防止出现新的污染。

尿素和氨气在不同炉膛温度下的还原效率如图 8－8 所示。

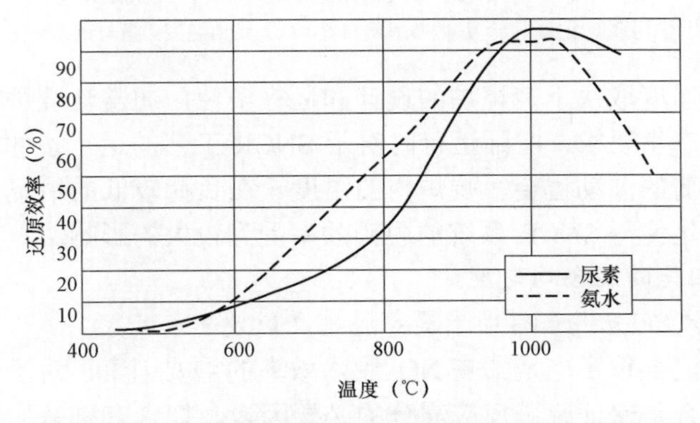

图 8－8　尿素和氨气在不同炉膛温度下的还原效率

在负荷较低的情况下，焚烧炉内的温度较低，烟气温度的变化使得 SNCR 系统的运行更加困难。国外的一些焚烧炉安装有炉膛红外线或声波温度监测系统，该系统能准确、及时地测量炉膛内各平面的温度场，可以在运行中通过炉膛温度监控系统，根据焚烧炉炉膛上部的温度分布变化情况调整还原剂的喷入位置，以保证还原反应能在最佳温度下进行。英国某垃圾电厂的炉膛声学气体测温系统如图 8-9 所示。

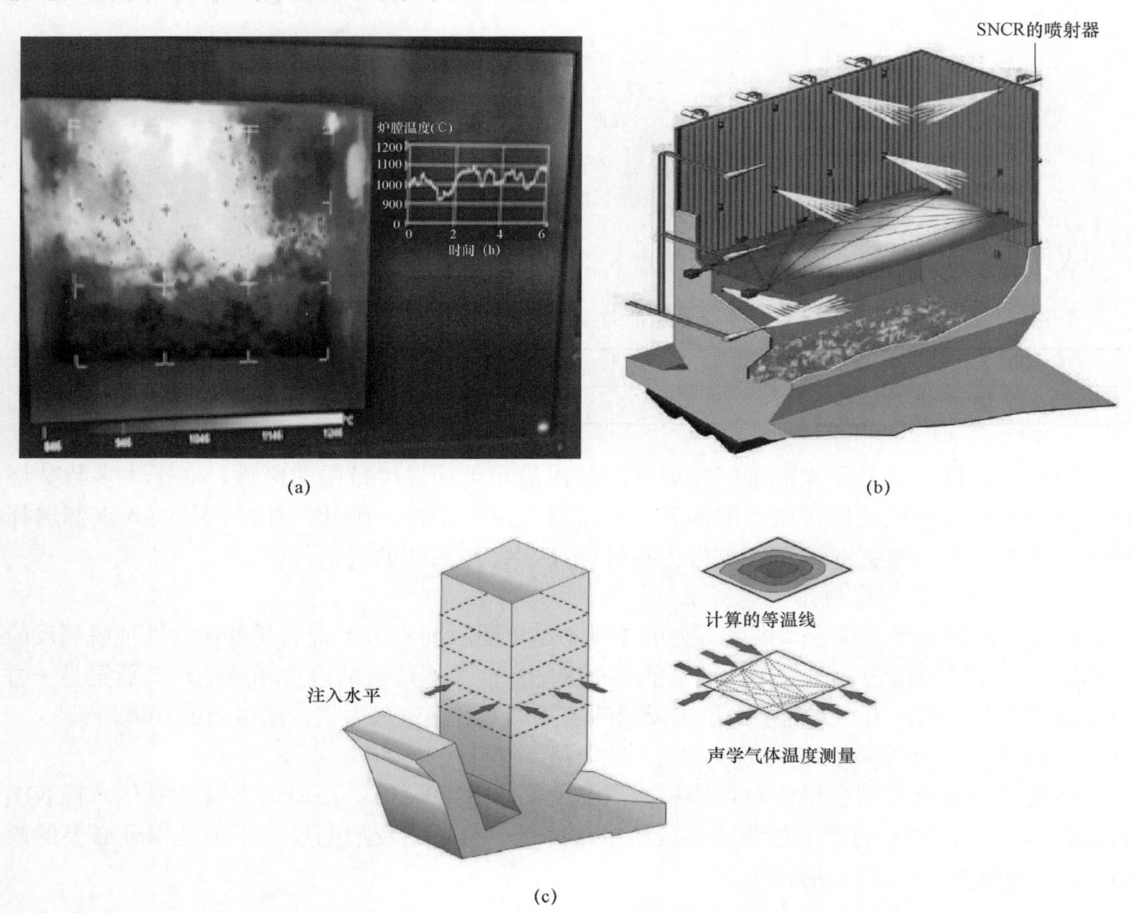

(a)　(b)　(c)

图 8-9　英国某垃圾电厂的炉膛声学气体测温系统

（a）炉内温度曲线；（b）炉内喷射器布置；（c）炉内温度测量与还原剂注入

焚烧炉内的烟气温度取决于焚烧炉的设计和运行条件，通常焚烧炉在设计和运行时更多考虑满足燃烧和蒸汽产生要求，实际运行时对于 SNCR 工艺的运行条件满足的并不是十分理想。此外，焚烧炉负荷的波动也会影响炉内的温度，在负荷较低的情况下，焚烧炉内的温度较低。烟气温度的变化使得 SNCR 系统的脱硝效率受到较大的影响。

（二）还原剂和烟气的混合均匀度

1. 还原剂和烟气的充分混合有助于提高脱硝反应效率

还原剂和烟气的混合程度也是影响 NO_x 脱除效率的重要因素，对于还原反应的进行，参加反应物质的均匀混合是保证脱硝反应充分的必要因素。把含有氨基的还原剂充分地混合在炉膛的烟气中是 SNCR 系统提高脱硝效率的关键要求之一。

2. 优化喷嘴设计能提高混合程度

由于氨的挥发、扩散必须迅速发生，混合反应也要依赖于焚烧炉的气流分布。设计良好的喷嘴位置、合适的喷射速度和喷射方向、理想的雾化状况都是达到这一目的不可缺少的前提条件。实践证明，同时喷入还原剂和压缩空气比单独喷入还原剂有更高的脱硝效果，一般采用二流体喷枪，压缩空气将还原剂雾化，以增强还原剂的渗透能力，从而增加还原剂与烟气的混合程度，增大脱硝效率。

不充分的混合会导致 NO_x 还原率的降低和氨逃逸量的增加。混合均匀程度主要取决于喷射装置的设计和运行控制。优化和增加喷射层、优化和增加喷射口、优化炉膛内的空气动力场以及适当提高还原剂液滴的能量等措施是经常使用的方法。喷射器雾化还原剂并控制喷射还原剂的喷射角、速度和方向。通过专门设计的喷嘴将还原剂雾化成液滴，从而优化液滴大小和分布。

对于大型焚烧炉而言，由于炉膛尺寸大，喷射的还原剂不容易达到所要求的全部区域，还原剂的扩散和与烟气的混合都比较难调整到理想状态。如果再碰上由于入炉垃圾品质变化造成的炉膛温度波动等问题，则将导致 NO_x 脱除率很难提高。而对于比较小型的焚烧炉，炉膛尺寸较小，容易使还原剂在整个炉内的横断面上形成均匀的分布。

除此之外，由于烟气黏度高，为使烟气中的 NO_x 和还原剂获得良好的混合，还必须改善炉内的空气动力特性，对焚烧炉内发生滞流的区域或流速太高的区域都必须进行流动工况的调整。空气分级燃烧技术的使用会增强炉内空气动力场的扰动，在强化燃烧的同时，也有助于 SNCR 工艺脱硝效率的提高。

3. 改进混合效果的途径

混合不足将导致 NO_x 脱硝效率下降，混合效果可以通过几种方法来改进。

（1）增加还原剂液滴的能量。

（2）增加喷射器的数量。

（3）修改喷射器喷嘴的设计，以改善溶液的液滴尺寸、分布、喷射角和方向。

（4）强化炉内空气动力场的扰动。

（三）还原剂的停留时间

1. 延长停留时间会提高脱硝效率

还原剂的停留时间是指在适宜反应的温度区间内还原剂停留的总时间。在烟气离开锅炉之前，SNCR 反应过程中的所有步骤都必须完成，这些反应步骤包括：

（1）还原剂和烟气的混合。

（2）还原剂的蒸发。

（3）NH_3 分解为 NH_2 基和自由基。

（4）NO_x 化学还原反应。

增加用于化学反应的停留时间会增加 NO_x 去除效率。此外，随着反应温度窗口的降低，需要更大的停留时间来实现相同的 NO_x 去除效率。

2. 最佳反应时间

大量实验结果显示，反应在开始时脱除 NO_x 的速率提高得非常迅速，实验测到的将近 60%的脱除率中，有 40%是在最初的 0.3s 内获得的，之后脱除率的增加速度开始变缓。一般而言，停留时间超过 1s，能实现最佳的 NO_x 脱除率。

除此之外，最佳停留时间还随温度的改变而改变，当温度比较低的时候，为了获得相同的 NO_x 去除率必须适当提高停留时间。蒸发时间和轨迹是液滴直径的函数，较大的液滴具有更多的动量并深入到烟气流中，它们需要更长的时间挥发。

还原剂停留时间受锅炉烟气体积流量的制约，而锅炉烟气的流量主要取决于锅炉设计，往往对 SNCR 系统并不理想。为了解决这一矛盾，SNCR 系统的设计就需要根据不同的锅炉炉内状况对喷嘴的几何特征、喷射的角度和速度、喷射液滴直径进行优化。通过改变还原剂扩散路径，达到满足最佳停留时间的目的。

（四）还原剂液滴尺寸

还原剂液滴的大小对反应的影响也是 SNCR 工艺中必须注意的一个问题，最佳停留时间受液滴尺寸的影响，在液滴尺寸大的时候，完成反应所要求的停留时间比液滴尺寸小的时候长。

液滴太大，蒸发过慢，使脱硝率降低和氨逃逸量增加。但液滴太小，会蒸发过快，无法保持反应所需要的时间，可能导致反应在过高的温度下进行，容易生成更多的 NO_x。

液滴大小的选择还要考虑扩散路径的影响，当需要还原剂液滴深入烟气流内部时。则可以选择比较大的液滴。由于大液滴具有相对大的动能，所以容易进入烟气流。当然这时还要注意保证液滴有较长的停留时间，以利于挥发和完成反应。专门设计和制造的用于 SNCR 工艺的喷嘴可以按照要求喷射具有合理粒径分布的液滴。

（五）*NSR*

1. 最佳的 *NSR* 值

NSR 是评价脱硝系统运行成本中物料消耗的重要指标，理论上转化 1mol NO_x 需要 1mol 分子氨或者 0.5mol 尿素，但由于实际运行条件的限制，为了达到高的 NO_x 脱除率，实际所需要的还原剂要高于理论值。

如果片面追求高的脱硝效率，不但造成还原剂用量和运行成本的激增，而且还会出现氨逃逸量超标、铵盐沉积等一系列问题，因此，在运行中应该选择适当的脱除率和 *NSR* 值。

需要向锅炉烟气中注入超过理论量的还原剂以获得特定水平的 NO_x 去除效率。由于涉及去除 NO_x 的实际化学反应的复杂性，典型的 *NSR* 在 0.5～3 之间，实际最好控制在 1.1～1.5。

提高 *NSR* 值可以提高 SNCR 系统的脱硝效率，但也可能增加氨流失。此外，锅炉运行过程中温度分布的变化会增加氨的逃逸量。

2. 影响 *NSR* 的因素

由于运营成本取决于还原剂消耗的数量，确定合适的 *NSR* 是至关重要的。影响 *NSR* 值的因素包括：

（1）烟气中 NO_x 的原始浓度。

（2）还原反应的温度和停留时间。

（3）焚烧炉炉膛内可达到的还原剂与烟气的混合程度。

（4）氨逃逸量等。

（六）炉膛尺寸

炉膛尺寸会影响 SNCR 的脱硝效率，通常情况下，炉膛的尺寸越大，实际运行中的脱硝效率也越低，脱硝效率和炉膛尺寸的关系如图 8－10 所示。

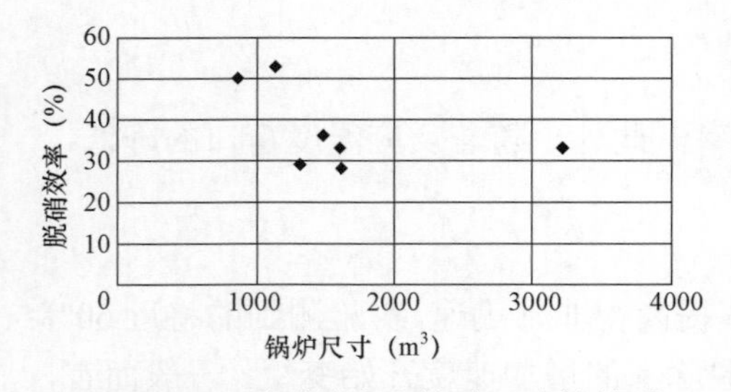

图 8－10　脱硝效率和炉膛尺寸的关系

（七）NO_x原始浓度

NO_x原始浓度也影响 SNCR 脱硝效率，还原反应效率随着原始浓度的增加而减小。

五、SNCR 工艺还原剂

还原剂的成本占 SNCR 系统运行成本的很大一部分，氨（NH_3）一般比尿素[$CO(NH_2)_2$]便宜。然而，还原剂的选择不仅基于成本，还要考虑物理性质、安全和操作等因素。

SNCR 技术目前应用最多的还原剂是尿素和氨，用作还原剂的氨可以是气态氨，也可以是液态氨，还可以是稀释了的氨溶液（即氨水）。尿素颗粒为袋装，防潮、防晒存放。尿素要稀释成尿素溶液才能使用。尿素溶液和氨水的特性见表 8－4。

表 8－4　　尿素溶液和氨水的特性

项　目	尿素溶液	氨水
化学式	$CO(NH_2)_2$	NH_3
正常空气中的状态	液体	液体
NH_3 含量（%）	22.3	22.4
气味	味淡	在 5mg/L 以上时有辛辣气味
空气中的可燃极限	不易燃	浓度在 16%～25%，会爆炸、燃烧
结晶温度（℃）	64	110

（一）SNCR 工艺按还原剂分类

SNCR 工艺按照使用的还原剂分尿素法、氨水法、液氨法 3 种。

1. 尿素法

尿素制氨过程主要反应式为

$$CO(NH_2)_2 + H_2O = 2NH_3 + CO_2 \qquad (8\text{-}9)$$

如果烟气具有较高的温度（850～1050℃），尿素溶液可直接将 NO_x 还原成 N_2 和 H_2O。

2. 氨水法

通常是用含量 26%～28%的氨水溶液，将其置于存储罐中，然后通过加热装置使其蒸发，形成氨气和水蒸气，再用喷枪喷入烟道内。

3. 液氨法

液氨由槽车运送到液氨储罐，液氨储罐输出的液氨在氨气蒸发器内加热到 40℃左右使液氨蒸发为氨气，送到氨气缓冲罐备用。缓冲罐的氨气经调压阀减压后，与来自风机的空气充分混合后，通过喷氨格栅的喷嘴喷入烟气中，与烟气混合后进行脱硝反应。

（二）还原剂特性比较

1. 还原剂性能

采用氨水做还原剂时参与 NO_x 脱除反应的还原剂成分为 NH_3，采用尿素作为还原剂时，需要在高温条件下实现 $CO(NH_2)_2$ 化学键断键，生成 NH_3。

2. 运行成本

使用两种还原剂的设备投资费用基本相当。氨水的单价低于尿素，使用尿素的还原剂运行费用较高。

3. 安全性能

3 种脱硝还原剂中，液氨和氨水都属于危险化学品，在运输、储存和使用过程中都存在

安全风险，氨泄漏还会造成环境污染，氨一般是以气态的形式喷入炉膛，氨蒸发需要一个气化器，将会使喷射系统设备更复杂和昂贵。

4. 还原剂选择

氨水呈碱性和弱腐蚀性，作为脱硝还原剂，反应效率和经济性均较好，且其来源广泛，配置系统简单，但氨水分装、运输和使用过程中，须注意防止溅入眼睛等敏感部位对人体的伤害。

液氨法的投资、运输和使用成本为三者最低。但液氨泄漏到空气中时，不易扩散，会对人身安全和大气环境造成危害。氨与空气混合的爆炸极限为16%～25%（体积百分比），氨与空气混合物达到上述浓度范围遇明火会燃烧和爆炸，此方法较另外两种方法具有更大的安全和环境风险。

水解法制氨工艺中，尿素以40%浓度的溶液储存，由于尿素溶液的冰点低，为了防止在低温情况下尿素溶液结晶，尿素溶液必须要加热和循环才能正常使用。运行中需要维持罐体内的溶液温度在40℃以上。尿素溶液以水溶液的形式喷入焚烧炉的炉膛，并吸收焚烧炉内的热量使尿素溶液汽化。

尿素来源非常稳定，尿素便于储存和运输。制备尿素溶液过程能耗低，系统设备和材料腐蚀小，调制过程无氨气产生，安全性好、便于操作。在具有较高的烟气温度条件下，脱硝效率与氨水相当。

总之，基于尿素法的系统比基于氨法的系统具有更多的优点。尿素溶液是一种无毒、不易挥发的液体，可以比氨更安全地储存和使用。出于对安全性及周边影响的考虑，应优先采用尿素作为SNCR的还原剂。还原剂浓度见表8－5，具体喷入浓度依排放指标调整。

表8－5　　还原剂浓度　　%

还原剂	储存浓度	喷入浓度
尿素	40	4～10
氨	26～28	5～15

六、SNCR工艺系统

（一）以尿素为还原剂的SNCR系统构成和工艺流程

1. 系统组成

尿素法的SNCR系统组成包括尿素制备区和炉区两大部分。

尿素制备区包括尿素接收与储存系统和还原剂稀释系统，炉区包括还原剂计量分配系统和还原剂雾化喷射系统。

尿素接收与储存系统的主要作用是接收、制备和存储尿素溶液，包括尿素储存罐、尿素溶液罐、尿素溶液输送泵等设备。尿素罐体、溶液输送管道为不锈钢SUS304材质，外覆保温层。管道有伴热装置，防止冬季温度较低的情况下，尿素浓液结晶。尿素溶液溶解罐的作用是用来配制和储存浓度为40%的尿素溶液，能满足系统3天的消耗量，设有磁翻板液位计、温度计显示装置、排污口等。尿素溶液喷射泵的作用是将罐中的尿素溶液用喷射泵泵入焚烧炉，按一台运行、一台备用配置。

用尿素做还原剂的SNCR系统图如图8－11所示。

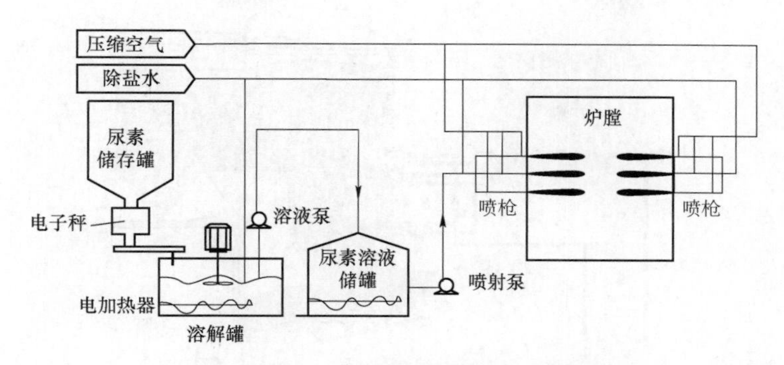

图 8-11 用尿素做还原剂的 SNCR 系统图

2. 工艺流程

典型的用尿素颗粒制氨的方法有 AOD（Ammonia On Demand，需制氨）法。尿素是固体颗粒，袋装尿素卸到尿素储存罐。尿素采取斗提机上料或电动葫芦上料。制备尿素溶液时，先开启溶解罐进水电动阀；到达设定水位后，开启搅拌和加热；到达设定温度后，将尿素由罐顶进料口倒入。

由于尿素溶解时会吸收热量，且尿素溶液易结晶析出。为了有效地溶解尿素颗粒，每罐设置一台顶进式搅拌器和一台加热器，尿素溶解过程中会吸热导致水温下降，加热器自动保持罐内溶液的温度在 40℃，维持尿素溶液制备、储存罐内溶液温度在尿素溶液的结晶温度之上。

尿素溶液加入除盐水在混合计量分配单元内稀释至 3%～10%浓度的溶液（根据锅炉出口烟气中 NO_x 浓度调节），最后经喷枪喷入焚烧炉。每个喷枪通过软管连接尿素溶液管路和压缩空气管路。尿素溶液由压缩空气雾化后喷入烟气中。通过控制尿素溶液喷射泵转速控制尿素溶液输送量，尿素溶液流量的调节根据尾部烟道的烟气 NO_x 含量及 NH_3 逃逸量进行跟踪控制，可自动调节和控制喷枪（组）尿素喷射量。以尿素为还原剂的 SNCR 工艺流程如图 8-12 所示。

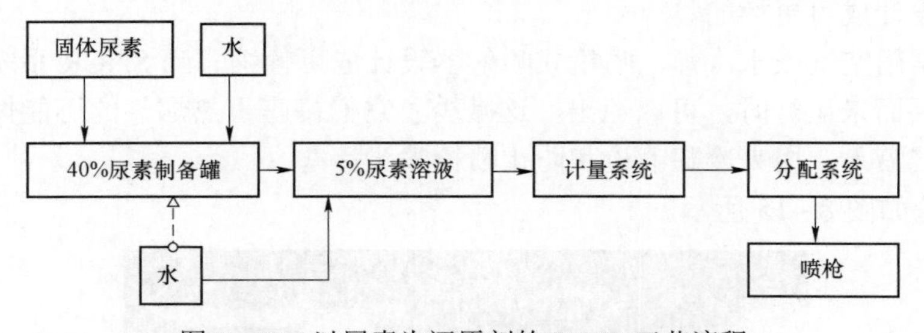

图 8-12 以尿素为还原剂的 SNCR 工艺流程

以尿素为还原剂的国外某厂 SNCR 系统流程图如图 8-13 所示。

3. 喷射器

（1）喷射器的分类。

1）壁式喷射器。壁式喷射器连接到锅炉的内壁，通常每个喷射器设置有一个喷嘴。壁式喷射器用于较小的锅炉和基于尿素的系统，因为它们不直接暴露于热烟气中，具有比喷枪式喷射器更长的工作寿命。

2）喷枪式喷射器。其由喷嘴和气动执行机构组成，压缩空气在长管内使还原剂雾化，并以 0.2～0.4MPa 的压力喷出。喷枪式喷射器结构如图 8-14 所示。

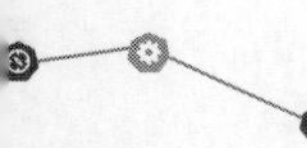

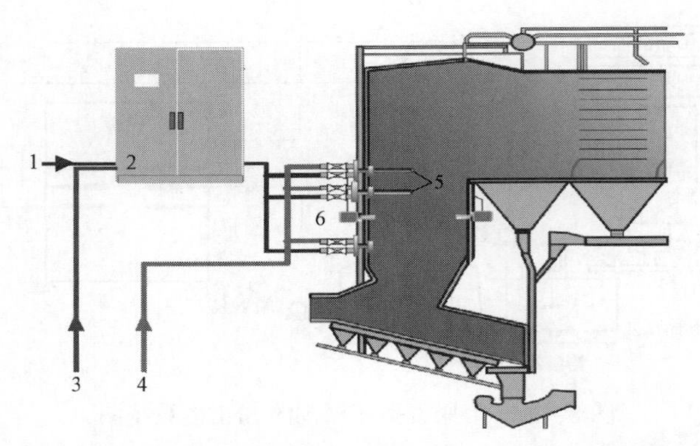

图 8－13　以尿素为还原剂的国外某厂 SNCR 系统流程图

1—还原剂；2—混合/测量模块；3—水；4—压缩空气；5—喷射器；6—烟气温度测量

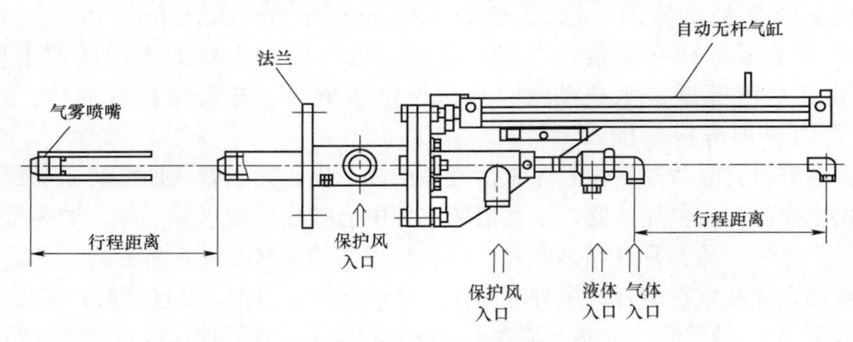

图 8－14　喷枪式喷射器结构

SNCR 系统可采用一种或两种类型的喷枪。喷射器受到高温和烟气冲击，导致腐蚀，因此，尿素溶液喷嘴采用耐高温、耐腐蚀的金属材料，耐烟气冲刷，易于维修保养，有较长的使用寿命，并设计成可更换的。

喷射器通常用空气或水冷却，喷枪式喷射器设计成可伸缩。当 SNCR 系统由于锅炉停止或其他操作原因而未运行时，可以退出，这减少了它们暴露于热烟气的可能性。喷枪要时刻保持有压缩空气喷入，用来冷却喷枪和防止喷枪喷头堵塞。

SNCR 喷枪如图 8－15 所示。

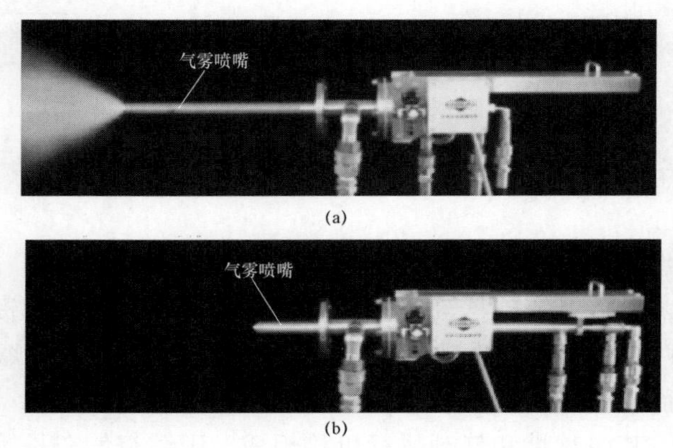

图 8－15　SNCR 喷枪

（a）喷雾中（推送气雾喷嘴到达指定位置进行喷雾）；（b）喷雾停止（停止喷雾后，气雾喷嘴退回至原始位置）

SNCR 系统喷枪工作状态如图 8–16 所示。

（2）喷射器的布置。喷枪式喷射器可以采用 2 层或 3 层布置。

1）2 层布置。焚烧炉第一通道设置 2 层喷嘴，为使尿素与烟气均匀混合，各层的尿素溶液喷嘴在锅炉前壁设置 3 个，左右侧壁各设置 2 个，每层 7 个，总计 14 个。稀释后的尿素溶液用压缩空气喷射进炉膛，为避免烧损，气缸带动喷枪进入或退出炉壁。具体使用哪一层的喷嘴，需按照炉内温度情况而定。

2）3 层布置。焚烧炉第一通道设置 3 层喷嘴，每层 4 个，运行期间根据炉膛温度的具体情况，选择合适的喷入位置。喷嘴分别布置在炉膛的前墙或者左右两侧墙上。3 层布置如图 8–17 所示。

图 8–16　SNCR 系统喷枪工作状态

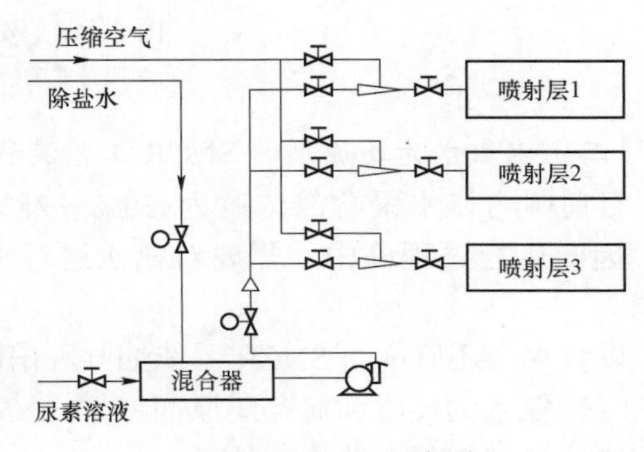

图 8–17　3 层布置

（3）喷射器的特点。

1）构造简单，不易堵塞，易维护。

2）溶液分布均匀。

3）压缩空气消耗量少。

4）喷雾范围大。

5）平均粒子半径小，粒子半径差异小。

6）安装空间小。

7）部件损耗小，寿命长。

8）采用伸缩装置，可退出保护。

9）良好的冷却和清洁功能。

喷嘴与管道之间装有快装接头和软管以保证喷射器拆装方便，便于维护。安装完成的喷射器如图 8–18 所示。

还原剂在压力下喷射入炉膛，并通过专门设计的喷嘴尖端雾化，以产生最佳尺寸和分布的液滴。喷射的角度和速度控制还原剂的轨迹。尿素系统通常通过双流体雾化器喷嘴注入载体流体，通常是压缩空气或蒸汽，还原剂可以用低能量或高能量系统注入。低能系统使用很少或不使用压缩空气，而高能系统使用大量的压缩空气或蒸汽来注入溶液并将溶液与烟气剧烈混合。大型焚烧炉的喷射器通常使用高能系统。高能系统的建造和运行成本更高。

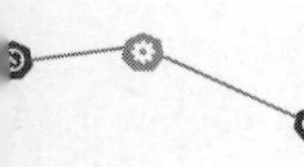

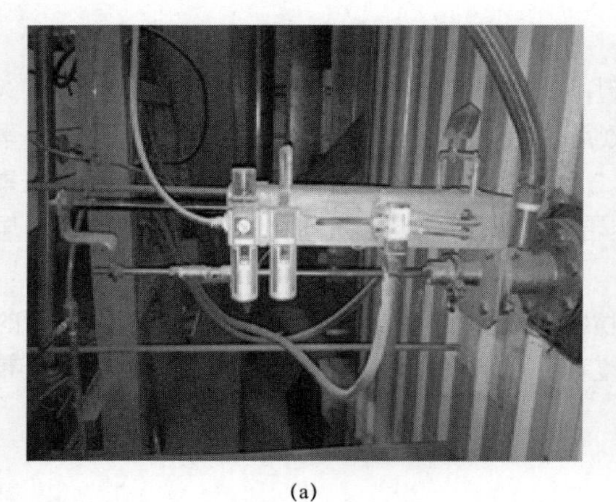

(a)

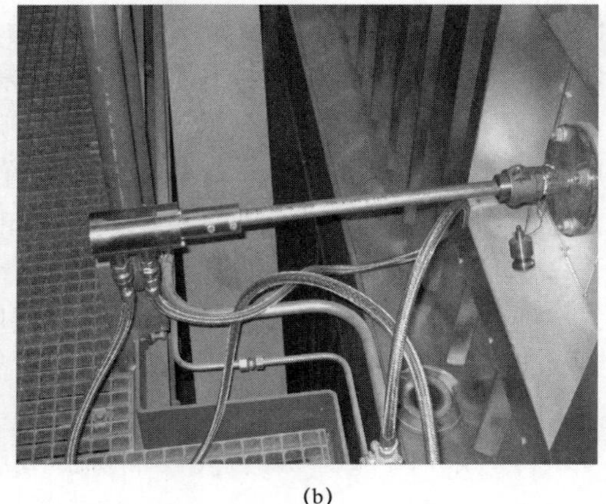

(b)

图 8－18　安装完成的喷射器

（a）喷枪式喷射器；（b）壁式喷射器

（二）以氨水为还原剂的 SNCR 工艺流程和系统构成

目前国内氨水采购的浓度为 26%～28%，SNCR 工艺还原剂使用 5%～15%浓度的氨水，因此运行过程施中，需要对氨水进行适当的稀释。其他部分与尿素 SNCR 工艺基本相同。

以氨水为还原剂的 SNCR 系统烟气脱硝由以下 4 个基本过程完成。

（1）氨水的接收和储存还原剂。

（2）还原剂的泵输送、计量。

（3）在锅炉合适位置注入稀释后的还原剂。

（4）还原剂与烟气混合进行脱硝反应。

用氨水做还原剂的 SNCR 工艺流程如图 8－19 所示。

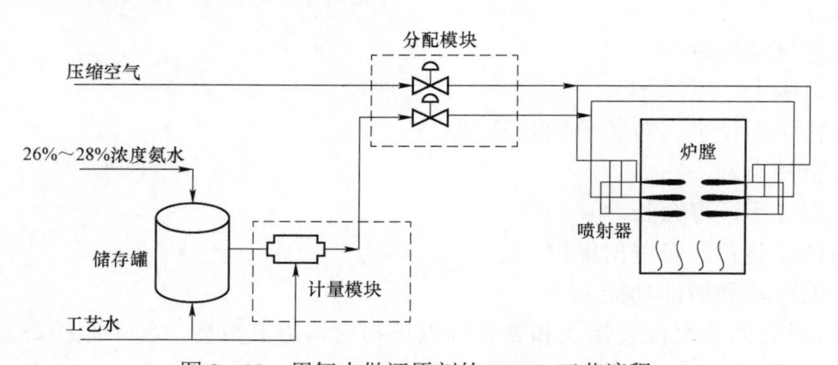

图 8－19　用氨水做还原剂的 SNCR 工艺流程

七、SNCR 系统的运行和调整

运行和调节的目的是保证 SNCR 系统设备安全稳定运行、NO_x 排放浓度达到标准，同时确保最佳的还原剂、工艺水、压缩空气和厂用电的消耗。

正常运行时，锅炉负荷和 NO_x 排放浓度会在小范围内波动，无须因参数波动而进行调整，只有当 NO_x 排放浓度变化幅度较大时才进行调整。

1. SNCR 脱硝系统运行参数

（1）SNCR 还原剂：4%～10%尿素溶液或 5%～15%的氨水。

（2）SNCR 脱硝系统原烟气 NO_x 浓度：＜400mg/m^3（标准状态）。

（3）SNCR 脱硝系统净化后烟气 NO_x 浓度：＜200mg/m^3（标准状态、干基、11%O_2）。

（4）氨逃逸量：≤3mg/m^3（标准状态）。

（5）脱硝效率：≥50%。

2. 调节手段

根据排放指标的变化，主要调节手段有：（以尿素作还原剂为例）

（1）利用喷射层尿素溶液电动调整阀，调节喷射层稀溶液流量。

（2）利用尿素溶液母管电动调整阀，调节尿素溶液流量。

（3）利用稀释水母管电动调整阀，调节稀释水流量。

（4）根据炉温和排放指标情况，切换喷射层。

第四节 垃圾电厂的 SCR 脱硝技术

在众多的脱硝技术中，SCR 脱硝技术是脱硝效率最高、应用最广泛、技术最成熟、运行最可靠的一种烟气脱硝工艺。近年来，随着国家环保排放标准的提高，新建机组都配置有 SCR 系统。

一、SCR 定义

SCR 是在催化剂（铁、钒、铬、钴或钼等碱金属）的作用下，在温度为 170～450℃的工况下，还原剂将烟气中的 NO_x 转化为氮气和水，达到烟气脱硝的目的。

由于还原剂具有选择性，只与 NO_x 发生反应，生成无毒的 N_2 和 H_2O，基本不与 O_2 反应，烟气中的 SO_2 极少氧化成 SO_3，故称为选择性催化还原脱硝。

在运行中，无论以何种形式使用还原剂，发生的化学反应都是一样的，首先将还原剂喷入 SCR 反应器上游的烟气中，利用格栅使烟气与还原剂充分混合，然后烟气的热量使还原剂蒸发，最后还原剂与 NO_x 发生化学反应，生成 N_2 和 H_2O。

二、SCR 脱硝技术发展历程

（一）SCR 脱硝技术在发达国家的应用

欧洲、日本是当今世界上对垃圾电厂 NO_x 排放控制标准最高的地区和国家，除了采取燃烧控制之外，都大量地使用了 SCR 烟气脱硝技术。经过多年的发展，SCR 技术已非常成熟。

SCR 脱硝技术起源于美国，美国虽然从 20 世纪 50 年代就开始研究 SCR 技术，并获得了许多专利。但 SCR 技术最早在日本开始工业应用，20 世纪 70 年代日本在火力发电厂建立了第一个 SCR 脱硝系统的示范工程，由于示范工程的成功，SCR 脱硝技术在日本得到了广泛应用。

欧洲从 20 世纪 80 年代开始应用 SCR 技术，SCR 脱硝技术在欧洲的电力行业和垃圾发电行业已有大规模的应用。

（二）SCR 脱硝技术在我国的应用

SCR 脱硝技术在我国的垃圾焚烧行业应用时间不长，但发展迅速。尤其是近年来，随着垃圾发电烟气排放标准提高，SCR 脱硝技术已经成为我国垃圾发电烟气脱硝处理的主流技术。

我国垃圾电厂的SCR反应器系统通常布置在除尘器之后，采用中低温脱硝工艺的占比较大，为了达到SCR还原反应所需的温度，烟气在进入反应器之前要经过GGH或SGH进行加热，以确保烟气温度能与催化剂的使用温度窗口相吻合。SCR脱硝工艺，在反应器和催化剂的合理选型和优化布置情况下，SCR系统的脱硝效率可以达到90%，锅炉出口的NO_x排放浓度控制在250mg/m³（标准状态）以下时，SCR系统可以将NO_x排放浓度控制在30mg/m³（标准状态）以下。

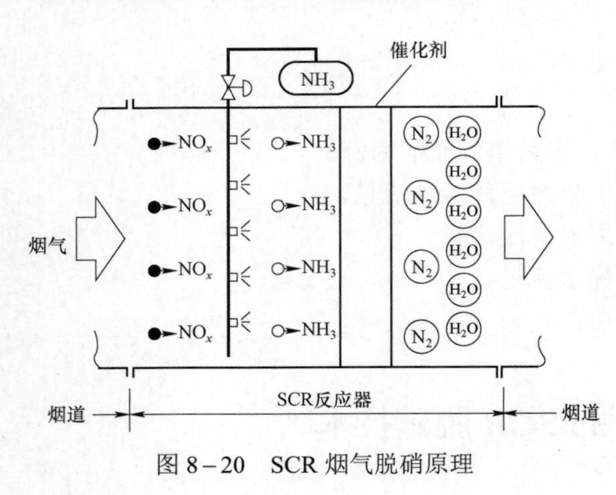

图8－20　SCR烟气脱硝原理

三、SCR脱硝技术脱硝原理

SCR脱硝技术与SNCR脱硝技术的化学反应原理相同，都是在烟气中加入还原剂，在一定温度下，还原剂与烟气中的NO_x反应，生成无害的氮气和水。在没有催化剂的情况下，上述化学反应只是在很窄的温度范围（850～1050℃）内进行，SCR脱硝技术采用催化作用使反应活化能降低，反应可在较低的温度条件（170～450℃）下进行，与SNCR脱硝技术相比，可以降低还原剂的消耗量。SCR烟气脱硝原理如图8－20所示。

（一）SCR脱硝反应过程

催化剂在提高脱硝反应效率的同时，也会使脱硝反应更快速。SCR脱硝工艺的整个反应包括以下几个过程：

1. NO的还原反应

因为在垃圾焚烧过程中产生的NQ_x中，NO的含量占90%以上，所以，NO的还原反应是SCR脱硝的主要反应。NO通过以下反应被还原，即

$$4NH_3+4NO+O_2\xrightarrow{\text{催化剂}}4N_2+6H_2O \quad (8\text{–}10)$$

$$4NH_3+2NO+2O_2\xrightarrow{\text{催化剂}}3N_2+6H_2O \quad (8\text{–}11)$$

在无氧或者缺氧的运行工况下，以上反应式转换为下面的反应，即

$$4NH_3+6NO\xrightarrow{\text{催化剂}}5N_2+6H_2O \quad (8\text{–}12)$$

当烟气中有氧气时，反应第一式优先进行，因此，还原剂的消耗量与NO还原量有一对一的关系。

2. NO_2的还原反应

在垃圾焚烧的烟气中，NO_2一般约占总的NO_x浓度的10%。

还原NO_2比还原NO需要更多的氨。由于在垃圾焚烧产生的烟气中，NO_2仅占NO_x总量的一小部分，所以NO_2的影响并不显著。

3. SCR脱硝过程的副反应

（1）副反应产生NO。一般认为，在典型的SCR反应条件下，*NSR*接近1、氧含量较低、反应温度低于400℃、催化剂活性较高时，SCR反应在某些条件下选择性不好，会产生一些NO。

（2）副反应产生硫酸氢铵和硫酸铵。SCR脱硝反应时，SO_2向SO_3的转化是一个有负面作用的副反应，约在 320℃以下，SO_3和逃逸的氨反应，生成硫酸氢铵（NH_4HSO_4）和硫酸

铵[$(NH_4)_2SO_4$]。其反应式为

$$2SO_2 + O_2 \xrightarrow{\text{催化剂}} 2SO_3 \qquad (8\text{–}13)$$

$$NH_3 + SO_3 + H_2O \xrightarrow{\text{催化剂}} NH_4HSO_4 \qquad (8\text{–}14)$$

$$2NH_3 + SO_3 + H_2O \xrightarrow{\text{催化剂}} (NH_4)_2SO_4 \qquad (8\text{–}15)$$

4. 副反应产物的危害

（1） $(NH_4)_2SO_4$ 的沉积温度在 150～200℃时，$(NH_4)_2SO_4$ 的沉积会造成催化剂微孔堵塞和腐蚀，增大系统阻力。为了减少系统阻力，要加强 SCR 反应器的吹灰。

（2） 造成催化剂中毒，可以使催化剂失活，降低催化剂的使用寿命。

（3） 硫酸铵会引起尾部金属的腐蚀，硫酸铵的冷凝也会使金属腐蚀。

（4） 造成蓝色或者褐色硫酸气溶胶的形成和排放。

（5） 影响风机的运行，要定期对风机表面的积垢进行清洗。

降低上述影响是将氨逃逸量维持在低水平，以及控制 SO_2 转化率，在运行阶段，要保证 SO_2/SO_3 转化率小于 1，氨逃逸量小于 $3mg/m^3$（标准状态）。

（二）SCR 脱硝过程中氨的氧化机理及危害

氨的氧化将一部分氨转化为其他的氮化合物，可能的反应有

$$4NH_3 + 5O_2 \longrightarrow 4NO + 6H_2O \qquad (8\text{–}16)$$

$$4NH_3 + 3O_2 \longrightarrow 2N_2 + 6H_2O \qquad (8\text{–}17)$$

$$2NH_3 + 2O_2 \longrightarrow N_2O + 3H_2O \qquad (8\text{–}18)$$

1. 影响氨氧化反应的因素

催化剂成分、烟气中各组分和氨的浓度、反应器温度等会影响氨氧化的发生。

2. 氨氧化的危害

（1） 为达到给定的 NO_x 脱除率，氨供给将增加，需要添加额外的还原剂以替换被氧化的氨。

（2） 氨的氧化减少了催化剂内表面吸附的氨，可能影响 NO_x 脱除。

（3） 由于氨不是被氧化就是与 NO_x 反应或者作为氨逃逸从反应器中排出，所以氨的氧化使 SCR 工艺过程的物料平衡变得复杂。

（三）SCR 脱硝过程中 SO_2 氧化的机理及危害

SCR 催化剂的氧化特性也会在脱硝反应器内将 SO_2 氧化为 SO_3。

1. 影响 SO_2 氧化反应的因素

SO_2 氧化率受烟气中 SO_2 浓度、反应温度、催化剂的结构及配方的影响。SO_3 的产生率正比于烟气中 SO_2 的浓度，增加反应温度也会加快 SO_2 的氧化，当温度超过 370℃时，氧化速率将迅速增加。

SO_2 氧化速率也与反应器中催化剂的体积成正比，因此，为获得高的脱硝效率和低的氨逃逸而设计的反应器也会产生更多的 SO_3。

2. SO_2 氧化的危害

SO_2 氧化为 SO_3，SO_3 与催化剂组分及烟气组分反应，产生硫酸氢铵和硫酸铵。形成固体颗粒沉积在催化剂表面或内部，缩短催化剂寿命。

四、SCR 技术特点

（一）SCR 脱硝技术优点

（1） 脱硝效率高。

（2）选择性好，还原剂可选择性地与 NO_x 反应，而不与烟气中大量存在的氧化性物质反应。

（3）使用了催化剂，降低 NO_x 还原温度。

（4）设备布置紧凑，占地小。

（5）技术成熟可靠。

（二）SCR 脱硝技术缺点

（1）由于垃圾组分复杂，造成烟气成分复杂，某些污染物可使催化剂中毒，影响使用寿命。

（2）高分散的粉尘微粒可覆盖催化剂的表面，使其活性下降。对中高灰分垃圾，采用蒸汽吹灰与声波吹灰相结合的吹灰方式，可有效防止催化剂堵塞。

（3）系统中存在一些未反应的 NH_3 和烟气中的 SO_2 作用，生成易腐蚀和堵塞设备的 $(NH_4)_2SO_4$ 和 NH_4HSO_4，同时还会降低氨的利用率。

（4）相对 SNCR 系统，SCR 系统设备投资与运行费用较高，尤其是催化剂的投资和运行费用占比较高。

（5）采用中温催化剂的 SCR 系统需要蒸汽加热烟气，能源消耗量较大，经济性较差。

（6）催化剂的运行管理较复杂。

五、SCR 脱硝技术工艺

（一）工艺流程

SCR 系统工艺流程是袋式除尘器出口烟气→湿法脱硫系统→SCR 系统进口烟道→GGH→SGH→还原剂喷射格栅→烟气/还原剂混合器→均流板→SCR 反应器→GGH→SCR 反应器出口烟道→烟囱。

配置 SCR 的机组工艺流程如图 8－21 所示。

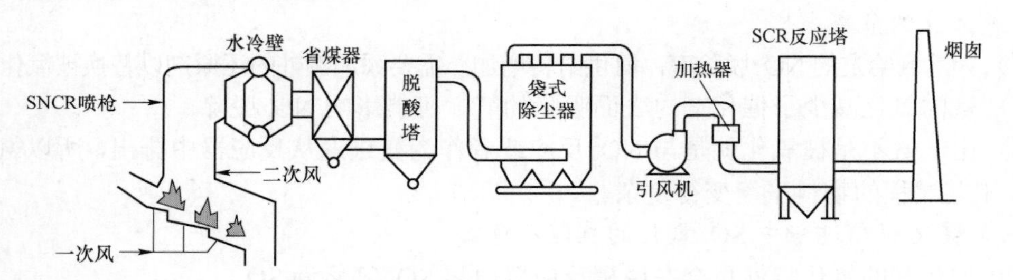

图 8－21　配置 SCR 的机组工艺流程

催化剂布置在 SCR 反应器内，烟气流竖直向下流经 SCR 反应器内布置的催化剂。烟气中的 NO_x 经过还原剂喷射格栅、烟气/氨气混合器，与所喷入的氨气混合均匀，催化剂通常为“2+1”布置，预留一层催化剂填装空间，在初装催化剂活性降低时，可以加装新催化剂。

为防止反应器积灰，每层反应器入口布置有吹灰器，通过吹灰器的定期吹扫来清除催化剂上的积灰。

还原剂采用双流体喷嘴喷射，经由喷氨格栅（Ammonia Injection Grid，AIG）喷入烟道内。稀释风通过烟道内的涡流混合器与烟气进行充分、均匀地混合后进入反应器，还原剂的喷入量根据 NO_x 出口浓度进行调节，喷氨量少会使脱硝效率过低，过大容易导致氨逃逸量上升，造成二次污染。

从 SCR 反应器出来的烟气经过 GGH、引风机后从烟囱排入大气中。用氨水做还原剂的 SCR 烟气脱硝工艺流程如图 8-22 所示。

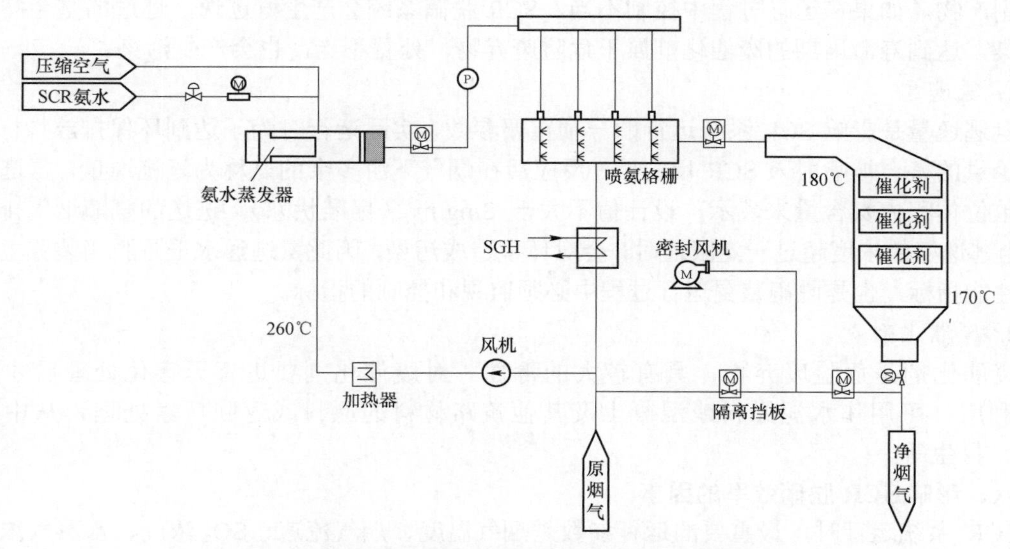

图 8-22 用氨水做还原剂的 SCR 烟气脱硝工艺流程

用尿素做还原剂的 SCR 烟气脱硝工艺流程如图 8-23 所示。

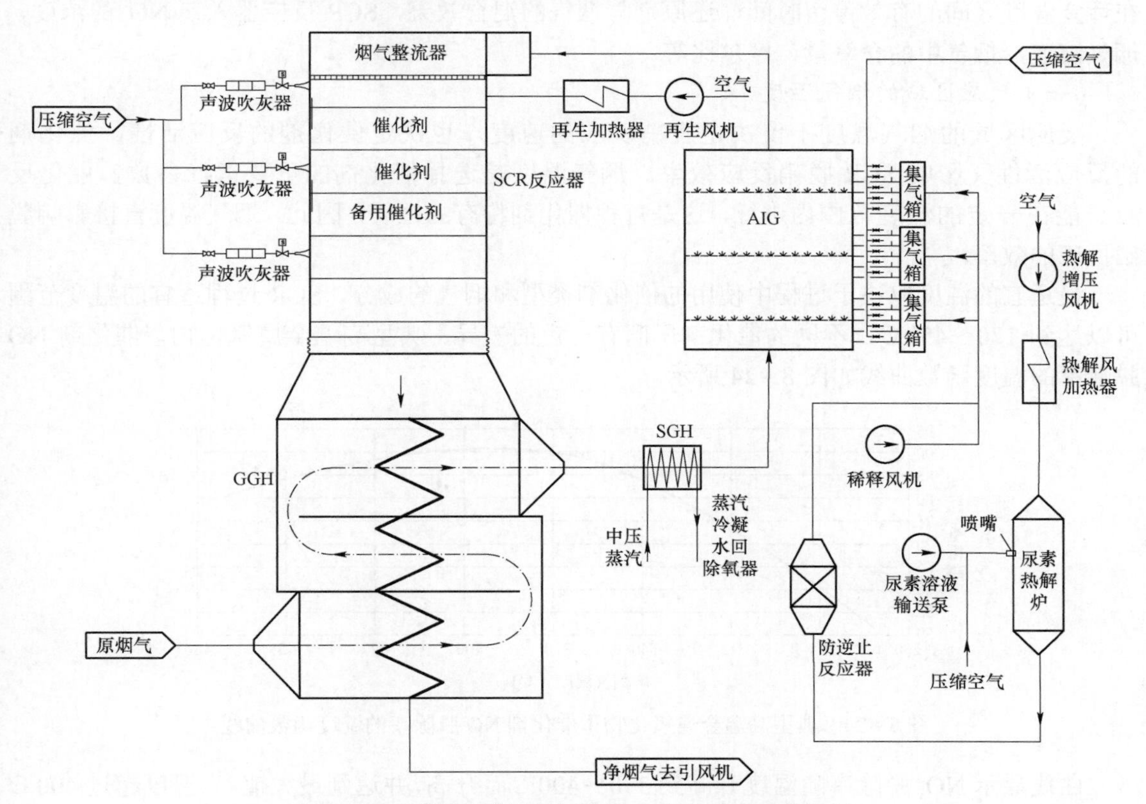

图 8-23 用尿素做还原剂的 SCR 烟气脱硝工艺流程

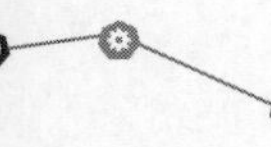

（二）SCR 运行中的二次污染

脱硝过程是利用氨将 NO_x 还原，反应产物为无害的水和氮气，因此，脱硝过程不产生直接的副产物。如果在运行过程中控制不当，SCR 脱硝系统会产生氨逃逸，逃逸的氨会产生二次污染。达到寿命周期的废催化剂属于危险废弃物，处置不当，也会产生污染。

1. 氨逃逸

氨逃逸量是影响 SCR 系统运行的一项重要参数，实际运行时为了达到环保排放指标，多于理论量的氨会被喷射入 SCR 反应器，反应后在烟气下游多余的氨称为氨逃逸量，氨逃逸量通过单位体积内氨含量来表示，设计值不大于 $3mg/m^3$（标准状态）。逃逸的氨随烟气排向大气，当逃逸氨的浓度超过一定限值时，会对环境造成污染，因此氨逃逸水平是脱硝装置主要的设计性能指标，也是脱硝装置运行过程中必须监视和控制的指标。

2. 废催化剂

废催化剂是危险废弃物，具有较大的毒性。对废催化剂要进行无害化处理后才能进行再利用，可用作水泥原料或混凝土及其他筑路材料的原料或返回厂家处理，从中回收金属、再生等。

六、影响 SCR 脱硝效率的因素

SCR 系统运行时，最重要的运行参数是烟气温度、烟气流速、SO_2 浓度、水蒸气浓度和氨逃逸等。还原反应速率决定了烟气中 NO_x 的脱除量，影响 SCR 脱硝效率的因素包括反应区域的烟气温度，催化剂的活性、结构和表面积，SCR 反应器入口烟气的流化状况，氨逃逸，在适宜温度区间的有效停留时间，还原剂与烟气的混合效果，SCR 反应器入口 NO_x 的浓度，烟气流速，烟气中的含氧量、摩尔比等。

（一）反应区域的烟气温度

反应区域的烟气温度不仅决定脱硝反应的速度，也决定催化剂的反应活性，催化剂的反应活性又影响 SCR 脱硝反应效率。烟气温度是选择催化剂的重要运行参数，催化反应只能在一定的温度范围内进行，这是每种催化剂特有的性质，因此，烟气温度直接影响脱硝反应的效率。

最适宜的温度取决于过程中使用的催化剂类型和烟气的成分，SCR 过程适宜的温度范围可以达到 170～450℃，不同的催化剂厂商有一定的差异。典型高温金属氧化物型催化剂 NO 脱除率的温度函数曲线如图 8－24 所示。

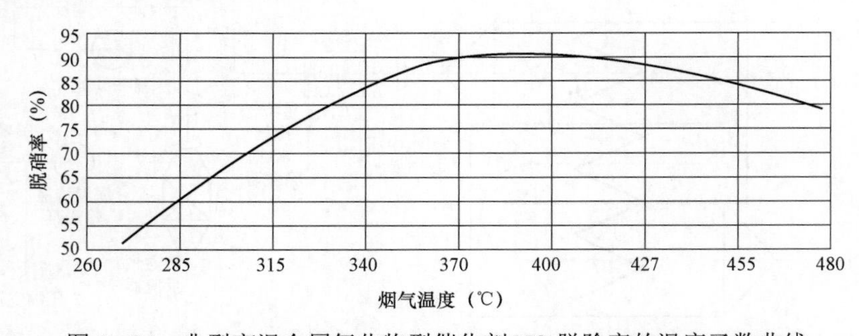

图 8－24　典型高温金属氧化物型催化剂 NO 脱除率的温度函数曲线

曲线显示 NO_x 脱除率随温度升高到 370～400℃而升高，并达到最大值。当温度超过 400℃

时，反应速率和 NO_x 脱除率开始下降。

当烟气温度接近最佳值时，反应速率上升，更少的催化剂量就能实现相同的 NO_x 脱除率。当烟气温度从 320℃上升到最佳值 370～400℃时，所需的催化剂量大约减少了 40%。催化剂量的减少使 SCR 系统成本大幅降低。催化剂消耗量随温度变化的关系曲线如图 8－25 所示。

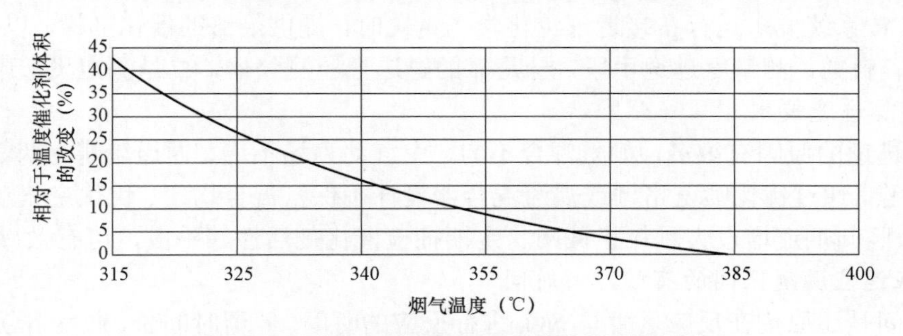

图 8－25　催化剂消耗量随温度变化的关系曲线

烟气温度、催化剂量和 NO_2 脱除率之间的关系是催化剂配方和结构的复杂函数，每一种催化剂的物理和化学特性要对于不同的运行条件而实现最优化。因此，催化剂的选择对于 SCR 系统的运行和性能都是至关重要的。

SCR 的还原反应只在特定温度区间有效，在设计温度区间以下反应下降。催化剂在低温下持续运行，还将导致催化剂的永久性损坏。如果反应温度太高，则 NH_3 容易被氧化，生成 NO_x 的量增加，甚至会使催化剂烧结、钝化，引起催化剂材料的相变，导致催化剂的活性退化。

（二）催化剂的活性、结构和表面积

脱硝反应是一个表面反应，催化反应的速度外在取决于烟气与催化剂接触的表面积，内在取决于催化剂上面微孔面积、尺度分布及由此引起的扩散、吸附速度的大小。

在相同的条件下，反应器中的催化剂表面积越大，NO_x 的脱除效率越高，同时氨的逸出量也越少。对于给定的烟气流速，增加催化剂比表面积能增加 NO_x 的脱硝效率。

（三）SCR 反应器入口烟气的流化状况

采用合理的喷嘴、格栅，并为氨和烟气提供足够长的混合烟道，是使氨和烟气均匀混合的有效措施，可以避免由于氨和烟气的混合不均所引起的一系列问题。

部分垃圾电厂的脱硝效率低、氨逃逸浓度超标，经分析其主要原因是烟气空气动力场不均匀，造成烟气和还原剂混合不充分。针对上述情况有的厂家研究开发了新型导流整流技术，如等压力整流器、新式导流装置等，可有效优化空气动力场、改善脱硝效率及减少氨逃逸情况。

（四）氨逃逸

实际生产中通常是多于理论量的氨被喷射进入系统，反应后在烟气下游多余的氨称为氨逃逸。

1. 氨逃逸的危害

还原剂的输入量必须既保证 SCR 系统 NO_x 的脱除效率，又保证较低的氨逃逸量。只有气流在反应器中速度分布均匀及流动方向调整得当，NO_x 转化率、氨逃逸量和催化剂的寿命才能得以保证。

氨逃逸是影响 SCR 系统运行的一个重要参数，NO 脱除效率随着氨逃逸量的增加而增加，

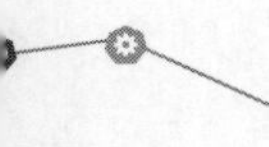

在某一个氨逃逸量后达到一个最佳脱硝效率值。

氨逃逸量大会引起很多问题，包括影响健康、烟囱排烟的可见度和硫酸铵的生成等。因此，在进行 SCR 设计时都会进行严格限制。

当 SCR 系统运行时，氨逃逸量不会持续不变，催化剂活性降低时氨逃逸量就会增加。设计合理的 SCR 系统要求运行在接近理论化学当量比时，提供足够的催化剂量，以便维持较低的氨逃逸量。目前，测量氨逃逸手段，一是靠的氨逃逸监测仪器，二是测定飞灰中的氨浓度。

2. 减少氨逃逸技术

引起氨逃逸的原因有很多，如氨混合不匀、空气动力场不均、通道堵塞、烟气温度过低、催化剂失活等。通过优化喷氨格栅或涡流混合器设计确保氨混合均匀、优化空气动力场设计、在 SCR 入口竖向烟道增设大颗粒拦截网、定期抽检催化剂活性等手段，可有效减少氨逃逸。

（五）在适宜温度区间的有效停留时间

停留时间是还原剂在反应器中与 NO_x 进行反应的时间。停留时间长，通常 NO_x 脱除率高。温度也影响所需的停留时间，当温度接近还原反应的最佳温度时，所需的停留时间减少。

（六）还原剂与燃烧烟气的混合效果

SCR 工程设计的关键是达到还原剂与烟气中 NO_x 的最佳的湍流混合。因此，脱硝反应物必须被雾化并与烟气充分混合，以确保与被脱除反应物有足够的接触。喷射系统控制还原剂的喷入量、喷射角、速度和方向，以增加穿透烟气的能力。

烟气和氨在进入 SCR 反应器之前进行混合，如果混合不充分，NO_x 还原效率降低。

SCR 设计必须在氨喷入点和反应器入口有足够的管道长度来实现混合。混合时还可通过以下措施进行空气动力场优化改善：

（1）在反应器上游安装静态混合器。

（2）提高给予喷射流体的能量。

（3）提高喷射器的数量和/或喷射区域。

（4）修改喷嘴设计来改善反应物的分配、喷射角和方向。

（七）烟气流速

烟气流速直接影响 NH_3 与 NO_2 的混合程度，需要设计合理的流速，以确保 NH_3 与 NO_x 充分混合而使反应充分进行。

总之，SCR 脱硝反应的效率在很大程度上取决于催化剂的反应活性，但是反应温度、烟气在反应器内的停留时间、*NSR*、烟气流速等反应条件对其效率也会产生较大影响。

七、催化剂

（一）催化剂的主要作用

催化剂的主要作用是促使还原剂选择性地与 NO_x 在一定温度下发生化学反应，达到去除 NO_x 的目的。同时，催化剂还能控制脱硝反应速度和脱硝效率，促进有用反应的发生，抑制有害副反应的发生。如果在催化剂中加入特殊的成分，催化剂还有吸附二噁英的功能。

催化剂是 SCR 技术的核心，催化剂的选取是关键。催化剂的成分组成、结构、寿命等相关参数直接影响 SCR 系统的脱硝效率、运行可靠性、建设及运行成本。我国垃圾组分复杂多变、垃圾热值波动大，对脱硝催化剂的适应性也有更高的要求。

（二）催化剂的分类

虽然催化剂有不同的类型，但他们的功能是一样的。按照 SCR 催化剂的不同性能特点，可以对催化剂进行不同的分类。

1. 按活性成分分类

SCR 催化剂按活性成分可以分为贵金属催化剂、金属氧化物催化剂、沸石分子筛催化剂和活性炭催化剂 4 种。

2. 按运行温度分类

SCR 催化剂按运行温度分类可以分为低温催化剂、中温催化剂和高温催化剂 3 种。

不同温度的催化剂的工作温度范围见表 8－6。

表 8－6　不同温度的催化剂的工作温度范围　℃

催化剂类型	温度范围
低温催化剂	170～220
中温催化剂	220～300
高温催化剂	＞300

（三）催化剂的组分

催化剂的活性材料通常由贵金属、碱性金属氧化物、炭材料等组成，使得 NO_x 能被选择性还原。各种催化剂的活性成分均由 TiO_2、WO_3 和 V_2O_5 或 SiO_2、Al_2O_3 等物质组成，典型催化剂成分组成见表 8－7。

表 8－7　典型催化剂成分组成

催化剂	成　分	比例（%）
主要原材料	TiO_2	78
	WO_3	9
	SO_2	0.5～1
活性剂	V_2O_5	0～3
纤维（机械稳定性）	SiO_2	7.5
	Al_2O_3	1.5
	CaO	1
	Na_2O+K_2O	0.1

目前，国内外采用的催化剂主要为钒钛（$V_2O_5-TiO_2$）体系（添加 WO_3 或 MoO_3 作为助剂），该催化剂效率高、稳定可靠，但催化剂存在本身具有一定的毒性、价格昂贵、易受烟气成分影响而失活、低温下活性较低以及温度窗口受限等问题。为了使催化剂得到必要的高活性能量，催化剂应该具有大的比表面积及合适的孔结构。

最新的研究表明钒钛体系催化剂的使用还会将 SO_2 氧化为 SO_3，造成新的污染。针对上述问题，国内外开展了新型催化剂配方开发、催化剂中毒与抗中毒问题研究、宽温度窗口催化剂研发以及废旧催化剂的再生利用等方面的大量研究，并且取得了一定成果。

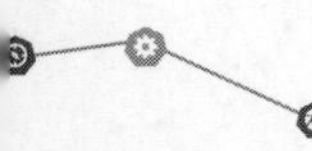

（四）催化剂的形式及特点

不论催化剂采用何种形式，都要保证催化剂在运行过程中有利于飞灰的通过，防止运行过程中催化剂堵塞。

1. 催化剂的三种形式

催化剂主要有板式、蜂窝式和波纹式 3 种形式。其中板式和蜂窝式使用较多，波纹式使用较少。

（1）板式催化剂。板式催化剂是利用不锈钢金属网为基材，将 TiO_2、V_2O_5 等的混合物黏附在不锈钢网上，经过压制、煅烧后形成催化剂板材，再将催化剂板材组装成板式催化剂模块，催化剂板材为最小构成单位，数十片板材组成催化剂模块。催化剂板材如图 8－26 所示。

图 8－26　催化剂板材

板式催化剂的优点是不易堵塞、抗冲击能力较强、耐磨损性较强、压降低、催化剂可叠放、SO_2 氧化率较低。板式催化剂烟气的高尘环境适应力强。

板式催化剂的缺点是比表面积小、质量大、活性低、体积大、寿命可能会降低、需要更多的钢结构。考虑到板式催化剂的优缺点，其适用于高灰工况下运行。

（2）蜂窝式催化剂。蜂窝式催化剂一般为均质催化剂。将 TiO_2、V_2O_5、WO_3 等混合物通过一种陶瓷挤出设备，经干燥、烧结、切割制成催化剂元件，然后组装成为标准模块。蜂窝式催化剂端面为蜂窝状，蜂窝孔道贯穿单体长度方向，蜂窝式催化剂如图 8－27 所示。

图 8－27　蜂窝式催化剂

蜂窝式催化剂的优点是耐磨损、活性高、机械强度大、寿命长、体积小、投资成本低、模块化、相对质量较轻、长度易于控制、比表面积大、回收利用率高等。

蜂窝式催化剂的缺点是易堵塞、SO_2 转化率高、调节性能差。

（3）波纹式催化剂。波纹式催化剂的制造工艺一般以用玻璃纤维加强的 TiO_2 为基材，将 WO_3、V_2O_5 等活性成分浸渍到催化剂的表面，波纹式催化剂由直板与波纹板交替叠加组成，催化剂单元由钢壳包装，波纹式催化剂采用玻璃纤维板或陶瓷板作为基材浸渍烧结成型。波纹式催化剂如图 8－28 所示。

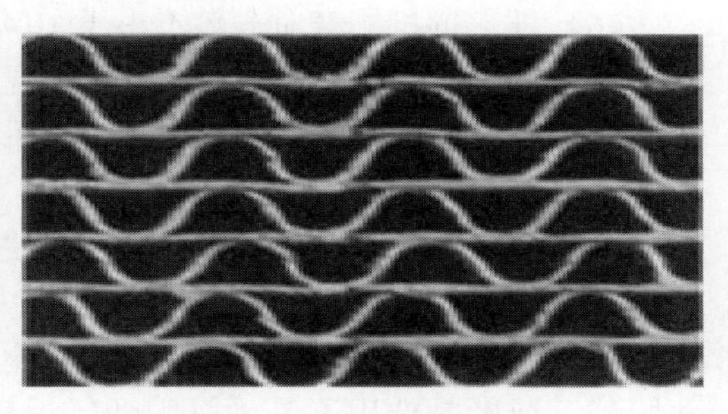

图 8－28　波纹式催化剂

波纹式催化剂优点是活性物质利用率高、比表面积较大、压降较小、SO_2 氧化率低、体积小、质量轻等。

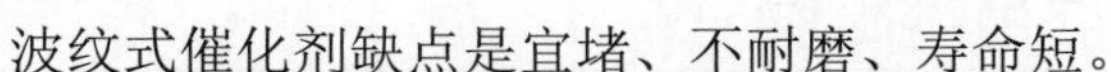

波纹式催化剂缺点是宜堵、不耐磨、寿命短。

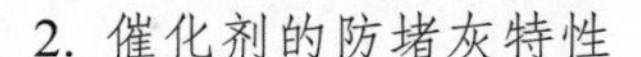

2. 催化剂的防堵灰特性

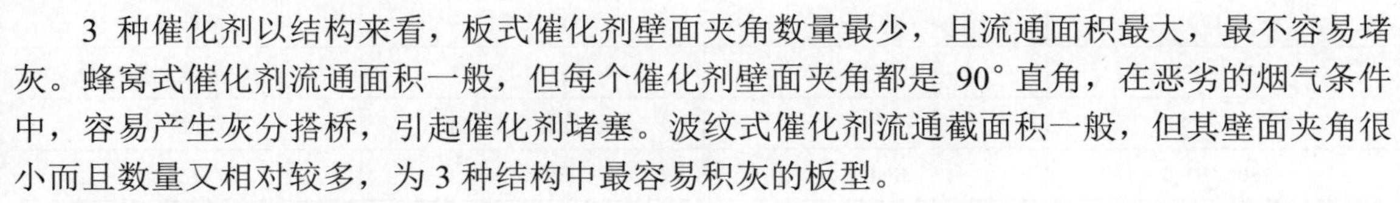

3 种催化剂以结构来看，板式催化剂壁面夹角数量最少，且流通面积最大，最不容易堵灰。蜂窝式催化剂流通面积一般，但每个催化剂壁面夹角都是 90° 直角，在恶劣的烟气条件中，容易产生灰分搭桥，引起催化剂堵塞。波纹式催化剂流通截面积一般，但其壁面夹角很小而且数量又相对较多，为 3 种结构中最容易积灰的板型。

（五）催化剂的性能

催化剂运行条件恶劣，催化剂的成本较高，为了达到节约成本、提高脱硝效率的目的，催化剂应具备活性高、寿命长、经济性好和不产生二次污染等特性，对催化剂的性能要求主要有：

（1）适应温度范围广，在较低的温度和较宽的温度范围内工作时，催化剂应具有较高的活性。

（2）NO_x 脱除率高。

（3）SO_2/SO_3 转化率低，一般不大于 1。

（4）对灰分及热冲击力的抵抗力强。

（5）压力损失低。

（6）氨逃逸低。

（7）在温度波动较大的运行工况下具有良好的热稳定性。

（8）使用寿命长，机械强度高。

（9）报废的催化剂易于回收、再生利用。

（10）较低的采购、再生和处理成本。

（六）SCR 脱硝工艺催化剂选择

由于 SCR 催化剂在高温、高尘、高 SO_2 含量和高中毒的烟气工况下运行，SCR 工艺中催化剂的选取是关键，因此，进行催化剂的选型时需重点考虑的因素包括：

（1）烟气中飞灰的含量和颗粒度。

（2）SCR 反应器布置空间。

（3）反应器烟气阻力要求。

（4）催化剂脱硝效率达到设计要求。

（5）催化剂运行寿命一般不小于 24 000h。

（6）催化剂机械寿命一般不小于10年。

催化剂的选取要满足在烟气流量、温度、压力、成分条件下达到脱硝效率、氨逃逸量等SCR基本性能要求。在灰分条件多变的环境下，其防堵和防磨损性能是保证SCR设备长期安全和稳定运行的关键。

以氨为还原剂来还原NO_x时，虽然脱硝反应过程容易进行，铜、铁、铬、锰等非贵金属都可起到有效的催化作用，但因烟气中含有 SO_2、尘粒和水雾，对脱硝催化反应和催化剂寿命均有不利影响。故采用铜、铁等金属作为催化剂的SCR工艺必须首先进行烟气除尘和脱硫，或者是选用不易受肮脏烟气污染和腐蚀影响的催化剂。烟气脱硝技术及催化剂选型见表8-8。

表8-8　　烟气脱硝技术及催化剂选型

温度窗口（℃）	脱硝技术	催化剂	适用范围
<170	SCR	活性炭	钢铁等
170～220	SCR	低温氧化物	垃圾焚烧等
220～400	SCR	宽温度窗口氧化物	燃煤电厂等
850～1050	SNCR	无催化剂	垃圾焚烧

（七）运行中影响催化剂寿命和脱硝效率的因素

因为催化剂是在工况较为恶劣的烟气中工作，故催化剂的运行寿命和脱硝效率会受到很多因素的影响。

1. 催化剂的磨损

飞灰会对催化剂造成磨损，影响催化剂的使用寿命。

2. 催化剂中毒

烟气携带的飞灰中含有Na、K、Ca、Si等碱金属时，如果直接和催化剂表面接触，会使催化剂活性降低，造成催化剂“中毒”或受污染，从而降低催化剂的效能和缩短使用寿命。

催化剂中毒的反应机理是在催化剂活性位置，碱金属与其他物质发生反应。如果能够避免水蒸气的凝结，可排除催化剂中毒危险的发生。如果垃圾中水溶性碱金属含量高，碱金属中毒就会非常严重。

低温催化剂中毒失活的原因如下：

当烟气温度为180℃、烟气中的SO_2浓度大于$80mg/m^3$时，生成的硫酸氢铵可以引起催化剂失活。有试验表明，当入口烟气温度为200℃、SO_2浓度为$286mg/m^3$时，SCR的反应效率在6h内由97%降至92%。

实际运行中，经脱硫系统处理过的烟气中仍含有少量的SO_x，SO_x可与SCR脱硝过程中逃逸的氨反应生成 NH_4HSO_4，液态 NH_4HSO_4 黏性很强，易造成催化剂堵塞、失活。SO_x、NH_3、H_2O、温度是影响NH_4HSO_4生成的主要因素，我国垃圾焚烧尾气的含水率约为20%，温度和含水率不变的情况下，降低烟气中SO_x的浓度可减少NH_4HSO_4的生成，目前普遍采用的脱酸工艺为半干法+干法，吸收剂为消石灰，去除效率较湿法低，增加湿法脱酸工艺，可提高SO_x的脱除效率，使烟气中SO_x的含量小于$50mg/m^3$，减少硫酸氢铵的生成，延长催化剂的寿命。

3. 催化剂烧结或失活

催化剂长时间暴露于450℃以上的高温环境中可引起催化剂活性位置的烧结，导致催化剂颗粒增大，表面积减小，而使催化剂活性降低。

4. 催化剂通道堵塞

飞灰中CaO和SO_3反应后，形成了$CaSO_4$，会吸附在催化剂表面，催化剂表面被$CaSO_4$包围，会阻止反应物向催化剂表面扩散及进入催化剂内部。

催化剂的堵塞主要是由于铵盐及飞灰的小颗粒沉积在催化剂小孔中，阻碍NO_2、NH_3、O_2到达催化剂活性表面，引起催化剂钝化。可以通过调节气流分布，选择合理的催化剂间距和单元空间，并使烟气进入SCR反应器温度维持在铵盐沉积温度之上，来降低催化剂堵塞。

对于安装在高灰段的SCR反应器，为了确保催化剂通道通畅，安装吹灰器可以有效减少灰堵。

5. 催化剂的腐蚀

催化剂的腐蚀主要是由于飞灰撞击在催化剂表面形成的。腐蚀强度与气流速度、飞灰特性、撞击角度及催化剂本身特性有关。通过采用耐腐蚀催化剂材料、提高边缘硬度、利用优化气流分布、在垂直催化剂床层安装气流调节装置等措施能够降低腐蚀。

（八）催化剂的运行管理

1. 催化剂活性监督

（1）催化剂失活的危害。催化剂运行一段时间后，由于各种不利因素的影响，活性会降低或失去活性。催化剂活性降低会造成脱硝效率降低、氨逃逸量增大、SO_2/SO_3转化率升高、积灰严重等。

（2）催化剂活性测量。测量催化剂活性损失的方法很多，一种常用的方法是根据催化剂的表面积和试验台上的烟气流速，测量NO_x的还原速度，计算催化剂的活性常数；再通过比较试验催化剂和新鲜催化剂的活性计算活性损失。

在保证脱硝率及氨逃逸率等性能指标要求的条件下，催化剂的最小相对活性通常设计为70%左右。

2. 催化剂运行优化

SCR催化剂活性是多层催化剂活性之和，可提高催化剂利用率，延长催化剂的使用时间。

催化剂安放在一个像固体反应器的箱体内，SCR反应器内一般布置有2～3层催化剂，可根据具体的需要放置不同层数的催化剂，采用2+1运行模式，即反应器内催化剂放置两层，并预留一层。催化剂布置如图8－29所示。

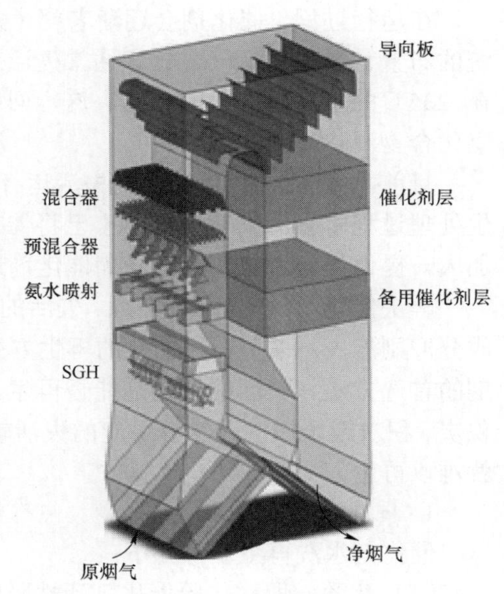

图8－29　催化剂布置

催化剂设计将考虑垃圾中含有的任何微量元素可能导致的催化剂中毒。催化剂模块将设计有效防止烟气短路的密封系统，密封装置的寿命不低于催化剂的寿命。

催化剂运行优化管理主要是指用系统化的方法合理运行催化剂，并预测催化剂何时需要加装备用层、替换或再生。“$N+1$”运行方式是一种典型的 SCR 催化剂运行模式。正确有效的催化剂优化运行模式应该是一个长期的运行计划，催化剂的运行优化需要评估一系列运行指标，包括锅炉的运行、SCR 系统的运行、垃圾管理、SO_3 的排放指标等，通过对这些运行指标的统计和分析，做出最优化的 SCR 催化剂运行优化方案。

3. 影响 SCR 催化剂优化运行的因素

SCR 装置投入运行后，SCR 系统运行的实际工况很难与设计值完全吻合，如垃圾组分的变化、燃烧工况的变化等都会影响催化剂的活性和使用寿命。

为了跟踪检测催化剂的活性，分析实际情况下催化剂劣化的原因和优化催化剂的运行，需要对催化剂进行分析和检测，为优化催化剂运行提供依据。催化剂活性检测的主要指标见表 8-9。

表 8-9　催化剂活性检测的主要指标

测试	分析目的
催化剂活性测试	（1）SO_2/SO_3 的转化率。 （2）压降。 （3）初始活性。 （4）实际活性
物理特性测试	计算催化剂的物理参数，如反应面积和多孔特性
化学特性测试	（1）通过电镜扫描确。 （2）通过半定量光谱分析化学组成变化。 （3）通过 X 射线衍射确定催化剂晶型，用于分析催化剂的化学组成

总之，催化剂管理是一个系统工程，包括对垃圾电厂实际运行条件和工况的考虑、催化剂的检测，以及催化剂的清洗再生。催化剂管理的好坏直接影响催化剂的实际使用寿命。

（九）催化剂的再生

在运行过程，催化剂会逐渐老化（失活）。影响催化剂失活的因素有很多，例如燃油、系统的布置、温度及烟气成分。通常失活有可逆和不可逆失活。其中可逆失活指的是运行温度在 235℃的条件下铵盐的聚结。这一问题可通过预加热进行解决。预加热可以将高沸点的碳氢化合物消除。

目前，大多数 SCR 催化剂失活运行时间在 30 000h 左右，由于催化剂在生产及失活后再生处理过程中会污染环境，国家已将催化剂列为危险化学品，使之生产、失活后的处理难度加大，提倡优先考虑将失活脱硝催化剂进行再生利用。

解决催化剂 NH_4HSO_4 中毒、失活的方式有水洗和加热再生，水洗容易导致催化剂的有效成分冲刷流失。采用在线加热的再生方式，再生温度为 350～400℃。催化剂再生是处理催化剂的首选方法。失活的催化剂能否再生，主要取决于催化剂失活原因和再生的难易程度。因积炭、积灰或金属沉积物等引起的失活较易进行再生处理，而永久性中毒及烧结引起的失活，就难以再生。

1. 催化剂水洗再生

催化剂水洗再生步骤如下：

（1）化验。取样化验催化剂活性降低是物理原因还是化学原因，确定催化剂再生的可行性及方法，制定清洗的时间和再生过程中需要添加的药品。

（2）现场清洗。对于失活不严重的情况，可以采用现场再生，即在 SCR 反应器内进行清灰，清除硫酸氢铵和较易清除的物质。这种方法简便易行、费用低，但只能恢复很少的活性。蜂窝式和板式催化剂根据具体情况可用高压水清洗，同时在水中添加化学药剂。

（3）专业公司清洗。对于深度失去活性的催化剂，可运送到专业的催化剂再生公司进行再生。把催化剂模块从 SCR 反应塔中拆除，放进专用的振动设备中，清除大部分堵塞物，如硫酸氢铵和其他可溶性物质及灰。振动后采用专用的化学清洗剂，产生的废水要进行特殊处理，达到排放标准才能排放。

2. 催化剂在线加热再生

在惰性保护气体氛围下，以一定速率升高催化剂温度，保持一段时间，然后降温，整个过程可以防止惰性气体氧化等反应发生。加热再生主要可以分解积累在催化剂表面吸附的铵盐，可将催化剂表面吸附的铵盐分解形成 SO_2。热还原再生过程与热再生过程类似，在惰性气体中混合一定比例的还原性气体，在高温环境中利用还原性气体与催化剂表面的硫酸盐发生反应，实现催化剂的再生。

催化剂再生可使催化剂恢复一定的活性，经过再生处理的催化剂，催化剂的寿命会有所降低，为了达到设计的脱硝效率，需要提供新的催化剂层来满足排放要求。

新建工程 SCR 系统应该设置催化剂在线再生装置，多条烟气净化线共用一套再生装置。催化剂在线加热的再生流程如图 8－30 所示。

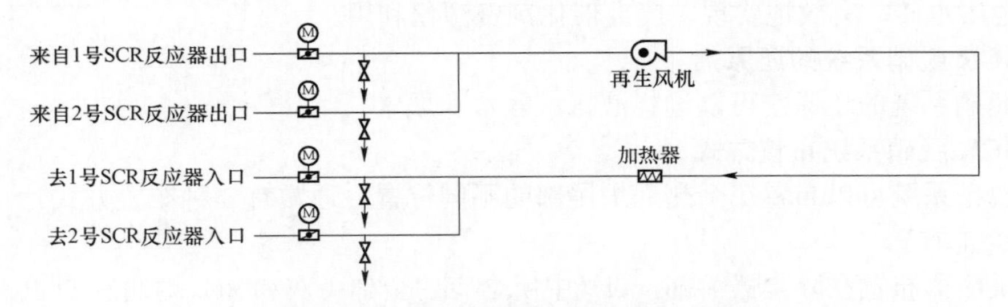

图 8－30　催化剂在线加热的再生流程

3. 催化剂洗涤再生

对于因催化剂表面被沉积的金属杂质、金属盐类或有机物覆盖引起失活的催化剂，可采用洗涤法将表面沉积物去除。通过压缩空气冲刷去除催化剂表面的浮尘及杂质，然后根据表面沉积物的性质，用酸洗、碱洗或采用有机溶剂进行萃取洗涤，洗涤后再用空气干燥。此方法简单有效，可以冲洗溶解性物质及冲刷掉催化剂表面部分颗粒物，对于失活程度较小的催化剂可明显提高催化剂脱硝效率，使用该方法处理后的催化剂活性有 30%左右的提高。

（十）催化剂的日常维护

根据国内已经运行垃圾电厂的运行经验及设备公司的经验，催化剂的维护工作主要侧重以下几个方面：

（1）在安装有吹灰器的位置，必须利用吹灰器清洁完催化剂后，才能停炉。在不能使用吹灰器的位置，停炉后，采用真空吸尘器清除所有堆积的灰尘、疏松的绝缘材料。

（2）在反应器低于最低设计温度之前，关闭还原剂的喷射。应通过上游热电偶测量温度，以确保所有催化剂在冷却周期内温度都高于最低实际温度。

（3）采取措施防止催化剂暴露于洗涤水、雨水或其他湿气中，不得用水清洗催化剂。

（4）开展催化剂技术监督，定期开展催化剂技术评估，积累和分析系统潜在性能和催化剂状况的有价值信息。保证催化剂各项性能指标达标，如果发现异常情况，应及时采取有效的整改措施。

（5）停用期间，检查催化剂，看是否具有腐蚀和堵塞，及时进行必要的清理工作。

（十一）失活催化剂的无害化处理

失活催化剂是一种危险废弃物，对废旧催化剂一定要进行无害化处理或利用。

（1）由于失活催化剂含有危险成分（包括 V_2O_3），催化剂必须在获得许可的危险废物处置中心进行无害化处理，通常的处置方式是进行填埋处理。

（2）失活催化剂可以返还给催化剂销售商，由其负责处理。通常手段是先回收其中的 V_2O_5，其他部分进行高温熔融，熔融后再进行填埋。

（3）板式催化剂作为钢材回收，由于催化剂材料包含钢材和一些催化剂元素（Ti、Mo、V 等），可以由钢铁厂回收利用。

（十二）催化剂改进技术

近年来无毒催化剂配方的开发已成为一种发展新趋势。例如，将稀土掺入过渡金属复合氧化物以替代剧毒的钒钛体系，该技术采用国产原料进行化学活性修饰及纳米化改性，机械强度高、耐水防湿，失活后可多次再生利用，且废弃的催化剂无毒、无二次污染，可制作保温砖或铺地渗水砖，有效地实现了废弃催化剂资源化利用。

八、SCR 脱硝系统的还原剂

SCR 脱硝系统的还原剂可以选择液氨、氨水和尿素。

九、SCR 脱硝系统布置方式

SCR 脱硝系统可以布置在余热锅炉尾部的不同位置，通常有 3 种布置方式。

1. 高含尘布置

SCR 反应器布置在除尘器前部，烟气中所含有的全部飞灰和 SO_2 均通过 SCR 反应器，催化剂在高尘、高温的烟气中工作。由于催化剂的运行工况较差，因此，催化剂的使用寿命会受影响。主要原因是：

（1）烟气所携带的飞灰中含有 Na、Ca、Si 等成分，这些成分会使催化剂“中毒”。

（2）飞灰含量高，会使催化剂的磨损加剧。

（3）飞灰含量高，加大了催化剂通道堵塞的概率。

（4）烟气温度高，催化剂烧结的概率增加。

2. 布置在除尘器后部

SCR 反应器布置在除尘器后烟气段，催化剂运行环境中的粉尘、二氧化硫含量低，这就减轻了飞灰对反应器的堵塞及腐蚀，也降低了催化剂的污染和中毒，因此，采用高活性的催化剂，减少了催化剂的体积并使反应器布置紧凑。同时，催化剂在这个工况下运行时，催化剂的寿命也会得到延长。

3. 布置在尾部除尘器后烟气段

SCR 反应器布置在除尘器后尾部烟气段，烟气温度在 150℃以下。为使烟气在进入 SCR 反应器前达到所需要的催化剂最佳反应温度，需要在烟道内加装换热器提高烟气温度，这会增加蒸汽消耗量和提高运行费用。

使用中低温催化剂，并将 SCR 反应器布置在低尘段兼顾了催化剂磨损小和能耗小的两大优点，但中低温 SCR 催化剂的性能有待进一步开发和提高。

综合国内外垃圾发电的工程案例来看，SCR 反应器采用除尘器后尾部烟气段布置，催化剂使用中低温催化剂占比较高。SCR 催化剂布置如图 8－31 所示。

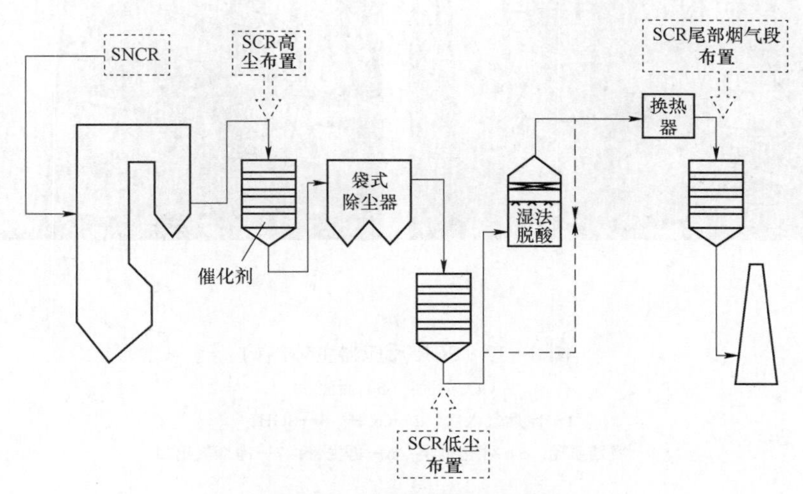

图 8－31　SCR 催化剂布置

十、SCR 脱硝系统组成

SCR 脱硝系统一般由烟气系统、SCR 反应器和催化剂、吹灰系统、还原剂制备系统、还原剂喷射系统等组成。

（一）烟气系统

SCR 脱硝烟气系统是指从袋式除尘器出口→SCR 反应器入口→SCR 反应器出口→烟囱进口之间的连接烟道。烟道应根据其布置、形状和内部件等进行优化设计，尽量减小烟道系统的压降，烟气系统在适当位置配有足够数量和大小的人孔门和清灰孔，以便于维修和检查及清除积灰。

（二）SCR 反应器和催化剂

SCR 反应器包括壳体、催化剂、支撑结构、烟气整流装置、密封装置等。反应器内设置了层架，放置催化剂。SCR 反应器内部各类加强板、支架设计成不易积灰的形式，同时需要考虑热膨胀的补偿措施，能自由热膨胀。

SCR 反应器设置有人孔门，便于检修和检验反应器内催化剂的性能，同时设计有催化剂维修及更换的安装门。SCR 反应器具备在烟气温度 450℃工况下运行 5h 的能力。

SCR 反应器内催化剂单元垂直布置，烟气由上向下流动，也可以采用水平布置。入口设气流均布装置，入口及出口段设有导流板，对于反应器内部易于磨损的部位将加装必要的防磨措施。SCR 反应器主体结构如图 8－32 所示，SCR 流程如图 8－33 所示，催化反应器结构如图 8－34 所示。

(a)

(b)

图 8－32　SCR 反应器主体结构

（a）前面；（b）后面

1—原烟气入口；2—GGH；3—SGH；

4—喷氨喷嘴；5—催化剂层；6—再生管；7—净烟气出口

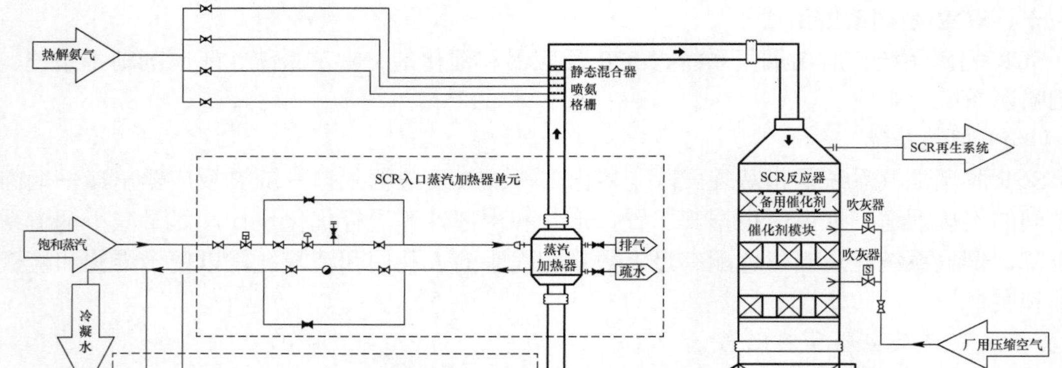

图 8－33　SCR 流程

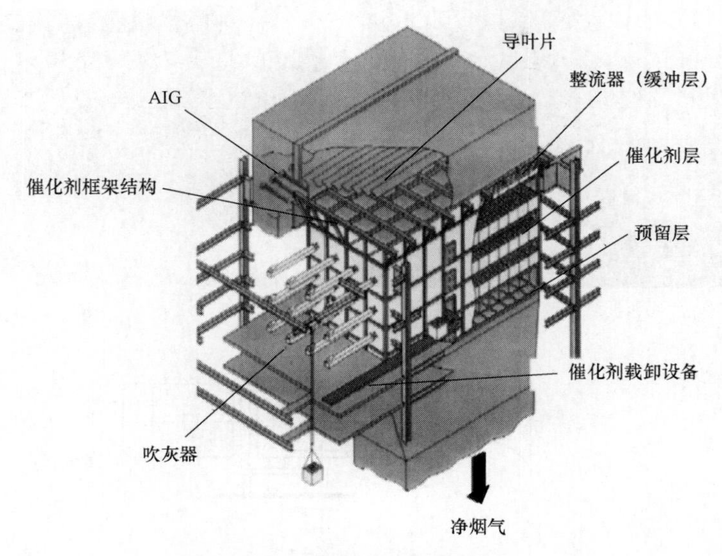

图 8－34　催化反应器结构

（三）吹灰系统

为防止有飞灰沉积造成催化剂的堵塞，影响 SCR 脱硝催化剂的功能，保持催化剂表面清洁，必须除去烟气中粒径较大的飞灰颗粒。因此，在 SCR 反应器上一般装有声波吹灰器或蒸汽吹灰器。吹灰器的数量和布置需要将催化剂中的积灰尽可能多地吹扫干净，尤其是 SCR 反应器的死角部位。

1. 声波吹灰器

将低频强声波，通过导管送入积灰区域，在低频声波的高加速、双向往复作用下，阻止了灰粒子与受热面的结合，使灰粒子和空气分子产生振荡并处于悬浮状态，易为烟气所带走，从而达到阻止并清除积灰的目的。声波吹灰器如图 8－35 所示。

声波吹灰器用气引自厂用压缩空气，每炉设置 $5m^3$ 压缩空气储罐，至各反应器压缩空气母管设置滤网和调压阀，滤网防止杂质进入声波喇叭，调压阀用于防止压缩空气压力过大对喇叭膜片的破坏。建议的吹扫频率为每 10min 吹扫 10s，每个反应器从最上层开始吹扫，每层的吹灰器依次吹扫。

2. 蒸汽吹灰器

蒸汽吹灰器能够保持催化剂的连续清洁、清灰彻底、不留死角，实现最大限度、最好地利用催化剂对脱硝反应的催化活性，延长催化剂的寿命。

SCR 旋流蒸汽吹灰器能够满足 SCR 反应器的吹灰需要，无论从安全性、可靠性的角度，还是从节能、设备投资成本、运行成本、维护成本等方面，SCR 旋流蒸汽吹灰器是 SCR 系统最适合的吹灰器之一。蒸汽吹灰器如图 8－36 所示。

（四）还原剂制备系统

目前尿素制氨技术主要有尿素热解和尿素水解两种工艺。下面对这两种制氨工艺从技术特点、经济方面进行对比。

(a)

(b)

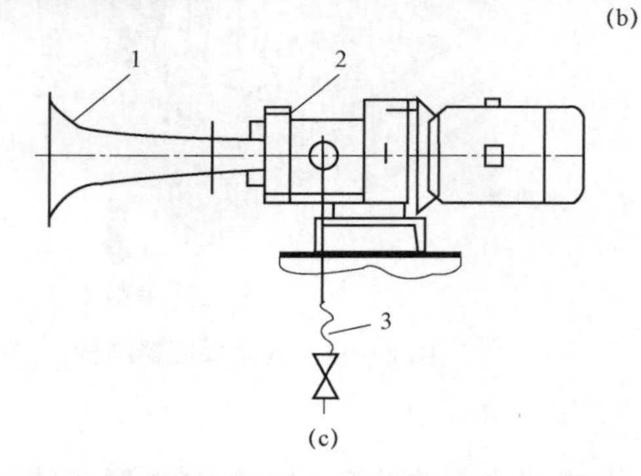

(c)

图 8-35 声波吹灰器

（a）外部布置；（b）内部布置；（c）声波吹灰器结构图

1—声波发生器；2—声波导管；3—压缩空气管路

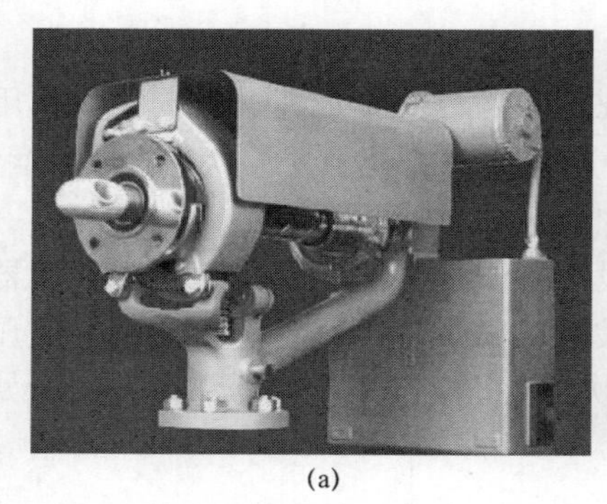

(a)

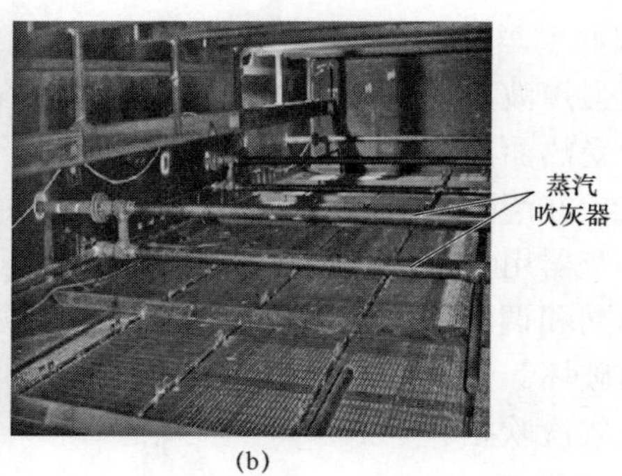

(b)

图 8-36 蒸汽吹灰器

（a）外观；（b）组装图

1. 尿素热解技术

尿素热解技术利用高温热源，将雾化的尿素水溶液迅速分解为氨气，氨气作为还原剂进入烟道与烟气混合，在催化剂的作用下将 NO_x 还原成无害的氮气和水。

（1）尿素热解系统组成。尿素溶液制备系统包括尿素储存间、上料装置、尿素溶解罐、尿素溶液储罐、尿素溶液输送泵、热解室、计量装置等，尿素热解系统组成及热解炉如图 8-37 所示。

（2）尿素热解系统流程。

1）斗式提升机将尿素输送到装有除盐水的溶解罐，溶解形成 40%的尿素溶液，罐内设置有电或蒸汽加热器，自动控制溶解罐内的溶液温度在 40℃。

2）尿素溶液经由输送泵、计量与分配装置进入热解室，每台锅炉设一套尿素溶液分解室。

3）尿素溶液由喷嘴雾化后喷入热解室，在 350～600℃的高温热风作用下分解，尿素液滴分解成 NH_3、H_2O、CO_2。

4）经充分混合后由氨喷射系统喷入 SCR 脱硝烟道，经过均匀格栅烟气与还原剂充分混合。

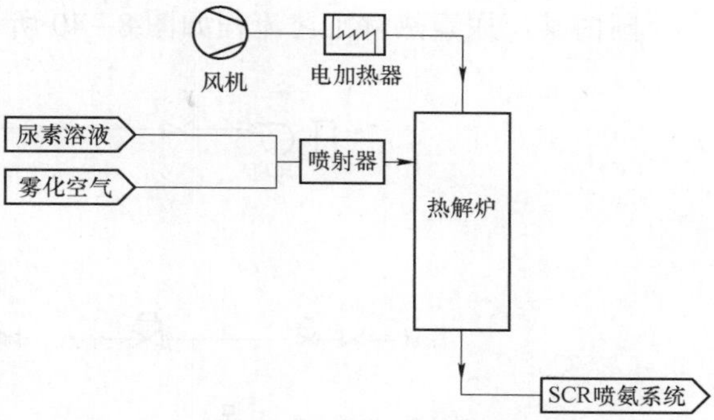

风机
电加热器
尿素溶液
喷射器
雾化空气
热解炉
SCR喷氨系统

图 8－37　尿素热解系统组成及热解炉

尿素热解系统流程如图 8－38 所示。

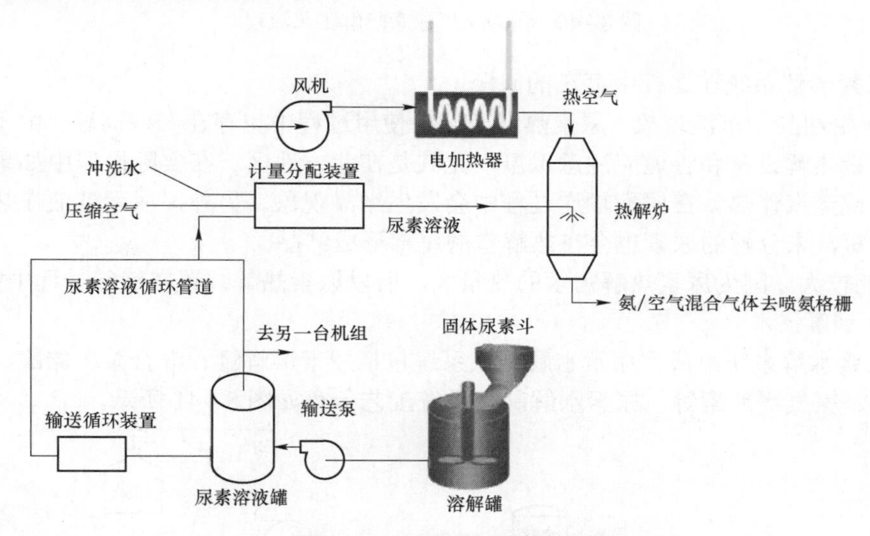

图 8－38　尿素热解系统流程

国内某垃圾电厂用尿素做还原剂的 SCR 烟气脱硝系统热解炉和加热器如图 8－39 所示。

（a）　　　　　　（b）

图 8－39　热解炉和加热器

（a）热解炉照片；（b）加热器照片

国内某厂尿素热解工艺流程如图 8-40 所示。

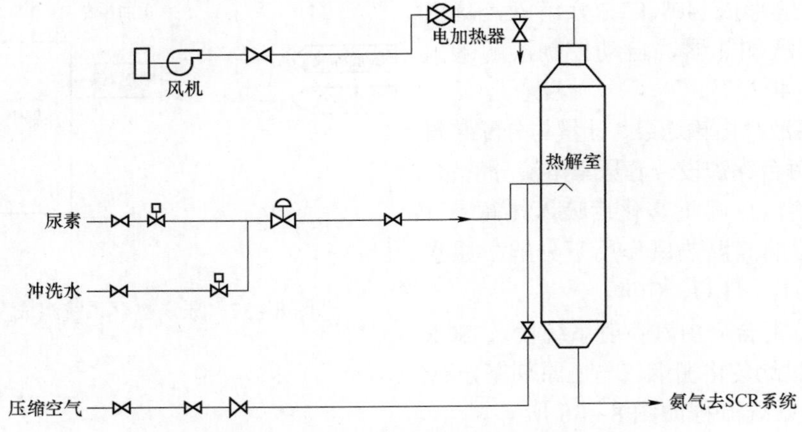

图 8-40　国内某厂尿素热解工艺流程

（3）尿素热解系统在运行中存在的问题。

1）易产生结晶和沉淀现象。尿素热解工艺在使用过程中也存在一些问题。由于采用尿素热解法，尿素热解设备和管道应注意保温，尤其是在北方地区。在实际操作中如果不加伴热带（电伴热或蒸汽伴热）在尿素输送过程中会发生结晶现象。另外，尿素溶液在热解室里的停留时间太短，未分解的尿素也会在热解室的尾部形成结晶。

2）能耗较大。因为尿素热解需求的热量大，所以尿素热解装置在运行过程中能耗较大。

2. 尿素水解技术

（1）尿素水解系统组成。尿素水解制氨系统包括尿素溶解罐、混合泵、储罐、输送泵、水解反应器、氨气缓冲罐等，尿素水解制氨系统工艺示意如图 8-41 所示。

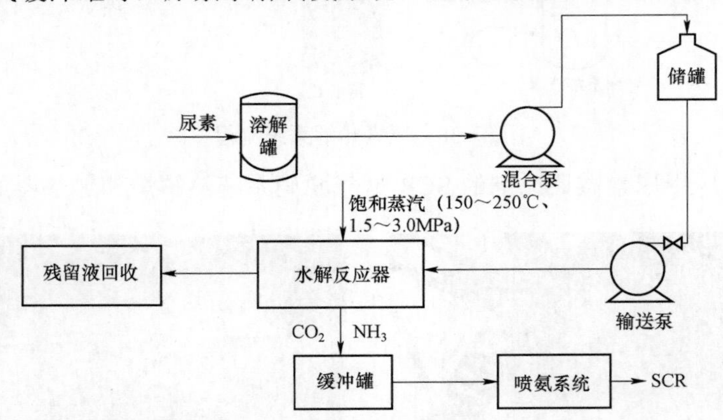

图 8-41　尿素水解制氨系统工艺示意图

（2）尿素水解系统流程。斗提机将尿素输送到尿素溶解罐，经搅拌器的搅拌溶解形成 40% 的尿素溶液，混合泵再将溶液送到尿素溶液储罐，尿素溶液经输送泵送至水解反应器，150～250℃、1.5～3.0MPa 饱和蒸汽通过管束进入水解反应器，使尿素溶液发生分解反应，转化成二氧化碳和氨气，水解后的残留液体回收重复利用，以减少系统的热损失。尿素水解产生的氨气和二氧化碳进入缓冲罐，再通过喷氨系统送入 SCR 反应器。

（3）尿素水解在运行过程中存在的问题。

1）尿素在水解过程中会产生一些酸性物质（如氨基甲酸铵等），氨基甲酸铵会破坏不锈钢表面的氧化薄膜，使管道的腐蚀速度加快，当温度超过 190℃时，一般的不锈钢材料会遭受严重腐蚀。

2）尿素溶液受热会产生固体沉积物，这种沉积物主要是由凝结的尿素和分解副产物缩二脲组成。当温度超过 133℃时，高活性的中间产物 HNCO 就会与尿素反应生成缩二脲，这是造成尿素水解系统易产生堵塞的原因之一。

3. 氨水系统

每台 SCR 反应器设置一套氨/空气混合系统。设置两台 100%容量的离心式稀释风机，一台运行、一台备用。为保证氨（NH_3）注入烟道的绝对安全以及均匀混合，将氨浓度降低到爆炸极限下限以下。

由氨/空气混合系统来的混合气体喷入位于烟道内的涡流混合器处，在注入涡流混合器前将设手动调节阀，在系统投运时可根据烟道进出口检测出的 NO_x 浓度来调节氨的分配量，调节结束后可基本不再调整。

4. 液氨系统

液氨储存、制备、供应系统包括液氨卸料压缩机、储氨罐、液氨蒸发槽、氨气缓冲槽、稀释风机、混合器、氨气稀释槽、废水泵、废水池等。

外购液氨通过液氨槽车运至液氨储存区，液氨槽车中的液氨输送到液氨储罐中。液氨经液氨蒸发槽蒸发成氨气后进入氨气缓冲罐，经氨气缓冲罐来控制一定的压力及其流量，然后与稀释空气在混合器中混合均匀，经喷氨格栅送入 SCR 反应器。某厂液氨脱硝系统图如图 8－42 所示。

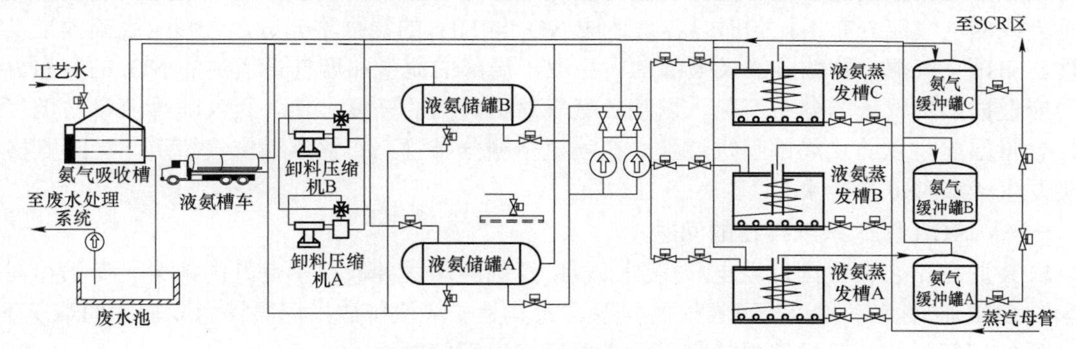

图 8－42　某厂液氨脱硝系统图

液氨储罐与其他设备、厂房等要有一定的安全防火防爆距离，并有防雷、防静电接地装置。氨存储、供应系统相关管道、阀门、法兰、仪表、泵等设备选择时，必须满足抗腐蚀要求。液氨储罐区域应装有氨气泄漏检测报警系统。系统的卸料压缩机、液氨储罐、液氨蒸发槽、氨气缓冲罐及氨输送管道等都应备有氮气吹扫系统，防止泄漏氨气和空气混合发生爆炸。

（五）还原剂喷射系统

SCR 系统中 NH_3 和 NO_x 转化成 N_2 和 H_2O 的反应属于快速反应，还原剂喷射系统和喷氨混合装置的作用是对氨进行扩散，保证氨与 NO_x 的充分混合和混合均匀。因此，在进入第一层催化剂之前，NH_3 和烟气混合得均匀与否，将对 NO_x 的脱除效果有着非常大的影响。为了使 SCR 系统达到一个最佳的效果，要确保有均匀的温度场、速度场以及可控的流动方向。只有当这些条件都处于控制之中时，SCR 系统的选择性、氨的逃逸率和催化剂的寿命才能得以保证。

喷氨格栅是 SCR 系统普遍采用的，其结构由一系列的装有许多喷嘴的喷射管组成，喷氨格栅分若干个支管，每根管子上开一定数量及尺寸的孔，氨稀释空气由此处喷入烟道与烟气混合，每个控制区域由一定数量的喷氨管组成，包括若干个喷射孔，并设有阀门控制对应区域的流量，以便每个分区的喷氨流量单独可调，从而匹配烟道截面各处 NO_2 分布的不均衡，以达到最佳的氨混合比。喷氨格栅布置如图 8－43 所示。

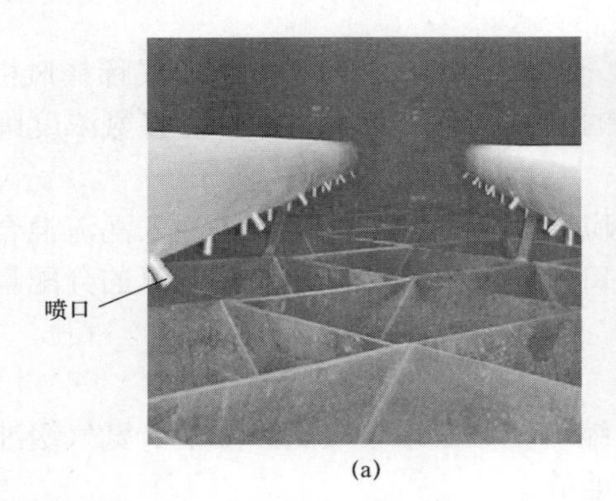

(a)

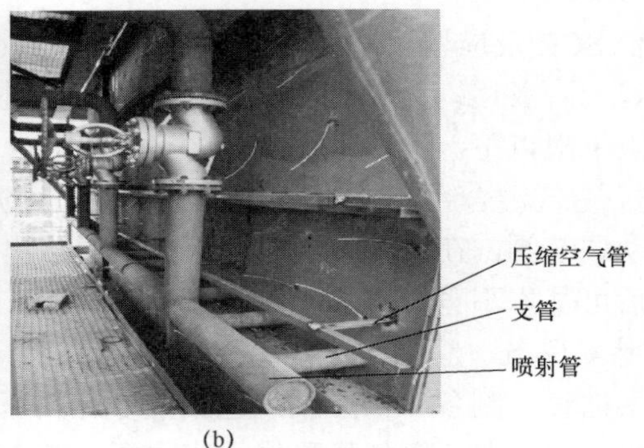

(b)

图 8－43　喷氨格栅布置

(a) 内部布置；(b) 外部布置

喷氨格栅包括喷氨管道、支撑、配件和氮气分布装置等。喷氨格栅的位置及喷嘴形式选择不当或烟气气流分布不均匀时，容易造成 NO_x 与 NH_3 的混合不充分，会影响脱硝效果及经济性。NH_3/空气混合物的分布及喷嘴的大小取于局部的流量和烟气管道中的 NO_x 的分布。运行中应根据烟气气流的分布情况，调整各氨气喷嘴阀门的开度，使各氨气喷嘴流量与烟气的 NO_x 含量匹配，以防止局部喷氨过量。在喷氨格栅分布管上布置压缩空气管道，当喷氨格栅喷头发生堵塞时可进行吹扫。

十一、SCR 脱硝系统存在的问题

SCR 脱硝工艺在我国垃圾电厂得到了较广泛的应用，并取得了良好的效果。但仍存在一些影响 SCR 脱硝效率和运行可靠性的问题，尤其是在环保排放指标监管力度加大的情况下，SCR 系统运行的相应问题就更加突出，主要存在以下问题：

（一）SCR 反应器烟气动力场不理想

1. SCR 反应器烟气动力场理想工况

SCR 反应器烟气动力场好坏是能否保证催化剂性能的核心，SCR 反应器空气动力场的理想工况为：

（1）烟气速度相对标准偏差小于 15%。

（2）烟气温度偏差小于 10℃。

（3）烟气入射催化剂最大角度（与垂直方向的夹角）小于 10°。

（4）烟气流速宜低于 4.5m/s。

2. SCR 反应器烟气动力场不理想的原因

由于设计水平、安装质量、运行调整等因素影响，相当一部分 SCR 反应器烟气动力场状况并不理想，造成各种运行问题，主要原因如下：

（1）导流板布置不合理。由于设计或安装原因，反应器的导流板布置不合理，会造成烟气速度偏差较大或烟气入射角度较大，相应地会导致催化剂磨损和堵塞。

烟气流速沿宽度方向分布十分不均匀，相应地会造成催化剂区域两边烟气流速过高而中间流速过低。导致局部区域堵塞严重，非堵塞区域烟气速度过高导致催化剂磨损。

（2）吹灰器运行效果不佳。如果反应器的吹灰器效果不理想，造成局部积灰，则会恶化空气动力场，反应器催化剂表面积灰严重，导致烟气流经剩下催化剂时孔内速度提高。同时，由于积灰面积过大会提高烟气入射角，使催化剂磨损进一步加剧，并逐步造成了催化剂整体结构的破坏。

（二）氨逃逸量大

SCR 系统逃逸的氨会对下游的设备产生不利的影响，氨逃逸量大易生成硫酸氢氨，液态的硫酸氢铵是一种黏性很强的物质，在烟气中会黏附飞灰。同时，硫酸氢铵在低温下还具有吸湿性，会从烟气中吸水对设备造成腐蚀，如果它在低温催化剂上形成，会造成催化剂部分堵塞，增大催化剂压降或造成催化剂失活。烟气脱硝装置中催化剂失活、堵塞、设备腐蚀严重、引风机电耗增加等设备运行中的问题是氨逃逸量高造成的。造成 SCR 系统氨逃逸量高的原因主要有：

（1）注入氨流量分布不均。由此造成的逃逸量偏差，可以通过调整热解炉或水解器出口的调节阀来控制还原剂流量，或是就地手动调整喷氨手动门来矫正氨流量不均的问题。

（2）烟气温度低，影响脱销效果，使氨逃逸量增大。

（3）催化剂老化，催化剂一旦使用时间过长，使催化效果变差，为保证烟气排放指标而加大还原剂喷入量会造成氨逃逸量增加。

（4）催化剂层吹灰器效果不好，催化剂堵塞。

（5）尿素溶液浓度波动，尿素浓度低造成喷入量增大。

（6）喷氨格栅喷嘴堵塞，加剧氨逃逸量。

（7）SCR 的空气动力场分布不均。流场设计要使烟气均匀地通过催化剂层，同时使氨气尽快地与烟气均匀混合，烟气通过催化剂的速度一般为 4～6m/s，而每层催化剂的高度一般约为 1m，这样每层催化剂的反应时间仅 0.2s 左右。如果催化剂层部分区域存在还原剂浓度过高，就会造成氨逃逸。

（8）运行人员操作不当。

（三）催化剂管理工作薄弱

催化剂是保证脱硝系统性能的核心。但催化剂的寿命是有限的，使用一定的时间后需要更换。因此，SCR 系统优化的最重要工作就是催化剂的管理，只有通过有效的管理，才能保证 SCR 系统的性能并使运行成本降到最低。

催化剂管理的主要工作包括：

（1）避免异常的工况以确保系统的性能。

（2）对催化剂进行测试和评估。

（3）提出延长催化剂寿命的措施。

（4）对催化剂的性能进行预测，提出催化剂的增加、替换和再生的方案。

（5）积累、总结催化剂的相关运行数据（氨逃逸、压损、清洗工作等）。

（6）进行催化剂的性能试验（包括催化剂活性、SO_2/SO_3转化率等项目）。

（四）催化剂质量参差不齐

催化剂是SCR脱硝系统的核心，优良的催化剂质量是系统性能保证的基础。但目前部分催化剂的质量极不稳定，对系统运行影响较大。

十二、SCR系统的运行操作

（一）SCR脱硝系统运行控制的主要内容

1. SCR反应器进口烟气温度控制

当SCR进口烟气温度低于最低设计烟气温度时，喷入烟道内的NH_3易与SO_2反应生成硫酸铵盐，铵盐沉积在催化剂中会引起催化剂失活。

SCR进口烟气温度高于设计温度时，容易引起催化剂烧结，降低脱硝性能。在脱硝系统运行中，还应注意烟气温度过高的问题。

2. 还原剂喷射流量控制

还原剂的流量通过焚烧炉负荷、垃圾焚烧量、炉膛出口NO_x浓度及设定的NO_x去除率的函数值作为前馈，并通过脱硝效率或出口NO_x浓度作为反馈来修正。

当氨逃逸浓度超过设定值，而SCR出口NO_x浓度没有达到设定要求时，不应继续增大还原剂的注入量，而应先减少还原剂的注入量，把氨逃逸浓度降低至允许的范围后，再查找氨逃逸量高的原因。把氨逃逸量高的问题解决后，才能继续增大还原剂注入量，以保持SCR出口NO_x在期望的范围内。

还原剂流量调节的前提是SCR反应器进出口的NO_x分析仪、氨气分析仪、氧量分析仪工作正常，测量准确。如有问题，需及时处理。

3. 稀释风流量控制

稀释风流量通常根据设计脱硝效率对应的最大喷还原剂量设定，以使还原剂空气混合物中的氨体积浓度控制在5%～15%。对于喷嘴型氨喷射系统，当停止氨喷射时，为避免氨喷嘴飞灰堵塞，应一直伴随焚烧炉运行而投运稀释风机。

4. 吹灰器吹灰频率控制

在SCR注还原剂投运后，要注意监视反应器进出口压差的变化。若反应器的压差增加较快，与注还原剂前比较增加较多，此时要加强催化剂的吹灰。

对于声波式吹灰器，通常每个吹灰器运行10s后，间隔30s运行下一个吹灰器，所有的吹灰器采取不间断循环运行。

对于蒸汽吹灰器，为大幅度改善SCR系统阻力，适当增加吹灰频率，应在检修期间注意检查催化剂表面的磨损状况并评估磨损原因。如果磨损是由于吹灰造成的，应调整吹灰器减压阀后的吹灰压力或加大吹灰器喷嘴与催化剂表面的距离。

5. 还原剂的调整控制

还原剂与稀释风进入混合器混合后，形成氨气体积浓度为5%～15%的氨空气混合气，经喷射系统喷入SCR入口烟道。具体浓度值依排放指标调整。催化剂入口的氨氮摩尔比分布程度，决定了反应器出口的NO_x和氨逃逸浓度分布，并影响到整体脱硝效率和硫酸氢铵对下游设备的堵塞等。NO_x与NH_3在顶层催化剂表面的分布均匀性，取决于喷氨格栅上游的NO_x分布、烟气流速分布、喷氨流量分配、静态混合器的烟气扰动强度及混合距离等。

从国内多个垃圾焚烧项目投运后的情况来看，SCR反应器入口NO_x分布并不均匀，同时，随着 SCR 的运行，通过喷氨格栅进入反应器内的各支管路的氨气流量也不均匀。此外，催化剂在反应器内部受灰堵等影响，也出现了活性的不均匀性，长期运行会造成反应器出口 NO_x 浓度的不均匀性及氨逃逸浓度偏大的差异性。运行过程中，间隔一段时间调节氨喷射系统各支管的手动调节阀，以便根据实际烟气条件，在运行过程中实现喷氨流量分配的优化调整。

（二）还原剂系统运行注意事项

（1）用氨做还原剂时，由于氨气的毒性和易燃易爆性，为了确保氨系统能够安全稳定地运行、液氨卸料和氨蒸发器投运和停运，以及氨蒸发器切换，必须严格按照操作票进行操作。

（2）氨稀释槽和废水池中的氨水，受热后会挥发，影响氨区人员的健康，因此，应该定期将稀释槽和废水池中的含氨废水排出至废水处理系统处理。

（3）应该定期检查氨系统（氨泄漏检测仪），保证氨系统的严密性。

（4）氨系统检修前后，需进行氮气置换。

（三）催化反应系统运行注意事项

（1）反应器声波吹灰系统的稳定运行对于机组和脱硝系统的安全稳定运行极为重要。因此无论是否喷氨，在锅炉引风机运行以后，就应该把声波吹灰系统顺序控制投入运行，当锅炉需要进行检修时，在引风机停运后方可把声波吹灰系统停运。

（2）声波吹灰系统在每一个反应器的每一层的就地管路上都有一个压力调节阀，应该把压缩空气的压力调整在设定值，日常巡检时应该检查该压力是否正常，并进行调整。

（3）稀释风机产生的稀释风不但起稀释氨气的作用，同时还具有防止 AIG 喷嘴堵塞的作用。因此，无论是否喷氨，在锅炉引风机投入运行之前，就应该把稀释风机投入运行，在锅炉引风机停运后，方可停运稀释风机。

（4）为了防止压缩空气中的水分腐蚀声波吹灰器的鼓膜，应该定期对声波吹灰器压缩空气缓冲罐进行疏水。

（5）喷氨系统中所有手动碟阀的开度在调试过程中都进行了调整和确认，在日常运行时，不要随意调整这些阀门的开度位置，以免影响脱硝系统的正常运行。

（6）只有当烟气温度在设计值范围内时，方可向反应器内喷氨。应当对反应器进口温度进行监视，尤其是在机组启停阶段。

（7）在正常情况下，锅炉满负荷运行时，反应器压差应该小于 350Pa，若反应器压差过大，应引起注意；当反应器压差高于 400Pa 时，应该及时采取适当措施。

（8）SO_2、烟气温度等运行参数达设计值时，才能投入 SCR 系统。

（四）SCR 的启动方式分类

为避免启动过程中温升所产生的膨胀及应力问题，在 SCR 的启动过程中应对反应器的温度上升速度加以控制。SCR 有两种启动方式：冷态启动和温态启动。

1. 冷态启动

锅炉长期停运后，脱硝反应器也处于常温状态，这种启动方式称为冷态启动。在冷态启动过程中，反应器温度小于 150℃时，SCR 的温升速度小于 5℃/min。

2. 热态启动

锅炉热态启动时，反应器温度大于 150℃，SCR 的温升速度控制在 50℃/min。

第五节 SNCR+SCR联合烟气脱硝技术

综上所述，垃圾焚烧发电 NO_x 的控制方法从焚烧垃圾的工艺过程的3个阶段入手，即燃烧前、燃烧中和燃烧后。当前，炉排炉的燃烧前脱硝的研究和应用很少，几乎所有的研究都集中在燃烧中和燃烧后的 NO_x 控制。因此，在垃圾发电的生产工艺中把燃烧中 NO_x 的所有控制措施统称为一次措施，把燃烧后的 NO_x 控制措施称为二次措施。

目前，普遍采用的一次措施为低 NO_x 燃烧技术，主要有空气分级燃烧和烟气再循环。应用在垃圾电厂焚烧炉上的二次措施主要有SCR技术、SNCR技术以及SNCR+SCR联合烟气脱硝技术。

SNCR 工艺系统模块化程度较高，操作简单方便，但脱硝效率较低，难以满足较高的排放标准。SCR工艺系统发展成熟，应用广泛，中低温SCR布置于低温低尘的位置，既减少了蒸汽消耗也降低催化剂的磨损，SCR工艺能达到较高的脱硝效率，能满足更高的 NO_x 排放环保要求。

一、SNCR和SCR技术差异比较

（一）SNCR和SCR技术的4点差异

1. 反应温度不同

SNCR必须在高温区进行，SCR可以较低的温度下进行。

2. 有无催化剂

SCR是利用催化剂来增加 NO_x 去除效率。

3. 成本差异较大

SCR的运行成本和建设成本远高于SNCR。

4. 脱硝效率差异

SCR的脱硝效率高于SNCR，不同技术类别的脱硝效率比较见表8－10。

表8－10 不同技术类别的脱硝效率比较

技术类别	脱硝效率（%）	技术类别	脱硝效率（%）
燃烧控制技术	20～40	SCR	70～90
SNCR	40～60	SNCR＋SCR	80～90

（二）SCR技术催化剂优化方案

SCR也存在着硫酸氢铵的形成引起催化剂的中毒、失活等问题。针对上述问题的解决方案为：

1. 优化设计

优化反应器结构设计，增强烟气和还原剂的混合程度，增加反应效率，减少氨逃逸。

2. 优化工艺

改进脱酸工艺，如增加湿法，增加脱硫效率，使脱酸后烟气中 SO_2 的浓度低于 $50mg/m^3$，从而减少SCR系统中硫酸氢铵的生成，延长催化剂的使用寿命。

3. 加强运行管理

（1）提高运行管理能力，做好催化剂的清扫、再生，保证催化剂性能长期良好。

（2）优化运行操作，减少烟气中 NH_3 和 SO_x 的浓度，抑制硫酸氢铵的生成。

（3）保证袋式除尘器和吹灰器运行稳定，使 SCR 入口烟气中的粉尘含量在设计范围内。

针对目前未能解决的问题，未来的研发要侧重于开发低温下抗硫能力强的改性催化剂。

二、SNCR+SCR 组合技术

SNCR+SCR 组合技术最早由美国 Flue-Tech 公司提出，是把还原剂喷入炉膛通过炉内 SNCR 脱除部分 NO_x 后，未反应完全的还原剂进入 SCR 进一步脱除 NO_x。

这是一种结合了 SCR 技术高效和 SNCR 技术投资省的特点而发展起来的新型联合工艺。通常 SCR 设置 1～2 层催化剂，SNCR+SCR 联合脱硝技术催化剂设置层数少，脱硝系统阻力较小。

联合 SNCR+SCR 烟气脱硝技术不是 SCR 工艺与 SNCR 工艺的简单联合，它是结合了 SCR 技术脱硝效率高、SNCR 技术投资省操作简单等特点而发展起来的一种新型工艺。该联合工艺于 20 世纪 70 年代首次在日本使用，由于该工艺具有较高的脱硝效率及较低的还原剂消耗等优点，在世界范围内得到了认可和广泛应用。日本大阪某垃圾焚烧炉应用该联合技术，NO_x 脱除效率可达到 92%，氨逃逸量在 3mg/m^3（标准状态）以下。在垃圾焚烧行业环保排放标准日益提高的情况下，SNCR+SCR 联合工艺可较好地解决 NO_x 排放问题。

SNCR 可向 SCR 提供充足的还原剂，但是控制好还原剂的分布以适应 NO_x 的分布的改变却是非常困难的。为解决 SCR 还原剂不足的问题，在锅炉尾部烟道布置补充还原剂喷枪，通过试验和调节辅助还原剂喷射可以改善还原剂在反应器中的分布效果。优化后的 SNCR+SCR 联合技术在实际工程中取得了较好的效果。

SNCR+SCR 工艺具有两个反应区，通过布置在锅炉炉墙上的喷射系统，首先将还原剂喷入第一个反应区——炉膛，在高温下，还原剂与烟气中的 NO_x 在没有催化剂参与的情况下发生还原反应，实现初步脱氮。然后未反应完的还原剂进入混合工艺的第二个反应区，SCR 反应器在有催化剂参与的情况下进一步脱硝。SNCR+SCR 烟气脱硝技术工艺流程图如图 8-44 所示。

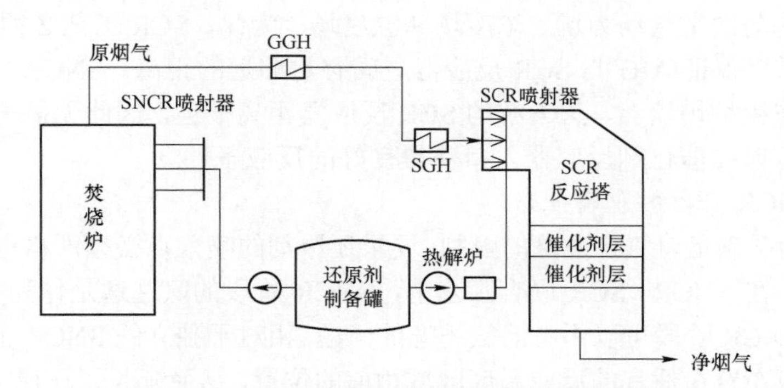

图 8-44 SNCR+SCR 烟气脱硝技术工艺流程图

SNCR+SCR 联合工艺最主要的改进就是省去了 SCR 工艺设置在烟道里的复杂的 AIG 系统，并大幅减少了催化剂的用量。因此，SNCR+SCR 联合工艺具有下述优点。

1. 脱硝效率高

单一的 SNCR 工艺脱硝效率最低，一般为 40%～60%，在催化剂用量、还原剂用量不增加的情况下，SNCR+SCR联合工艺可获得高的脱硝效率，最高能达到90%的脱硝效率。

2. 节约了催化剂用量

SNCR+SCR 工艺由于其前部 SNCR 工艺的初步脱硝，降低了对催化剂的依赖。可以减少 SCR 催化剂使用量，从而减少催化剂的层数，降低催化剂投资。与 SCR 工艺相比，SNCR+SCR工艺的催化剂用量大大减少，SNCR阶段脱硝效率为60%，SNCR+SCR工艺脱硝效率能达到90%。若要求总脱硝效率为75%，SCR阶段的催化剂可节省50%；若要求总脱硝效率为65%，SCR阶段催化剂的用量可以节省70%。

3. 反应塔体积小

与单一的SCR工艺相比，联合工艺无需复杂的钢结构，场地小，节省投资。

4. 脱硝系统阻力小

由于SNCR+SCR工艺的催化剂用量少，反应器小及其前部烟道短，所以与传统SCR工艺相比，系统压降将大大减小，从而减少了引风机改造的工作量，降低了运行费用。

5. 降低腐蚀危害

当垃圾中含硫量高时，燃烧后会产生较高浓度的SO_2及SO_3。SCR催化剂的使用，虽然有助于提高脱硝效率，但也存在增强SO_2向SO_3转化的副作用。SO_3与烟气中的水分形成硫酸雾，附着在下游设备上造成腐蚀。另外，SO_3还会与氨反应形成黏结性很强的NH_4HSO_4，易堵塞催化剂，沾污受热面。由于联合工艺减少了催化剂的用量，这一问题会得到一定程度的遏制。

6. 催化剂的回收处理成本减少

催化剂所用材料中的V_2O_5有剧毒，大量废弃的催化剂会造成二次污染，必须进行无害化处理。SNCR+SCR工艺催化剂用量小，因此可大大减少催化剂的处理量，从而减少了催化剂的处理成本。

7. 简化还原剂喷射系统

为了达到高效脱硝的目的，要求喷入的氨与烟气中的NO_2有良好的接触，以及在催化反应器前获得分布均匀的空气动力场、浓度场和温度场。为此，SCR工艺必须设置AIG及控制系统，并加长烟道以保证AIG与SCR反应器之间有足够远的距离。SNCR+SCR工艺的还原剂喷射系统布置在锅炉炉墙上，与下游的SCR反应器距离很远，因此无需再加装AIG，也无需加长烟道，就可以在催化剂反应器入口获得良好的反应条件。

8. 提高了SNCR阶段的脱硝效率

SNCR工艺为了满足对氨逃逸量的限制，要求还原剂的喷入点必须严格选择在位于适宜反应的温度区域内。在SNCR+SCR联合工艺中，SNCR阶段的氨逃逸是作为SCR反应还原剂来设计的，因此，SNCR阶段可以不考虑氨逃逸的问题。相对于独立的SNCR工艺，SNCR+SCR工艺氨喷射系统可布置在适宜的反应温度区域稍前的位置，从而延长了还原剂的停留时间。而在SNCR过程中未完全反应的氨在下游SCR反应器中被进一步利用，有助于提高SNCR阶段的脱硝效率。目前，SNCR+SCR工艺SNCR阶段的脱硝效率可达到60%。

9. 方便地使用尿素作为脱硝还原剂

由于液氨在运输和使用过程中存在诸多不安全因素，用尿素作为还原剂，使得操作系统更加安全可靠，且不必担心因NH_3泄漏造成新的污染，尿素制氨系统成为SCR工艺的一个主要发展方向；然而由于该系统需要复杂和庞大的尿素热解装置，投资费用很大。混合工艺可以简化热解装置。

10. 减少 N_2O 的生成

N_2O 是一种破坏臭氧层的物质。SCR 工艺中，由于催化剂的作用，在烟气中的 NO 被脱除的同时，N_2O 也会增加，这是 SCR 工艺无法避免但也是难以解决的问题。SNCR+SCR 工艺由于催化剂用量小，所以生成的 N_2O 较 SCR 工艺少。

11. 增加了系统布置的灵活性

SNCR+SCR 工艺两个脱硝区域的设立可以分步实施。在排放标准较低的情况下，可以先只采用单一的 SNCR 工艺，随着环保标准的提高，再加装反应器。而 SNCR+SCR 工艺的紧缩型 SCR 反应器，占地面积和工程量均较小，通过利用其前部 SNCR 逃逸氨作为脱硝还原剂，可以方便地过渡到 SNCR+SCR 工艺，将脱硝效率提高到新标准的水平。

12. 减少了还原剂的消耗量

SCR 利用 SNCR 系统逃逸的 NH_3，可减少运行中氨逃逸量。SCR、SNCR 及 SNCR+SCR 联合法脱硝工艺特性比较见表 8-11。

表 8-11　　SCR、SNCR 及 SNCR+SCR 联合脱硝工艺特性比较

项目	脱硝工艺类型		
	SCR	SNCR	SNCR+SCR
还原剂	尿素或者氨	尿素或者氨	尿素或者氨
还原剂耗量	较少	多	少
反应温度（℃）	170～420	850～1100	前段：850～1100 后段：170～420
催化剂	有	无	有
脱硝效率（%）	70～90	40～60	80～90
还原剂喷射位置	AIG 前部	流化床炉：分离器入口烟道； 炉排炉：二燃室	前段：流化床炉为分离器入口烟道，炉排炉为二燃室 后段：补充喷枪位于 SCR 反应器前烟道
SO_2/SO_3 转换率	高	无	低
氨逃逸量（mg/m^3）	低（小于 3）	高（5～8）	低（<3）
锅炉效率	影响小	影响大	中性
运行维护		系统简单，维护工作量少	（1）系统简单，须定期对反应器内进行吹灰，防止积灰。 （2）催化剂失活后需更换，维护费用略高

SNCR、SCR、SNCR+SCR 联合脱硝工艺成本比较见表 8-12。

表 8-12　　SCR、SNCR 及 SNCR+SCR 联合脱硝工艺成本比较

项目	脱硝工艺类型		
	SNCR	SCR	SNCR+SCR
还原剂	尿素	氨	尿素
建设成本	+	O	–
运行成本	+	–	O
总成本	+	–	O

注　+表示少，O 表示一般，–表示多。

三、垃圾焚烧发电脱硝技术选择方向

我国各地经济发展水平差异较大，垃圾的品质情况不同，各地的环保排放要求也有差异，对于某一具体的垃圾电厂的脱硝工程采用何种烟气脱硝工艺或者哪几种技术，必须因地制宜，进行技术、经济比较，在选取烟气脱硝工艺的过程中应遵循以下原则：

（1）烟气脱硝工程建设应符合我国垃圾电厂建设方针和政策，贯彻安全、可靠、适用，并符合国情的原则。新建焚烧线优先选择烟气再循环＋SNCR＋SCR技术。

（2）在垃圾品质较好的地区，可以考虑采用低NO_x燃烧控制技术，如烟气再循环、空气分级燃烧，该技术虽然脱硝效率较低，但具有成本低、系统简单的优势。对已经运行的老焚烧炉的提标改造，也可以采用该技术，以便减轻后段烟气脱硝的压力和成本。

（3）烟气脱硝工艺应选择技术成熟、先进、经济合理、有广泛垃圾焚烧业绩的工艺系统，可用率达到90%左右。

（4）对垃圾的适应性强，并能适应含氮量在一定范围内变化。

（5）尽可能节省建设投资。

（6）布置合理，占地面积较小。

（7）还原剂、水和能源消耗少，运行费用低，来源可靠，质优价廉。

（8）副产物、废水均能得到合理的利用或处置，尽量减少和避免二次污染的产生。

第六节　垃圾电厂烟气净化工艺选择

垃圾电厂烟气净化工艺方案的确定应以满足环保排放标准、适当超前、技术成熟、成本适当为原则。目前，垃圾电厂烟气净化工艺流程为“燃烧控制＋烟气再循环＋SNCR（尿素）＋半干法［$Ca(OH)_2$］＋干法（$NaHCO_3$）＋活性炭吸附＋袋式除尘器＋湿法＋烟气再加热＋中低温SCR（尿素）”。配置完善的垃圾电厂烟气处理系统如图8－45所示。

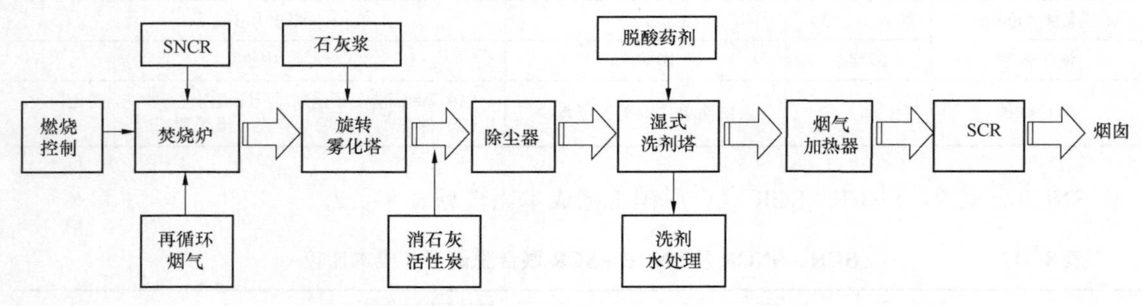

图8－45　配置完善的垃圾电厂烟气处理系统

烟气处理工艺的选择，可根据项目的具体环保排放要求优化上述工艺组合，选择最佳方案。

第九章

烟气除尘

第一节　除尘技术类型

烟气中的颗粒物如果直接排入大气中，将污染环境，危害人类健康和动、植物的生长，也会加剧引风机等设备的磨损，降低脱硝系统的运行效率。增加烟囱高度，只能扩大散布范围，降低密集程度，但并非是根除。而且烟囱高度也有一定限度。因此，要利用稳定、可靠的除尘设备对烟气中的颗粒物进行除尘处理。

一、除尘技术分类

除尘按工作机理可分为 4 种类型：

（一）机械力除尘

机械力除尘器是依靠机械力（重力、惯性力、离心力等）将颗粒物从烟气中去除的装置，机械力除尘器分为重力式、惯性式和离心式。

（二）洗涤除尘

洗涤式除尘器是以水或其他液体为介质捕集烟尘颗粒的除尘设施。洗涤式除尘器分为旋风水膜除尘器、文丘里除尘器等。

（三）静电除尘

1. 静电除尘的工作原理

静电除尘器是利用高压直流电产生电晕放电形成的电场，使两极（阴极和阳极）间的气体电离，产生大量的自由电子、正负离子，放电极称电晕电极（阳极），另一极称沉尘电极（阴极）。

烟气在电除尘器中通过时，烟气中的粉尘在电场中荷电，随后荷电粒子在电场力的作用下向阴极电极移动，从而使烟气中的尘粒与烟气分离，荷电尘粒沉积于极板表面，当极板上的烟尘越积越厚时，被置于该电极上的振打装置振击后，尘粒落入集灰斗被排出，完成烟气颗粒物的净化。

2. 静电除尘器的分类

（1）按烟气的流向分为立式和卧式。

（2）按清灰方式分为干式和湿式。

（3）按电极的形式分为板式和管式。

3. 静电除尘的优点

（1）除尘效率高。静电除尘器可以通过加长电场长度的办法提高捕集效率，除尘效率可达99%以上。

（2）设备阻力小、能耗低。静电除尘器的能耗主要由设备阻力损失、供电装置、电加热保温和振打电动机等能耗组成，总能耗较低，易损部件少，因此，运行费用比袋式除尘器等要低。

4. 静电除尘的缺点

（1）烟尘比电阻影响较大。烟气中烟尘的比电阻对电除尘器运行有重要的影响，当比电阻过大或过小时，电除尘器的正常工作受到干扰。

（2）受气体温度、湿度影响较大。同一种烟气在不同的温度和湿度下静电除尘器对烟尘的处理效果存在很大差异。

静电除尘器如图9－1所示。

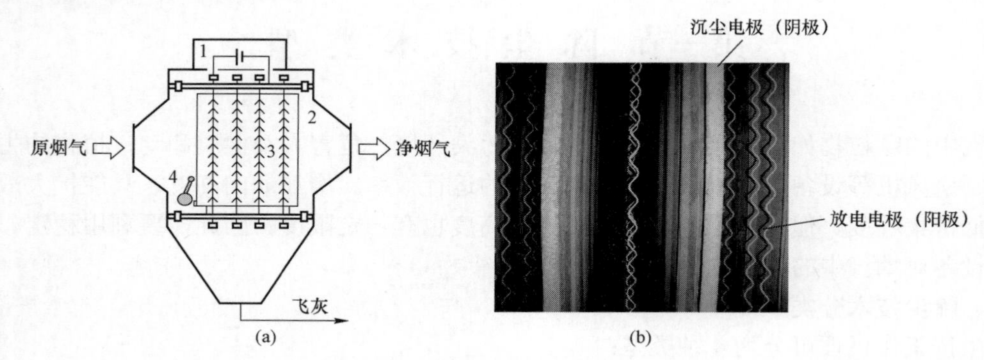

图9－1　静电除尘器

（a）结构图；（b）阴、阳极板

1—电源；2—电镀托盘；3—放电电极；4—振打锤

（四）袋式除尘

1. 袋式除尘器的优点

（1）除尘效率高，可捕集0.3nm以上的烟尘，使含尘气体净化到10mg/m³（标准状态），甚至更低。

（2）附属设备少、投资省，技术要求没有电除尘器高。

（3）能捕集电除尘难以回收的烟尘，并且能在一定程度上收集氮氧化物、硫氧化物等污染物。

2. 袋式除尘器的缺点

（1）因为收集湿度高的含尘气体时，会导致结露而造成“糊袋”，所以袋式除尘器对气体的湿度要求严格。

（2）需要经常更换滤袋，滤袋消耗量较大，每3～4年需全部更换新袋。

（3）滤袋材质脆弱，对烟气高温、化学腐蚀、堵塞及破裂等问题甚为敏感。

例如，PPS（聚苯硫醚）滤袋工作温度范围为120～160℃，PTFE滤袋工作温度可达260℃，但价格昂贵。

二、除尘技术选择

由于垃圾焚烧产生的烟气的腐蚀性较强，烟气成分变化大，烟气含水分较高，烟气中重金属、二噁英等有害成分含量多，容易对电极产生腐蚀，影响除尘效率。出于运行可靠性和除尘效率考虑，袋式除尘器更适合用于垃圾焚烧的烟气颗粒物净化。GB 18485—2014《生活垃圾焚烧污染物排放标准》已明确规定生活垃圾焚烧炉除尘装置必须采用袋式除尘器。

第二节 袋式除尘

一、袋式除尘器的作用

（一）除尘

袋式除尘器的主要作用是去除烟气中的颗粒物，净化烟气，含尘烟气流经滤袋时，粒状污染物被滤袋过滤，并附着在滤袋上，达到除尘的目的。

（二）二次除酸

袋式除尘器同时兼有二次除酸的功能。喷入烟道的消石灰干粉和活性炭混合反应后进入袋式除尘器，烟气中的粉尘会聚集在滤袋迎风面，形成滤饼。在烟气通过时再次与酸性气体反应，吸附污染物，提高整体系统的污染物去除效率。

二、袋式除尘的工作原理

袋式除尘技术通过利用纤维编织物制作的滤袋，来捕集含尘气体中的固体颗粒物，达到气固分离的目的。其过滤机理是惯性效应、拦截效应、扩散效应的协同作用。含颗粒物烟气进入袋式除尘器后，烟气在通过滤袋的布层时，产生筛选、黏附、扩散作用，粉尘被滤布纤维阻留。

含尘气体由进口进入袋式除尘器，通过设置于中箱体中间的进风管进入灰斗，并经导流板进入各单元过滤室（中箱体）。由于袋底离进风口上口垂直距离有足够、合理的净空，气流通过独特的导流设计和自然流向分布，达到整个过滤室内气流分布均匀。

含尘气体中的大颗粒粉尘因气体流速突然降低以及导流装置迫使气流方向改变等原因自然沉降直接落入灰斗，其余粉尘在导流系统的引导下，随气流进入中箱体，吸附在滤袋外表面。过滤后的洁净气体透过滤袋经上箱体、排风管排出。

在过滤过程中，烟气中的颗粒物几乎全部被过滤下来，颗粒物脱落于灰斗，由除灰装置送入灰仓。由于滤布绒毛的支撑，所以滤布上总有一定厚度的粉尘清理不下来，成为滤布外的第二过滤介质，过滤后的干净气体从滤袋管排出。

随着过滤的进行，滤袋上的粉尘越来越多，滤袋的阻力增大，当阻力增大到预先设置的阻力值或清灰时间时，清灰程序发出指令，关闭提升阀，按规定程序打开电磁阀脉冲阀，压缩空气以极短促的时间顺序通过各个脉冲阀，经喷吹管上的喷吹口压缩空气进入滤袋，形成气波，使滤袋由袋口至底部产生急剧膨胀和冲击振动，振落滤袋上的粉尘，滤袋又恢复了过滤功能。在线反吹清灰主要以定时清灰和差压清灰两种控制方式，同时配以人工控制方式确保系统的安全。袋式除尘的工作原理如图 9–2 所示。

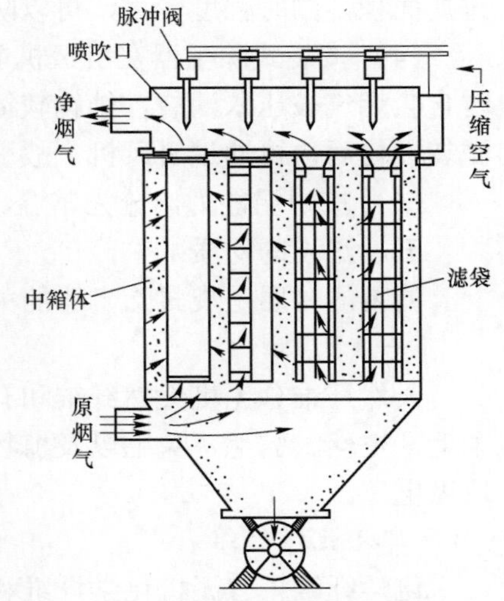

图 9–2 袋式除尘的工作原理

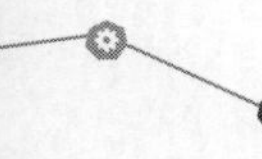

三、性能指标

除尘器设备结构紧凑、密封性强、便于检修，除尘器要求能够在锅炉110%以下的负荷工况下正常运行。袋式除尘器规范见表9-1。

表9-1　　袋式除尘器规范

项　目	单位	数值
额定温度	℃	155
除尘器出口粉尘浓度设计值（标准状态、干基、11%O_2）	mg/m³	8
除尘器出口粉尘浓度保证值（标准状态、干基、11%O_2）	mg/m³	10
每个过滤器仓室数量	—	8
滤袋类型/材料	—	PTFE+PTFE 覆膜
滤笼材料	—	304 不锈钢
袋式清洁方式	—	压缩空气脉冲式
设计压降	Pa	≤1500
除尘器灰斗电伴热	—	有
气动破桥装置	—	空气炮

四、袋式除尘器的分类

（1）按照清灰方法可分为机械振打、气环反吹和脉冲袋式除尘器。

（2）按照含尘烟气进气方式分为内滤式和外滤式，内滤式含尘烟气由袋内向外流动，尘粒在袋内被捕集；外滤式含尘烟气从滤袋外向袋内流动，尘粒在袋外被分离。

（3）按滤袋形状可分为圆袋和扁袋两种，圆袋排列紧凑，可在较小的空间内设置较多的过滤面积，同时强度较大，可以防止滤袋脉冲清灰时被吹瘪。

（4）按袋式除尘器在引风机前或后的位置，可分成负压或正压两种方式运行。正压运行时含尘烟气被压入滤袋，结构较简单，但引风机腐蚀和磨损严重。负压运行时含尘烟气吸入滤袋净化后，再通过引风机，故引风机不易腐蚀和磨损，但结构复杂。

（5）按耐温能力，分为常温、中温和高温。

五、滤袋的材质

滤袋的材质是袋式除尘器的关键，有天然纤维和化学纤维两大类。

（一）天然纤维

天然纤维分无机天然纤维和有机天然纤维。无机天然纤维仅石棉一种。有机天然纤维有羊毛、蚕丝、驼毛、兔毛以及植物纤维，如棉花、麻等，其工作温度小于100℃，不宜用于垃圾电厂。

（二）化学纤维

化学纤维也有无机化学纤维和有机化学纤维两类，品种较多，垃圾电厂中常用的是聚四氟乙烯纤维。袋式材料的耐温性能见表9-2。

表 9-2 袋式材料的耐温性能

过滤材料名称	耐温性能（℃）	过滤材料名称	耐温性能（℃）
玻璃纤维	200～300	木棉	120
耐热尼龙	230	聚酯	120
硝酸纤维	260	聚酰胺（尼龙）	110
聚四氯乙烯	260	聚丙烯	100
金属纤维	450	毛织物	90

目前，垃圾焚烧滤袋材质多采用聚四氟乙烯薄膜滤料（PTFE）基布+PTFE 覆膜，采用100%纯 PTFE 材质，设计使用寿命大于或等于 4 年。滤袋连续工作温度大于或等于 250℃。

六、袋式除尘器脉冲清灰方式

袋式除尘器清灰方法通常有反吹清灰法、摇动清除法和脉冲喷射清除法 3 种。在垃圾电厂，袋式除尘器较常使用的清灰方法为脉冲喷射清除法。

脉冲喷射清除法具有较大的过滤速度，烟气由外向滤袋内流动，因此其尘饼累积在滤袋外。在清除过程时，执行清除的集尘单元将暂停正常运行，由滤袋出口端产生脉冲气流以清除尘饼。脉冲喷射清除法将使滤袋弯曲，造成尘饼破碎，掉落在灰斗中；喷吹时间为 0.1～0.2s。

（一）低压脉冲

低压脉冲袋式除尘器采用低压（85kPa）气体、大流量、模糊脉冲清灰方式，滤袋采用扁圆形结构，具有占地面积小、清灰对滤袋的机械损伤少、脉冲阀控制简单、方便检修和更换滤袋等优点。

（二）中压脉冲

中压脉冲袋式除尘技器采用中压（0.2～0.6MPa）气体、定位脉冲清灰的方式，滤袋采用圆形结构，按行列排布设计，逐行喷吹清灰。它具有清灰强度大、均匀、清灰效果好，结构布置和使用灵活等优点。

袋式除尘器采用脉冲压缩空气清灰，压缩空气在极短的时间内循序通过各脉冲阀，由喷嘴向滤袋内喷射，使附着在滤袋外表面的粉尘在滤袋膨胀产生振动和反向气流的作用下脱离滤袋，落入灰斗。为防止二次吸附，减少除尘器阻力，延长滤袋寿命，袋式除尘器设置在线清灰和分室离线清灰的清灰方式。系统根据滤袋前后的压差变化启动脉冲清灰压缩空气电磁阀，在线清灰反吹持续约十几秒。当压差下降不明显时，进行深度反吹清灰。如效果仍不佳时，则自动关闭压差较高仓室进行离线清灰流程。滤袋过滤和清灰工作状态如图 9-3 所示。

七、袋式除尘器的结构

（一）袋式除尘器的组成

袋式除尘器主要由上箱体、清灰机构、花板和袋笼、滤袋、灰斗、除尘器进出风管组成。

为了能在正常操作的情况下，进行检查、监视、更换滤袋或进行维护工作，除尘室被划分成若干仓室，每个仓室有一个气动气密截止阀，分别设在进出口上，并且在仓室之间设隔热层。这种结构，能保证维护人员安全地进入、退出运行的仓室，进行维护工作。仓室气动气密截止阀如图 9-4 所示。

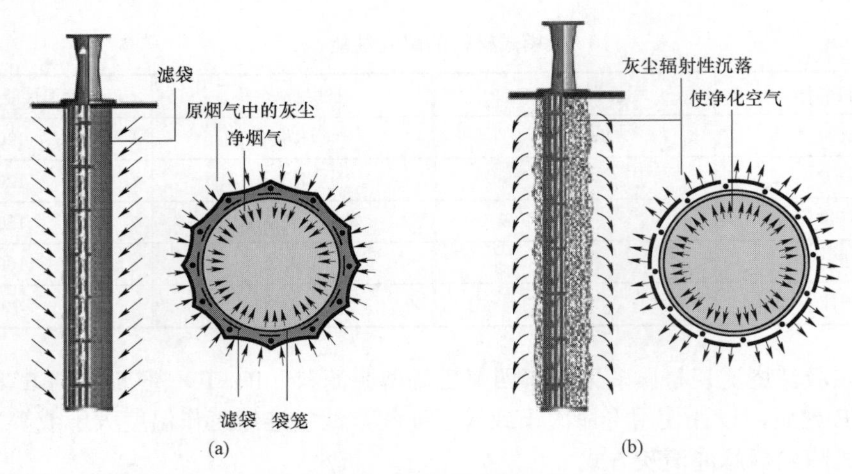

图 9-3　滤袋过滤和清灰工作状态

（a）过滤时期；（b）滤袋清灰状态

图 9-4　仓室气动气密截止阀

壳体内设计成没有死角或飞灰积聚区，合理设置烟气导流系统，确保烟气进气方式合理，壳体有足够的强度和刚度，保证密封、防雨、防腐、排水（不能有积水的地方）及防腐，有足够和安全的检修维护通道、人孔门、照明、起吊设施、通风装置，以便运行、维护及检修时使用。袋式除尘器结构如图 9-5 所示。

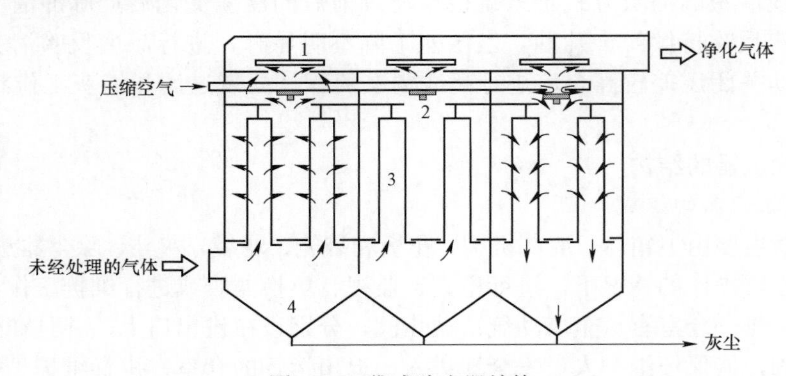

图 9-5　袋式除尘器结构

1—气动气密阀；2—脉冲压缩空气清灰门；3—滤袋；4—集尘漏斗

（二）袋式除尘器主要部件的作用

1. 上箱体

上箱体主要是固定袋笼、滤袋及气路元件（清灰系统），并制成全密闭形式，顶部还设有检修门，便于安装和更换袋笼及滤袋。每个室内均设有一个气密截止阀，以通断过滤烟气流。上箱体结构如图 9－6 所示。

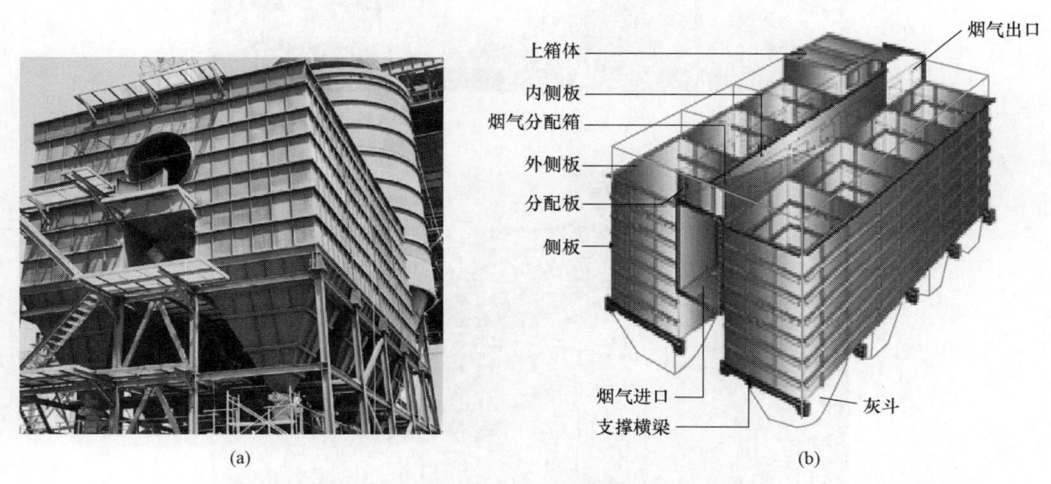

图 9－6　上箱体结构

（a）照片；（b）结构图

2. 清灰机构

滤袋采用压缩空气进行喷吹清灰，清灰机构由压缩空气包、喷吹管、电磁脉冲控制阀组成。上箱体内每排滤袋出口顶部装配有一根喷吹管，喷吹管下侧正对滤袋中心设有喷吹口，每根喷吹管上均设有一个脉冲阀，并与压缩空气包相连。袋式除尘器脉冲喷吹系统如图 9－7 所示。

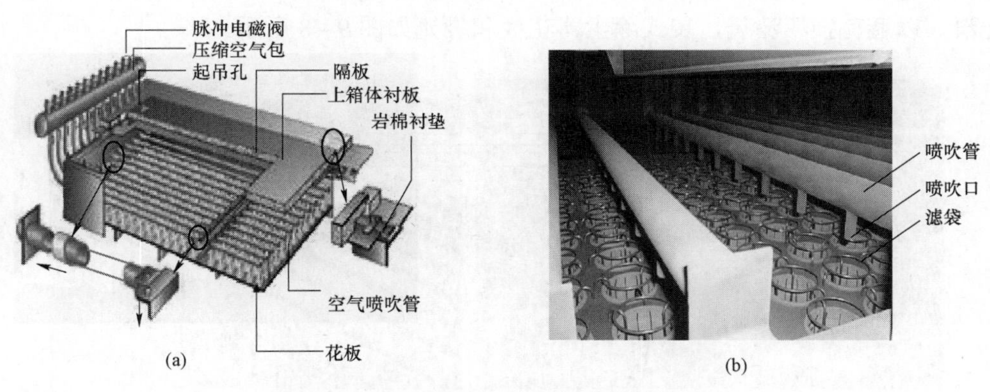

图 9－7　袋式除尘器脉冲喷吹系统（一）

（a）结构图；（b）喷吹管

(c)

(d)

图 9－7　袋式除尘器脉冲喷吹系统（二）

（c）机构布置；（d）系统外观

3. 花板和袋笼

袋笼连接牢固，表面平整、光滑，避免毛刺等刮破滤袋，安装后的滤袋底部有合适的间距，互相不接触。袋笼具有足够的强度，可以承受滤袋和积灰后的附加载荷。花板所有边角处理光滑，以避免损坏滤袋，袋式除尘器花板和袋笼如图 9－8 所示。

(a)

图 9－8　袋式除尘器花板和袋笼（一）

（a）花板

(b)

图9-8 袋式除尘器花板和袋笼（二）
（b）袋笼

4. 滤袋

滤袋材质的选择及加工方法满足锅炉的运行状况及其烟气特性的要求，保证滤袋在寿命期内安全可靠地运行。滤袋所用的滤料、滤袋的形式与规格、圆形滤袋的半周长偏差等符合HJ 2012—2012《垃圾焚烧袋式除尘工程技术规范》的规定。

（1）耐高温：250℃。

（2）耐折：滤袋经过折叠、运输、储藏和使用中的反吹清灰不得损坏。

（3）耐磨。

（4）耐氧化。

（5）耐水解。

长期使用性能稳定，不因经纬向的膨胀和收缩使滤袋变形，透气性能好，过滤阻力小。滤料进行表面后处理，如热稳定处理、耐腐蚀处理。滤袋如图9-9所示。

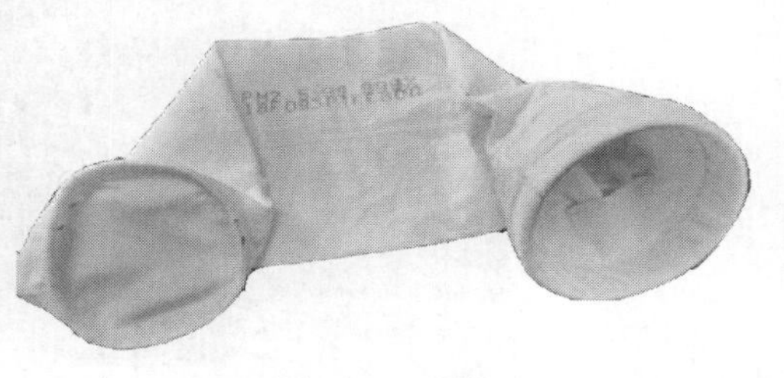

图9-9 滤袋

5. 灰斗

灰斗布置于中箱体下部，用于储存收集下来的粉尘，（还作为下进气箱体的进气总管使用），灰斗壁与水平面夹角不小于65°，相邻壁交角的内侧，成圆弧形，不存在死角，以保证灰尘自由流动，储存量按最大含尘量满足8h满负荷运行。灰斗如图9-10所示。

灰斗装设电加热装置，保证温度高于140℃，防止灰在其内部结块和结露腐蚀设备。灰斗加装高料位计，以便及时发现堵灰，满足袋式除尘器安全运行的要求，设置循环热风系统，在启炉过程中提前预热除尘器整体设备的温度，保护滤袋，防止结露腐蚀。灰斗壁电伴热如图9-11所示。

6. 除尘器进出风管

进出风管位于左右箱体中间，进风管经过特殊的设计，使烟气分布更为均匀，且灰斗内

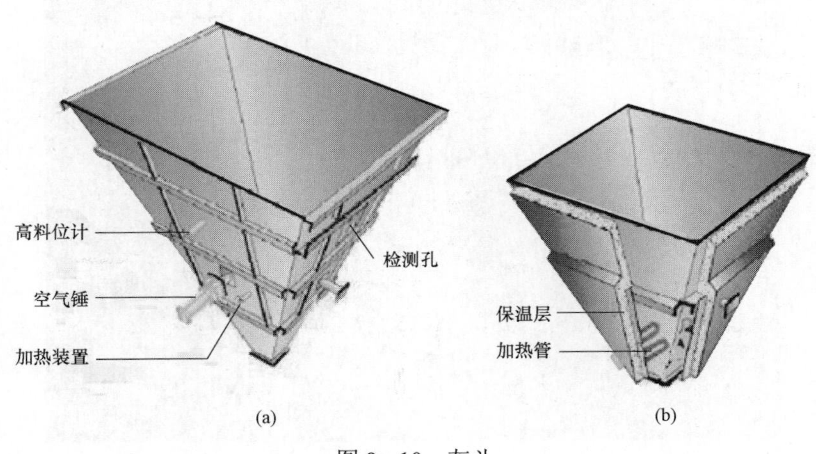

图 9-10　灰斗

（a）灰斗结构；（b）灰斗导热区域

图 9-11　灰斗壁电伴热

预收尘效果好。如果将上下进出风管中间用旁路风管隔断，便形成内旁路。这种结构形式使除尘器的结构更为紧凑。

八、袋式除尘器的阻力

袋式除尘器的阻力分为固有阻力和运行阻力两部分。固有阻力在 350Pa 左右，是由设备的各个烟气流通途径造成的；运行阻力是由除尘器在运行过程中滤袋表面形成的挂灰层的厚度导致，这个值的上限设定在 1500Pa 左右，在设备达到这个阻力值时，系统启动清灰，将设备阻力回复到原始阻力，进入下一个循环。循环时间的长短，取决于烟气含尘浓度、滤料的品种和规格等。

第三节　袋式除尘系统运行管理

一、提高袋式除尘器除灰效率的措施

（1）选取适当过滤速度，可以提高袋式除尘器的除尘效率。过滤风速是袋式除尘器处理气体能力的重要技术经济指标。过滤风速的选择要考虑经济性和对滤尘效率的要求等各方面因素。从经济方面考虑，选用的过滤风速高时，处理相同流量的含尘气体所需的滤料面积小，除尘器的体积、占地面积、耗钢量也小，因而投资小，但除尘器的压力损失、耗电量、滤料损伤增加，因而运行费用高。从滤尘效率方面看，过滤风速大小的影响是很显著的，在 10mg/m^3 的出口排放值要求下，通常会选择在 0.75～1.00m/min 的过滤风速。

（2）增加过滤面积及袋室数量。

（3）袋式除尘器滤袋在线更换，当某一袋室需要更换滤袋时，可在线屏蔽该室，并保持其他袋室满足正常工作的要求。

（4）采用 PTFE+PTFE 腹膜滤料。

（5）采用中箱体进风方式，增强机械分离，阻挡大颗粒对滤料的冲刷。在原烟气进口设置了机械预除尘，机械预除尘是使含尘气体与挡板撞击后或者急剧改变气流方向，再经导流板流向过滤仓室，利用颗粒的惯性力分离并收集粉尘的预除尘装置。当含有烟尘、氢氧化钙和硫酸钙的烟气流经机械预除尘时，固体颗粒借助惯性力撞击在挡板上，失去动能后的尘粒在重力的作用下沿挡板下落，进入袋式除尘器灰斗，避免了大颗粒物体对滤料的直接冲刷，从而保护了袋式除尘器以及滤袋使用寿命，降低了磨损，从而减少袋式除尘器的维护费用，同时进一步降低袋式除尘器出口的粉尘浓度。

（6）合理的预除尘设计和导流板的设计，有助于保护滤料，同时降低出口排放浓度。

（7）合理的喷吹控制逻辑。除尘器的压降是过滤饼厚度的一个指示值。但只有在烟气流量一定时，才能通过控制压降来控制过滤饼厚度。当烟气流量小时，实际上过滤饼厚度会变大；当烟气流量大时，实际上过滤饼厚度会变小。因此，最佳的清洁模式是看过滤饼厚度而不是看压降。通过烟气量修正的压力作为喷吹的控制要点，不仅能有效保护滤料，同时也能使排放的控制更为理想。

（8）采用荧光粉检查漏点，确保整体密合。荧光粉除尘器检漏方法，节省时间，检漏准确，可以很容易找到破袋、焊缝问题以及袋口安装不当。采用荧光粉对袋式除尘器进行查漏，可以查出安装过程中焊接质量问题，从而对这些漏点进行补焊，解决了焊接质量问题以及烟尘超标排放问题，也可以避免由于安装问题导致滤袋使用出现问题。

（9）保证除尘器外界温差控制在合理范围。除尘器的壳体必须采取隔热保温措施，除尘器的保温一般采用岩棉、硅酸铝板、珍珠膨胀岩等导热系数低、绝热性能好、吸水率低、耐热性能好的保温材料。避免冷热交汇，增加腐蚀风险。

（10）保证灰斗伴热、热风再循环运行正常，防止停机时酸结露。袋式除尘器在灰斗外设置伴热装置，防止系统可能出现的酸结露腐蚀，从而防止滤袋出现的酸结露腐蚀。停机时除尘器灰斗伴热必须继续运行，防止产生结块。

（11）规范运行管理，长期停机时排空物料。系统长时间（> 20 天）停机时除尘器灰斗必须完全排空。

（12）合理设计喷吹系统并保证系统可靠运行。

（13）保证压缩空气系统运行正常，定期对压缩空气储罐进行疏水。

二、袋式除尘器的保养

（1）停机后除尘器灰斗伴热必须继续运行，以保护滤袋，防止产生结块。

（2）系统停运后，应该对整个系统进行一次系统的检查，并做好检查记录，包括设备损坏情况、缺陷或其他明显的问题。原则上必须去除所有造成堵塞的沉淀物和块状物。

（3）定期对设备进行维护检查，特别应该注意给单体设备加润滑油。

第十章

飞灰无害化处置和炉渣资源化利用

在垃圾焚烧的过程中，垃圾中有机物主要以气态物质的形式排放，而无机物质则形成固体颗粒物，其中炉排排出的颗粒较大固体和二、三通道及蒸发器、过热器、省煤器下的粗灰，从焚烧炉出渣口排出，被称为炉渣。

细小的颗粒物随烟气一同进入烟气净化系统，在烟气除尘系统被捕集，这些被捕获和沉降下来的细小颗粒物被称作飞灰。这些颗粒物占飞灰组成的较大比例，小部分飞灰则来源于烟气脱硫、除二噁英和重金属过程中投加的石灰或活性炭等物料。

不同炉型的飞灰和炉渣占入炉垃圾总质量的比例见表 10－1。

表 10－1　　不同炉型的飞灰和炉渣占入炉垃圾总质量的比例　　%

项目	炉排炉	流化床炉
飞灰质量比	3	8～12
炉渣质量比	28（含水）	8～11（干渣）

第一节　飞灰的组分及无害化处置

一、飞灰的组分

（一）飞灰的特征

飞灰含水率很低，呈浅灰色粉末状，飞灰颗粒大小不均、结构复杂、性质多变，多以无固定型态和多晶聚合体结构形式存在，通常飞灰颗粒粒径小于 100μm，且其表面粗糙，具有较大的比表面和较高的孔隙率。

（二）飞灰的成分

飞灰包括 Cl、Ca、K、Na、Si、Al 等元素，主要化学成分为 CaO、SiO_2、Al_2O_3、Fe_2O_3 等。此外，飞灰常含有高浓度的重金属，如 Hg、Pb、Cd、Cr 及 Zn 等，这些重金属主要以气溶胶小颗粒和富集于飞灰颗粒表面的形式存在。同时，在飞灰中还含有少量的二噁英和呋喃，因此飞灰具有很强的潜在危害性。飞灰属于危险废物。飞灰主要化学成分见表 10－2。

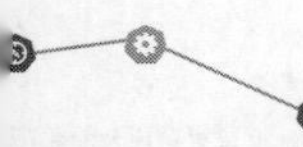

表 10－2　　飞灰主要化学成分

主要成分	主要结晶态
Na/K	$NaCl$、K_2ZnCl_4、$KClO_4$、K_2PbO_4、$K_2H_2P_2O_5$、KCl、$KAl(SO_4)_2$、Na_2SO_4、K_2SO_4
Ca	$CaAl_4O_7$、$Ca_3Al_6Sl_2O_4$、$CaSO_4$、$CaCO_3$、CaO、SiO_2、$CaAl_6O_{12}Cl$、$CaZnSi_2O_6$、$Ca_2ZnSi_2O_7$、$Ca_3Al_2O_6$
Pb	$PbSi_3O_5$、$Pb_3O_2SO_4$、Pb_3SiO_4
Cd	$Cd_5(AsO_4)_3Cl$、$CdSO_4$
Zn	K_2ZnCl_4、$ZnCl_2$、$ZnSO_4$
Fe	Fe_3O_4、Fe_2O_3
其他	SiO_2、$CaSiO_3$、Al_2SiO_3、$Ca_3Si_3O_9$、$CaAl_2SiO_6$、$Ca_3Al_6Si_2O_{16}$、$NaAlSi_3O_8$、$KAlSi_3O_8$

二、飞灰无害化处置原则

我国对于垃圾飞灰处置有着相当严格的规定。在 GB 18485—2014《生活垃圾焚烧污染控制标准》中要求对垃圾飞灰分别收集、储存和运输，并按危险废物处理。

飞灰必须单独收集，不得与生活垃圾、焚烧炉渣等混合，也不得与其他危险废物混合。生活垃圾飞灰不得在产生地长期储存，不得进行简易处置，必须进行固化和稳定化处理之后方可运输，运输需使用专用运输工具，运输工具必须密闭。

飞灰处置利用应遵循无害化原则，在此前提下再考虑回收资源化利用问题。飞灰的处置过程中还要避免产生二次污染。

第二节　飞灰无害化处置工艺

飞灰无害化、资源化处置工艺如图 10－1 所示。

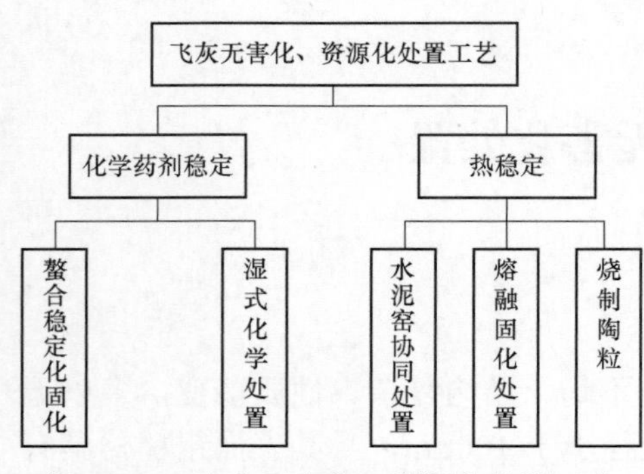

图 10－1　飞灰无害化、资源化处置工艺

螯合稳定固化成本相对较低，对飞灰中化学性质的变动具有相当的承受力，且技术成熟，设备简单。化学药剂稳定化以及中和处理能够在不改变飞灰的物理状态的条件下，降低部分投资运行成本，同样也不会产生重金属溶出。熔融可以实现二噁英的分解，且不会产生重金属溶出现象，熔融后的再利用途径包括制作建筑材料，如陶瓷和玻璃等；用于路基或筑坝。

根据目前的边界条件，螯合稳定固化＋卫生填埋是最普遍的处置方式。水泥窑协同处置、烧制陶粒和高温熔融处置后做建材等方法使用的相对较少。

一、螯合稳定化固化法

螯合稳定化固化法是目前处理垃圾飞灰的主要方法之一，其基本原理是利用化学药剂钝化使飞灰中的重金属变成不溶于水的无机矿物质或高分子络合物，通过稳定化固化，减少飞灰的表面积和降低其可渗透性。

螯合剂和水泥是目前应用最广的固化与稳定化材料，将飞灰、螯合剂、磷酸盐药剂、水泥和水混合，形成坚硬的水泥固化体，从而达到降低飞灰中危险成分浸出的目的。其机理是在螯合固化过程中，水泥中的硅酸二钙、硅酸三钙等经水合反应转变为 $CaO \cdot SiO_2 \cdot mH_2O$ 凝胶和 $Ca(OH)_2 \cdot CaO \cdot SiO_2 \cdot mH_2O$ 凝胶等，包容飞灰后逐步硬化，形成机械强度很高的 $CaO \cdot SiO_2$ 稳定化体。$Ca(OH)_2$ 的存在，使固化体不但具有较高的 pH 值，而且使大部分重金属离子生成不溶性的氢氧化物或碳酸盐形式，被固定在水泥基体的晶格中，有效防止重金属浸出，从而达到稳定化、无害化的目的。此外，还可添加一些辅料以增进反应过程，最终使飞灰变成坚固的混凝土块，从而使重金属和二噁英固化而稳定。螯合稳定固化法工艺流程如图 10－2 所示。

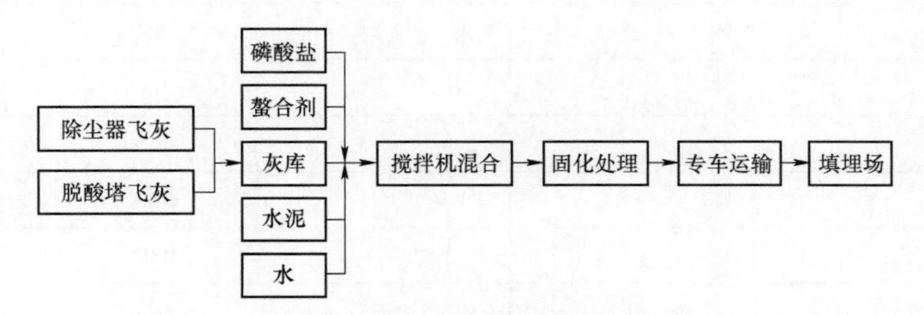

图 10－2　螯合稳定固化法工艺流程

某厂飞灰螯合稳定固化设备布置如图 10－3 所示。

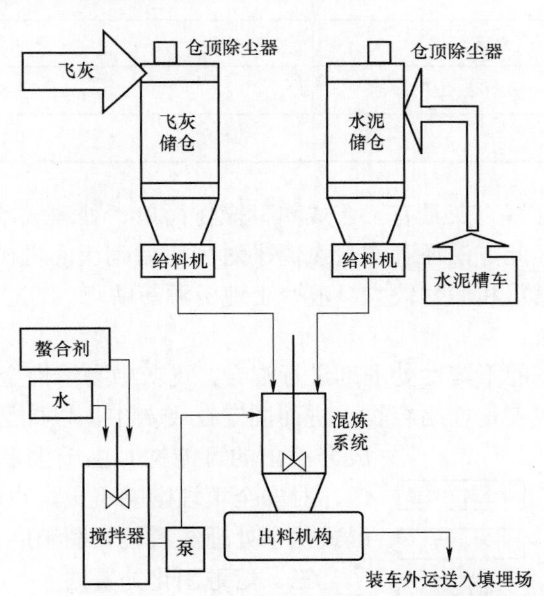

图 10－3　某厂飞灰螯合稳定固化设备布置

螯合稳定固化工艺物料消耗量见表 10－3。

表 10－3　　螯合稳定固化工艺物料消耗量　　%

物料名称	掺加量
螯合剂	1.5～3
水泥	0～15（可以不加）
水	15～25

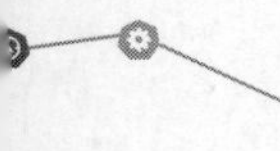

GB 16889—2008《生活垃圾填埋场污染控制标准》规范了飞灰处置标准，重点控制进入填埋场飞灰含水率、重金属、二噁英含量。严禁采用垃圾渗沥液、浓缩液加湿。经浸出毒性试验合格后送至填埋场填埋。填埋场填埋处置检测标准见表10-4。

表10-4　填埋场填埋处置检测标准　mg/L

序号	污染物项目	质量浓度限值
1	汞	0.05
2	铜	40
3	锌	100
4	铅	0.25
5	镉	0.15
6	铍	0.02
7	钡	25
8	镍	0.5
9	砷	0.3
10	总铬	4.5
11	六价铬	1.5
12	硒	0.1

螯合稳定化固化法处置飞灰具有工艺成熟、操作简单、处理成本适中等优点，但由于飞灰中含有较高的氯离子，此方法还存在着氯离子对固化后砌块的机械性能造成影响以及后期重金属离子浸出，同时增重和增容较大、浪费土地资源等缺点。

二、湿式化学处置法

将飞灰同带有络合基的不溶性处理剂进行混合，飞灰中易溶性金属（Cd、Pb等）与处理剂中的络合基反应后形成安定性络合物，进而固定在飞灰中，以此达到大大降低飞灰中有害成分浸出的可能性。由于大多数有害离子的浸出率较低，对安全填埋影响不大，也可作为建材、筑路材料。湿式化学处理法流程如图10-4所示。

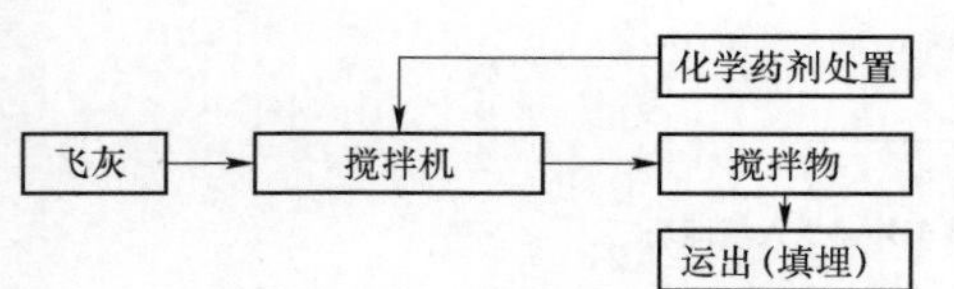

图10-4　湿式化学处理法流程

三、熔融固化处置法

经加热熔融，飞灰中的二噁英等有机污染物会发生高温分解，再将熔渣快速冷却形成致密且稳定的玻璃体，从而有效控制重金属的浸出。熔融固化技术不仅可以控制污染，而且熔融使灰渣变得致密，减容效果非常显著。可以将熔渣制成建筑材料或作为陶瓷等生产行业的原料，实现灰渣的资源化利用。灰渣熔融后，可减容约70%，目前有两种成熟的熔融技术。

（一）烧结法

将飞灰与细小的玻璃质，如玻璃屑、玻璃粉混合造粒成型后，在1000～1100℃高温下熔融形成玻璃固化体，以借助玻璃体的致密结晶结构，确保固化体的永久稳定。

（二）熔融法

在熔融炉内，利用燃料或电能将飞灰加热到1450℃，飞灰熔融后再冷却变成陶粒，然后将陶粒作为建筑材料，以实现飞灰减容化、无害化、资源化利用。

熔融法优点是减容率高，一般可减至1/2，熔渣品质稳定，无重金属溶出，可再生利用，能完全分解二噁英及其他有机污染物，可以得到高质量的建筑材料。

熔融的缺点是高温条件下会产生含有 Pb、Zn、Cd 等易挥发重金属的废气，需设置后续烟气处理装置，工艺复杂、能源消耗大、处理成本高。目前，在日本得到了较广泛的应用。飞灰熔融流程如图 10－5 所示。

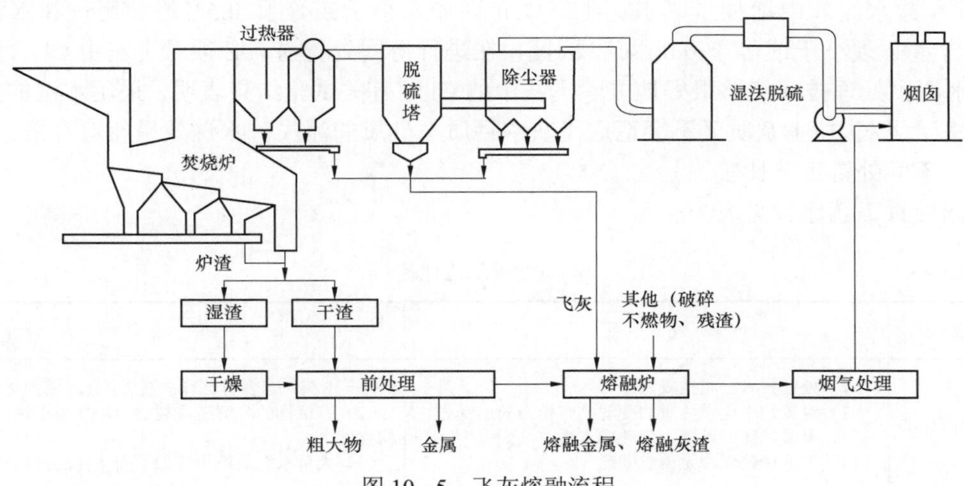

图 10－5　飞灰熔融流程

熔融炉分为燃料式和电极式两类，燃料式熔融炉结构如图 10－6 所示，电极式熔融炉结构如图 10－7 所示。

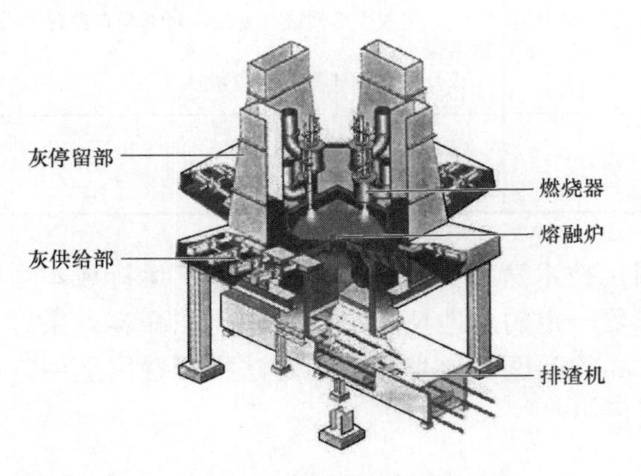

图 10－6　燃料式熔融炉结构

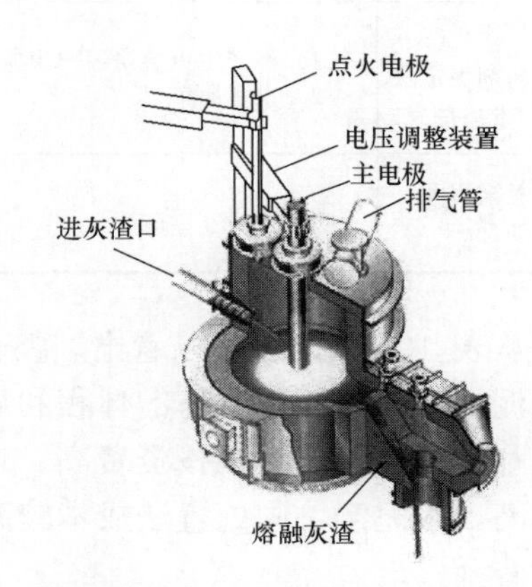

图 10－7　电极式熔融炉结构

四、烧制陶粒技术

利用飞灰为原料制备陶粒，其原料组成飞灰占 20%～80%，其余为黏土。这些原料经配料、造粒、高温煅烧后即可制成陶粒产品。所需高温煅烧的烧结温度为1000～1400℃。煅烧产品具备了高强型轻骨料的特点，可应用于浇注普通混凝土和铺设路基垫层。

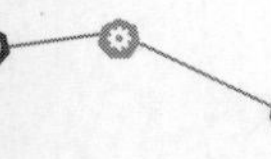

五、水泥窑协同处置法

水泥窑协同处置垃圾飞灰是指把经过预处理的飞灰作为原料投加到水泥生产过程中，替代了部分水泥原料的同时，有效去除了飞灰中富集的二噁英等有机污染物，实现了飞灰的资源化处置。

水泥窑协同处置技术在利用水泥窑高温环境将飞灰稳定的同时，节约了部分水泥生产原料，该项技术已逐步成为飞灰资源化利用新的发展方向。

垃圾飞灰中 Cl^-的含量在 7.41%～15.21%之间，若直接作为水泥工业原料，极易引起窑系统结球和预热器堵料等事故，影响设备运转率和水泥熟料质量。另外，在 GB 175—2007《通用硅酸盐水泥》中增加了“水泥生产中允许加入小于或等于 0.5%的助磨剂和水泥中的氯离子含量必须小于或等于 0.06%”，因此，在进行协同处置前，必须对飞灰中 Cl^-含量进行控制，水洗预处理技术能够很好地去除飞灰中的 Cl^-。有关试验结果表明，采用水洗的方式既能有效去除飞灰中 Cl^-杂质又不会造成飞灰中钙质与硅质的流失，水洗效果相对经济。

六、不同处置工艺比较

不同处置工艺比较见表 10－5。

表 10－5　　不同处置工艺比较

工艺	优　点	缺　点
螯合稳定固化法	（1）处理技术已相当成熟。 （2）对废物中化学性质的变动具有相当的承受力。 （3）无需特殊的设备，处理成本适中。 （4）可直接处理，无需前处理	（1）飞灰中若含有特殊的盐类，会造成固化体破裂。 （2）有机物的分解造成裂隙，增加渗透性，降低结构强度。 （3）大量水泥的使用增加了固化体的体积和质量
熔融固化法	（1）高稳定性，可确保固化体的长期稳定。 （2）减容性好	（1）一次性投资费用高。 （2）高温热融需消耗大量能源，运营成本较高。 （3）需要特殊的设备
化学药剂稳定法	（1）不产生重金属溶出现象，稳定性较好。 （2）设备简单	（1）飞灰中毒性成分复杂，对部分有毒有机物稳定作用较小。 （2）化学药剂稳定价格高
水泥窑协同处置法	工艺成熟	（1）飞灰要预处理。 （2）处理量较小

从表 10－5 比较可以看出，螯合稳定固化技术简单实用，投资费用低，运行成本适中，但水泥的使用增加固化体的体积和质量，需要一定的土地填埋。熔融固化法减容效果好，资源化利用率高，但存在投资费高、运行成本高的问题。化学药剂稳定法投资费用适中、药剂成本高。水泥窑协同处置法成本较高、处置量小。

第三节　发达国家飞灰无害化处置方式

一、“稳定固化＋填埋”处置

大多数的欧盟国家，主要采用“稳定固化＋填埋”的方式处置飞灰。

二、废弃矿洞存储

德国的垃圾飞灰采用废弃岩盐矿储存的方式处置。

三、熔融后再利用

日本对飞灰采用高温熔融技术进行处理，利用等离子等技术将飞灰融化后做成陶粒供建材使用，这种方式的处理成本非常高。其设备投资和运行成本显著高于“稳定化固化+填埋”。

日本某垃圾电厂的熔融炉如图10－8所示，采用等离子技术，炉温在1450℃左右，将飞灰和炉渣一起送进熔融炉，炉渣和飞灰在高温加热下变成熔融状态，最后制成陶粒。熔融炉出渣水如图10－9所示，终产物陶粒如图10－10所示。

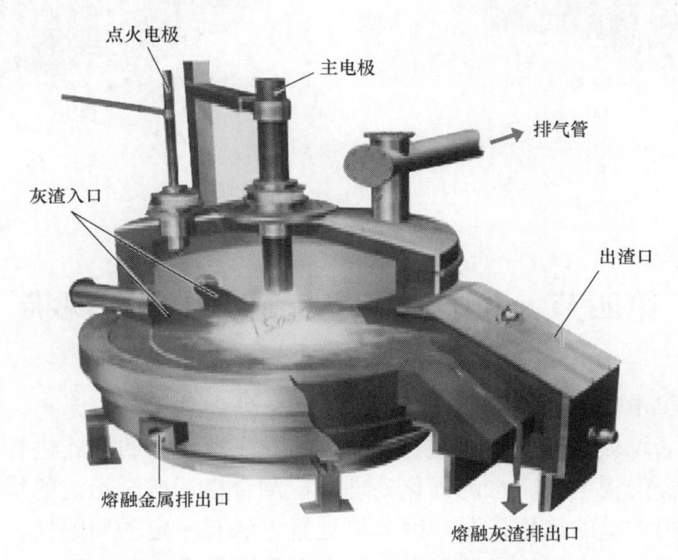

图10－8　日本某垃圾电厂的熔融炉

图10－9　熔融炉出渣水

(a)

(b)

图 10－10 终产物陶粒

（a）冷却后的熔融金属；（b）冷却后的熔融灰渣

第四节 我国垃圾飞灰无害化处置现状

我国垃圾焚烧起步较晚，飞灰处置经历了从简单处理到规范的无害化处置的发展过程。

目前，我国生活垃圾飞灰主要通过“稳定化固化＋填埋”的方式进行无害化处置，即将飞灰在厂内进行螯合剂稳定化、水泥固化处理，检测合格后送至指定的填埋场安全填埋。由于安全填埋场会占用大量的土地资源，因此该处置方法有一定的局限性。熔融法昂贵的处理费用和复杂的处理系统大大制约了熔融固化技术在我国的推广和应用。

在飞灰资源化利用方面，国内有关企业开展研究并开发了“飞灰水洗＋水泥窑协同处置”和“飞灰烧结生产轻质骨料处置”等技术，上述飞灰资源化利用技术均能有效实现飞灰的无害化和资源化处置，并且缓解对填埋场的需求，但在设备投资和运行成本方面都不同程度地高于“稳定化固化＋填埋”处置方式。

一、未来垃圾飞灰的处置思路

随着可持续发展、循环经济理念的提出，飞灰无害化处置、资源化利用将越来越多地受到重视，可因地制宜确定飞灰处置方式。经济发达地区，可优先考虑飞灰资源化利用技术为主、安全填埋为辅的处置方式。经济欠发达地区则应采取以安全填埋为主、资源化利用为辅的处置方式。将垃圾飞灰处置由单纯的污染治理向资源利用、循环经济过渡，实现焚烧厂飞灰、炉渣循环再利用。

但是飞灰中高浓度的无机氯盐不仅会降低资源化产品的质量，而且会破坏生产过程，飞灰中氯盐的危害不容忽视，飞灰的资源化利用还有一些问题需要解决。

二、现阶段飞灰处置成本

目前，我国垃圾发电的飞灰采用螯合固化＋填埋、水泥窑协同处置的较多，不同工艺的飞灰处置成本比较见表 10－6。

表 10－6　　不同工艺的飞灰处置成本

处置工艺	螯合稳定固化＋填埋	水泥窑协同处置	熔融固化
成本（元/t）	＜700	1500～2300	1800

第五节　炉渣资源化利用

一、炉渣的成分

炉渣为垃圾燃烧后的残余物，其产生量视垃圾成分而定。炉渣的主要组成为灰分、石子、玻璃、陶瓷和金属等。主要成分为 MnO、SiO_2、CaO、Al_2O_3、Fe_2O_3 以及少量未燃尽的有机物等。

根据 GB 18485—2001《生活垃圾焚烧污染控制标准》规定："焚烧后的炉渣按一般固体废物处理"。炉渣中仍然存在重金属的问题，但经过高温焚烧过程后，一定程度上可对其产生稳定化的作用。

二、炉渣资源化利用原则

炉渣经过磁选分离出废金属后进入渣池，在渣池内炉渣中的水分析出后，炉渣再进行资源化利用。可用作铺路的垫层、填埋场覆盖层的材料和制作免烧砖等，98%的炉渣可以进行资源化利用，不能资源化利用部分送至填埋场填埋。

炉渣收集工艺如图 10－11 所示。

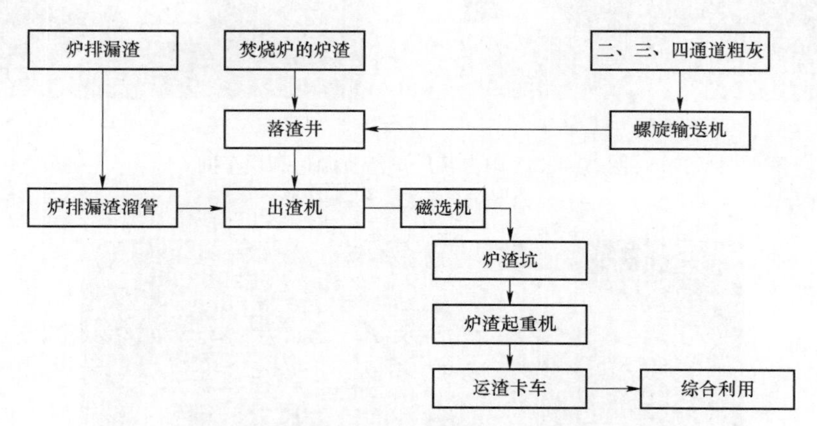

图 10－11　炉渣收集工艺

三、国内炉渣资源化利用工艺

炉渣制砖首先要进行炉渣的分选，将炉渣中的金属分离出来，再对炉渣进行破碎处理，然后加 10%的水泥压制成砖。国内某厂炉渣资源化利用工艺如图 10－12 所示。

国内某厂炉渣资源化利用车间如图 10－13 所示，炉渣制的砖如图 10－14 所示。

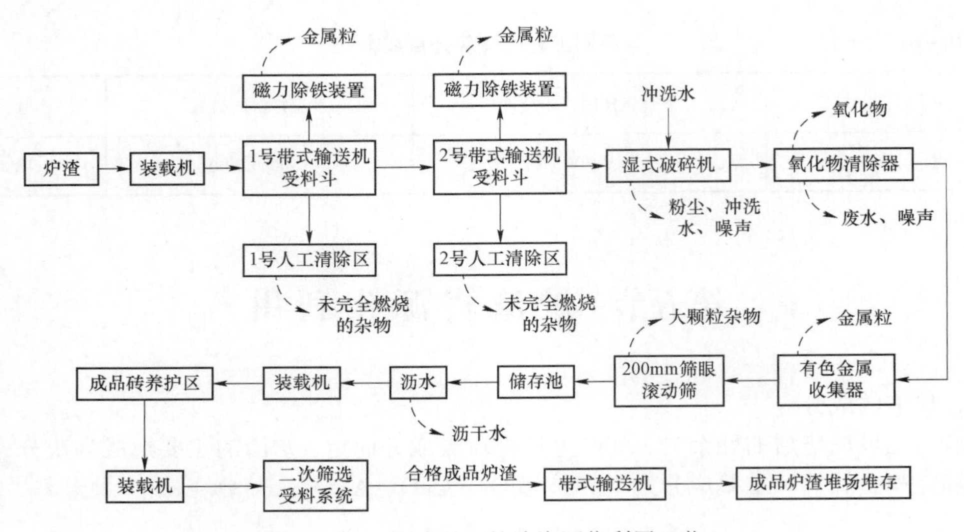

图 10－12　国内某厂炉渣资源化利用工艺

(a)　　(b)

图 10－13　国内某厂炉渣资源化利用车间

（a）渣破碎系统；（b）制砖机

图 10－14　炉渣制的砖

四、国外炉渣资源化利用情况

德国某厂的渣池及炉渣如图 10－15 所示。

图 10－15　德国某厂的渣池及炉渣

在炉渣利用方面，德国、瑞士、荷兰等国都对炉渣中铁、铝等金属进行了回收利用。荷兰和丹麦将近乎 100%的炉渣用于道路建设。比利时主要将炉渣用作再生建材，德国将 90%的炉渣用于道路建设，法国将 80%的炉渣用于市政工程建设。

欧盟的垃圾电厂为了便于进行炉渣的资源化利用，一般在厂区内建设炉渣的资源化利用厂房，这样非常便于在厂内进行炉渣的资源化利用的前期处理。英国垃圾电厂内的炉渣资源化利用厂房如图 10－16 所示，图 10－16 中右侧就是炉渣的资源化利用厂房，渣池内的炉渣直接通过输送皮带运到炉渣资源化利用车间进行处理利用。

图 10－16　英国垃圾电厂内的炉渣资源化利用厂房

炉渣资源化利用车间内部的景象如图 10－17 所示，这部分炉渣还没有进行金属分离。

英国某厂从炉渣中分离出来的金属如图 10－18 所示，由于英国的垃圾分类体系没有德国健全，所以炉渣中的金属等杂物较多，这些废金属通常会用作循环材料，用于钢铁的生产。

炉渣里的金属被分离出来后，炉渣可以做建材使用，做成地砖用于筑路。分离后的炉渣如图 10－19 所示。

英国某厂利用炉渣制成的砖如图 10－20 所示。

图 10－17　炉渣资源化利用车间内部的景象

图 10－18　英国某厂从炉渣中分离出来的金属

图 10－19　分离后的炉渣

图 10－20　英国某厂利用炉渣制成的砖

德国某垃圾电厂炉渣资源化利用工艺如图 10-21 所示。

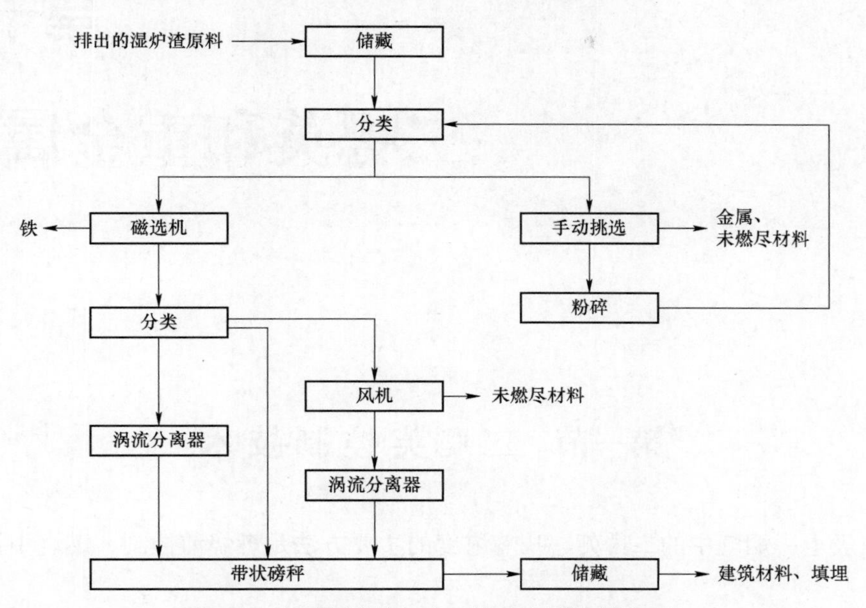

图 10-21　德国某垃圾电厂炉渣资源化利用工艺

第十一章 二噁英和重金属控制

第一节 二噁英控制技术

降低垃圾电厂烟气中的二噁英、呋喃浓度的主要方法是燃烧前控制、燃烧中控制和燃烧后处理。

通过分类收集或预分拣控制生活垃圾中氯和重金属含量高的物质进入垃圾电厂；在垃圾电厂中设置先进、完善和可靠的全套自动控制系统，使焚烧和净化工艺得以良好执行。

一、燃烧中控制措施

（一）3*T*+*E* 燃烧控制

3*T* 是指炉膛温度、烟气停留时间和烟气的扰动。*E* 是指炉膛的含氧量。控制炉膛烟气温度不低于 850℃，烟气在炉膛内的停留时间不少于 2s。燃烧中合理配风，合理调整一次风、二次风和烟气再循环，使烟气形成旋流，保证烟气的燃烧更完全、更充分，使二噁英得到完全分解。

二噁英的生成与一氧化碳浓度有很大关系，根据垃圾低位热值及垃圾量的大小，调节送风量，保持炉膛内适当的氧量，O_2 浓度为 6%～9%，调整过剩空气系数在合理的范围内。同时通过炉排运动，对垃圾进行充分的翻转、搅拌，使垃圾燃烧更加充分，从而控制烟气中一氧化碳、氮氧化物的含量及二噁英的生成量。

（二）缩短烟气处于 300～500℃的时间

当烟气温度降到 300～500℃范围时，有少量已经分解的二噁英将重新生成，焚烧炉在设计上考虑尽量减小余热锅炉尾部的截面积，使烟气流速提高，尽量减少烟气从高温到低温过程的停留时间，以减少二噁英的再生成。一般情况下，此温度区域烟气流速为 4.5m/s。

二、尾气净化措施

（一）烟气采用活性炭吸附

在袋式除尘器入口烟道上布置一个活性炭喷射装置，把比表面积大于 $1000m^2/g$ 的活性炭喷入到烟气中，用活性炭吸附二噁英和重金属。

（二）采用袋式除尘器

选用高效袋式除尘器，采用高效滤料，控制除尘器入口处的烟气温度在 150℃左右，烟气通过由颗粒物在滤袋表面形成的滤层时，残存的微量二噁英和重金属再次与滤层中的活性

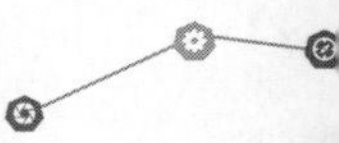

炭粉末发生吸附，得到进一步净化。

（三）固化稳定化处置或熔融处理

将附有二噁英和重金属的飞灰过滤收集后，进行固化稳定化处置或熔融处理。

（四）SCR 协同处理

采用特殊配方的 SCR 催化剂，对二噁英具有一定的吸附作用，可减少二噁英的排放。

第二节 重金属去除技术

重金属的净化主要从活性炭吸附、滤袋捕集和低温控制几个方面采取措施。对于重金属，汞和镉在烟气中不仅以固体状态存在，同时还以气体状态存在。这是因为有些含有这种成分的化合物在燃烧过程中挥发所致。

当温度降低时，重金属混合物的挥发率将极大地降低，相应排放也随之减少。焚烧后产生的高温烟气，经余热锅炉冷却后，再通过烟气处理装置，烟气温度进一步降低，加之活性炭具有较大的比表面积，再配备高效的袋式除尘器，就可以有效地清除烟气中的汞和镉，一般来说，对汞的去除率约为 90%，对镉的去除率达 95%。

烟气中的铅是以烟尘的状态存在的，因而铅主要由袋式除尘器清除，也有少部分被半干法的反应塔中的吸收剂所吸收，铅的清除率可达 95%。

第三节 活性炭喷射系统

一、活性炭喷射系统的作用

活性炭喷射系统将粉末活性炭通过气力喷入除尘器进口段烟道，用于吸附重金属和二噁英，保证烟气排放达标。

二、活性炭喷射系统的组成

活性炭喷射系统包括活性炭上料单元、活性炭存储单元、氮气保护装置和活性炭计量单元等。某厂活性炭喷射系统流程如图 11－1 所示。

（一）活性炭上料单元

一般采用气力上料装置，并设置活性炭上料电动葫芦做备用，活性炭仓顶部安装脉冲喷吹式袋式除尘器，在活性炭仓进料期间，活性炭仓中的空气通过滤袋排向室外，以免给活性炭仓加压。仓顶袋式除尘器不但在活性炭仓接收活性炭的过程中运行，而且在接收活性炭后定期间隔运行。

（二）活性炭存储单元

每个活性炭储仓底部料斗下方装有一个破拱装置，防止物料架桥现象，以保证向给料装置连续给料。每个活性炭仓内安装有 3 个料位开关，上部的料位开关检测高料位，高料位表示活性炭停止上料的料位；中部开关显示低料位；最下部的料位开关检测低低料位。低料位表示活性炭仓应接收活性炭的料位，低低料位表示应立即接收活性炭的料位。活性炭仓内安装测温元件，用以监控活性炭仓内温度。

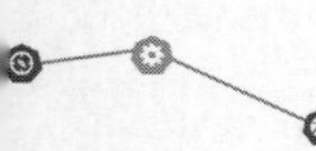

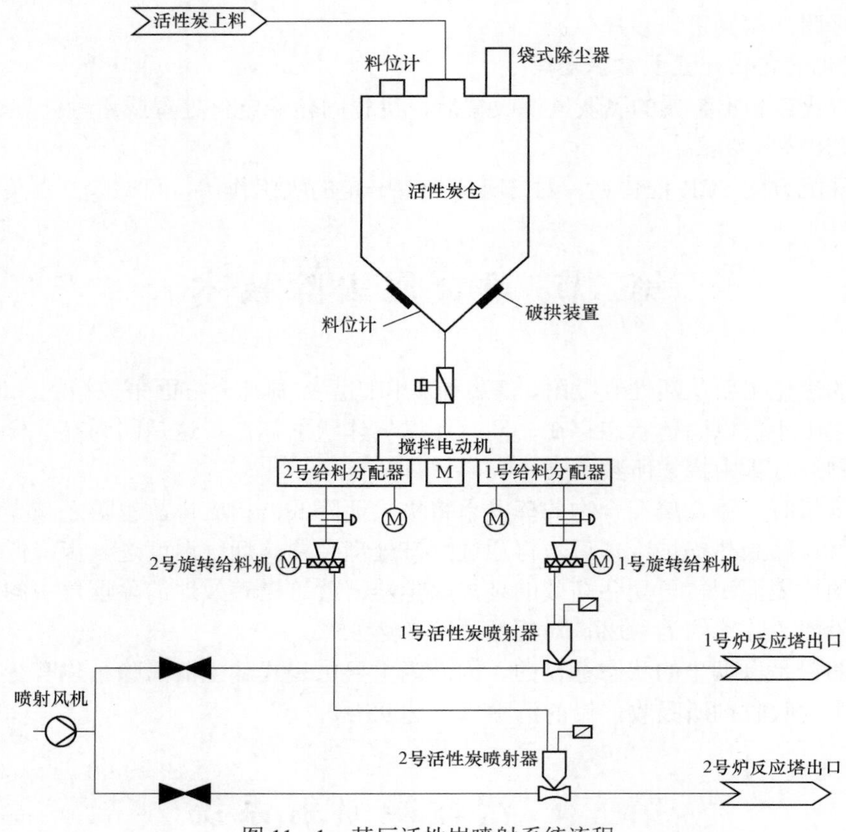

图 11－1　某厂活性炭喷射系统流程

（三）氮气保护装置

活性炭仓应设有氮气保护系统，当活性炭温度升高时，自动加入氮气，排空仓内空气，以防止发生火灾或爆炸。在活性炭储仓设置防爆门，并设置温度测点用于防爆监测，该系统设备的选型和配备均应满足防火防爆要求。

（四）活性炭计量单元

储仓内活性炭经星型卸料阀和螺旋输送机送至活性炭螺旋计量装置，最终在文丘里喷射器的负压抽吸作用下直接通过管道和喷嘴进入反应塔和袋式除尘器之间的烟道中。

三、活性炭消耗量和质量指标

活性炭用木质、煤炭、果壳等含碳物质，通过化学或物理活化法制成，它有非常多的微孔和巨大的表面积。优质果壳活性炭颗粒的表面积高达 $1000m^2/g$，因而有很强的物理吸附能力，能有效地吸附烟气中的重金属和二噁英。同时，活性炭也可呈现一定的化学吸附性，可以吸附水中有机污染物，去除水中的余氯、氯胺等。

活性炭喷入量与垃圾特性、烟气量、烟气中重金属与二噁英等污染物成分，活性炭性质及运行工况有关。参考我国目前垃圾特性、排放指标要求等情况，入炉垃圾活性炭用量为 260～500g/t。系统的设计满足入炉垃圾至少 600g/t 的加料能力。活性炭质量指标见表 11－1。

表 11－1　　活性炭质量指标

序号	项目		参数
1	化学分析（%）	灰分	≤15
		水分	≤10
2	细度（250 目，%）		≥95
3	表面积（BET，m^2/g）		≥1000
4	燃烧温度（典型值，℃）		700
5	烟化温度（典型值，℃）		450
6	松袋密度（典型值，kg/m^3）		490
7	亚甲蓝脱色力（典型值，mg/g）		≥190
8	碘吸附值（典型值，mg/g）		≥1000

活性炭喷射位置如图 11－2 所示。

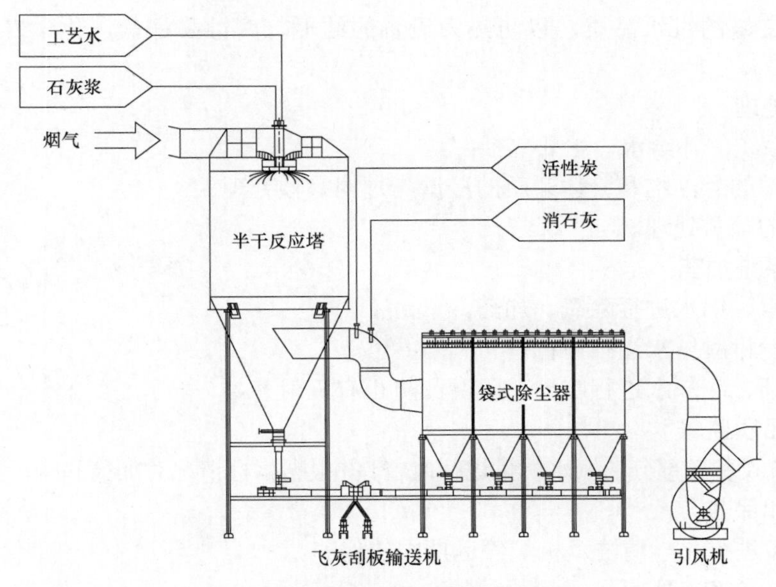

图 11－2　活性炭喷射位置

第十二章
垃圾电厂化学

第一节 化学专业的任务

为了保证良好的汽水品质，以防热力设备的结垢、腐蚀和积盐，化学专业的主要工作如下。

一、原水处理

制备热力系统的补给水，主要包括：

（1）原水中的悬浮物和胶体杂质的澄清、过滤等预处理。

（2）原水的除盐处理。

二、热力系统加药

（1）对给水、锅水进行除氧、加药。

（2）对汽轮机凝结水进行净化。

（3）对循环、冷却水进行防垢、防腐和防止有机附着。

三、汽水品质监督

对热力系统设备各部分的汽水质量进行监督，并根据指标情况对加药和排污系统进行调整。

四、清洗和保养

对热力设备进行化学清洗及机炉停运期间的保养。

五、污水、渗沥液处理

对生产、生活污水和垃圾仓中产生的渗沥液进行处理并对中水进行再利用。

第二节 生产用水分类

一、生产用水种类

（一）原水

原水是指未经处理的天然水，如江河水、湖水、地下水、中水、自来水等。垃圾电厂的原水既可作为制取锅炉补给水的水源，又可作为冷却水、消防水、绿化、飞灰固化和保洁用水使用。

（二）补给水

补给水是指原水经过各种方法净化处理后，用来补充热力系统汽水损失的水。补给水按其净化处理方法的不同，又可分为软化水、蒸馏水和除盐水等。

（三）汽轮机凝结水

汽轮机凝结水是指在汽轮机中做功后的蒸汽经冷凝成的水。

（四）疏水

各种蒸汽管道和用汽设备中的蒸汽凝结成的水称为疏水，它经疏水器汇集到疏水箱。高压疏水一般回收到除氧器，低压疏水回收到凝汽器。

（五）返回凝结水

返回凝结水是指向热用户供热后，回收的蒸汽凝结水。其中又有热网加热器凝结水和生产蒸汽凝结水之分。

（六）锅炉给水

送往锅炉的水称为锅炉给水。凝汽式发电厂的给水主要由凝结水、补给水和各种疏水组成。供热电厂还包括返回凝结水。

（七）锅水

在锅炉本体的蒸发系统内流动着的水称为锅水。

（八）冷却水

作为冷却介质的水称为冷却水，指通过凝汽器用以冷却汽轮机排汽的水、汽轮机油系统的冷却水、焚烧炉炉排液压站的冷却水和各类设备的冷却水等。

二、垃圾电厂汽水损失原因

垃圾电厂的热力循环是通过汽水流动实现的，在汽水循环过程中免不了有些损失。产生汽水损失的来源包括：

（一）锅炉部分

锅炉的汽水损失来自锅炉排污水、安全门动作时对外排气、过热器空气门向外排汽、蒸汽吹灰等。

（二）汽轮机部分

汽轮机的轴封排汽、真空系统和除氧器的排汽等。

（三）各种水箱

各种水箱（如疏水箱等）有溢流和热水的蒸发等。

（四）热力系统的跑、冒、滴、漏

主蒸汽、给水等管道系统的泵、管道和阀门等的跑、冒、滴、漏等。

凝汽式垃圾电厂汽水损失量一般小于锅炉额定蒸发量的2%。为了维持热力系统的正常汽水循环流动，就要补充这些损失。

第三节　汽水品质不良的危害及汽水品质标准

没有处理的原水含有许多杂质，这种水如进入汽水循环系统，将会造成各种危害。并对热力系统的安全、经济运行造成影响。为了保证热力系统中有良好的汽水品质，必须对汽水

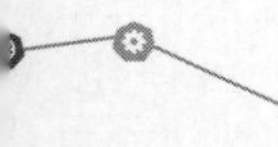

进行适当的净化处理和严格的汽水质量监督。

一、汽水品质不良的危害

（一）使热力系统的设备结垢

锅炉系统的水质不合格，经过一段时间运行，会在锅炉受热面表面上生成一些固体附着物，这种现象称为结垢，这些固体附着物称为水垢，因为水垢的导热性能比金属差数百倍，它可使结垢部位的金属管壁过热，就会发生管道局部变形、产生鼓包，甚至引起爆管事故。

（二）使热力系统的设备腐蚀

热力系统设备的汽水品质不良，则会引起金属的腐蚀，腐蚀不仅会缩短设备本身的使用寿命、造成经济损失，同时还因为金属的腐蚀产物进入水中，使给水杂质增多，进一步加剧在高热负荷受热面上的结垢过程，恶性循环会迅速导致爆管事故。

（三）使过热器和汽轮机积盐

汽水品质不良，会使蒸汽带出的杂质沉积在蒸汽管道的各个部位，如过热器和汽轮机，这种现象称积盐。积盐会引起过热器金属管壁过热甚至爆管，降低汽轮机出力和效率，严重时，还会使推力轴承负荷增大、隔板弯曲，造成事故停机。

二、汽水品质标准

蒸汽、给水、锅水、补给水水质按照 GB/T 12145—2016《火力发电机组及蒸汽动力设备水汽质量》的要求执行。机组化学监督指标见表 12－1。

表 12－1　机组化学监督指标

工质	名称	单位	标准
给水	溶解氧	μg/L	≤15
	pH 值		8.8～9.3
	二氧化硅	μg/L	≤20
	硬度	μmol/L	≤2.0
蒸汽	钠	μg/kg	≤15
	二氧化硅	μg/kg	≤20
	电导率	μS/cm	≤0.30
凝结水	溶解氧	μg/L	≤50
	硬度	μmol/L	≤2.0
锅水	电导率	μS/cm	≤15
	二氧化硅	μg/L	≤20
	磷酸根	mg/L	5～15
	pH 值		9.0～11.0

第四节　水处理工艺

一、水质概述

对于原水中杂质，可以按其颗粒大小进行分类，分为悬浮物、胶体和溶解物质 3 类，溶解物质又可以分为溶解气体、溶解的无机离子、溶解的有机物质 3 种。

（一）悬浮物

悬浮物通常是指水中大于 100nm（0.1μm）以上的颗粒，包括泥砂、藻类、细菌等。

（二）胶体

胶体是指水中尺寸为 1～100nm 的颗粒。由于颗粒较小，沉降速度很慢，依重力很难达到沉降的目的，再加上胶体颗粒带有电荷以及受布朗运动的影响，使水中胶体颗粒非常稳定，不能用自然沉降的方法去除。

水中胶体按成分可以分为无机胶体、有机胶体和混合胶体 3 种，无机胶体多为硅、铝、铁的化合物、复合物及其聚合体，比如各种黏土胶体就是典型的无机胶体。有机胶体多为大分子的有机物，天然水中经常见到腐殖质、蛋白质类的有机胶体。混合胶体多为无机胶体上吸附了大分子有机物构成。

（三）溶解物质

1. 溶解气体

因为水和空气接触，空气会溶入水中，所以水中存在溶解氧。水中氨主要来自工业和生活废水中的污染物。从水中总氮、有机氮、氨氮、硝酸氮的多少和相对含量比例，可以判断水的污染程度及水污染时间的长短。

地下水中有时含有硫化氢，当达 0.5～1mg/L 时，就可感觉到明显的臭鸡蛋味，它多数在特殊地质环境中生成。

2. 溶解的无机离子

天然水中溶解的无机离子主要有：

（1）阳离子：K^+、Na^+、Ca^{2+}、Mg^{2+} 等。

（2）阴离子：HCO_3^-（CO_3^{2-}）、SO_4^{2-}、Cl^-、$HSiO_3^-$ 等。

3. 溶解的有机物质

天然水中有机物和无机物一样，可以分为溶解态、胶态和悬浮态 3 种，它们来自工业和生活排放物、动植物肢体、微生物、动植物和微生物的代谢产物等。

二、水质指标

常使用一些指标来表示水的品质好坏，即水质指标。

（一）浊度

天然水中粗分散颗粒除悬浮物外，还有胶体，它们的共同特性是使水呈混浊感，而水质清晰透明是用水的基本条件，浊度指标用来反映水中悬浮物和胶体的多少。

（二）含盐量

水的含盐量是指水中溶解的无机盐的总量，它是通过水质全分析，根据所测得的水中全部阳离子量和全部阴离子量通过计算得到的。

（三）电导率

水中溶解的带电荷离子在电场作用下会移动，因而水是导电的，水的导电能力即电导率，电导率大小与水中带电离子量成正比，故可以用电导率来反映水中溶解的离子含量。

（四）碱度

水的碱度是指水中能接受强酸中 H^+ 或与之发生反应的物质的量，包括碱及强碱弱酸盐，如 $NaOH$、Na_3PO_4 等。磷酸盐只存在在锅水、冷却水中。

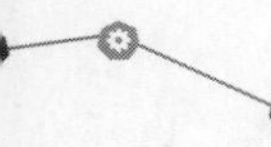

（五）酸度

水的酸度是指水中能接受强碱中 OH^-或与之发生反应的物质量。

（六）硬度

硬度通常是指水中钙镁离子总量，因为它们能形成坚硬的水垢，所以叫硬度。相反，去除水中钙镁离子的过程则称为软化，去除钙镁离子的水则称为软化水。

（七）水中有机物含量

因为水中有机物质种类多，有机物单种检测极其困难，所以水中有机物含量无法像测定无机离子那样逐个进行测定。目前，常用的方法是利用有机物整体的某种性质（如可以被氧化、含有碳、对紫外光吸收等）来进行测定，间接反映水中有机物含量的多少。目前常用的表示水中有机物含量的指标如下。

1. 化学耗氧量（COD）

有机物是碳氧化合物，遇到氧化剂时会被氧化成 CO_2 和 H_2O，水中有机物被氧化时消耗的氧化剂量，即化学耗氧量（COD），单位为 mg/L。

2. 生化需氧量（BOD）

水中有机物可以作为微生物的营养源，微生物在吸收水中有机物后，又吸收水中溶解氧，在体内对有机物进行生物氧化，因此，水中微生物需要的氧量也间接地反映水中有机物含量，所需的氧量即生化需氧量（BOD），它反映了水中有机物的多少。BOD 的单位是 mg/L，多用于废水中有机物的测定，BOD 和 COD 的比值反映水的可生化程度，当比值大于 30%时水才可能进行生物氧化处理。

3. 总有机碳（TOC）

总有机碳是测定水中所有有机物中的碳含量，单位是 mg/L，由于有机物都是含碳的，所以与其他测定水中有机物含量的指标相比，它更能反映水中有机物含量的多少。

三、除盐水制水工艺

1. 预处理＋离子交换方式

制水流程：原水→絮凝澄清池→多介质过滤器→活性炭过滤器→阳离子交换床→除二氧化碳风机→中间水箱→阴离子交换床→阴阳离子交换床（混床）→树脂捕捉器→除盐水箱。

2. 预处理＋反渗透＋混床制水方式

制水流程：原水→絮凝澄清池→多介质过滤器→活性炭过滤器→ 精密过滤器→保安过滤器→高压泵→反渗透装置→中间水箱→混床装置→树脂捕捉器→ 除盐水箱。

3. 预处理＋超滤（UF）＋反渗透（RO）＋EDI（电除盐或电去离子）制水方式

制水流程：原水→絮凝澄清池→多介质过滤器→活性炭过滤器→ 超滤装置→反渗透装置→反渗透水箱→EDI 装置→除盐水箱。

以上 3 种水处理方式是目前垃圾电厂制备除盐水的主要工艺。

4. 不同制水工艺的比较

（1）预处理＋离子交换。优点是初期投资少，设备占用面积相对较少；缺点是离子交换器失效需要酸、碱进行再生来恢复其交换容量，需大量耗费酸、碱。再生所产生的废液需要中和排放，后期成本较高，容易对环境造成破坏。

（2）预处理＋反渗透＋混床。该制水工艺是化学制取超纯除盐水相对经济的方法，只需对混床进行再生，经过反渗透半除盐处理的水质较好，缓解了混床的失效频度；减少了再生需要的酸、碱用量，对环境的破坏相对较小。缺点是在投资初期反渗透膜费用较大，但比（1）工艺相对划算。

（3）预处理＋超滤（UF）＋反渗透（RO）＋EDI。该制水方式也称全膜法制水。该制水方法不需要用酸、碱进行再生就可以制取纯净除盐水，不会对环境造成破坏；是目前最经济、最环保的化学制水工艺。缺点是初期投资多于前面两种制水工艺。

四、预处理＋超滤（UF）＋反渗透（RO）＋EDI 除盐水制备工艺

该工艺应用较多，制水经过预处理、精处理两个步骤，精处理采用超滤（UF）＋反渗透（RO）＋EDI 工艺，工艺流程为原水→次氯酸钠/絮凝剂加药→过滤器→原水箱→原水泵→蒸汽混热器→盘式过滤器→超滤装置→超滤产水箱→超滤产水泵→阻垢剂/还原剂加药→一级 RO 保安过滤器→一级 RO 高压泵→一级反渗透装置→一级 RO 产水箱→加碱→二级 RO 高压泵→二级反渗透装置→二级 RO 产水箱→EDI 水泵→EDI 保安过滤器→EDI 装置→除盐水箱→除盐水泵→加氨→锅炉及工艺装置。

（一）原水预处理

原水中含悬浮物、胶体物（胶体微粒是许多分子和离子的集合体，主要是腐殖质以及铁、铝、硅等的化合物）、溶解于水的各种离子（包括 Ca^{2+}、Mg^{2+}、HCO_3^-、SO_4^{2-}、K^+、Na^+）、各种可溶性气体（CO_2、O_2、H_2S）等杂质。这些杂质会造成膜的污染，使膜的分离率和透水速度下降，因此，原水必须进行预处理，预处理的目的是去除进水中大量悬浮物及颗粒、有机物和残余的游离氯。预处理系统包含原水泵、反洗水泵、絮凝加药装置、石英砂过滤器、活性炭过滤器等。预处理一般采用以下工艺。

1. 混凝澄清或沉淀处理

通过混凝澄清或沉淀处理，原水中的大部分悬浮物、胶体颗粒被去除。外观上变为清澈透明，但仍残留有少量细小的悬浮颗粒。此时水的浊度通常小于 10NTU。

2. 絮凝剂加药装置

因原水中含有部分悬浮物质，为防止其污堵反渗透膜，需要加入絮凝剂进行在线接触混凝，通过吸附、架桥作用使胶体悬浮物凝聚变大，便于石英砂过滤器去除。絮凝剂有明矾（硫酸铝晶体）、有机物絮凝剂（聚丙烯酰胺）等。

3. 原水的过滤处理

经过混凝澄清或沉淀处理的水不能满足后续水处理设备的进水要求，因此，还需要进一步去除残留在水中的细小悬浮颗粒，进一步除去悬浮杂质的常用方法是过滤处理，经过一般的过滤处理，水的浊度将降至 2～5NTU。

用于工业用水处理中的过滤装置种类很多，按滤料的形态可分为粒状介质过滤、纤维状介质过滤和多孔介质过滤等。

（1）石英砂过滤器。石英砂过滤器由碳钢（衬胶）制成，内装石英砂作为滤料，来滤除水中的杂质。石英砂细度为 0.6～1.2mm，石英砂滤层安装在上下孔板之间。石英砂过滤器原理如图 12－1 所示。

石英砂过滤器的工作流程如下：

1）滤水。生水从器身上部管道进入过滤器，经过上孔板比较均匀地进入石英砂滤层，过滤后的清水经过下孔板、水帽和出水阀，送至活性炭过滤器。

2）反洗。随着过滤时间的延续，滤层上沉积的固体悬浮物逐渐增多，它们堵塞过滤介质

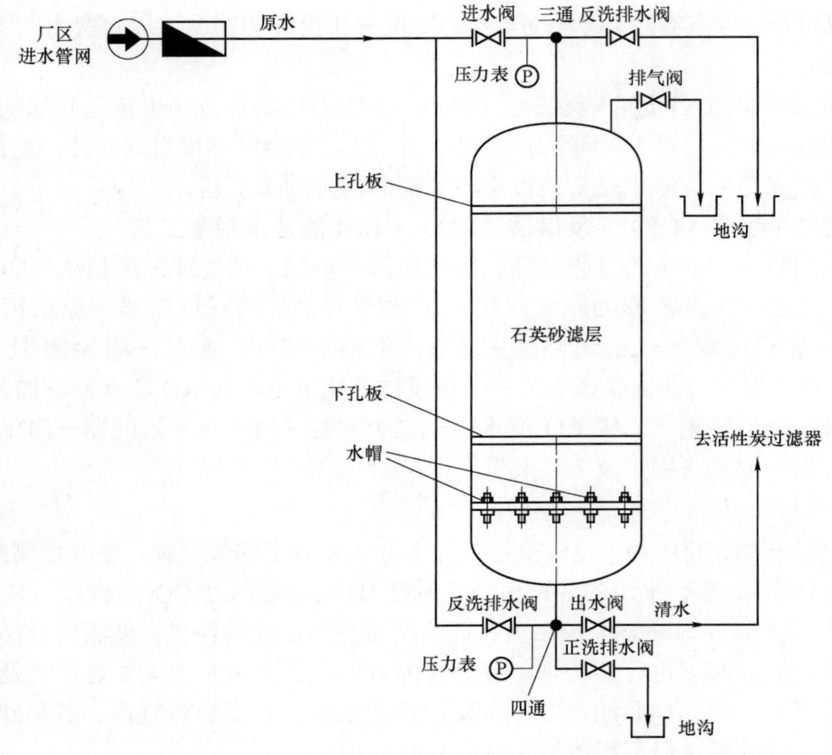

图 12-1　石英砂过滤器原理

的网孔，使过滤的速度和效率下降，到一定程度，必须停止过滤，清洗滤层。清洗滤层的第一步是反洗，反洗还能蓬松滤水过程被压紧的滤层。生水自下而上逆流冲刷滤层，水夹着污物从上部排到地沟。

3）正洗。反洗完毕，用生水对滤层进行正洗。为了省水及提高洗涤效率，每次反洗和正洗的时间不宜过长，而是反、正洗交替进行数次，从排水清浊程度，判断是否已将滤层洗净，确认洗净后即可重新开始滤水工序。

（2）活性炭过滤器。活性炭过滤器的构造与石英砂过滤器类似。内装优质果壳净水碳，其颗粒细度为 2～4mm。该材料吸附效率高，处理水量大，节约运行费用且可以反复清洗使用。原水经过石英砂过滤器的处理后，已将大部分肉眼可见物去除掉，再通过活性炭过滤器去除水中留有的胶体和吸附水中的有机物等。

（二）原水精处理

原水精处理一般采用超滤（UF）+反渗透（RO）+EDI 处理工艺。EDI 是电渗析和离子交换技术的结合，性能优于两者的一种新型的膜分离技术。这种新装置实际上是在电渗析器中填装了离子交换树脂，用来替代制取超纯水系统的终端处理的混床。其特点是利用水解产生的 H^+和 OH^-自动再生填充在电渗析淡室中的离子交换树脂，因而不需使用酸碱，实现清洁生产；设备运行的同时就自行再生，因此相当于连续获得再生的离子交换柱，从而实现了对水连续深度脱盐；产水水质好，日常运行管理方便。

1. 超滤原理

超滤的分离机理主要是靠物理的筛分作用，以孔径为 1nm～0.05μm 的不对称多孔性半透膜——超滤膜作为过滤介质，在 0.1～1.0MPa 压力的推动下，溶液中的溶剂、溶解盐类和小分子溶质透过膜，而各种悬浮颗粒、胶体、微生物和大分子等被截留，以达到分离纯化的目的，水逐渐浓缩后以浓缩液排出。超滤原理及组块如图 12－2 所示。

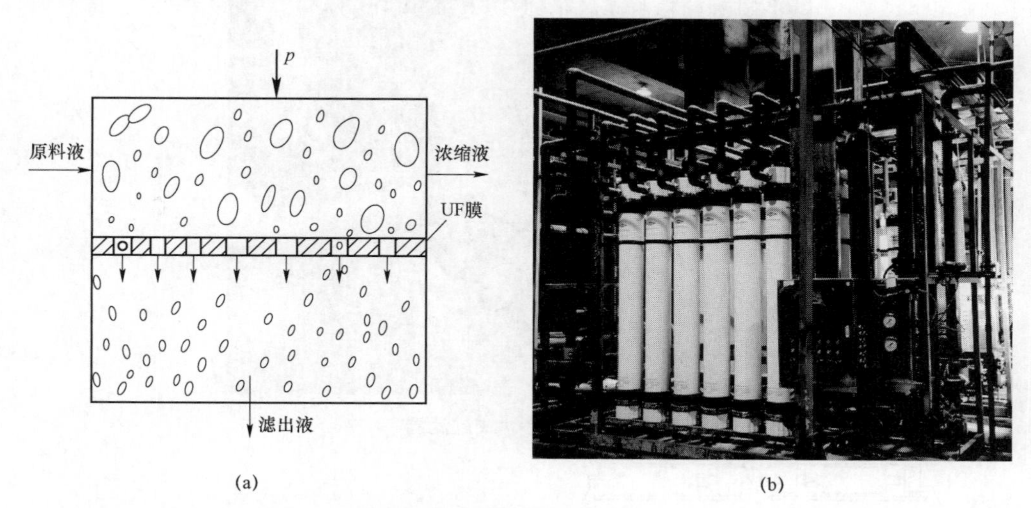

图 12－2　超滤原理及组块
（a）原理；（b）组块

某垃圾电厂超滤系统流程如图 12－3 所示。

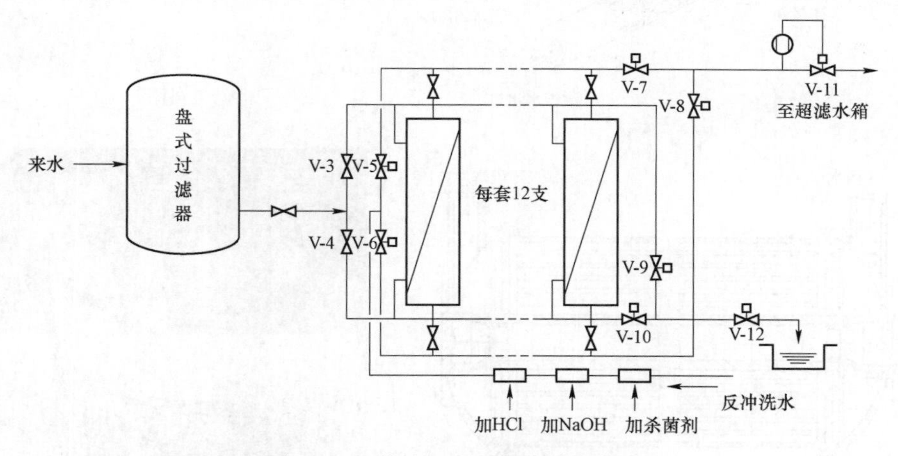

图 12－3　某垃圾电厂超滤系统流程

盘式过滤器如图 12－4 所示。

2. 反渗透

（1）反渗透原理。反渗透装置又称 RO 系统。其利用反渗透膜去除水中溶解盐类、有机物、二氧化硅胶体、大分子物质，可去除水中 90%以上的盐分。半透膜的表皮上布满了许多极细的膜孔，膜的表面选择性地吸附了一层水分子，盐类溶质则被膜排斥，化合价态越高的离子被排斥越远，膜孔周围的水分子在反渗透压力的推动下，通过膜的毛细管作用流出纯水，达到除盐的目的。

（2）反渗透膜结构及工作流程。RO 卷式膜组件如图 12－5 所示。

图 12－4　盘式过滤器

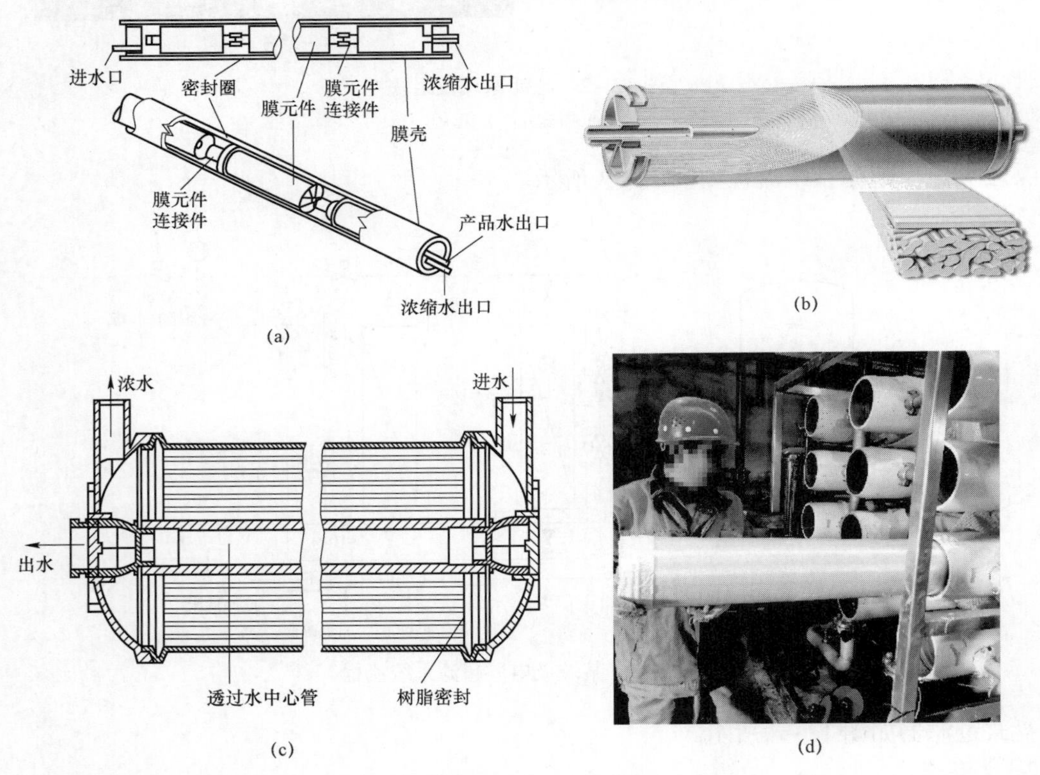

图 12－5　RO 卷式膜组件

（a）膜结构；（b）膜外观；（c）膜工作流程；（d）膜安装照片

反渗透过程必须具备两个条件：一是必须有一种高选择性和高渗透性（一般指透水性）的选择性半透膜，二是操作压力必须高于溶液的渗透压。某垃圾电厂 RO 系统如图 12－6 所示。

图 12－6　某垃圾电厂 RO 系统

某垃圾电厂 RO 系统流程如图 12－7 所示。

（3）反渗透清洗系统。反渗透装置经过一段时间的运行，膜元件会受到污染，透水率下降，反渗透装置进出口间的压差增加，此时必须进行清洗。清洗周期的长短，与原水水质、预处理过滤器的滤水效果等因素有关。清洗系统与 RO 系统实现联锁控制，当 RO 系统工作时，清洗系统是无法启动的；而清洗系统工作时，整个 RO 系统也不会启动。

反渗透清洗系统包括清洗水箱（包括加热及控温装置）、清洗泵、清洗用保安过滤器、监测清洗液流量及温度的在线仪表等。清洗系统也可用于膜元件的消毒。反渗透清洗系统流程如图 12－8 所示。

（4）清洗的判断标准。当出现下列情形之一时需对膜元件进行化学清洗。

1）盐的透过率增加 10%。

2）透过液流量降低 10%。

3）进水和浓水的压差 Δp 较基准状况上升了 15%。

4）作为日常维护，一般在正常运行 3～6 月后。

5）需长期停用，在用保护液进行保护前。

（5）膜的化学清洗方法。化学清洗是在反渗透膜清洗中使用最广的一种方法，是通过化学反应从膜面上脱除污染物。对于不同的污染物应采用特定的化学清洗剂，同时使用的化学清洗剂必须与膜材料相容，以防止对膜产生损伤。

常用化学清洗试剂的成分有：

1）酸盐酸、柠檬酸、草酸等，最常用的酸为柠檬酸。酸对 $CaCO_3$、$Ca_3(PO_4)_2$、Fe_2O_3 等有效，但对 SiO_2、有机污染物无效。

2）螯合剂能与 Ca^{2+}、Mg^{2+}、Fe^{3+}等形成易溶的络合物，因此对碱土金属的硫酸盐较为有效。

3）碱（NaOH）、三聚磷酸钠等。碱对污染物有松弛、乳化和分散作用，对硅垢也有一定的效果，与表面活性剂一起使用对油、脂和生物黏泥有去除作用。

（6）清洗步骤。

1）冲洗膜组件，排除运行过程中的浓水和给水通道中的污染物。

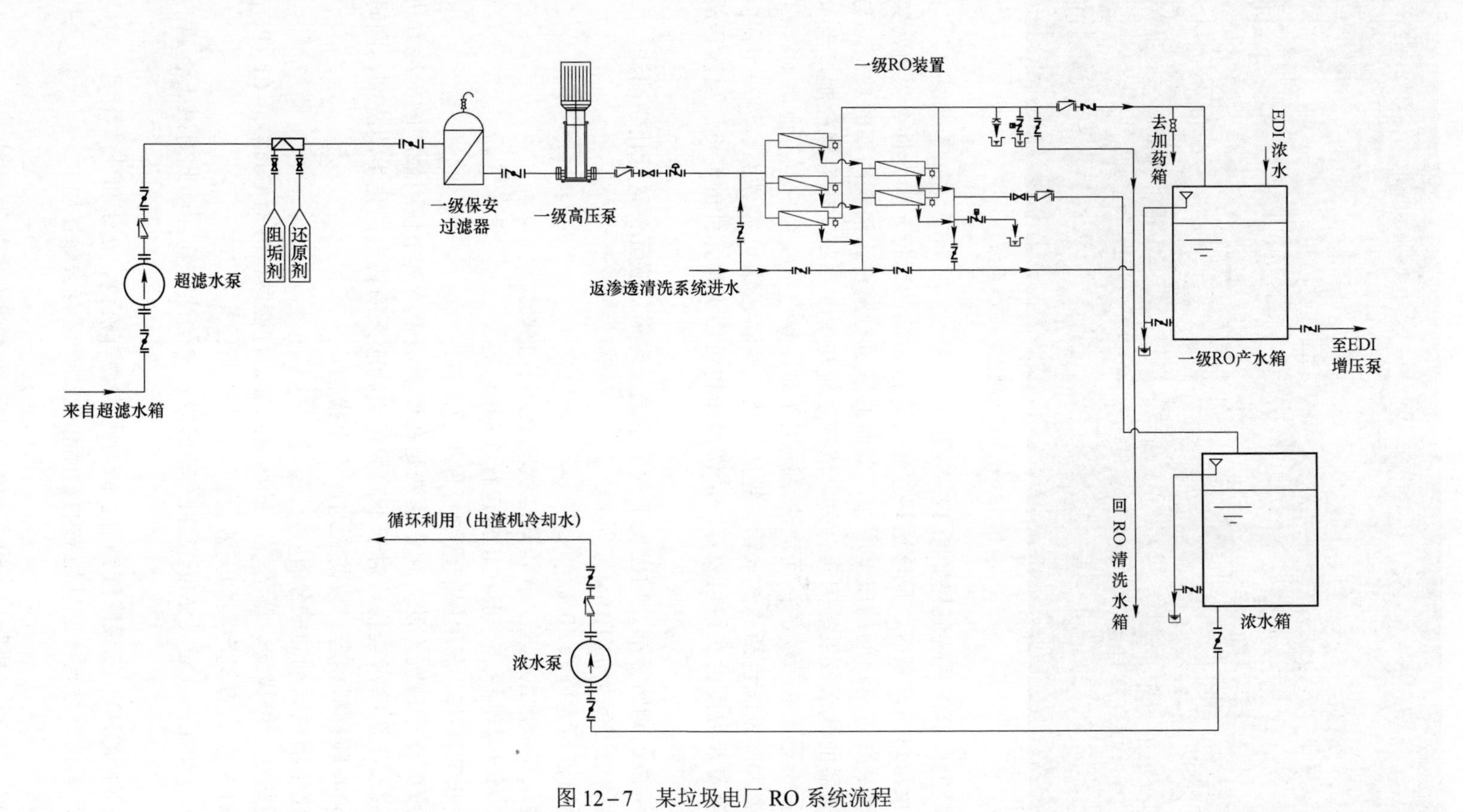

图 12-7 某垃圾电厂 RO 系统流程

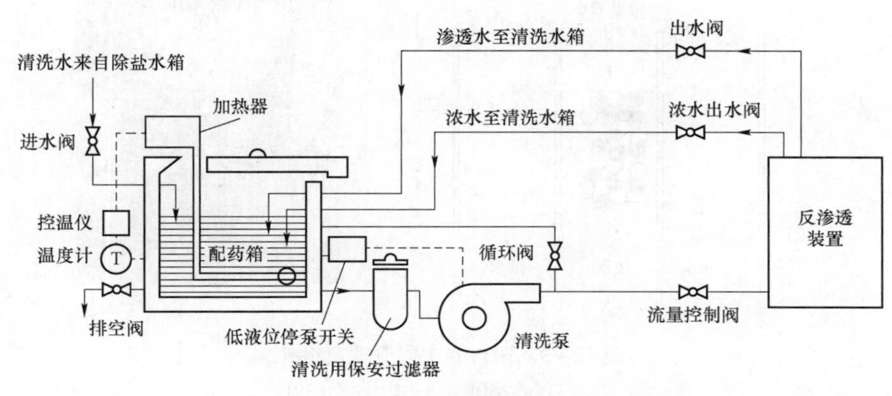

图 12－8　反渗透清洗系统流程

2）使用反渗透产水，按清洗配方的要求配制清洗液，调节清洗液的 pH 值，温度至规定的范围内。

3）将清洗液引入膜组件循环清洗约 1h，在此过程中应注意要调节清洗液流量，使流量缓慢增加，防止清洗出的污染物将给水通道堵塞。在排掉最初排出的约 20%已污染的清洗液后，将清洗液及渗出的少量产品水再循环至清洗箱。

4）浸泡和再循环（可选择步骤）：浸泡时间通常为 1～12h（根据具体污染物的情况而定，原则上应尽量减少化学试剂和膜的接触时间），在进行较长时间浸泡时，应注意保持正确的温度（可保持 10%流量循环）。

5）用反渗透产品水进行低压冲洗，除去在清洗系统和反渗透系统中所有残存的药品。

6）按投运步骤重新将反渗透装置投运。应注意在进行清洗后，反渗透产水水质要数小时甚至几天才能稳定下来，尤其在经过高 pH 值清洗液清洗后。

7）膜元件的消毒：根据厂家提供的杀菌剂，在清洗的同时对膜元件进行消毒。

3. EDI 系统

（1）EDI 工作原理。EDI 是以电渗析装置为基本结构，在其中装填阳离子和阴离子交换树脂，将电渗析和离子交换技术结合在一起的深度除盐工艺。按树脂的装填方式 EDI 分为下列几种形式：

1）只在电渗析淡水室的阴膜和阳膜之间充填混合离子交换树脂。

2）在电渗析淡水室和浓水室中间都充填混合离子交换树脂。

3）在电渗析淡水室中放置由阴离子和阳离子交换树脂层组成的双极膜，称为双极膜三隔室填充床电渗析。

目前，在垃圾电厂广泛应用的主要是 1）的形式。此型 EDI 的工作原理及组件如图 12－9 所示。

在电渗析淡水室的阴膜和阳膜之间填充离子交换树脂，水中离子因交换作用而吸着于树脂颗粒上，然后在电场作用下经由树脂颗粒构成的“离子传输通道”迁移到膜表面并透过离子交换膜进入浓室。EDI 装置使水解离，产生 OH^-和 H^+，这些离子对树脂起再生作用，使淡水室中的阴、阳离子交换树脂再生，保持其交换能力。这样，EDI 装置就可以连续生产高纯水。

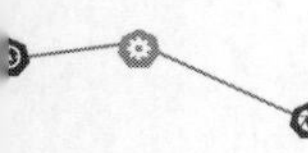

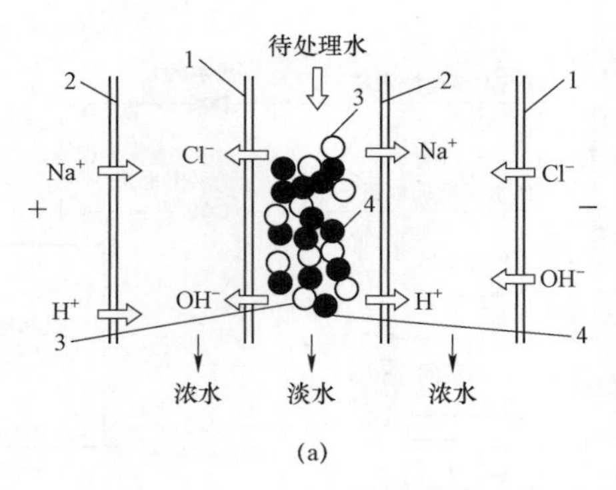

(a)

(b)

图 12－9　EDI 的工作原理及组件

（a）原理；（b）组件

1—阴离子交换膜；2—阳离子交换膜；3—阴离子交换树脂；4—阳离子交换树脂

在 EDI 中，在直流电场作用下，当进水离子浓度一定时，离子交换、离子迁移和离子交换树脂的再生达到某种程度的动态平衡，使离子得到分离，实现连续去除离子的效果。某垃圾电厂 EDI 装置如图 12－10 所示。某垃圾电厂 EDI 系统流程如图 12－11 所示。

（2）EDI 的出水水质控制。随着垃圾电厂的水处理 EDI 装置的不断发展，出水的水质也有了明显的提高，在 25℃时，能够保证全膜处理工艺（UF＋RO＋EDI）的出水电导率小于或等于 0.3μS/cm。某垃圾电厂“预处理+超滤+两级反渗透+EDI”工艺流程及水量平衡如图 12－12 所示。

图 12－10　某垃圾电厂 EDI 装置

五、循环冷却水系统

（一）循环冷却水系统中的污泥控制

在闭式循环冷却水系统中，水中悬浮物的含量不仅与补充水的水质、排污水量、浓缩倍率有关，而且还与冷却塔周围空气中的含尘量有关。循环冷却水中的污泥来源有 4 种：补充水带入、循环水在冷却塔洗涤空气中灰尘带入、循环水中生长的浮游生物、循环冷却水系统中生成的固体沉淀物和金属腐蚀产物。

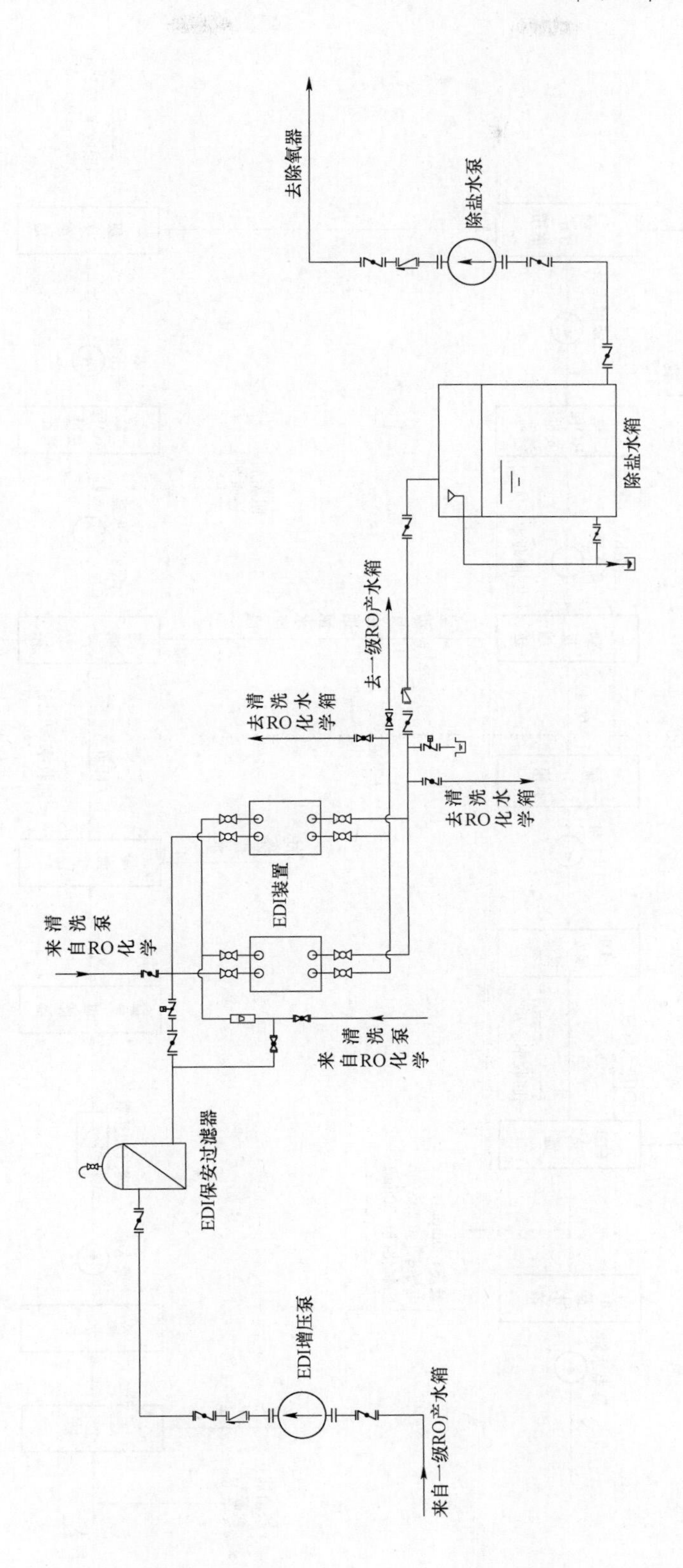

图12－11　某垃圾电厂EDI系统流程

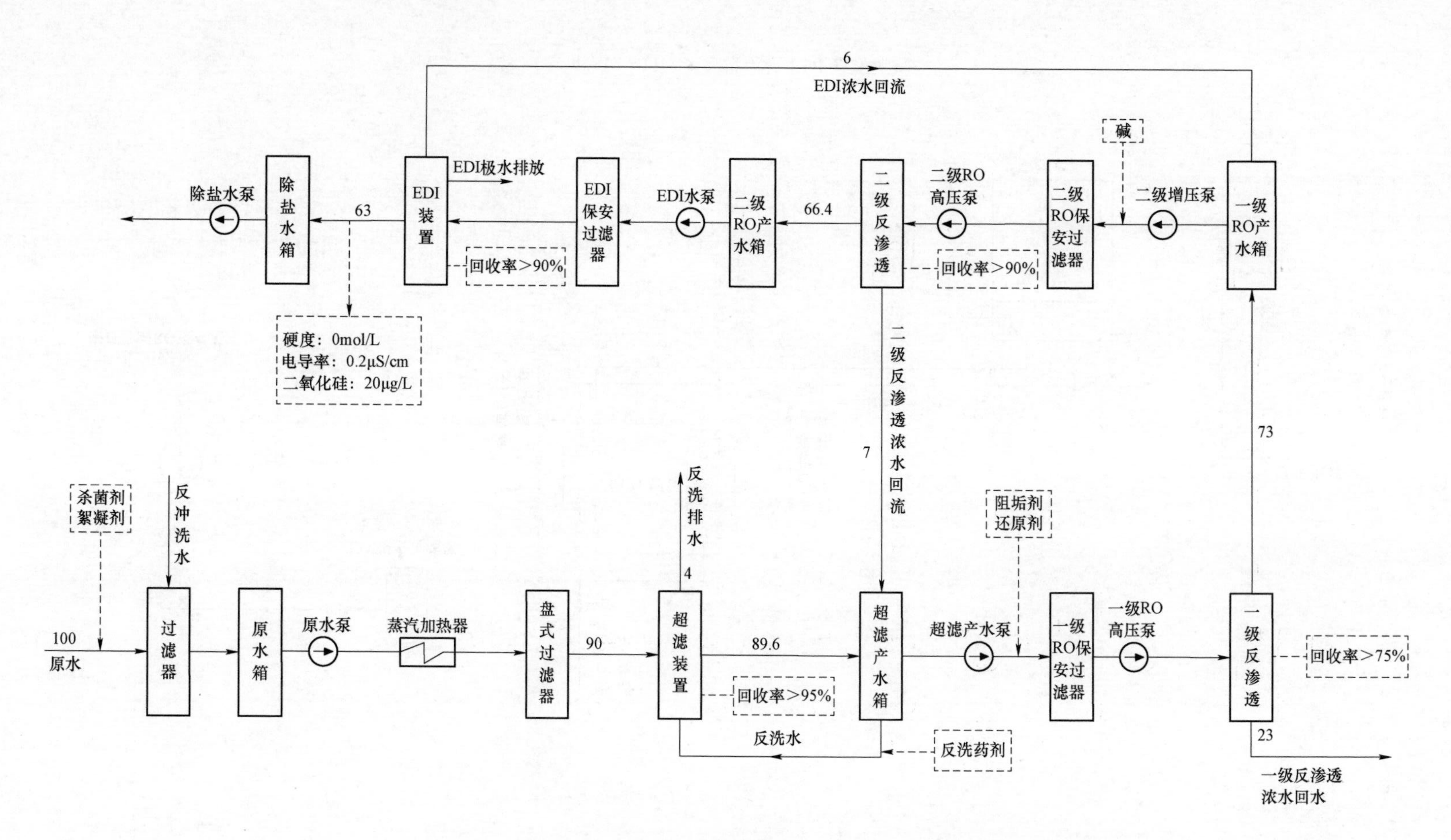

图 12－12 某垃圾电厂“预处理+超滤+两级反渗透+EDI”工艺流程及水量平衡图（单位：m^3/h）

循环水中污泥控制方法如下：

1. 补充水的预处理

如果补充水中的悬浮物含量较高，必须进行处理，包括对循环冷却水的补充水进行混凝、澄清及过滤处理。

2. 投加药剂

（1）杀菌剂及灭藻剂。主要是用于杀死微生物和藻类，或者抑制其生长，使水中微生物黏液降低，以减少微生物污泥。如 Cl_2、ClO_2、有机氮–硫化物、胺化物等。

（2）分散剂和渗透剂。可以改变污泥的内聚力和黏着性，使成片污泥分割开来分散在溶液中或渗入金属与污泥分界面，降低金属与污泥间黏结能力，使其从金属表面上剥离下来，最后通过排污或旁流过滤去除，因此又称其为污泥剥离剂，如胺化物和聚丙烯酸酯等。

（3）絮凝剂。可以把黏附在金属表面的污泥粒子黏附在一起，重新分散在水中，最后排除系统，因此又称其为再分散剂，如聚丙烯酰胺、聚酰胺等。

（4）乳化剂。当系统中油污较多时，也可采用乳化剂来消除油污，不至于影响旁流过滤。

这几种药剂可以单独加入，也可以混合加入，也可以有针对性地对个别污泥较重部位投加某种药剂。

（二）循环冷却水系统中的微生物控制

循环冷却水系统中的微生物分为动物和植物两大类。动物又分为后生物（如蜗牛、贝类等软体动物）和原生动物（如纤毛虫、鞭毛虫等）两类。植物包含藻类、细菌和真菌等。但其中数量较多、危害最大的是植物类的微生物。

1. 循环冷却水系统中微生物危害

（1）形成黏泥，加速污泥沉积。

（2）微生物附着于管壁，加速腐蚀。

（3）某些动物可能堵塞管道。

2. 微生物控制的药剂

在循环冷却水系统中主要是投加化学药剂来控制微生物的污染。控制水中微生物的药剂分为杀死生物药剂和抑制生物繁殖药剂两类。

杀死生物药剂的作用是杀死微生物，又可分为杀菌剂、杀真菌剂和杀藻类剂等。抑制生物繁殖药剂的作用是抑制微生物的繁殖，又可分为抑菌剂和抑真菌剂等。

另外，因为循环冷却水系统中的微生物种类和数量都很繁多，使用单一杀生剂往往难以取得比较理想的效果。而且，若是长时间使用同一种杀生剂，会使循环冷却水中的微生物体产生抗药性，降低药剂的杀生效果。因此，现场应根据循环冷却水的实际杀生效果，不断调整药剂的剂量和种类，以取得最佳的杀菌效果。

（1）氯系杀生剂。氯系杀生剂的作用就是加入循环冷却水中后，可以杀死和抑制水中的微生物。

（2）ClO_2。ClO_2 过去长期以来主要用于饮用水中消除藻类和锰等，以控制水的滋味和气味；近年来开始使用在工业冷却水中控制微生物生长，是一种氧化型杀生剂。

（3）臭氧（O_3）。O_3 是空气在高压静放电时产生的，它是一种强氧化剂，与 Cl_2 一样，可以杀死水中生物体，多用于纯水消毒及饮用水消毒，而且兼有脱色、除嗅、去味的功能。

（4）氯酚。氯酚是非氧化型杀生剂，常用的是五氯酚钠和三氯酚钠，一般都是易溶且稳定的化合物，该杀生剂的杀菌机理是它能与蛋白质作用，形成沉淀。

第五节 热力设备的腐蚀

一、热力设备的氧腐蚀

氧腐蚀是影响热力设备安全运行和使用寿命的关键问题之一。溶解在水中的氧是造成热力设备腐蚀的重要因素。腐蚀速度与汽水中氧的浓度成正比，除去锅炉给水中的溶解氧，是保护热力系统中所有设备不受腐蚀的基本方法，也是保证热力设备安全经济运行的必要手段。

（一）影响热力设备氧腐蚀的因素

氧腐蚀的关键在于形成了闭塞电池，设备金属表面保护膜的完整性直接影响闭塞电池的形成。因此，影响膜完整的因素，也是影响氧腐蚀总速度和腐蚀分布状况的因素。

1. 溶解氧浓度的影响

水中的溶解氧对水中碳钢的腐蚀具有双重作用，当水中杂质较多（如水的氢电导率大于0.4μS/cm）时，溶解氧起主要腐蚀作用。但在高纯水中（氢电导率小于0.15μS/cm），溶解氧主要起钝化作用，此时碳钢腐蚀速度降低。

2. pH值的影响

当水的pH值小于4时，由于H^+浓度较高，金属开始发生明显的酸性腐蚀，当水的pH值在8～10范围内时，铁表面发生钝化，从而抑制了氧腐蚀，且pH值越高，钝化膜越稳定，所以钢的腐蚀速率越低。

3. 温度的影响

在密闭系统内，当溶解氧浓度一定时，水温升高，铁的溶解反应和氧的还原速度加快，温度越高，氧腐蚀速度越快。

4. 离子成分的影响

水中的H^+、Cl^-、SO_4^{2-}等离子对钢铁表面的氧化物保护膜具有破坏作用，故随它们的浓度增加，氧腐蚀的速度也增大。

5. 流速的影响

在一般情况下，水的流速增大，钢铁的氧腐蚀速度提高。

（二）防止热力设备腐蚀的措施

根据以上对氧腐蚀影响因素的分析，防止热力设备氧腐蚀的措施包括：

（1）严格控制凝结水和给水电导率。

（2）通过加氨适当提高凝结水和给水的pH值。

（3）对锅炉给水进行除氧，控制溶解氧浓度。

（三）给水除氧

防止氧腐蚀，就是减少水中的溶解氧。通常给水除氧的方法来防止锅炉运行期间的氧腐蚀。给水除氧方法有热力除氧、真空除氧、解吸除氧及加药除氧等，常用的给水除氧方法是热力除氧法和化学药剂除氧法。

热力除氧法是利用热力除氧器将水中溶解氧除去，它是给水除氧的主要措施。化学药剂除氧法是在给水中加入还原剂除去热力除氧后给水中残留的氧，它是给水除氧的辅助措施。

二、热力设备的酸性腐蚀

（一）热力系统中酸性物质的来源

1. 二氧化碳

水汽系统中二氧化碳主要来源是真空状态运行的设备不严密处漏入的空气，补给水中所含的碳酸化合物也是水汽系统中二氧化碳的来源。

2. 有机物

生水若使用地表水，如江水、河水、湖水或水库水，则往往含较多的有机物。

（二）酸性腐蚀的部位

水汽系统中的酸性腐蚀是指溶解在水中的游离二氧化碳导致的析氢腐蚀，腐蚀比较严重的部位在凝结水系统、疏水系统，除氧器后的设备也会受到二氧化碳的腐蚀。

（三）影响酸性腐蚀的因素

（1）水中的游离二氧化碳的含量。

（2）水的温度。随温度升高腐蚀速度加快。在100℃附近，腐蚀速度达到最大值。

（3）水的流速。随着流速的增大，腐蚀速度增大。

（4）水中的溶解氧。溶解氧的存在使腐蚀更加严重。

（5）金属材质。一般说增加合金元素铬的含量，可提高钢材耐二氧化碳腐蚀的性能。

（四）防止酸性腐蚀的方法

为了防止或减轻水汽系统中游离二氧化碳对热力设备及管道金属材料的腐蚀，除了选用不锈钢来制造某些关键部件外，还应减少进入系统的碳酸化合物。具体措施如下：

（1）减少补给水带入的碳酸化合物。

（2）尽量减少汽水损失，降低系统的补给水率。

（3）防止凝汽器泄漏。

（4）防止空气漏入水汽系统，提高除氧器的效率，减少水中溶解氧含量。

（5）向水汽系统中加入碱化剂（如 NH_3），中和水中的游离二氧化碳。

（五）汽轮机的酸性腐蚀

1. 汽轮机酸性腐蚀的部位

用氨调节给水的 pH 值，水中某些酸性物质的离子容易被蒸汽带入汽轮机，从而引发汽轮机的酸性腐蚀。汽轮机的酸性腐蚀主要发生在隔板、隔板套、叶轮，以及排汽室缸壁等处。严重时，蚀坑深达几毫米，以致影响叶片与隔板的结合，危及汽轮机的安全运行。

2. 防止汽轮机酸性腐蚀的措施

防止汽轮机酸性腐蚀最根本的措施是严格控制给水的电导率（25℃，小于 0.3μS/cm），一般将给水的 pH 值调节在 8.8～9.3 之间。目前给水加氨处理是垃圾电厂较为普遍的调节给水 pH 值的方法。给水加氨处理的实质是用氨来中和给水中的游离二氧化碳，把给水的 pH 值提高到规定的数值。

给水中加氨后，反应为

$$NH_3 \cdot H_2O + CO_2 \Longleftrightarrow NH_4HCO_3$$

$$NH_3 \cdot H_2O + NH_4HCO_3 \Longleftrightarrow (NH_4)_2CO_3 + H_2O$$

但是不能以氨处理作为解除给水中游离 CO_2 的唯一措施，而应该首先尽可能地降低给水中碳酸化合物的含量，以此为前提，进行加氨处理，以提高给水的 pH 值，这样氨处理才会有良好的效果。

第六节 加药和取样分析

一、加药系统的作用

加药系统的作用是保证汽水品质合格，防止热力系统设备结垢和腐蚀。

二、加药品种

向给水系统内加入氨水，向锅炉汽包内加入磷酸三钠。蒸汽与给水系统定期取样，以分析锅炉给水和蒸汽的品质，以此来调节加药系统的加药量。

三、加药点

在锅炉的汽包处加入磷酸三钠溶液，在给水泵入口管处加入氨水。

四、汽水取样系统的作用

为及时、准确地监督机组汽、水品质变化情况，保证机组的安全运行，设置汽水取样分析装置，准确及时地分析、显示汽水品质和相关参数。

五、取样系统组成

汽水取样分析装置包括减温降压设备、仪表屏、恒温装置、人工取样槽等，提供汽水系统的连续取样，并满足在线仪表分析和人工取样分析的条件。取样系统具有样水超温、冷却水断流的自动隔离保护措施，并声光报警。

（一）降温减压架

对高压高温的水汽样品减压和初冷，该部分包括高温高压阀门、样品冷却器、减压阀、安全阀、样品排污管、冷却水管等，上述器件与样品管路一起安装在降温减压架内。其主要任务是将各取样点的水和蒸汽引入降温减压架，一路连接排污管，供装置在投运初期排除样品中的污物；另一路连接冷却器，使样品冷却降温，冷却后的样品经减压阀减压后送至人工取样和仪表屏。降温减压架如图 12－13 所示。

图 12－13 降温减压架

（二）取样仪表屏

由低温仪表盘和人工取样架两部分合二为一，为取样仪表屏。该部分包括背压整定阀、机械恒温装置、双金属（或数字）温度计、浮子流量计、离子交换柱、电磁阀、化学仪表和报警仪等。从降温减压架送来的样品，一路送至人工取样屏，供人工取样分析；其余分支样品分别引入相应的化学分析仪表，进行在线测量。取样仪表屏如图 12－14 所示。

六、汽水取样点布置

垃圾电厂汽水取样点及功能见表 12－2。

图 12－14　取样仪表屏

表 12－2　　垃圾电厂汽水取样点及功能

取样点	分析仪	功能
凝结水泵出口	阳离子电导率仪	监视凝结水的综合性能和为渗漏提供参考指示
	pH 表	监视凝结水 pH 值
	溶解氧表	监视凝结水中的溶解氧量
	手操取样	检查凝汽器泄漏
除氧器出水	溶解氧表	监视给水中的溶解氧量
	手操取样	校验自动仪表监测的准确性
汽包	阳离子电导率仪	监视锅炉给水杂质的重要参数
	比电导率表	给水加氨控制信号
	pH 表	监视给水的酸碱度（给水加氨控制信号）
	溶解氧表	监视给水溶解氧量
	二氧化硅表	监视给水中二氧化硅的含量
	手操取样	校验自动仪表监测的准确性
锅炉主蒸汽母管	阳离子电导率仪、比电导率表	监视主蒸汽中总含盐量
	溶解氧表	监视主蒸汽中的溶解氧量
	钠表	监视蒸汽的钠盐携带量
	二氧化硅表	监视二氧化硅的携带量
	手操取样	校验自动仪表监测的准确性

某垃圾电厂锅水取样装置及系统如图 12－15 所示。取样监督标准见表 12－1。

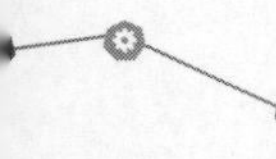

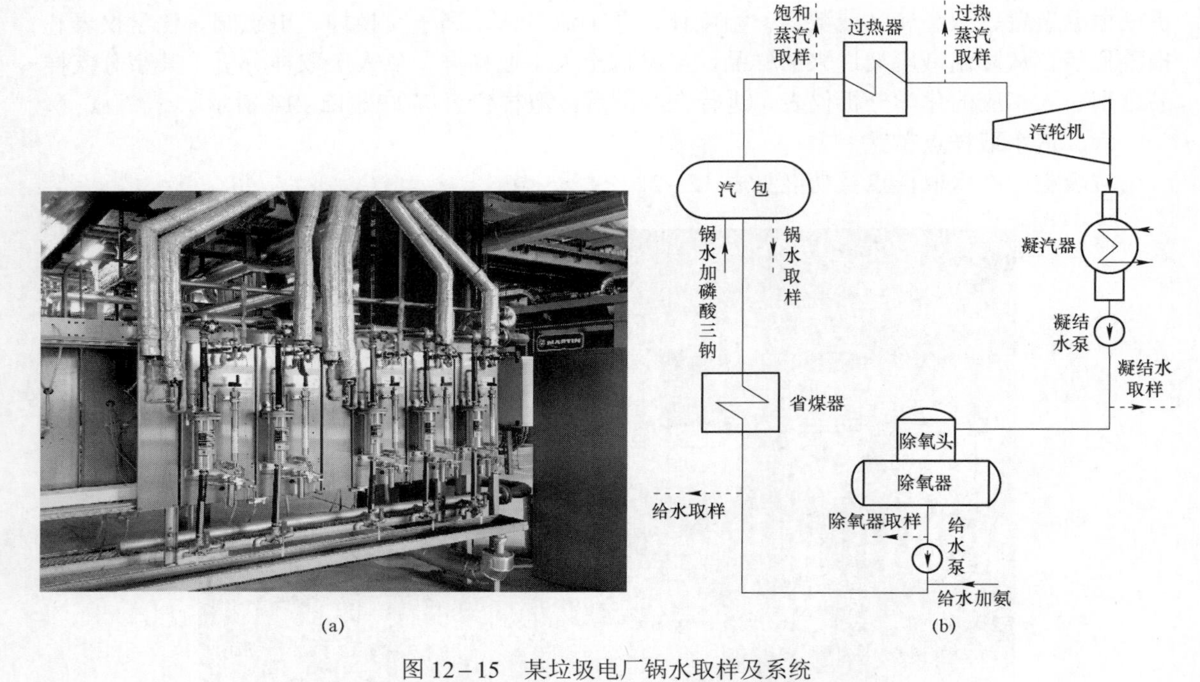

(a)　(b)

图 12－15　某垃圾电厂锅水取样及系统

(a) 照片；(b) 取样系统图

第七节　热力设备的停用腐蚀和保护

在锅炉、汽轮机、凝汽器、加热器等热力设备停运期间，如果不采取有效的保护措施或保护措施不当，设备水汽侧金属表面会发生强烈的腐蚀，这种腐蚀就称为热力设备的停用腐蚀。垃圾电厂常因停运后的防腐措施不足或方法不当，对安全、经济运行造成影响。

一、热力设备停用腐蚀产生的原因

（1）水汽系统内部有氧气。

（2）金属表面有水膜或金属浸于水中。

二、设备停用腐蚀的危害

（1）在短期内停用设备也会遭到大面积破坏，甚至腐蚀穿孔。

（2）加剧热力设备运行时的腐蚀。

三、热力设备的停用保护

为保证热力设备的安全运行，热力设备在停用或备用期间，必须采用以下防锈蚀措施，以避免或减轻停用腐蚀。

（1）阻止空气进入热力设备水汽系统内部，可采用充氮法、保持蒸汽压力法等。

（2）降低热力设备水汽系统内部的湿度，可采取烘干法、干燥法等。

（3）药剂法。使用缓蚀剂，减缓金属表面的腐蚀；加碱化剂，调整保护溶液的 pH 值，使腐蚀减轻。所用药剂有氨、联氨、新型除氧－钝化剂等。

四、锅炉停用保护方法

锅炉停用保护方法分干式保护法、湿式保护法以及联合保护法。

（1）干式保护法有热炉放水余热烘干法、负压余热烘干法、邻炉热风烘干法、充氮法等。

（2）湿式保护法有氨水法、氨－联氨法等。

（3）联合保护法有充氮保护法。

五、汽轮机和凝汽器的停用保护方法

汽轮机和凝汽器在停用期间，采用干法保护，必须使汽轮机和凝汽器停运后内部保持干燥。凝汽器在停用以后，先排水，使其自然干燥，凝汽器内部可以放入干燥剂。

六、加热器的停用保护方法

加热器采用干法保养或充氮气保养。

七、除氧器的停用保护方法

（1）停用时间在1周以内，通热蒸汽进行热循环，维持除氧器水温大于106℃。

（2）停用时间在1周以上至3个月以内，采用把水放空、充氮气保养的方法。

（3）停用时间在3个月以上，采用干式保养，水全部放掉，充氮气保养。

第八节　锅炉化学清洗

一、锅炉化学清洗的目的

锅炉化学清洗就是用溶有化学药品的水溶液，清除炉管内表面的水垢或沉积物，使金属表面洁净并在金属表面上形成一层良好的耐蚀性保护膜。新建锅炉，在投运前都要进行化学清洗。运行锅炉根据锅炉运行年限或锅炉炉管内结垢量来确定化学清洗时间。运行锅炉的清洗周期见表12－3。

表12－3　　运行锅炉的清洗周期

炉型	汽包炉		
主蒸汽压力（MPa）	＜5.88	5.88～12.64	＞12.74
垢量（g/m^2）	600～900	400～600	300～400
清洗时间间隔（年）	12～15	10～12	5～10

二、锅炉化学清洗步骤

中温中压锅炉化学清洗步骤是水冲洗、碱煮。

（一）水冲洗

对于新建锅炉，是为了冲掉锅炉安装以后脱落的焊渣、铁锈、尘埃和氧化皮等；对于运行锅炉，是为了除去运行中产生的某些可以被水冲掉的沉积物。冲洗时，可先用清水冲至透明后再用除盐水置换。

（二）碱煮

碱煮的目的，一是除油脂；二是除二氧化硅；三是松动沉积物，在大多数情况下水冲洗后采用碱洗，但当锅内油脂较多，沉积物中含硅量较大时可考虑碱煮。

碱洗通常用 0.2%～0.5%Na_3PO_4+0.1%～0.2%Na_2HPO_4，或者用 0.5%～1.0%NaOH+

0.5%～1.2%Na_3PO_4，此外加0.05%的表面活性剂，如601、401洗净剂。

碱洗时，首先，使系统内充以除盐水，循环并加热到85℃以上，便可连续加入已配好的浓碱母液。加药完毕以后，维持温度在90～98℃，循环流速在0.3m/s以上，持续8～24h；碱洗结束后，先放尽清洗系统内的碱洗废液，然后用除盐水冲洗清洗回路，一直冲到出水pH值小于或等于8.4、水质透明、无细颗粒沉淀物和油脂为止。

第九节　渗沥液处理

一、渗沥液的特性

垃圾在垃圾仓堆放过程中在压实、发酵等物理、生物、化学作用下产生的含有有机或无机成分的液体称为渗沥液。垃圾电厂的渗沥液属于原生渗沥液，未经厌氧发酵、水解和酸化过程，渗沥液具有氨氮含量高、有机污染物浓度高、含盐量高、成分复杂、水质水量波动大、有毒有害成分种类多和危害性大等特点，一般情况下COD_{cr}为50 000mg/L、BOD_5（5日生化需氧量）在40 000mg/L左右。渗沥液的特性如下：

（1）有机污染物浓度高、可生化性好。渗沥液属高浓度有机废水，绝大部分有机化合物为可溶性有机物，其主要成分为乙酸、丙酸和丁酸，其次是带多羧基和芳香族羧基的灰黄酶酸，因此渗沥液的可生化性较好。

（2）氨氮浓度高。渗沥液中的氮多以氨氮形式存在，氨氮浓度可高达1000～3000mg/L，占总氮的75%～90%。

（3）盐分含量高。渗沥液中的含盐量通常高达10 000mg/L以上，采用膜处理因渗透压过大而造成产水率过低，仅采用普通生化处理会因含盐量过高而造成启动困难，负荷较低，运行不稳，甚至无法运行。

（4）水量与水质变化波动幅度大。渗沥液的产生量受城市垃圾收运系统类型、垃圾的组成、降雨、季节等因素影响造成水量与水质变化波动幅度大。

（5）含沙量和SS（悬浮物）含量高，金属含量高。

（6）营养元素比例失调。

二、渗沥液处理工艺

垃圾电厂渗沥液可以采用预处理、生化法和物化处理工艺，预处理包括过滤、沉淀和调节，生化法包括厌氧生化处理和好氧生化处理，物化处理工艺包括萃取、蒸发和膜过滤等工艺。

渗沥液中有机物可分为低分子量的脂肪酸类、高分子的腐殖（植）质类和中等分子量的黄腐酸类物质。生化法虽然能去除部分COD，但直链长烷烃和更高沸点有机物不完全氧化的中间产物很难通过生化法继续去除。同时水溶性腐殖（植）质具有与黄腐酸相同的溶解特性，既难以被微生物降解，也不能被微滤或超滤膜所截留。同时，虽然渗沥液中难以通过生化法去除的有机物可以通过纳滤和反渗透等微孔过滤技术达到稳定的处理效果，但其单独使用时，由于有机物质和氨氮负荷过高，所以也难保证长期稳定。因此，需要采用组合工艺处理渗沥液。

成熟的渗滤液处理工艺通常采用“沉砂＋调节池（含事故池）＋UASB（厌氧反应器）＋膜生物反应器（MBR）＋纳滤（NF）＋反渗透（RO）＋浓缩液减量+减量后浓缩液回炉焚烧或蒸发结晶”的技术路线。渗滤液处理流程如图12－16所示。

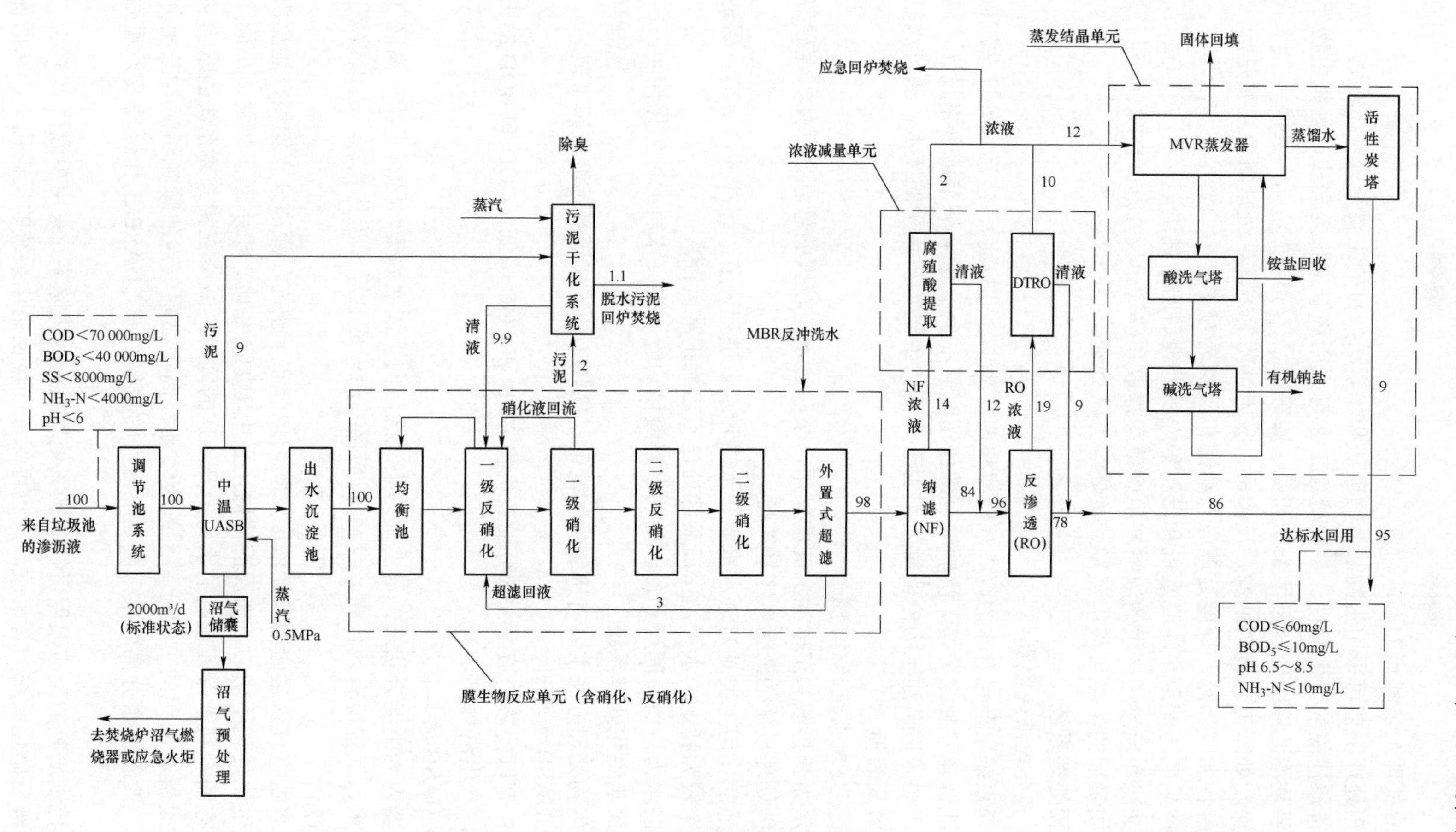

图 12−16　渗沥液处理流程（单位：t/日）

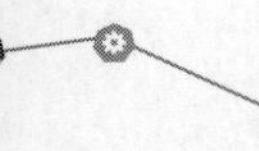

渗沥液处理工艺特点如下：

（1）预处理工艺可采用生物法、物理法和化学法，目的主要是去除悬浮物、无机物和有机物，改善渗滤液的可生化性。生物处理工艺可采用厌氧生物处理法、好氧生物处理法，处理对象主要是渗滤液中的有机污染物和氨、磷等。

（2）深度处理工艺包括纳滤、反渗透、吸附过滤等方法，处理对象主要是渗滤液中的悬浮物、溶解物和胶体等，深度处理应以纳滤和反渗透为主。

（3）产生的污泥用污泥脱水机和污泥干燥机处理后回炉焚烧。

（4）纳滤和反渗透产生的浓缩液用腐殖酸提取和碟管式反渗透（DTRO）进行减量处理。

（5）减量后的浓液可采用蒸发、焚烧等方法处理。

三、预处理系统

（一）预处理系统组成

预处理系统主要包含水力筛、沉砂池和调节池（含事故池）。渗沥液处理站沉砂池、事故池与调节池合建并独立分格。沉砂池有效停留时间不少于 8h。调节池分格设计，满足事故调节的作用，要求调节池水力停留时间不少于 7 天。经过均质均量的废水，通过厌氧池供料泵泵送至高效厌氧池。

（二）预处理系统的作用

通过水力筛拦截和沉砂池沉淀的作用，去除进水中较大的悬浮物固体、泥砂等，减少调节池及后续处理设施的清污频率和难度。

调节池的作用主要是对进水水质、水温和水量进行调节，缓冲冲击负荷，保证系统进水维持在一个较为稳定的水平。保证后续处理工艺能正常运行。

较长的水力停留时间可具备一定的水解酸化功能，提高水质的可生化性能。

四、厌氧生化处理系统

厌氧生物处理方法主要有厌氧生物滤池、UASB 升流式厌氧污泥床等工艺。

（一）UASB 的作用

UASB 可以使渗沥液中大部分的有机物 BOD 和 COD 降低。COD 和 BOD 的去除率达到 82%以上，产生沼气和 CO_2。

（二）UASB 的工作原理

反应器内为半混合状态，最上部为集气区，向下依次为集水区、三相分离区（三相分离器使泥、水、气实现有效分离）、污泥反应区（污泥成悬浮和流化状态，去除效率高），最下部为布水区。

经布水器将进入罐内的渗沥液废水均匀地分布于罐内，流态分布均匀，避免出现短流造成的厌氧生化处理不均匀。在反应器内，采用增加高径比、出水回流装置、小间距三相分离系统，一方面有利于保证较高的水力上升流速的同时，减少三相分离系统的水力负荷；另一方面通过设置小间距的三相分离系统有效地提高了黏附气泡的颗粒污泥与三相分离系统碰撞的机会，改善泥水分离效果，增强了沼气的收集系统。UASB 工作原理及外观如图 12－17 所示。

通过控制厌氧的反应温度可控制厌氧处理系统的去除率，采用中温厌氧（35～38℃），既可保证一级反硝化系统的有机碳源，也可保证一级反硝化系统的反硝化率，从而保证总氮的去除率。UASB 厌氧生化处理单元处理效率见表 12－4。

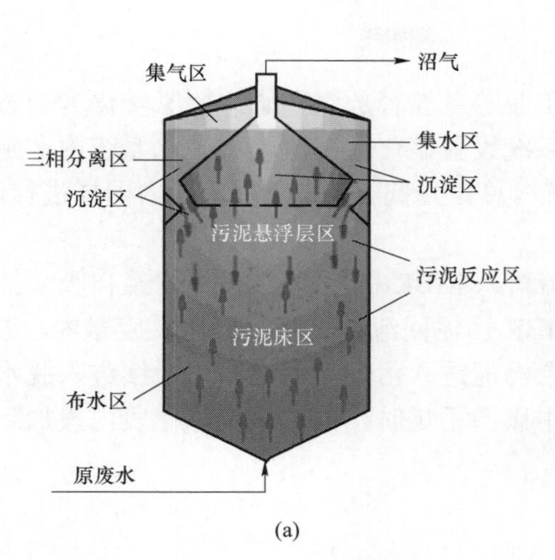

(a)

(b)

图 12－17　UASB 工作原理及外观

（a）工作原理；（b）外观

表 12－4　　UASB 厌氧生化处理单元处理效率

项目	COD_{cr}（mg/L）	BOD_5（mg/L）	NH_3-N（mg/L）	TN（总氮含量，mg/L）	SS（mg/L）	pH 值
进水	70 000	35 000	2000	2500	1200	5.5～8.5
出水	10 000	3500	2000	2500	1200	
去除率（%）	≥85.7	≥90.0	—	—	—	

五、膜生物处理系统

好氧生物处理可采用膜生物反应工艺。

（一）MBR 系统的作用

膜生物反应器（Membrance Bioreactor Reactor，MBR）是膜分离与生物处理技术组合而成的废水生物处理新工艺，是利用膜分离设备将生化反应池中的活性污泥和大分子有机物截住，COD、氨氮和浊度的去除率均可达 90%以上。

（二）MBR 系统的组成

MBR 系统包括 MBR 生化系统（一级反硝化器、一级硝化器、二级反硝化器、二级硝化器）管式超滤膜、清洗和加药装置。根据膜组件设置的位置不同，超滤膜系统可分为内置式和外置式超滤。MBR 系统流程如图 12－18 所示。

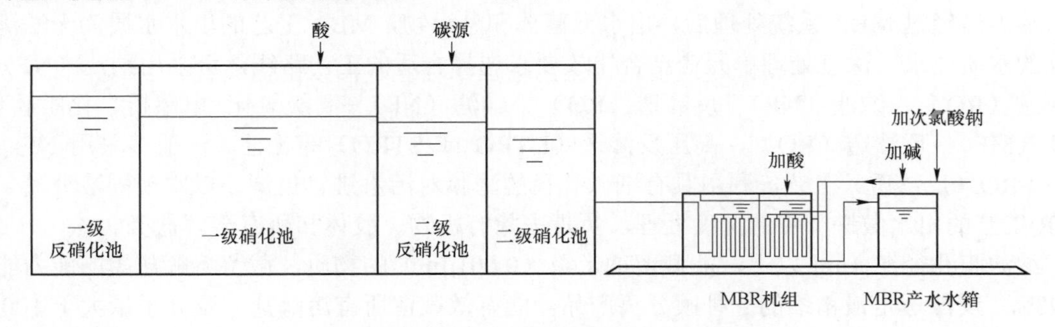

图 12－18　MBR 系统流程

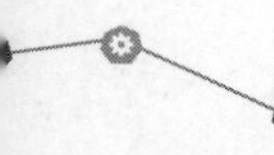

（三）MBR 系统的工作原理

在一级硝化反硝化系统中，经过反硝化作用脱除总氮释放磷，水中氨氮转化为硝态氮，同时有机污染物浓度大幅降低。硝化、反硝化系统设置硝化液回流，将硝化系统内产生的硝态氮回流至反硝化系统转化为氮气，使处理系统内总氮降低。在二级反应器内同样进行硝化、反硝化反应。

二级硝化池内的渗沥液通过液位差高位自流进入 MBR 机组，MBR 清水经自吸泵抽吸作用进入中间水箱，后续进入下一步处理系统。MBR 污泥回流至一级反硝化反应器内，进一步提高污泥浓度，降低总氮。整个生化系统的剩余污泥进入污泥池内储存，后续进入脱水系统处理。产生的沼气至沼气处理系统。当渗沥液中碳源不足时，向二级反硝化段内投加新鲜渗沥液或其他碳源，解决碳氮比失调问题。

（四）MBR 的处理工艺特点

（1）优点。

1）高效固液分离，抗冲击负荷能力强，处理效率高，出水水质好，可以完全去除 SS，对细菌和病毒也有很好的截留效果。

2）设备紧凑，占地面积小。

3）污泥负荷低，反应器在高容积负荷、低污泥负荷下运行，剩余污泥产量低。

4）操控简便，自动化运行率高。

5）可去除氨氮及难降解有机物。

（2）缺点。

存在膜的成本高、寿命短、能耗高等缺点。

（五）膜生物反应器对主要污染物指标的处理效率

膜生物反应器对主要污染物指标的处理效率见表 12－5。

表 12－5　膜生物反应器对主要污染物指标的处理效率

项目	COD_{cr}（mg/L）	BOD_5（mg/L）	NH_3-N（mg/L）	TN（mg/L）	SS（mg/L）	pH 值
进水	10 000	3500	2000	2500	1200	6.5～8.5
出水	1000	20	10	40	0	
去除率（%）	90	99	98.8	98.4	99.9	

六、膜深度处理系统

（一）膜深度处理系统的作用

渗沥液经过 MBR 系统处理后，出水无菌体和悬浮物，MBR 工艺的出水水质尚无法满足更高的水质要求，深度处理单元应结合排放要求选择合适的工艺路线，可采用纳滤（NF）、反渗透（RO）、纳滤（NF）+反渗透（RO）、纳滤（NF）+高级氧化+电渗析、化学软化+微滤（MF）+反渗透（RO）、高压反渗透（DTRO 或 STRO）等工艺。一般多采用 NF（纳滤）+RO（反渗透）工艺，利用具有细微孔径的滤膜对污水进行过滤，以实现固液分离，对 MBR 工艺的出水做进一步的深度处理，负责去除有机物、胶体和所有溶解盐类。

纳滤膜孔径在 1nm 以上，能截留纳米级（0.001μm）的物质，截留溶解盐类的能力能达到 98%。反渗透是最精细的一种膜分离产品，能有效截留所有溶解盐分及分子量大于 100 的有机物，同时允许水分子通过，反渗透复合膜脱盐率一般大于 99%。

（二）膜深度处理的特点

膜技术作为一种先进的分离技术，与传统的分离技术比较，具有高效、节能、无变相、易控制、操作方便等优点。

膜系统的选择依据出水标准，当出水标准低时，可以选择纳滤膜；当出水标准较高，需要回用和实现“零排放”时，应选择反渗透膜工艺。

纳滤膜具有结构简单、装填密度较高、物料交换效果好、脱盐率低、净化效果好等优点。纳滤系统如图 12－19 所示，反渗透系统如图 12－20 所示，膜深度处理流程如图 12－21 所示。

图 12－19　纳滤系统

图 12－20　反渗透系统

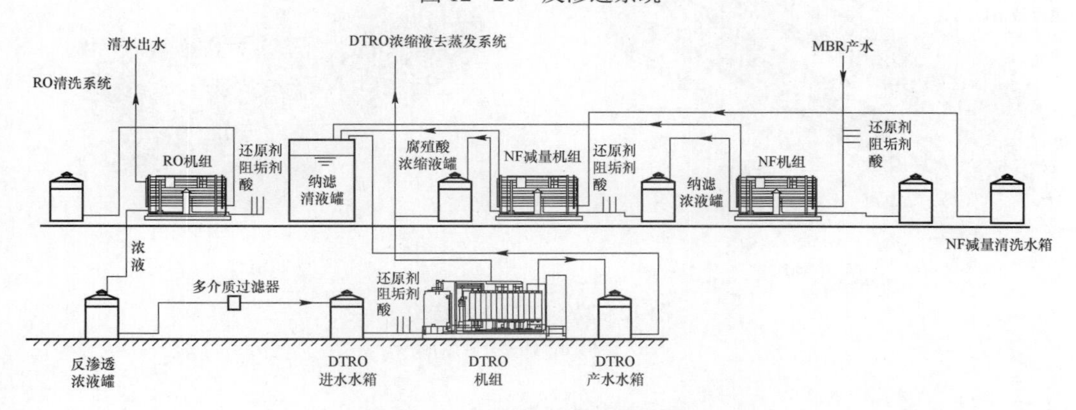

图 12－21　膜深度处理流程

（三）膜深度处理系统对主要污染物指标的处理效率

膜深度处理系统对主要污染物指标的处理效率见表 12－6。

表 12－6　膜深度处理系统对主要污染物指标的处理效率

序号	处理单元	项目	COD_{cr}（mg/L）	BOD_5（mg/L）	NH_3-N（mg/L）	TN（mg/L）	SS（mg/L）	pH 值
1	纳滤系统	进水	1000	20	10	40	—	6.5～8.5
		出水	200	10	5	25	—	
		去除率（%）	80	50	40	37.5		
2	反渗透系统	进水	200	10	5	25	—	6.5～8.5
		出水	45	8	4	14	—	
		去除率（%）	77.5	20	20	44	—	
3	排放要求	出水	＜50	＜10	＜5	＜15	＜10	6.5～8.5

七、浓液处理系统

浓缩液处理应结合浓缩液产量、水质等特点，以及终端处置要求确定，可采用化学软化+反渗透（RO、DTRO 或 STRO）及蒸发等工艺。根据环评批复或回用水质要求，浓缩液可回喷炉膛处理或用于石灰浆制备、飞灰固化及炉渣冷却等。浓液处理分两个步骤进行：第一步进行浓液减量，第二步对减量后的浓液进行蒸发结晶或回炉焚烧处理，蒸发结晶产生的盐可以作为工业用盐利用。

（一）DTRO 组件结构

碟管式膜分为碟管式反渗透（DTRO）和碟管式纳滤（DTNF）两大类，是专门分离高浓度渗沥液的膜技术。

DTRO 组件主要由过滤膜片、导流盘、中心拉杆、外壳、两端法兰各种密封件及连接螺栓等部件组成。把过滤膜片和导流盘叠放在一起，用中心拉杆和端盖法兰进行固定，然后置入耐压外壳中，就形成一个碟管式膜组件。DTRO 膜结构如图 12－22 所示。

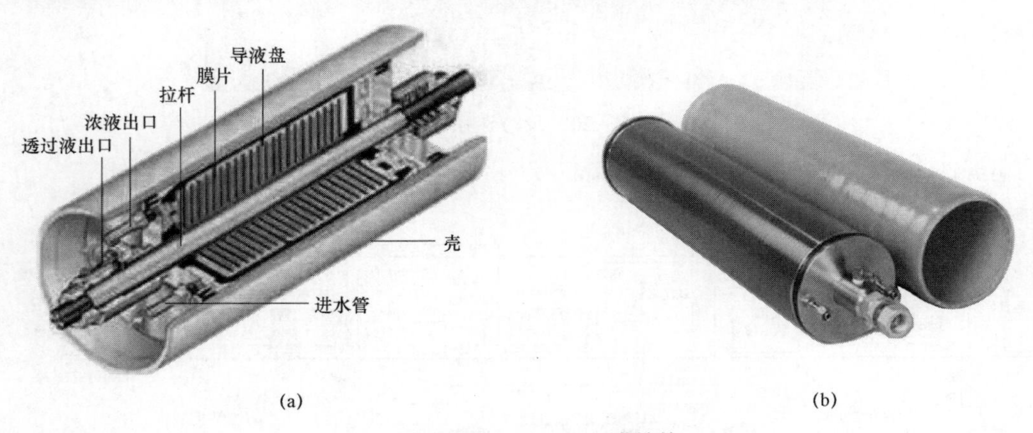

图 12－22　DTRO 膜结构

（a）结构图；（b）外观照片

（二）过滤原理

渗沥液通过膜堆与外壳之间的间隙后经过导流通道进入底部导流盘中，被处理的液体以最短的距离快速流经过滤膜，然后 180° 逆转到另一膜面，再流入下一个过滤膜片，从而在膜表面形成由导流盘圆周到圆中心，再到圆周，再到圆中心的切向流过滤，浓液最后从进料端法兰处流出。浓液流经过滤膜的同时，透过液通过中心收集管不断排出。浓液与透过液通过安装于导流盘上的 O 形密封圈隔离。DTRO 膜工作原理如图 12－23 所示。

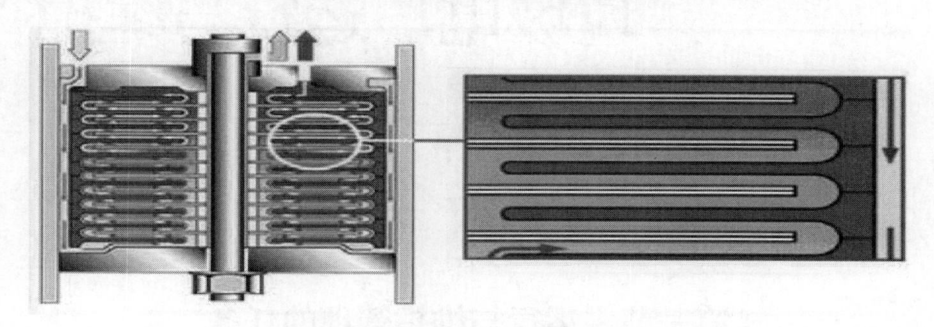

图 12－23　DTRO 膜工作原理

（三）碟管式膜组件特点

1. 不宜堵塞，运行稳定

DTRO 克服了一般反渗透系统在处理渗沥液时容易堵塞的缺点，系统运行稳定，处理效率高，出水水质良好，避免物理堵塞，能保证出水稳定。浓缩倍数高，组件操作压力可选择 7.5～16MPa 的不同等级，系统经济的净产水率为 75%～80%，配备高压系统，达到 90%～95% 的产水率。

2. 操作灵活

DTRO 系统操作方式灵活，可与其他工艺组合使用，作为最终排放前的处理工序，能确保渗沥液处理后可靠达标。

3. 占地面积小

DTRO 系统占地面积小，安装方便，可根据工程的实际情况，因地制宜，结合不同预处理及浓液处理方式。

4. 膜使用寿命长

DTRO 膜柱的使用寿命可长达 3 年以上。

5. 其他

组件易于维护，过滤膜片更换费用低。

渗沥液处理系统各单元去除物质及产水率见表 12－7。

表 12－7　　渗沥液处理系统各单元去除物质及产水率

单元名称	去除物质/去除率	产水率（%）
预处理（格栅+沉砂）	泥沙、悬浮物/＞75%	100
UASB	COD/＞85%、悬浮物/85%、氨/85%、磷/85%	100
MBR（包括硝化、反硝化）	有机物/＞80%、氨氮/100、悬浮物/100%	100
NF+RO（膜深度处理）	悬浮物/100%、COD/＞95%、溶解盐/＞99%、菌体/100%	＞80

第十三章

垃圾电厂运行与维护管理

第一节　运行与维护管理的任务

垃圾电厂运行与维护管理的任务是在保证安全生产、环保达标、经济运行的前提下，按照制定的生产运行计划，保证垃圾完全燃烧、向电网提供可靠的电力，实现尽可能高的设备可用率。

在运行中要实施有效的运行管理方法，建立重视安全健康、关注环境保护和降低成本消耗的运营文化，确保运行管理工作有序进行，使运行和维护管理达到专业化、规范化、标准化和精细化。

第二节　组织架构和生产部门职责

一、组织架构

为了保证一座现代化的垃圾电厂高效、平稳运行，垃圾电厂通常设置 5 个部门：

（1）运行部。

（2）维护部。

（3）安健环部。

（4）财务部。

（5）行政部。

每个部门设置一名部门经理。生产部门是全厂的核心部门，包括运行部和维护部。

二、生产部门职责

（一）运行部职责

运行部包括设备运行所需的操作人员和管理人员，运行部的岗位设置和人员配置应满足设备运行的实际需要。运行部的主体是运行值，包括值长、主操、巡操、化水值班员、垃圾吊操作员等，以值为单位在当班值长的指挥下负责全厂运行操作、设备隔离操作、机组启停和事故处理等重大操作，保证运行隔离、试验和重大操作安全可靠。对运行人员技能的基本要求是按照设备操作规范和运行管理程序保证设备正常运行，能够正确地处理运行中设备的

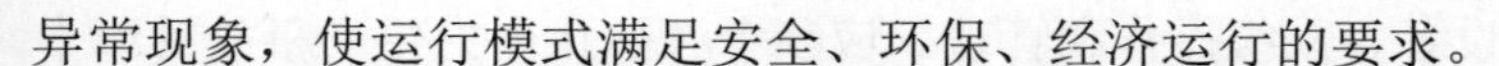

异常现象，使运行模式满足安全、环保、经济运行的要求。

运行部管理人员主要负责运行技术管理，建立机组运行档案，健全运行管理规范和标准，统计和分析机组运行数据，加强机组经济运行分析和监督。对机组、分系统的运行品质进行统计、分析，及时提出运行调整建议，做到提前干预。运行部应定期开展经济分析工作，对机组经济指标进行统一策划，借助小指标分析、耗差分析、对标等手段，简单、快捷地进行经济性分析，明确各项参数变化对机组经济性的影响。明确哪些指标是可控的重点因素，哪些因素是不可控因素，分别提出运行操作指导、设备检修工作建议。运行部还包括化验室，化验室的主要任务是对进入和离开垃圾电厂的各种物料，如垃圾、锅水、蒸汽、废水和辅助性原材料，包括油类、润滑剂、飞灰、石灰和活性炭及电厂的排放物进行连续的分析及质量监督。

（二）维护部职责

维护部职责是计划及实施设备维护、修理、保养和技术改进工作，对设备故障采取相应的措施及排除已产生的设备故障。维护部分为锅炉（含烟气处理）、汽轮机、化水、电气及热控等专业，每个专业由一名精通本专业的专业工程师负责，下面设有维修班。

专业工程师应组织开展设备日常点检工作，借助设备管理系统与专业班组共同完成设备管理，通过设备状况趋势分析，把握机组的特性，进行设备寿命诊断，提出机组、系统调节品质改进要求，为机组定修、技术改造提供有力的依据。

生产管理部门应通过对组织流程的优化、运行参数的优化、调节品质的优化、设备维修保养的优化，并应用信息平台进行数据分析，建立优化体系，规范运行习惯，寻求机组在不同时期、不同工况下的最佳运行方式。结合现场试验，优化调整，有效解决运行过程中出现的各种问题，保证机组安全、可靠、经济、环保等运行品质相互融合，实现高品质运行、维护及保养。

第三节　运　行　管　理

一、规范运行管理的目的

建立一套为安全、经济和可靠运行而必须遵循的清晰详尽、次序分明的步骤、程序或作业方式。所有运行管理制度和标准均应符合行业的有关规定、原设备制造商的运行及维修手册、相关国家标准等要求。

制定和落实运行管理制度和标准，可以保证设备以可靠、有效、经济、安全及环保的方式运行，以达到控制运行风险的目的。

二、运行管理制度和标准

运行管理制度和标准至少应包括运行规程管理、生产运营指标分析管理、节能管理等管理制度，还包括运行例会管理，操作票管理，交接班管理，巡回检查管理，设备定期试验和轮换管理，运行台账、报表和日志管理，保护、联锁和报警系统投退管理等。

（一）运行规程管理

运行规程管理的目的是规范运行规程管理工作，确保运行规程的内容随系统、设备异动而不断更新和定期审查。为运行规程的时效性提供保证，以便员工能够以此为标准，确保采用有效的安全和合理的方法进行设备、系统操作和管理。应参考《防止电力生产事故的二十五项重点要求》(国家安全〔2014〕161号)并结合本厂设备情况，编制和修订运行规程。

运行规程应每年进行一次复查、修订，每3年进行一次全面修订、审定，出现下列情况之一，应及时对运行规程进行补充和修订，并书面通知有关人员。

(1)颁发新的规程和反事故技术措施时。

(2)设备系统变动时。

(3)本企业事故防范措施需要时。

(二)生产运营指标分析管理

1. 生产运营指标分析的目的

生产运营指标分析是指对一定时期内的全部或部分生产运营活动过程及结果进行分析研究，找出实际与计划、本期与上期、实际与设计、实际与先进的差距，分析原因、挖掘潜力、提出措施，进而改进运行工作。其内容包括指标完成情况分析、与目标值偏差原因分析、对完成指标的技术组织措施与执行情况的分析等。

通过对生产指标分析，掌握运行状况，同时找出存在的问题，提出相应对策，以便能够最大限度地降低能源消耗、提高机组可靠性。应系统地分析和查找影响机组安全、经济、可靠、环保运行的原因，并采取正确的减缓和控制措施，达到有效降低生产成本，保证机组安全、环保、可靠、经济运行的目的。

2. 生产运营指标分析流程

(1)提出分析课题。

(2)收集、整理资料。

(3)与年度计划、月度分解计划比较。

(4)与机组设计值比较，与机组运行期间完成的最佳值比较。

(5)与同容量机组先进指标比较。

(6)提出存在的问题，进行趋势预测，提出解决问题的对策及整改计划。

(7)撰写生产运营分析报告，召开生产运营分析会。

(8)对上次生产运营分析会提出的问题及工作任务的执行情况进行闭环管理。

3. 生产运营指标分析的内容

建立原始数据统计台账，完善影响机组安全、可靠、经济、环保运行的指标分析和评价体系，持续改进各项生产运营指标。

(1)安全指标分析。包括一般设备事故、人身事故、未遂、火灾事故、设备障碍、设备异常、安全隐患等。

(2)技术监督指标分析。包括各项技术监督指标异常分析、异常报警情况等。

(3)可靠性指标分析。包括主设备、辅助设备的可靠性指标分析。

(4)经济性指标分析。包括吨垃圾发电量、综合厂用电率、生产厂用电率、汽轮机效率、锅炉效率、机组效率，各项物料消耗等。运用耗差分析的方法查找经济性指标完成值与设计值偏差的原因，提出改进措施。

(5)设备检修指标分析。包括计划检修项目执行情况，缺陷分析，无渗漏分析，检修前后烟气处理，垃圾吊、汽轮机和锅炉技术经济指标对比分析，一个检修周期的设备状况分析等。

（6）生产成本指标分析。包括安全环保成本、外委成本、物料成本、检修材料成本及外购电力和水成本等。

（7）环保指标分析。包括除尘效率，烟气脱硫效率，烟气脱硫投入率，烟气脱硝效率，烟气脱硝投入率，SO_2、NO_x、废水、噪声、灰渣排放情况等。

4. 运行分析

（1）开展运行分析是促进运行值班人员及生产管理人员掌握设备性能及其变化规律，保证设备安全、经济运行的重要措施。运行人员应通过仪表指示、运行记录、设备巡查和操作情况等，及时分析和发现问题，制定对策，不断提高机组安全经济运行水平。

（2）运行分析的内容包括专业分析、岗位分析、定期分析、事故和异常分析，以及在此基础上的专题分析等。

（3）运行专业分析主要是指运行人员分析运行情况，包括经济指标、设备运行方式、设备启停、设备缺陷、设备改进、运行存在的风险、运行操作正确性、执行设备定期工作情况、工作票和操作票执行情况、合理化建议等，以及将运行记录（包括机组检修前后情况、设备或系统异动前后情况）整理加工后进行定期、全面、系统的分析，以查找是否存在影响设备安全运行及使用寿命的因素。总结本月工作情况，提出下月改进的要求，指导运行管理工作。

（4）岗位分析的依据是交接班检查、巡回检查，以及监盘期间所获得的运行参数变化和设备状态信息量的变化。抓住这些变化量，全面地进行综合分析，以查明变化的实质。岗位分析是值班人员的重要工作内容，其开展深度是运行值班人员值班质量和技术水平的重要标志。运行岗位分析主要指对运行值长、主操、巡操等所有运行岗位定期进行岗位分析，并做好记录，运行管理部门每月进行检查和总结。

岗位分析的内容包括本值人员技能情况和今后培训重点分析，即本值发生的事故和异常、设备参数偏离设计值、经济指标完成情况、设备参数超过控制值分析、水汽品质不合格分析、同类机组之间指标的对比分析、其他公司发生的故障应吸取的教训等。

（5）定期分析一般分为月度、季度和年度分析，以各专业分析和岗位分析的材料为基础，从中找出各项参数数据变化的趋势和规律。

（6）事故和异常分析是在发生事故和异常后，当班运行人员将个人所经历的事故全过程，从发现到处理的情况以及分析意见写成书面材料，应对事故处理过程和有关操作认真进行分析评价，总结经验教训，不断提高运行水平。

（7）专题分析是由专业技术人员将运行记录（包括机组检修前后情况、设备或系统异动前后情况）整理加工后进行定期、全面、系统的分析，以查找是否存在影响设备安全运行及使用寿命的因素，提高机组的可靠性和经济性。

（三）节能管理

节能管理的目的是建立健全以质量为中心、以标准为依据、以计量为手段的节能技术监督体系，对影响节能的重要性能参数和指标进行监督、检查、评价及调整，持续改进机组能耗指标，使能源的消耗率达到最佳水平。

1. 运行节能管理

（1）制定运行指标考核管理办法，开展指标考核活动。

（2）参照机组的设计值或热力试验后获得的最佳运行曲线，优化运行方式，在运行中监视并分析机组的主要经济指标，并及时进行调整，不断提高机组效率。

（3）优化机组启动、停运方式，科学制定不同状态下机组启动、停运技术措施和方案，合理安排启停过程中的辅机运行方式，做到安全、节能。

（4）对于季节性运行设备和系统，要根据实际气温的变化，及时调整运行方式。

（5）及时调整燃烧。经常检查各项参数与额定值是否相符，如有偏差要分析原因并及时解决。凡影响燃烧调整的各项缺陷，要通知检修维护人员及时消除。要按照规程规定及时做好锅炉的清焦和吹灰工作，以使锅炉经常处于最佳工况下运行。

（6）保持汽轮机在最有利的背压下运行，每月进行一次真空严密性试验。当机组真空下降时，应检查泄漏原因，及时消除。

（7）保持凝汽器的胶球清洗装置（包括二次滤网）经常处于良好状态，根据循环水质情况确定运行方式及每天通球清洁的次数和时间，胶球回收率应在90%以上。

（8）加强化学监督，搞好水处理工作，严格执行锅炉定期排污制度，防止锅炉和凝汽器、加热器等受热面以及汽轮机通流部分发生腐蚀、结垢和积盐。

2. 设备节能管理

（1）搞好设备的检修和维护，及时消除设备缺陷，定期对锅炉受热面，汽轮机通流部分、凝汽器和加热器等设备进行彻底清洗，以提高热效率，使设备长期保持最佳状态。

（2）加强机组内漏阀门和渗漏点治理，在机组检修前后对渗漏点、内漏阀门的治理进行检查评价，及时检查和消除锅炉漏风。

（3）保持热力设备、管道及阀门的保温完好，采用新材料、新工艺，努力降低散热损失。

（4）利用机组检修机会进行凝汽器的清洗和灌水找漏工作，提高系统的清洁度和真空严密性。

3. 节水管理

（1）加强用水的定额管理和考核，采取有效措施，根据厂区水量和水质条件进行全厂水平衡，并以此为准进行运行控制和调整，全厂水平衡工作每3年进行1次。

（2）对于闭式循环冷却水系统，要采取防止结垢和腐蚀的措施，并根据厂区供水水质条件，经过计算，制定出经济合理的循环水浓缩倍率范围。

（3）要减少各种汽、水损失，合理降低排污率；做好汽轮机、锅炉等热力设备的疏水、排污及启、停时的排汽和放水的回收。

（4）对外供热要加强供热管理，与用户协作，采取积极措施。按设计规定数量返回合格的供热回水。

4. 节能宣传和培训

（1）广泛开展节能宣传和教育。每年组织开展节能宣传周活动，营造重视节能工作的氛围。提高员工的节能意识，杜绝各个环节的浪费。

（2）要制定节能管理人员和生产人员的培训制度，开办各种层次的培训班，有计划地进行节能培训。

（3）节能培训内容包括全面节能管理、能量平衡分析、热力经济分析和计算、效率监控方法、主辅机经济调度和节能技术等。

（4）加强信息交流和节能工作经验交流，推广先进的节能管理方法、节能技术改造方案和行之有效的节能措施。

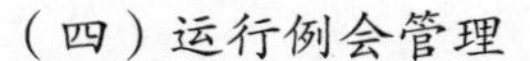

（四）运行例会管理

运行例会管理的目的是为了及时发现和找出运行生产管理方面存在的问题和薄弱环节，指出目前运行主要设备缺陷或隐患，并有针对性地提出改进措施，从而不断提高安全经济运行水平。

运行例会参加人员包括生产副总经理、运行部经理、维护部经理、各专业专责工程师等。运行例会每月召开一次。

月度运行例会内容如下：

1. 运行部

（1）运行部经理对运行专业月度运行工作进行小结。

（2）进行运行专题分析，说明运行各专业存在急待协调的设备缺陷。

（3）对生产任务完成情况、小指标情况、节能项目运行情况进行通报说明，指出存在的问题和对运行的要求。

2. 维护部

（1）设备缺陷及改进建议的统计分析。

（2）对上次例会提出的缺陷问题答复的处理意见及未完成原因。

（3）设备维护部提出因设备问题需要运行应注意的事项。

（4）设备维护部通报下月检修计划、要求的运行方式。

（五）操作票管理

操作票是对操作人员下达操作任务、布置操作程序及反映操作活动的文字依据。主要内容包括操作目的、操作内容、操作人员和监护人姓名以及起始和终止时间。

操作票是在操作设备过程中执行严格的程序，从而有效减少和防止误操作的发生，保证设备和电网安全、稳定、经济运行。

操作票按照其使用对象的不同分为电气操作票和热机操作票。按照其操作繁简程度和工作量的大小分为操作票和操作卡（复杂操作使用操作票，简单操作使用操作卡）。

操作票应由操作人根据操作任务、设备系统的运行方式和运行状态填写。操作人填写完操作票后，自己先审查一遍，然后交监护人审查，最后交主值和值长审查。

对于电气操作票，操作票填写、审查合格后，操作人、监护人应在符合现场实际的模拟图上认真进行模拟预演，以保证操作项目和顺序的正确。由监护人按操作票的项目顺序唱票，由操作人复诵并改变模拟图设备指示位置。如操作有变动或撤销操作任务时，应立即恢复模拟图板原状。对于模拟图板上没有的系统设备，在操作前应结合一次接线图进行模拟预演。

（六）交接班管理

1. 交接班管理的目的

交接班管理的目的是为了有效组织运行人员的劳动协作关系，使运行人员掌握设备运行状态和运行方式，从而保障机组的安全、稳定、经济运行。

2. 交接班的要求

（1）运行人员按规定的轮值表和时间进行交接班。

（2）接班人员必须在接班后方可进行工作，交班人员未办理交接手续不得离开岗位。

（3）在重要操作过程中或发生事故时，不得进行交接班。

（4）设备如有重大缺陷或异常运行情况时，交接班双方同到现场，待情况了解清楚后经交接班值长批准，方可进行交接班。

（七）巡回检查管理

1. 巡回检查的目的

使生产人员能够了解设备的运行状态，及时发现设备缺陷，从而迅速采取措施，消除或防止其扩大，将事故消灭在萌芽中，减少经济损失，保证发电设备安全运行。

2. 巡回检查的类别

（1）定期巡回检查。其是指在机组正常运行或停运后，按规定的时间、路线和标准对所管辖的设备和系统进行的检查。

（2）不定期巡回检查。其是指在机组运行或停运过程中，根据设备或系统存在的问题，在原规定的时间外相应增加的对管辖设备和系统进行的检查。

（3）特殊情况检查。其是指在设备启动和停止、系统投运和停运时，特别需要时以及遇有特殊天气（如大风、大雪、雷雨、高温、寒流）时，对所辖设备、系统及预防措施进行的细致检查。

3. 巡回检查要求

（1）建立健全运行值班巡回检查标准，明确规定各类值班人员的检查范围、时间、路线、内容和方法。

（2）重要运行设备和系统（如汽轮机、发电机、主变压器、给水泵、励磁系统、润滑油系统、调速油系统等）每2h检查1次。辅助设备和系统（如疏水泵、电动执行机构、循环冷却水系统等）每4h检查1次。

（3）遇有特殊情况，除按规定检查外，值班人员应按运行方式、设备缺陷、气候情况、新设备投入等情况，有针对性地增加检查次数。

（4）检查中发现异常情况，检查人员应根据有关规程规定和具体情况予以处理，并及时汇报。在检查中如发生机组事故时，应立即返回本岗位，进行事故处理。

（5）进入现场危险区域或接近危险区域时，必须严格执行DL 5009.1—2014《电力建设安全工作规程　第1部分：火力发电》有关规定。

（6）巡回检查中发现设备着火或危急人身安全时，应立即采取紧急措施，根据DL 5009.1—2014《电力建设安全工作规程　第1部分：火力发电》规定的灭火方法进行灭火或抢救。对于现场无法停电的设备，应及时汇报，联系停电。

（八）设备定期试验和轮换管理

1. 设备定期试验和轮换管理的目的

定期轮换是指将运行设备与备用设备进行倒换运行的方式。做好相关定期工作，可及时发现设备的故障和隐患，及时处理或制定防范措施，从而保证备用设备的正常备用和运行设备的长期安全、可靠运行。

定期试验是指对运行设备或备用设备进行动态或静态启动、传动，以检测运行或备用设备的健康水平。

2. 设备定期试验和轮换管理的要求

（1）定期试验和轮换工作应按照运行、检修规程规定，在规定时间进行，由专人负责，工作内容、时间、试验人员、设备情况及试验结果应在专用定期试验记录本内做好记录。定期试验工作结束后，如无特殊要求，应根据现场实际情况，将被试设备及系统恢复到原状态。

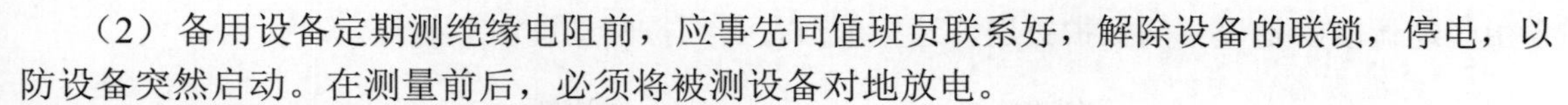

（2）备用设备定期测绝缘电阻前，应事先同值班员联系好，解除设备的联锁，停电，以防设备突然启动。在测量前后，必须将被测设备对地放电。

（九）运行台账、报表和日志管理

运行台账、报表和日志管理的目的是规定运行台账、报表和日志管理方法和要求，为分析设备的运行数据，掌握运行数据的变化规律，为设备运行、维护提供原始依据。同时，也为机组效益评估、事故调查提供依据。

1. 运行台账

指对设备检修交待、保护传动试验、设备运行（运行、异常、事故、备用、停运等）状态等的记录台账。

运行台账一般分为运行岗位常规工作台账、运行管理工作台账两种。运行岗位常规工作台账设在控制室，主要以笔记形式或电子版形式保存，便于员工现场查询。运行管理工作台账设在运行主管固定工作地点，应以电子文本形式或书面形式保存。

2. 运行报表

指对设备运行性能、经济性的相关参数做周期记录统计，以表格形式汇总上报的表单。

3. 运行日志

指对某一岗位管辖的所有设备运行的状态（运行、异常、事故、备用、停运）、运行情况做真实反映的现场的记录。

设备、系统运行区域负责人应以电子文本形式或书面形式对设备、系统运行的安全、健康、环保性能做记录。运行日志的内容应涵盖设备状态、运行方式、运行班次、时间、区域内操作、异常处理、设备健康情况、工作票、操作票、动火票执行情况和注意事项及运行交接负责人姓名等。

（十）保护、联锁和报警系统投退管理

1. 保护、联锁和报警系统投退管理的目的

规范保护、联锁和报警系统投退管理的程序，明确保护、联锁和报警定值的审批程序，加强保护、联锁和报警系统的管理，确保发电机组和电网的稳定运行，加强关键设备保护系统的管理，使保护装置在关键设备出现故障和异常时及时准确地动作或报警，确保关键设备的安全。

2. 保护、联锁和报警系统投入

保护、联锁和报警系统投入前，须经保护、联锁和报警系统专责人提出保护投入申请，并与运行人员共同确认保护、联锁和报警系统设备、控制回路及信号状态良好，并由双方在申请单上签字后方可投入。

3. 保护、联锁和报警系统停用

所有保护、联锁和报警系统停用，必须办理保护、联锁和报警系统停用申请单。申请单首先经本部门专业负责人或部门负责人签字后，再递交上级专业技术负责人签字。若由当地电网调度管辖设备的保护投退，必须申请地调批准，再由当班值长按调度命令执行。

4. 投退操作的执行

对于热控专业，保护、联锁和报警系统的投退由热控或运行人员完成，热控设备专责人要做好操作或监督工作。

对于电气专业，保护的投退由运行人员操作（无投退开关的除外）或保护人员操作，对

于由当地调度管辖设备的保护投退，运行值班员必须按照调度命令执行。

5. 关键设备保护的配置

关键设备保护的配置应满足国家、行业、设备制造厂家的要求，原则上应有可靠的备用手段。

关键设备保护定值执行制造厂家和设计单位的给定值，投运前进行核算和试验，满足实际运行的需要。

三、定期运行管理工作

运行部根据运行管理工作项目，组织相应的运行管理人员，按期进行检查并形成检查报告。定期运行管理的工作主要内容见表13－1。

表13－1　定期运行管理工作主要内容

序号	主要内容	周　期	形式
1	运行分析例会	每月进行1次	纪要
2	运行岗位分析检查和评价	每月检查1次	做好记录
3	运行学习班检查	每月每值抽查1次	做好记录
4	运行日报记录检查	每天抽查1次，每月分析1次	做好检查记录
5	运行日志数据和记录检查	每天检查，每季度保存1次	做好检查记录
6	工作票统计和检查	每月检查1次	做好检查记录
7	操作票统计和检查	每月检查1次	做好检查记录
8	反事故演习检查和评价	每季度检查1次	做好检查记录
9	运行设备巡回情况检查	每月检查1次	做好检查记录
10	运行交接班情况检查	每月检查1次	做好检查记录
11	设备定期试验和轮换情况检查	每月检查1次	做好检查记录
12	运行工器具和防护用品检查	按照规定检查	做好检查记录
13	运行规程修订	每年检查1次，下发运行规程补充规定；每3年进行修改，重新印刷	做好检查记录
14	运行系统图修订	每年检查，下发补充系统图册；每3年进行修改，重新印刷	做好检查记录
15	生产运营指标分析	每月分析1次	有分析报告
16	运行人员定期技能考试和考核	每季度1次	做好考试记录
17	机组和设备保护投退情况月度统计	每月度1次	做好统计记录
18	运行管理子系统中制度/标准的评价	每季度1次	有评价报告
19	主辅设备能耗诊断试验	A级检修前进行	有报告
20	主辅设备优化运行试验	A级检修后进行	有报告

四、垃圾仓管理

入炉垃圾的质量对锅炉设备运行的稳定性和经济性有非常重大的影响。通过加强垃圾仓的管理，保证渗沥液顺畅外排，垃圾充分发酵，垃圾在入炉前进行充分的搅拌、抛洒、混合，使入炉垃圾热值均衡。能更好地保证锅炉的安全稳定、经济和环保运行。

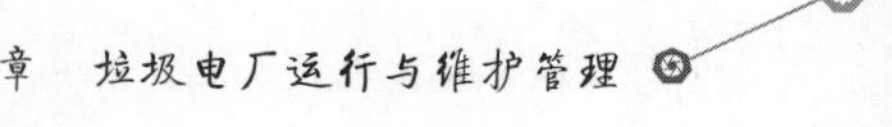

（一）垃圾仓管理的目的

对垃圾仓进行有效管理，可以实现入炉垃圾质量的均质化，有效提高垃圾热值，保证焚烧炉燃烧稳定。

（二）垃圾分区堆放

垃圾仓管理应实现以下基本要求：垃圾仓划分明显区域，垃圾按照区域堆放，满足垃圾发酵、堆放、沥水的要求。从而提高入炉垃圾热值。法国某垃圾电厂垃圾仓分区状况如图 13－1 所示。

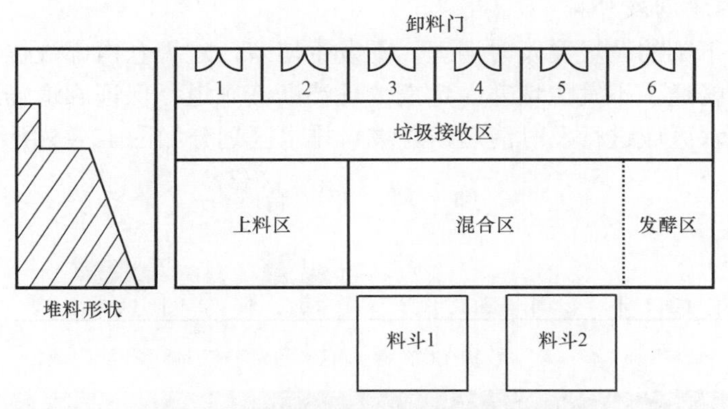

图 13－1　法国某垃圾电厂垃圾仓分区状况

某垃圾电厂垃圾仓管理大屏幕如图 13－2 所示。该厂采用大屏幕显示垃圾仓的状态，同时还在大屏幕上显示渗沥液仓的有害气体数据。垃圾入炉前，在垃圾池内分为 3 个区域堆放，分别是进料区、焚烧区和发酵区。垃圾入炉前在焚烧区进行充分的混合、搅拌、抛洒。

某厂采用计算机管理垃圾仓状态如图 13－3 所示，将不同日期的进厂和入炉垃圾数量显示出来，并将计算机页面投影到墙上，对垃圾的卸料、发酵、上料区域和时间及垃圾数量做出了计划安排。

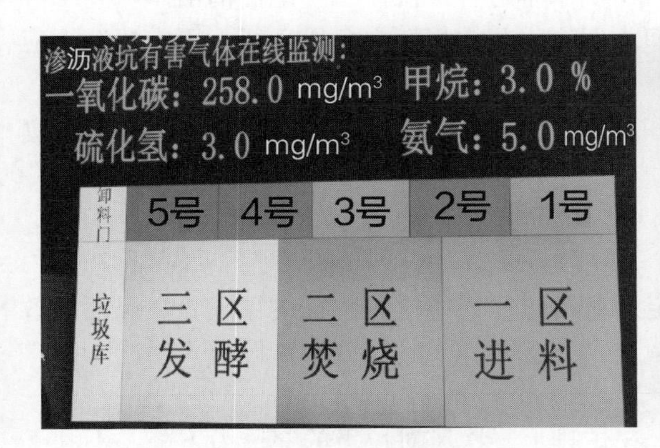

图 13－2　某垃圾电厂垃圾仓管理大屏幕

图 13－3　某厂采用计算机管理垃圾仓状态

虽然欧洲发达国家的垃圾热值较高，不存在垃圾燃烧的问题，但他们同样也重视垃圾仓的分区管理工作，对垃圾的堆放、倒料也有非常周密的安排。法国某垃圾电厂的垃圾仓分区管理状态如图 13－4 所示。

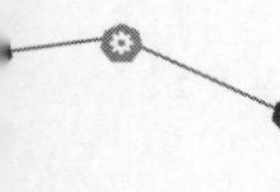

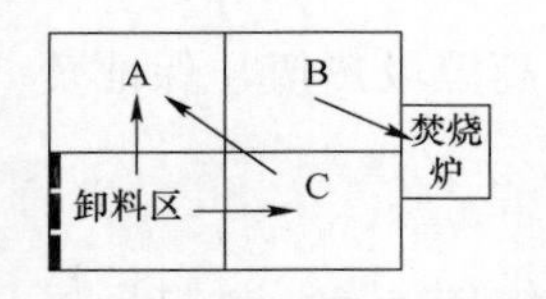

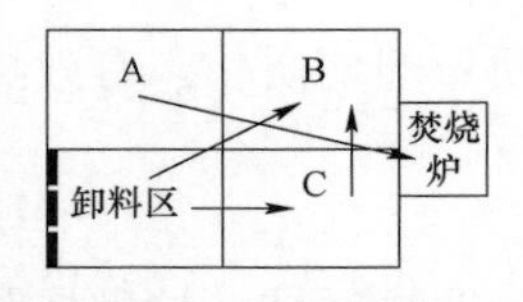

图 13－4　法国某垃圾电厂的垃圾仓分区管理状态

垃圾仓分为4个区域，黑色区域是新鲜垃圾，每日的进厂垃圾卸到该区域。C区域是发酵区，C区域的垃圾经过发酵后热值较高。A或B区域是上料区，该区域的垃圾由新鲜垃圾和C区的高热值垃圾混合而成。如果用A区的垃圾上料，则B区就是下一个上料区；如果用B区上料，则A区就是下一个上料区，两个区域轮流上料。

（三）垃圾仓内渗沥液外排

垃圾仓卸料门下部的垃圾要及时清理，不发生堵塞，垃圾仓内部液位可控。保证垃圾仓底部排水格栅排水畅通，不发生堵塞。定期清理渗沥液廊道，保证廊道畅通，渗沥液及时外排。要对垃圾仓排水区域进行及时清理，垃圾仓排水区划分如图13－5所示。

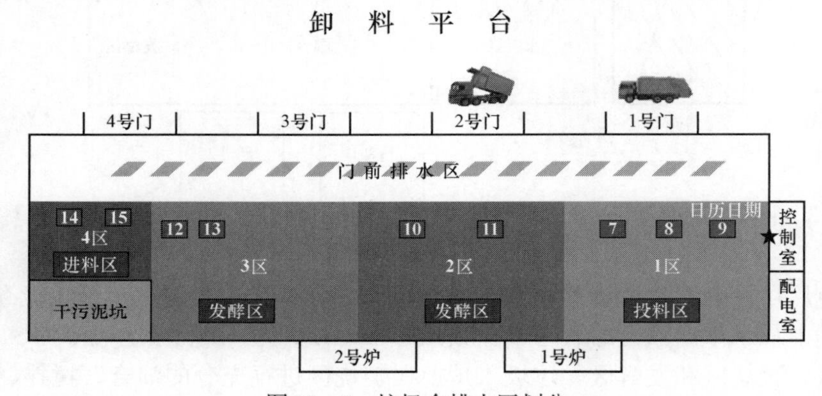

图 13－5　垃圾仓排水区划分

（四）垃圾仓臭气控制

（1）每日对垃圾仓的运输通道和卸料平台用洒水车进行冲洗，保持地面清洁。

（2）及时关闭卸料门和垃圾卸料平台入口大门，为此垃圾仓内负压运行，正常情况下应保证垃圾仓负压为－50～－100Pa。

（3）安排专人检查泄漏情况，及时发现和处理泄漏点，保持密封处于良好状态，防止臭气外溢。

（4）必要时喷洒除臭剂。

（五）垃圾仓防火、防爆、防中毒

建立垃圾仓防火、防爆、防中毒制度，定期对消防、气体检测装置进行试验，保证设备好用。运行中严格执行有限空间管理规定。

（六）垃圾容重控制

垃圾仓下部的垃圾被压实后，容重上升，在炉排上一次风对垃圾的穿透力下降，不利于垃圾的着火，故对这部分垃圾要进行充分地搅拌、混合和抛撒后，再入炉燃烧。入炉垃圾的容重越低，对燃烧越有利。

五、炉渣管理

（1）垃圾焚烧后产生的炉渣，冷却降温后进入渣仓，选出渣中的金属后进行综合利用或运至生活垃圾填埋场进行填埋处理。

若炉渣用于综合利用，综合利用单位的手续及证件应齐全，综合利用单位的环境、安全及尾渣处理应符合相关要求。

（2）垃圾电厂应按规定建立炉渣处置专项台账，随时备查。

（3）炉渣处置应符合相关标准规范要求，且满足环评批复要求及当地环保规定。

（4）垃圾电厂按相关国家标准要求定期进行炉渣热灼减率检测，并配合环境保护行政主管部门和其他行政主管部门对炉渣热灼减率进行抽检。

六、飞灰管理

（1）垃圾焚烧产生的飞灰应作为危险废物处理。飞灰处置方式应符合相关标准规范要求，且满足环评批复要求及当地环保规定。

（2）稳定化处理后的飞灰应按规定进行检测，检测结果应满足 GB 16889《生活垃圾填埋场污染控制标准》的相关要求后，方可送至生活垃圾填埋场填埋。

（3）飞灰的检测数据、飞灰转移联单、环保耗材购买及使用台账应齐全，并符合相关规范要求。

第四节　检　修　管　理

垃圾电厂检修管理制度和标准应包括设备检修管理制度、检修费用管理、检修例会管理标准和设备缺陷管理标准等。

一、设备检修管理

（一）检修类别及检修后评价

1. 检修类别

（1）A 级检修：对垃圾发电机组进行全面的解体检查和修理，以保持、恢复或提高设备性能。

（2）B 级检修：针对机组某些设备存在的问题，对机组部分设备进行解体检查和修理。

B 级检修可根据机组设备状态评估结果，有针对性地实施部分 A 级检修项目或定期滚动检修项目。

（3）C 级检修：根据设备的磨损、老化规律，有重点地对机组进行检查、评估、修理、清扫。

C 级检修可进行少量零件的更换，设备的消缺、调整、预防性试验等作业以及实施部分 A 级检修项目或定期滚动检修项目。

（4）D 级检修：当机组总体运行状况良好时，对主要设备的附属系统和设备进行消缺。

D 级检修除进行附属系统和设备的消缺外，还可根据设备状态的评估结果，安排部分 C 级检修项目。

2. 检修后评价

检修后评价指对机组检修项目实施前提出的所有指标（安全、健康、环保、质量、设备健康水平、经济水平、技术水平指标）以及工期、费用、质量等要素与实际达到的指标及实际完成的工期、费用、质量等进行对比、分析、评价，以促进提高检修管理水平。

（二）检修间隔

主设备的计划检修间隔应充分尊重制造厂家的技术规程要求，根据设备点检和状态监测结果及历次检修经验确定。通常情况下，可将机组检修方式划分为A、B、C、D 4个等级，各级检修间隔和组合方式推荐如下：

1. 汽轮机

（1）A级检修：每6年进行1次。

（2）B级检修：可安排在A级检修的第2～3年进行。

（3）A级检修间隔内的组合方式为A–C–C–B–C–C–A。

2. 主变压器

（1）A级检修：根据运行情况和试验结果确定，一般每10年进行1次。

（2）C级检修：每1～2年安排1次。

3. 技术状况较好的设备

对技术状况较好的设备，为充分发挥设备潜力、降低检修成本，应积极采取措施适时延长检修间隔。

4. 新机组

新机组自投产后至第一次A级检修时间间隔应按制造厂家技术规定执行，如果厂家无明确规定，一般按下列规定执行：

（1）锅炉、汽轮发电机组，正式投产后12～18个月。

（2）主变压器，根据试验结果确定，但一般为投产后5年。

5. 辅助设备

辅助设备的检修可根据点检结果和状态监测分析以及制造厂家的技术规程综合考虑后确定检修间隔和项目。

（三）检修模式

通过机组计划检修管理、设备可靠性管理、设备缺陷管理、点检定修管理等工作，形成一套融故障检修、定期检修、状态检修和改进性检修为一体的、优化的检修模式，以降低设备检修成本，提高设备安全性和可靠性。

二、检修费用管理

（一）检修费用管理的目的

在保证设备安全性、可靠性稳步提高，设备性能满足要求的前提下，使修理成本科学、合理。加强检修费用的监督、控制，统一和规范管理行为，使检修费用管理达到：

（1）支出合理，无浪费。

（2）费用概（预）算准确，不超支。

（3）用途符合规定，不混用。

（4）按时入账，真实反映修理成本。

（二）检修费用的组成

检修费用是生产成本的重要组成部分，是影响当年损益的主要因素之一。检修费由标准A级检修费、B级检修费、C级检修费、日常维护费、重大检修项目费用等构成。

A、B、C级检修费指用于生产主设备及辅助设备、公用系统、生产建筑物和非生产设施A、B、C级标准检修和一般特殊检修所发生的费用。

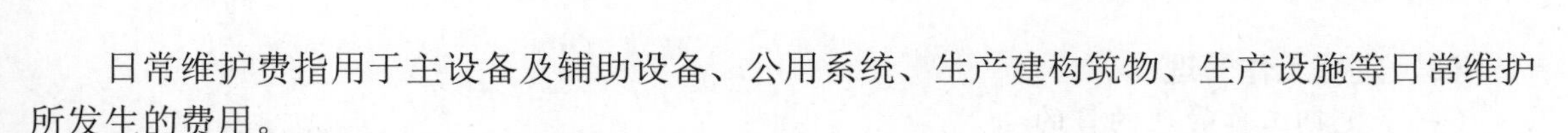

日常维护费指用于主设备及辅助设备、公用系统、生产建构筑物、生产设施等日常维护所发生的费用。

（三）检修费用管理的原则

（1）在检修费用管理上，采取总量控制、分项管理的原则。综合考虑设备健康状况、历年实际发生、检修人员配置、机组容量、利用小时等因素，在正常情况下同口径与历年基本持平的原则确定检修费总量。

（2）采取材料费与施工费、生产性修理与非生产性修理分开核定的原则，根据各单位检修人员配置及检修能力情况确定外包施工费，非生产性日常维护费原则上不超出总维护费的15%。

（3）检修费用管理严格执行年初预算调整，加强主管生产领导及费用主管部门对检修费用的管控责任，建立检修费用分级管理制度，落实费用控制责任主体，严格控制费用在预算内，强调预算的刚性。

（四）检修费用列支范围

（1）设备、设施等检修维护及大修用的备件费、材料费。

（2）检修外委人工费。

（3）检修外委试验费。

（4）日常检修用耗材。

三、设备可靠性管理

（一）设备可靠性管理的目的

垃圾焚烧发电设备可靠性是指设备在规定条件下、规定时间内，完成规定功能的能力。应用量化评估的方法，评价设备的运行质量、检修质量及管理水平，分析和解决设备问题。应用历年积累的可靠性数据，指导设备选型。探索机组运行可靠性与经济性的最佳结合点，实现机组的最佳经济效益。

（二）设备可靠性管理的范围

设备可靠性管理的范围包括锅炉、汽轮机、发电机和主变压器及其相应辅助设备、公用系统和输变电设施。

辅助设备范围至少包括送风机、引风机、给水泵、垃圾吊、除尘器及脱硫脱硝系统。

输变电设施统计分析范围包括变压器、电抗器、断路器、电流互感器、电压互感器、隔离开关、避雷器、耦合电容器、阻波器、架空线路、电缆线路、全封闭组合电器、母线等设施。

（三）可靠性年度目标的制定

根据年度检修计划的安排，结合机组特性状况及历年可靠性指标完成值，参照同类型机组可靠性指标的平均水平、先进水平，并考虑技术改造、运行成本等因素制定年度设备可靠性规划，规划应包含指标控制目标值、需采取措施等。

（四）设备可靠性分析

专业工程师负责定期组织专业技术人员对可靠性指标升高或降低的原因进行分析，做到月度小分析、季度中分析、年度大分析，机组一个检修周期、历年数据综合分析，并与同类型机组进行比较，找出设备内在规律，预测发展趋势，提出机组运行的合理化建议。重点对机组的非计划停机、降出力事件进行分析，分析内容至少包括原因分析（直接原因、根本原因）、暴露问题、防范措施、成本损失等。

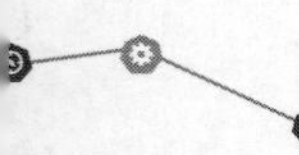

四、定期工作管理

（一）定期工作管理的目的

定期工作管理的目的是为了加强设备管理基础工作，不断提高设备的运行和维护管理水平，将定期工作标准化，实现统一的管理标准并不断完善和提高。

（二）定期工作内容

1. 定期试验

定期试验指生产系统和设备在运行、备用和检修期间实施的各种试验工作。包括具体项目、周期、试验内容和方法。

2. 定期测试

定期测试指生产系统和设备在运行或备用时使用仪器对设备进行的各种测试工作。包括具体项目、周期、内容和方法。

3. 定期检验

定期检验规定了生产系统和设备退出运行或检修期间使用试验仪器对设备进行全面测试工作。包括具体项目、周期、内容和方法。

4. 定期校验

定期校验指生产系统和设备退出运行或检修期间使用校验设备对设备进行全面校验工作。包括具体项目、周期、内容和方法。

5. 定期维护

定期维护指生产系统和设备在运行或备用期间使用常规的工具和仪器进行的检查、调整、简单修理、清扫、各种滤网的更换等工作，保持设备处于良好状态和清洁。包括具体项目、周期、内容和方法。

6. 定期检修

定期检修指生产系统和设备在运行规定的时间后，退出运行进行的计划检修工作。包含具体项目、检修周期和质量标准。

7. 定期轮换

定期轮换指运行设备与备用设备按合理的周期轮换运行，使设备磨损均匀。包含具体项目、周期、内容和方法。

8. 定期给油脂

定期给油脂指按设备润滑要求对设备进行油脂补充工作。包括具体给油脂部位、周期、方法、油脂标准和加油量。

五、设备缺陷管理

（一）设备缺陷管理的目的

设备缺陷管理的目的是为了能够及时发现并消除设备及系统存在的缺陷，使设备保持良好的健康状态，保证机组安全、经济、稳定运行。

（二）缺陷的分类

缺陷分为设备缺陷和设施缺陷，是指影响机组主辅设备、公用系统安全经济运行，影响建（构）筑物正常使用和危及人身安全的异常现象等。如设备的振动、位移、摩擦、卡涩、松动、断裂、变色、过热、变形、异声、泄漏、缺油、不准、失灵，建（构）筑物设施及附件的损坏，安全、消防和防洪设施损坏，以及由于设备异常引起的参数不正常等。缺陷按其影响程度分为零、一、

二、三、四类，其中零、一、二、三类缺陷主要指设备缺陷，四类缺陷主要指非设备性缺陷。

（1）零类缺陷：即紧急缺陷，是指引起机组强迫停运的缺陷，或虽未停机但危急主要设备安全运行或人身安全，如不及时消除或采取应急措施，在短时间内将造成停机、停炉，甚至全厂停电或严重威胁人身安全的缺陷。

（2）一类缺陷：是指威胁安全生产或设备安全经济运行，影响机组正常出力或正常参数运行，属于技术难度较大，不能在短时间内消除，必须通过技术改造、更换重要部件或更新设备，通过机组大小修才能消除的缺陷。

（3）二类缺陷：指不影响设备出力和正常运行参数，但有危及机组安全运行的可能，停机停炉后在短时间内可消除的缺陷或可以安排在计划检修中消除的缺陷；或者虽然影响设备出力和正常运行参数，但经系统切换调整后可以消除的缺陷。

（4）三类缺陷：指主辅设备及公用系统设备在生产过程中发生的一般性质的缺陷，消除时不影响机组出力或负荷曲线，可随时消除；或者虽然在运行中无法消除，但不影响机组的安全性、可靠性和经济性的缺陷。

（5）四类缺陷：即非生产设备缺陷，主要指主辅设备及其系统以外，对机组、设备的安全经济稳定运行不会构成直接影响的建（构）筑物等非生产设施缺陷，包括门窗、屋顶、地面等缺陷。

（6）重复缺陷：是指同一台设备或设施在同一部位一个月内发生两次及以上的缺陷。

（7）及时消除的缺陷：在规定的消缺时间内消除的缺陷。

（三）设备缺陷管理主要指标

（1）消缺率计算式为

$$\text{消缺率}=\frac{\text{已消除的缺陷数}}{\text{缺陷总数}}\times 100\% \tag{13-1}$$

（2）消缺及时率为

$$\text{消缺及时率}=\frac{\text{及时消除的缺陷数}}{\text{缺陷总数}}\times 100\% \tag{13-2}$$

（四）设备缺陷管理的要求

（1）零类缺陷（紧急缺陷）发生后，当值值长应立即汇报有关领导和设备运行部、维护部门，并做好防止缺陷扩大的应急措施，设备维护人员白天15min内、夜间20min内到达现场，积极组织消缺。在征得值长批准并确认已做好隔离措施的前提下，可不办理工作票消缺，如果消缺时间超过4h，检修维护人员应补办工作票，此类缺陷必须由专人进行现场指挥、协调，并立即组织检修人员进行连续不间断地消缺。

（2）对于一类缺陷，设备管理部门应指定专人负责制定检修方案和防止缺陷扩大措施，落实备品备件。

（3）对于二类缺陷，视不同情况，可以安排停机消缺或安排在计划检修中处理，由于备品备件原因造成无法消缺的，应尽快购置备件，需要安排倒系统或降负荷消缺的，申请运行部门安排。

（4）对于三类缺陷，是维护部门日常消缺重点，本着随时发生随时消除的原则，消除后由运行人员验收确认。对未及时消除的缺陷应办理相应的审批手续。

（5）对于四类缺陷，维护部门在征得运行人员的同意后，开始组织消缺，消缺后应由运行人员验收确认。

第十四章

垃圾电厂运营指标及成本

第一节　垃圾电厂的指标分类

一、按类别划分

垃圾电厂生产运营指标按类别可分为四大类。

（一）生产指标

生产指标包括入厂垃圾量、入炉垃圾量、发电量、供电量和供热量等。

（二）物料消耗指标

物料消耗指标包括吨垃圾石灰消耗、吨垃圾活性炭消耗、吨垃圾水耗等。

（三）技术经济指标

技术经济指标包括吨垃圾发电量、厂用电率、真空、汽耗、锅炉效率、汽轮机效率等。

（四）经营指标

经营指标包括应收收入、单位直接生产成本等。

二、按专业划分

垃圾电厂的指标按专业划分，可以分为全厂综合指标、锅炉指标、电气指标、环保指标、安全指标、可靠性指标等。

垃圾电厂的全厂性的主要经济技术指标称为大指标；专业指标称作小指标，包括锅炉专业小指标、汽轮机专业小指标、环保专业小指标、热工与自动化专业小指标等。

第二节　垃圾电厂生产成本

一、生产成本构成

为了便于垃圾电厂生产成本的统计、分析和控制。依照垃圾焚烧发电生产工艺流程，将生产成本划分成若干个成本单元。每个成本单元由物料消耗单元、设备维护单元、环保检测单元、备品备件单元等组成。各单元成本之和就是总生产成本。

二、成本单元划分

根据垃圾焚烧发电生产属性，将全厂生产成本划分成若干个成本单元。有些单元的成本是基本固定的，有些成本是每年变动的。这些成本单元包括：

（1）除盐水处理单元。

（2）余热锅炉单元。

（3）汽轮机单元。

（4）渗沥液处理单元。

（5）飞灰固化单元。

（6）厂区环境单元。

（7）油脂耗材单元。

（8）设备设施维修保养单元。

（9）安健环单元。

（10）特种设备检测单元。

（11）外委人工单元等。

三、制定单元物料消耗指标

核算单元成本，首先要对单元成本进行分解，制定单元物料消耗指标。生产部门以设计值为基础，参考同类机组先进的物料消耗情况，结合本厂实际统计消耗值，综合制定消耗定额，确定每个单元的物料消耗指标。下面以飞灰固化单元为例，介绍单元物料消耗指标制定过程。

飞灰在螯合、固化过程中，要添加一定比例的物料，包括水、螯合剂和水泥，这些物料按照一定的比例和飞灰混合。混合后的飞灰装吨袋后，用叉车等机械装到运输车辆上，外运填埋处理，在这个过程中会产生物料消耗、车辆油料消耗、运输和填埋费用等。飞灰固化单元物料消耗指标构成如图 14－1 所示。

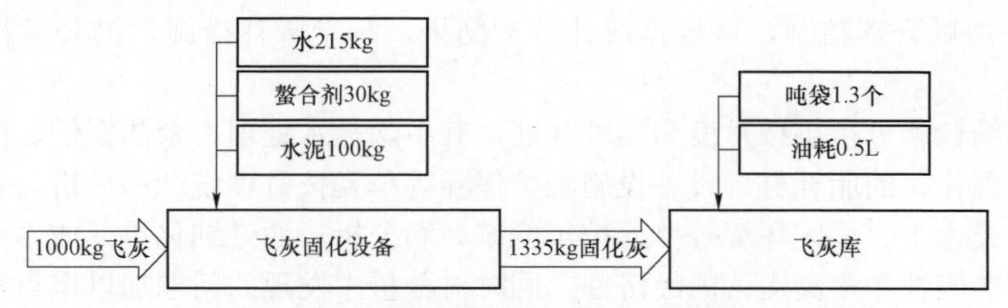

图 14－1　飞灰固化单元物料消耗指标构成

四、核算单元成本

财务部根据生产部门制定的物料消耗指标，结合物料采购成本，核算单元成本。某厂飞灰处置成本构成如图 14－2 所示。

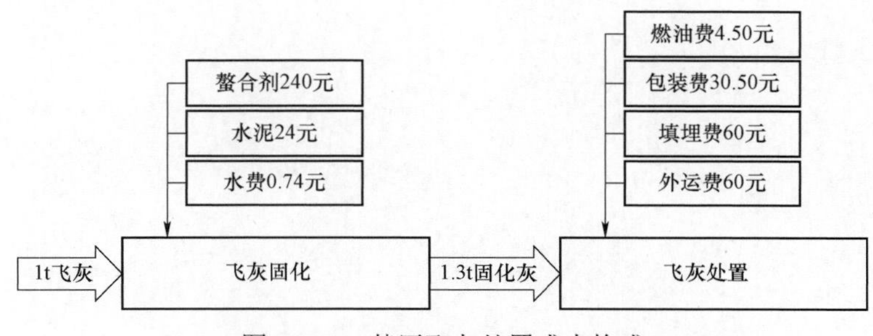

图 14－2　某厂飞灰处置成本构成

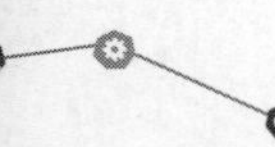

某厂飞灰处置单元成本见表 14－1。飞灰处置总成本还包括人工成本、设备维护成本等。

表 14－1　　某厂飞灰处置单元成本

序号	成本项	吨成本（元）	占比（%）
1	包装费	30.50	7
2	水泥	24.00	6
3	螯合剂	240	57
4	燃油费	4.50	1
5	水费	0.74	1
6	外运费	60	14
7	填埋费	60	14
总计		419.74	100

对单元成本进行层层分解，对分解指标进行精细化统计和分析，通过设计值和实际统计数据综合确定合理的消耗定额。对生产过程中的主要材料和辅助材料，都要确定消耗定额。垃圾电厂全厂物料消耗如图 14－3 所示。

五、单元消耗和成本的统计分析

在生产运营管理中，通过划分成本单元，对各单元成本进行逐层分析，能清楚掌握生产成本组成，并加以合理控制，可根据统计分析结果，制定降耗措施，提升运行效率和经济效益。

单元成本统计和分析可按月度和年度开展，其中除盐水处理、余热锅炉、汽轮机、渗沥液处理、飞灰固化、油脂耗材、设备设施维护保养等单元按月度统计和分析。安健环、特种设备检测、外委人工、厂区环境等单元按年度统计和分析。通过细化单元成本分析，有益于提高年度预算准确性和提高运营的经济性，同时对分析中发现的问题加以重点控制，有利于促进一线精细化生产管理水平的提升。

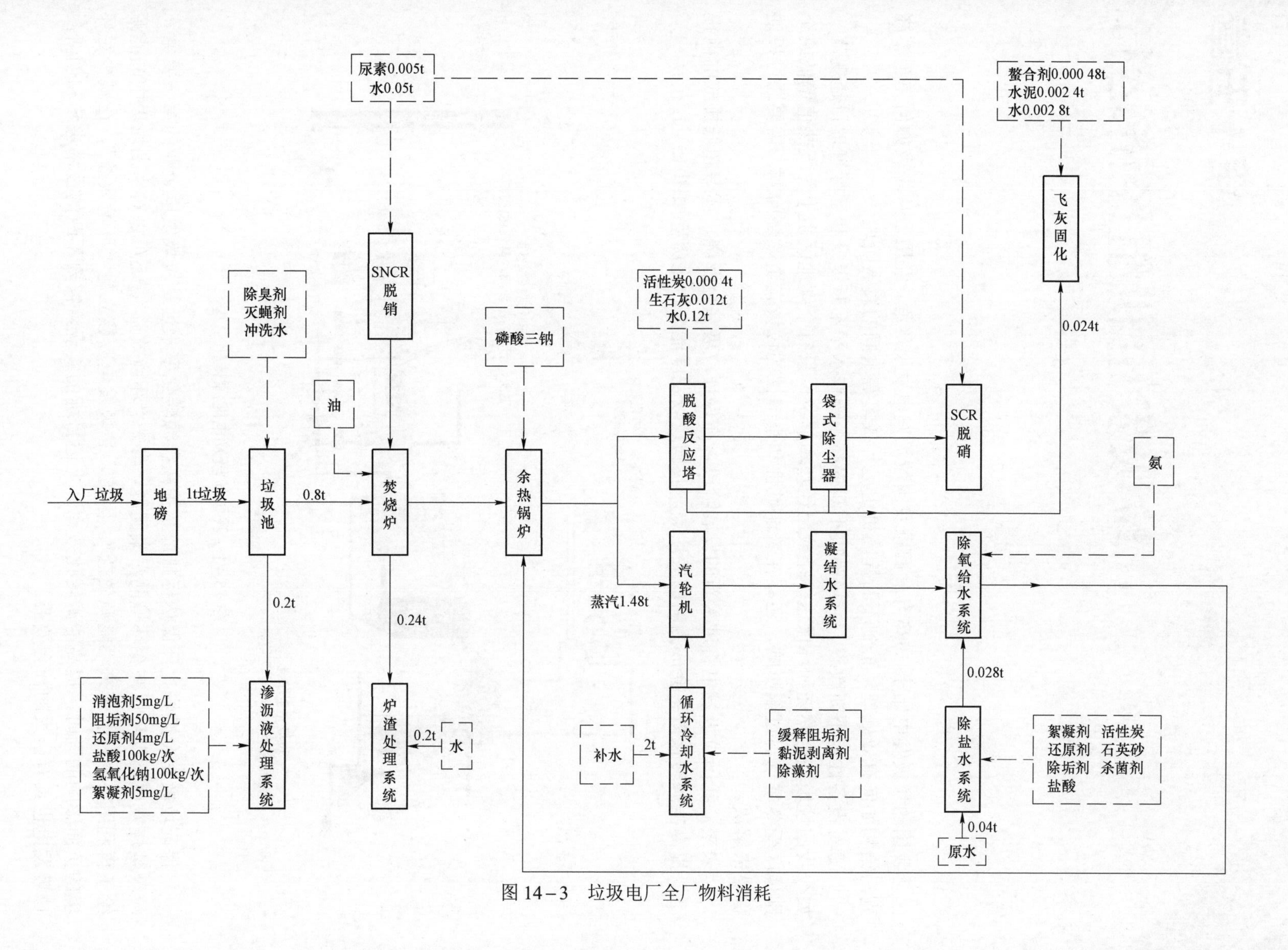

图14-3 垃圾电厂全厂物料消耗

第十五章

垃圾发电机组经济运行

我国的垃圾发电始于 1986 年，回顾我国垃圾发电发展历程，经历了从垃圾如何完全燃烧到污染物如何有效处理，再到不断提高机组运行效率等不同的发展阶段。

随着设备性能不断改进、垃圾品质不断提高、操作水平不断提升和运行管理日趋规范，如今我国垃圾完全燃烧和环保达标排放已经基本解决，只有个别地区由于垃圾热值偏低或个别地区受冬季气温过低影响，还存在着地域性和季节性的垃圾完全燃烧问题，需要通过投油稳燃来解决。

未来，我国垃圾发电将进入新的发展阶段，在保证垃圾完全燃烧、环保超低排放的前提下，提高能源转化效率会成为新的关注点。我国垃圾发电能源转化历程如图 15－1 所示。

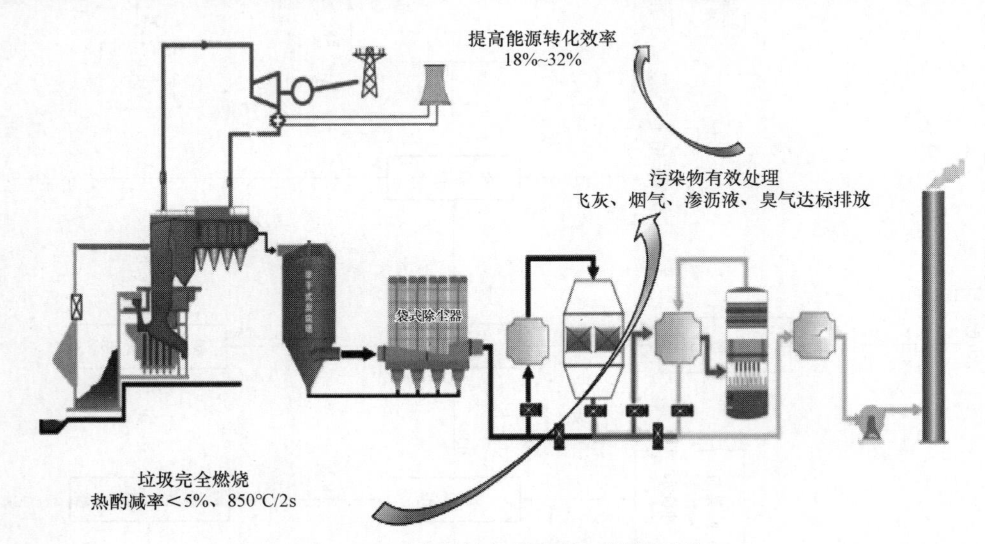

图 15－1　我国垃圾发电能源转化历程

保证垃圾完全燃烧、环保达标排放、提高能源转化率永远是垃圾发电企业的第一要务。垃圾焚烧发电不仅可以减少环境的污染问题，带来“环境效益”，还可以对生活垃圾中的能源给予再利用，为社会带来“能源效益”。因此，垃圾发电应该立足“环境效益”，在减少对环境的负面影响的同时，提高能源转化效率。上述目标的实现，需要不断的技术进步和创新，垃圾发电也具有巨大的社会效益。

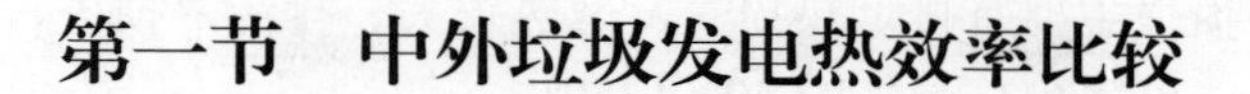

第一节 中外垃圾发电热效率比较

为了避免锅炉受热面的高温腐蚀，大多数的垃圾发电机组蒸汽参数都设置为4MPa/400℃。因此，纯凝的中温中压参数的机组，全厂热效率为18%～23%，供热机组的效率显著优于纯凝机组。参数越高，机组的效率也越高。中外垃圾发电热效率比较见表15－1。

表15－1　中外垃圾发电热效率比较

工厂地址	蒸汽压力（MPa）	蒸汽温度（℃）	机组热效率（%）
中国平均水平	4.0	400	19.23
广州李坑电厂	6.5	450	27.2
惠州博罗电厂	6.5	450	27.2
德国供热机组	3.85	395	23.8
	4.0	400	25.9
德国纯凝机组	3.8	398	22.8
	4.0	400	19.0
	3.93	399	20.0
	3.8	399	19.6
	5.8	417	25.0
荷兰　阿姆斯特丹电厂（供热）	6.5	440	30.2
意大利　布雷西亚电厂	6.1	450	27
德国　黑林根电厂	8.1	520	29.7
丹麦　Reno Nord 电厂	5.0	425	26.5
英国　伦敦电厂	5.0	427	27

随着锅炉管材防腐技术的提高、垃圾发电生产运营管理水平的提升以及垃圾品质的改善，我国垃圾发电企业要在实践中积累经验，不断提高运行效率，加大能源的转化率，才能不断提高垃圾发电企业的整体运营水平，实现可持续发展。

第二节 垃圾发电机组的各种热损失和效率

垃圾发电机组的热效率是通过能量转换过程中能量的利用程度或损失大小来衡量或评价的。要提高垃圾发电机组的热效率，就要研究垃圾发电机组能量转换及利用过程中的各项损失产生的部位、大小、原因及其相互关系，以便找出减少这些热损失的方法和相应措施。

在垃圾发电机组实际生产过程中，由于热力过程的不可逆性，存在着各种热损失，通常用效率来反映热力设备完善程度及热损失的大小。

一、锅炉的热损失和锅炉效率

锅炉设备中的热损失主要有排烟热损失、散热损失、排污热损失、灰渣物理热损失等，其中排烟热损失最大，占锅炉总损失的40%～50%。

锅炉效率为锅炉设备输出的被有效利用的热量（锅炉热负荷）与输入热量（垃圾在锅炉中完全燃烧时的放热量）之比。锅炉效率反映了锅炉设备运行经济性的完善程度，决定于锅炉的参数、容量、结构、垃圾燃烧效率以及炉内空气动力工况等很多因素，需要通过试验来测定。中温中压锅炉效率为78%～83%。

二、汽轮机的冷源损失和机械效率

（一）汽轮机冷源损失

汽轮机的主要损失是冷源损失，汽轮机冷源损失包括两部分。

（1）汽轮机排汽在凝汽器中的放热量。

（2）蒸汽在汽轮机中存在进汽节流、漏汽及内部各项损失，包括喷嘴损失、动叶损失、漏汽损失等。使蒸汽做功量减少，造成附加冷源热损失。汽轮机相对内效率反映该项损失的大小。

汽轮机相对内效率反映了不可逆冷源损失的大小，即反映了汽轮机内部结构的先进程度。汽轮机的相对内效率是内功率和理想功率之比。汽轮机容量越大，相对内效率越大，垃圾发电机组汽轮机的容量较小，相对内效率也较小。

（二）汽轮机的机械损失和机械效率

汽轮机的机械损失包括支撑轴承和推力轴承的机械摩擦损失，以及拖动主油泵的功率消耗。汽轮机的机械效率反映了汽轮机支撑轴承、推力轴承与轴和推力盘之间的机械摩擦耗功，以及拖动主油泵耗功量的大小，机械效率一般为96%～99%。

三、发电机的能量损失和发电机效率

发电机的能量损失包括机械方面的轴承摩擦损失、通风耗功和电气方面的铜损（由于线圈具有电阻而发热）、铁损（由于激磁铁芯产生涡流而发热）。发电机效率一般为93%～96%。

四、管道热损失和管道效率

当工质流过主蒸汽管道时，管道的热损失主要是散热损失。管道效率反映了管道设施保温的完善程度。垃圾发电机组的管道效率可达97%左右。

五、垃圾发电机组总效率

垃圾发电机组总效率等于垃圾发电机组输出的电能与其垃圾完全燃烧时的放热量之比。从世界范围来看，已经运行的垃圾发电机组能实现的总效率一般为18%～32%。垃圾发电机组效率很低的主要原因是冷源热损失太大和过程参数较低。因此，要提高垃圾发电机组的热效率就要尽可能地减少冷源热损失，其根本途径是提高蒸汽初参数、降低终参数、采用给水回热加热、蒸汽中间再热和热电联产等。垃圾发电机组生产过程各种损失分布如图15-2所示。

热力过程的不可逆性是导致垃圾发电机组热效率低的根本原因。要提高垃圾发电机组热效率还要减小换热设备中的不可逆传热温差、汽水流动过程中的摩擦阻力、节流和散热损失等。

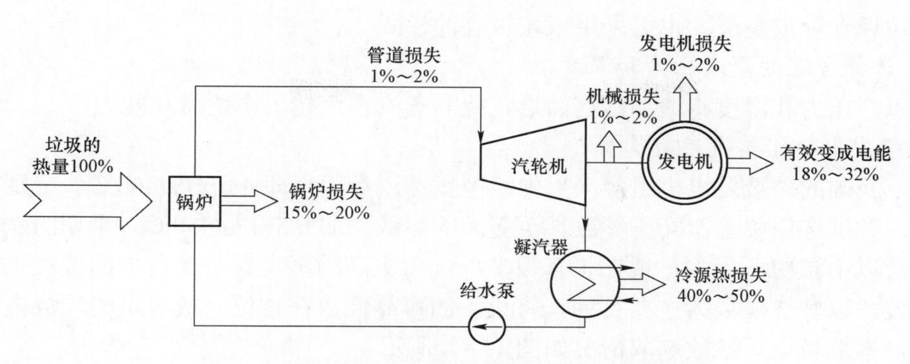

图 15－2　某垃圾发电机组生产过程各种损失分布

第三节　提高垃圾发电机组运行效率的措施

提高我国垃圾发电机组的运行经济性应该从社会层面和技术层面两方面着手。

一、社会层面的因素

影响垃圾发电机组运行效率社会层面的因素包括：

（1）垃圾干湿分离。

（2）垃圾电厂选址。选址合理，可以进行热电联产，将大大提高机组的运行效率。

（3）耦合发电。与城市附近的火力发电厂采取耦合运行模式，将垃圾焚烧产生的蒸汽并入火力发电厂的热力系统，可以充分利用大机组效率高的优势。垃圾电厂不需要再建设汽轮机和发电系统，在提高机组运行效率的同时也减少了建设成本。

（4）垃圾协同处置。利用水泥厂的回转窑协同处理生活垃圾。

（5）新技术、新工艺的出现和应用等因素。

二、技术层面的因素

技术层面的因素包括垃圾电厂的设计、管理和运行等，技术层面因素之间的关系如图15－3所示，其中设计因素对垃圾发电机组运行效率的影响占比较高。提高垃圾发电的能源转化效率不仅要向管理要效益，还要向设计要效益。同时，为了提高机组的运行效益，还要向运行操作要效益。受操作人员的水平和责任心等因素影响，自动化运行程度越高的机组，运行稳定性、可靠性和运行效率也越高。

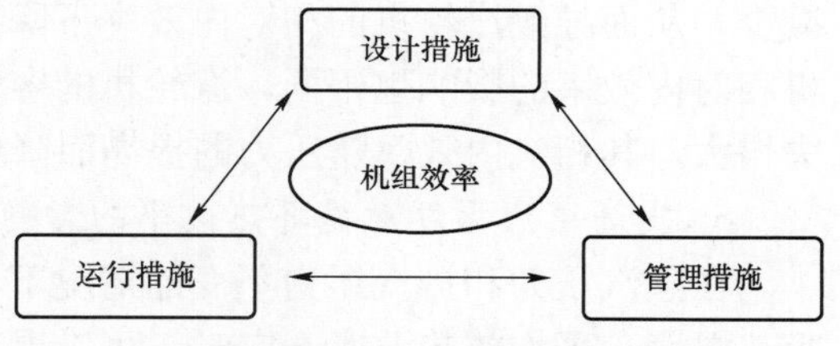

图 15－3　技术层面因素之间的关系

设计阶段，提高机组运行效率的措施包括：

（一）垃圾仓容积

根据气候和垃圾品质的情况，设计合理的垃圾存储空间。在严寒地区和垃圾热值较低地区，应该将垃圾仓设计得大一些，以便增加垃圾的存储时间，有利于提高入炉垃圾的热值。尤其在垃圾热值低的地区，还可以考虑设置垃圾预处理系统，先对垃圾进行分选和破碎，然

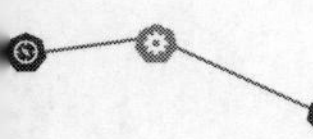

后再进入垃圾仓存放发酵。也可采用双垃圾仓的模式。

（二）选择合理的蒸汽压力和温度

增加蒸汽压力和温度将增加蒸汽的焓，提高蒸汽在汽轮机中的做功能力。

1. 垃圾发电机组蒸汽参数选择

目前，我国的垃圾发电机组多采用中温中压蒸汽参数，即4.0MPa/400℃。个别项目为了提高效率，尝试选用中温次高压参数甚至更高的参数，如6.5MPa/450℃。早期的欧洲垃圾电厂蒸汽参数以中温中压为主，现在也有很多厂选用更高的蒸汽参数。日本的垃圾电厂多由政府出资建设，以焚烧垃圾为主要目的，将设备的可靠性放在首位，故日本的垃圾电厂的参数都较低，日本垃圾电厂参数选取情况如图15－4所示。

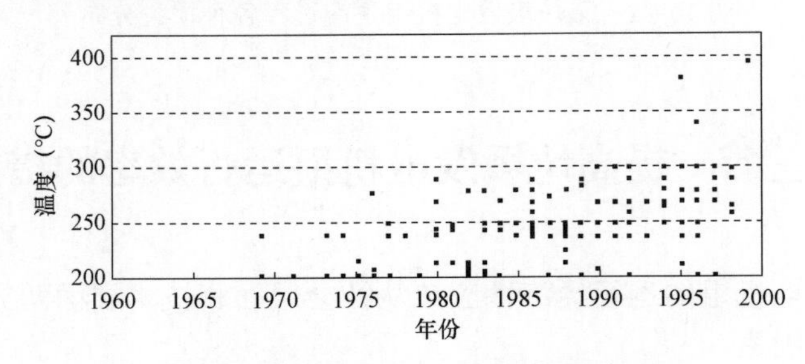

图15－4　日本垃圾电厂参数选取情况

2. 提高蒸汽参数的危害和腐蚀位置

由于蒸汽参数的提高，增加了锅炉受热面的高温腐蚀，高温腐蚀多发生在二、三通道的水冷壁上。需要在锅炉设计和制造时，考虑受热面的防腐问题，如采用合金钢管材、水冷壁管材表面进行堆焊和熔融等防腐处理措施，提高受热面管材的防腐蚀能力。

3. 提高蒸汽压力对循环热效率的影响

当蒸汽温度和排汽压力不变时，提高蒸汽的压力，可以提高循环吸热过程的平均吸热温度，平均放热温度一定时，可以提高循环热效率。

4. 提高蒸汽压力对汽轮机相对内效率的影响

在其他条件不变时，提高蒸汽的压力，蒸汽的比体积减小，进入汽轮机的蒸汽容积流量减少，从而导致汽轮机的相对内效率下降。当汽轮机的容量不同时，提高蒸汽压力，对汽轮机相对内效率的影响也不同。汽轮机的容量越小，汽轮机的间隙相对数值较大，级间漏汽损失增大，其相对内效率随压力的提高而降低。

5. 提高蒸汽温度对循环热效率的影响

在蒸汽压力和排汽压力不变的情况下，提高蒸汽的温度，可以提高循环吸热过程的平均吸热温度，平均放热温度一定时，可以提高循环热效率。

6. 提高蒸汽温度对汽轮机相对内效率的影响

随着温度的提高，汽轮机的排汽湿度降低，湿汽损失减小。在其他条件不变时，蒸汽的容积流量增大，可以提高汽轮机的相对内效率。

7. 提高蒸汽初参数对垃圾发电机组热效率的影响

在其他条件不变的情况下，分别提高蒸汽的压力或温度时，都使循环热效率提高。若同时提高压力和温度，则循环热效率提高得更多。

在其他条件不变的情况下，提高蒸汽压力，使汽轮机的相对内效率降低。提高温度，使汽轮机的相对内效率提高。若同时提高压力和温度，此时，促使汽轮机相对内效率提高和降低的因素同时起作用，而压力的影响更大些。

对于大容量汽轮机，当蒸汽初参数提高时，相对内效率可能降低的数值不是很大，这时提高蒸汽初参数可以保证循环热效率的提高。对于小容量汽轮机，蒸汽比容和质量流量都小，工作叶片更短，高压部分的漏汽损失和叶片端部损失将增加较多，汽轮机相对内效率会降低，并超过循环热效率的提高，导致汽轮机绝对内效率降低。同时，提高初参数还增加设备和系统的投资。

综上所述，为了使汽轮机组有较高的绝对内效率，在汽轮机组的进汽参数与容量的配合上，必然是“高参数必须是大容量”。实际应用时，蒸汽的压力和温度是配合选择的，在采用较高压力的同时也采用较高的温度。

蒸汽初参数对发电效率影响较大，蒸汽初参数的合理选择是一项复杂的技术经济问题，因为蒸汽参数与垃圾电厂的热效率、设备可靠性、设备制造成本、运行成本等因素有关，根据国内垃圾电厂的统计数据，中温中压锅炉的年累计运行小时数和年非计划停运次数明显优于中温次高压锅炉。高效率的取得会以牺牲锅炉运行可靠性为代价，故蒸汽参数的选择应综合考虑，进行全面的技术经济分析比较后才能加以确定。蒸汽参数对效率的影响见表 15-2。

表 15-2　蒸汽参数对效率的影响

项　目	单位	参数一	参数二	参数三
主蒸汽压力	MPa	4.0	6.2	8.4
主蒸汽温度	℃	400	420	515
燃烧功率	MW	48.0	48.0	48.0
供热功率	MW	0	0	4.7
电功率	MW	12.5	13.3	15.8
全厂热效率	%	23	27.2	29.3

蒸汽参数提高对运行经济性提高情况分析见表 15-3。

表 15-3　蒸汽参数提高对运行经济性提高情况分析

锅炉参数（MPa/℃）	效率（%）	发电量（MW）	上网电量（MW）	收益（万元）
4/400	23	12.5	10	
6.2/420	27.2	13.3	10.77	+399
8.4/515	29.3	15.8	12.96	+1538（不含供热）

注　电价按 0.65 元/（kW·h）计。

日本垃圾发电机组蒸汽参数的提高对吨垃圾发电量的影响如图 15-5 所示。

（三）蒸汽再热循环

蒸汽再热循环就是将汽轮机高压部分做过功的蒸汽从汽轮机某一中间级抽出，送到锅炉的再热器加热，在锅炉的再热器中被加热到蒸汽的初始温度，再送回汽轮机中做功。

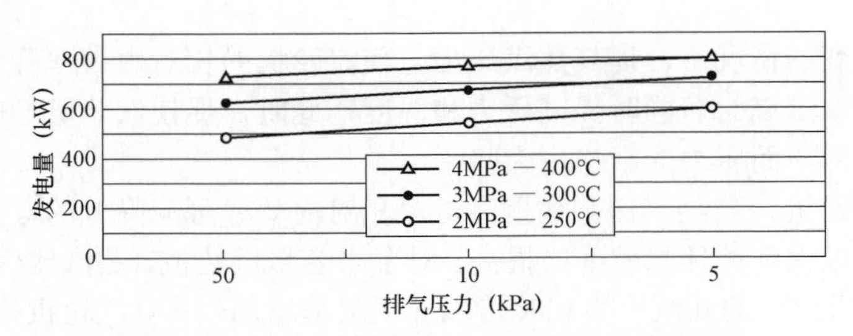

图 15－5　蒸汽参数的提高对吨垃圾发电量的影响

为了提高循环热效率，近年来，我国有垃圾发电机组在尝试蒸汽再热循环。使用再热循环可以提高效率，但也会使汽轮机的结构、布置及运行方式复杂，金属消耗及造价增大，对调节系统要求高，使设备投资和维护费用增加，因此，必须要做好成本和收益之间的平衡。

采用中间再热，不仅降低了汽轮机的排汽湿度，还改善了汽轮机末几级叶片的工作条件，提高了汽轮机的相对内效率。同时，由于蒸汽再热，使工质的焓降增大了，若汽轮发电机组输出功率不变，则汽轮机总汽耗量减少。此外，中间再热的应用，为进一步提高初参数创造了条件。

提高再热温度可使再热循环的热效率提高，一般取再热温度等于蒸汽的初温。当再热温度一定时，若提高再热压力，一方面提高了附加循环热效率，使再热循环热效率提高；另一方面又减少了附加循环的吸热量，使再热循环的热效率降低。另外，再热压力的提高，会使汽轮机末几级蒸汽湿度增加，湿汽损失增加，汽轮机的相对内效率降低。由于这些相互矛盾的因素同时起作用，所以必然存在一个最佳的再热压力，使再热循环热效率达到最大值。当再热温度等于蒸汽初温时，最佳再热压力为蒸汽初压的 18%～26%，当再热前有回热抽汽时取 18%～22%，再热前无回热抽汽时取 22%～26%。

采用再热的目的不仅解决膨胀终态湿度太大的问题，也可以提高循环热效率。采用一次再热循环，循环热效率可提高 2%左右。

（四）给水回热加热

从运转的汽轮机的某些中间级抽出部分蒸汽对锅炉的给水进行加热称为给水回热加热。汽轮机组都毫无例外地采用给水回热加热，回热系统既是汽轮机热力系统的基础，也是全厂热力系统的核心。

1. 采用给水回热加热的意义

（1）从蒸汽热量利用方面看，采用汽轮机抽汽在加热器中对给水进行加热，减少了凝汽器中的冷源损失，提高了循环热效率。

（2）从给水加热过程看，利用汽轮机抽汽对给水进行加热，提高了进入锅炉的给水温度，减小了锅炉中的换热温差，从而减少了给水加热过程的不可逆性，提高了循环热效率。

（3）由于工质吸热量减少，锅炉热负荷减低，所以可减少受热面，节省金属材料。

（4）由于抽汽率增大，使汽轮机高压端的蒸汽流量增加，而因抽汽低压端流量减小，所以有利于汽轮机设计中解决第一级叶片太短和最末级叶片太长的矛盾，提高单机效率。

（5）由于进入凝汽器的乏汽量减少，所以可减少凝汽器的换热面积，节省铜材。

采用给水回热，会增加低压加热器、管道、阀门等设备，增加了投资的同时也使系统复

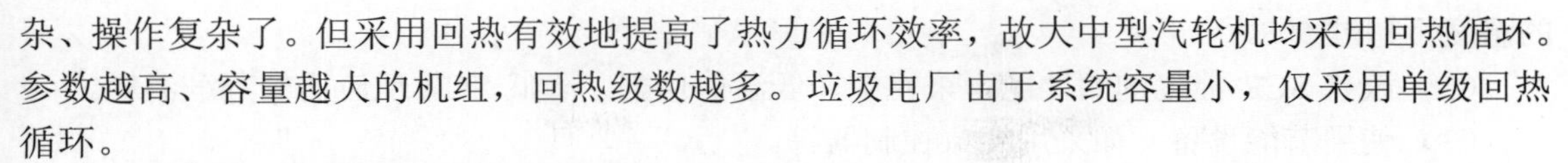

杂、操作复杂了。但采用回热有效地提高了热力循环效率，故大中型汽轮机均采用回热循环。参数越高、容量越大的机组，回热级数越多。垃圾电厂由于系统容量小，仅采用单级回热循环。

2. 影响给水回热过程热效率的参数

影响给水回热过程热效率的主要参数有回热级数、多级回热给水总焓升（温升）在各加热器间的分配和最佳给水温度。

（1）回热级数。将给水加热到给定的温度可以采用两种不同的方法。一是用单级抽汽一次加热给水至给定温度，二是用若干级不同压力的抽汽逐级加热给水至给定温度。在维持机组功率不变的条件下，采用多级回热，可利用较低压力的抽汽对给水进行分段加热，使抽汽做功量增加，从而减少冷源热损失，使机组的热效率提高。

随着回热级数的增加，循环热效率不断提高，而效率的相对提高值逐渐减少，同时级数的增加却使设备投资增加，系统复杂，且影响运行的安全可靠性。因此，采用过多的级数是不利的，具体的级数要通过技术经济比较来确定。

（2）回热加热分配。当回热级数和给水温度一定时，给水总加热量在各级加热器之间可以有不同的分配方案，其中必然存在着一种最佳分配方法，使回热的热经济效果最好。

（3）最佳给水温度。汽轮机绝对内效率为最大值时对应的给水温度称为理论上的最佳给水温度。随着给水温度的提高，一方面，回热抽汽压力随之增加，抽汽做功量减少，机组的汽耗率增加；另一方面，随着给水温度的提高，工质在锅炉中的吸热量将会减少，汽轮发电机组热耗率及汽轮机绝对内效率受双重影响，反之亦然。因而存在一个最佳给水温度，使回热的热效率达到最大值。

给水温度的选择，不仅要考虑热效率，还应考虑投资经济性，通过综合比较各方面的经济效果以确定经济上最有利的给水温度。从技术经济角度来看，提高给水温度，若不降低锅炉效率，不使排烟温度升高，就需要增大锅炉尾部受热面，增加投资。若锅炉的受热面不变，则排烟温度升高，排烟热损失增大，锅炉效率降低。显然经济上最有利的给水温度要比理论上最佳给水温度低。

（五）热电联产

1. 热电联产定义

热电联产是同时生产电能和热能，利用做过部分功或全部功蒸汽的余热供给热能。热电联产减少了冷源损失，提供了机组的热效率。

2. 热电联产类别

热电联产采用背压式汽轮机和调节抽汽汽轮机两种模式，采用背压式汽轮机组发电，并利用其排汽供热，无冷源热损失，热效率最高，它不需要凝汽器，结构简单，投资少；其缺点是，机组的电负荷随着热负荷的变化而变化。背压式机组适应性差，因此，背压式汽轮机适用于常年稳定可靠的工业热负荷。

调节抽汽式机组是从汽轮机中间级抽出部分蒸汽供热用户使用的凝汽机组。这种机组的热负荷和电负荷可以在一定范围内调整。热电联产受供热距离的限制，必须建在热负荷密集的工业区和热用户附近，当热负荷较小时，供热机组运行经济性会显著降低。

（六）其他措施

（1）做好机组热力系统的保温，减少散热损失。蒸汽、给水管道和锅炉、汽轮机外保温的温度不超过 50℃。

（2）改善 SCR 催化剂的性能。采用中、低温催化剂、降低 SCR 反应器的蒸汽消耗。

（3）使用节能设备，如采用变频控制器等。

（4）采用干出渣工艺。

（5）减少冗余设计和备用设备。

（6）机组向大型化发展。

（7）提高机组自动化控制水平。

（8）在垃圾池排水设计上，能保证渗沥液及时外排。

（9）选择性能良好的设备，如逆推炉排炉、高落差炉排、低汽耗的汽轮机、高效率的泵和风机等。

三、生产运行措施

机组运行阶段，提高机组运行效率的措施包括：

（1）垃圾仓分区管理。入炉垃圾的质量对机组运行效率有非常大的影响。通过加强垃圾仓的管理，保证渗沥液顺畅外排，垃圾充分发酵，垃圾在入炉前进行充分搅拌、抛洒、混合，使入炉垃圾热值均衡和提高。不仅能保证垃圾完全燃烧，提高燃烧效率，进而提高机组的运行效率，还能减少氮氧化物等有害物质的产生量，减轻后续烟气处理系统的负担。从而降低烟气处理成本。

（2）保证机组的运行参数在额定值运行。尽可能保持每一个可控的运行参数处于设计值或目标值，使机组在最佳状态运行。尤其是蒸汽压力、蒸汽温度、凝汽器真空、锅炉排烟温度等对运行效率影响较大的参数。

（3）优化设备运行方式，减少厂用电率和各种物料的消耗。

（4）优化燃烧控制。强化燃烧控制，减少空气量，最大限度地提高燃烧效率。如利用烟气再循环减少过剩空气量，达到最佳的过剩空气系数。

（5）加强设备管理。

1）及时发现和处理“跑、冒、滴、漏”。

2）阀门、管件连接及阀门密封材料选择合理，按相关规范安装。

3）按相关规定进行水压试验。

4）避免阀门长时间在小开度工作状态。

5）提高设备可靠性和可用率，实现长周期运行。

（6）加强运行指标分析。每月开展运行经济性分析，及时发现和解决影响经济运行的缺陷。分析哪些参数的偏差与运行方式有关，确定改进运行方式的建议。通过连续的实际运行值和目标值的对标，找出问题所在，制定改进措施，并保证措施落实到位。

（7）提高焚烧炉的产能利用率，保证焚烧炉满出力运行。

（8）提高机组自动化投入率。

（9）建立科学的管理模式。制定合理的、先进的全年指标计划，将全厂全年的各项指标分解落实到部门、班组，并从时间上分解到年度、月度计划指标，确保各部门、班组完成全年、全厂指标。

（10）加强培训，不断提高各级生产人员的业务素质。

（11）加强技术监督。重视垃圾发电机组的技术监督和热力性能试验，全面掌握设备性能和指标，科学制定改进措施。

(12)采用先进的信息化管理工具。利用先进的信息化管理工具，提高运行分析的及时性、准确性，第一时间掌握机组的运行效率情况。

(13）保持锅炉受热面及各类换热器清洁。

1）合理运行锅炉吹灰系统。

2）利用大小修机会，认真清理各部的受热面。

3）合理运行凝汽器清洗系统。

(14）健全并严格执行各项生产运营管理制度、标准，如运行分析制度、指标管理制度、生产统计制度、节能管理和生产台账等。

(15）提高汽轮机真空。

1）加强循环水质监督，保持凝汽器清洁度。

2）保证凝汽器真空严密性。

3）降低真空泵工作水温度，提高抽气器效率和出力。

4）保证胶球清洗系统可靠运行。

5）保证循环水水质良好。

6）及时发现和处理设备的跑、冒、滴、漏，保证系统的严密性。

(16）提高机组可靠性。

1）减少锅炉机组启停次数，保持长周期运行。

2）提高锅炉机组运行小时数。

3）提高锅炉机组负荷率。

(17）抓好安全生产和风险预防。

(18）减少锅炉漏风。

综上所述，从设计和运行角度来看，提高效率的措施如图 15－6 所示。

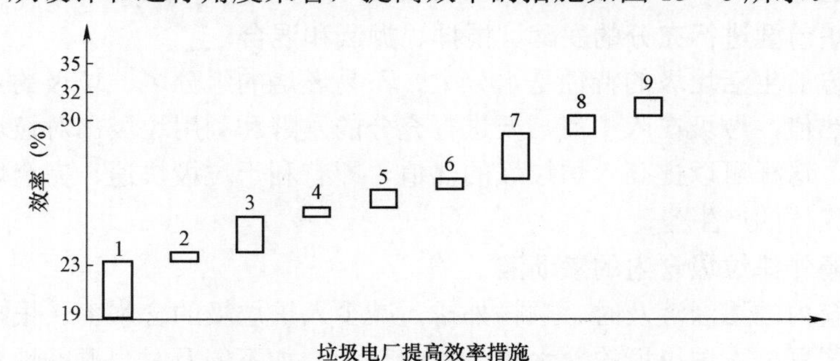

图 15－6　提高效率的措施

1—以已实现的 23%效率为基数；2—提高蒸汽压力；3—提高蒸汽温度；4—提高给水温度；5—提高真空温度；6—降低排烟温度；7—改进设备性能；8—再热循环；9—热电联产

第四节　保证垃圾完全燃烧和提高焚烧炉燃烧效率的措施

一、适量的氧量

适量的空气供应是为垃圾提供足够的氧气，它是燃烧反应的原始条件。垃圾中含有碳、

氢、硫等可燃物质，必须供给足够的空气量使它们在高温富氧的工况下迅速起化学反应，才能达到完全燃烧。空气供应不足，可燃物得不到足够的氧气，也就不能达到完全燃烧。但空气量过大，又对燃烧起负面的作用，过量的空气会对炉膛起冷却的作用，导致焚烧炉温度下降，也会使排烟损失增大及生成更多的 NO_x、SO_2 等有害气体。

二、足够高的燃烧室温度

燃烧室温度是燃烧化学反应的基本条件，对垃圾的快速着火、稳定燃烧、完全燃尽均有重大影响，维持炉内适当高的温度是非常重要的。适当高的焚烧温度是挥发分气流着火与稳定燃烧的基本条件。垃圾进入燃烧室必须加热到着火点，才能与氧气发生强烈反应，焚烧炉温度高，挥发分气流被迅速加热而着火，燃烧反应也迅速，并为保证完全燃烧提供条件。当然，在焚烧炉温度过高时，要考虑防止出现结渣，焚烧炉温度过高，也可能烧坏炉膛内的耐火材料。燃烧室的温度应该控制在 850～1100℃。

三、空气与挥发分良好的混合

混合是燃烧反应的重要物理条件，混合使燃烧室内热烟气回流，对挥发分气流进行加热，以使其迅速着火。炉内气流强烈扰动才会形成良好的混合，更好地向碳粒表面提供氧气，更好地向外扩散二氧化碳，以及燃烧后期促使垃圾的完全燃尽。空气与挥发分良好的混合是快速、完全燃烧必不可少的条件。

四、足够的燃烧时间

垃圾在焚烧炉内停留足够的时间，才能达到可燃物的完全燃尽，这就要求有足够高的燃烧室高度。烟气在燃烧室的停留时间应该大于 2s。垃圾在炉排上的停留时间在 2h 左右。

五、尽量小的垃圾粒度

垃圾粒度越小，本身热阻小，挥发分析出快，有利于垃圾的快速起火燃烧。燃烧越完全，炉渣的热酌减率也越低。

六、垃圾入炉前要进行充分的发酵、搅拌、抛洒和混合

我国多数地方的生活垃圾的特性是水分大、不易燃烧的组分多、垃圾的热值较低。为了提高入炉垃圾的热值，垃圾在入炉前，要进行充分的发酵和利用垃圾吊对垃圾进行充分的搅拌、抛洒和混合，这样可以提高入炉垃圾的热值，即有利于垃圾快速、完全燃烧，又有利于减少烟气中有害气体的产生量。

七、及时顺畅外排垃圾仓内的渗沥液

要保证垃圾仓内的渗沥液及时、顺畅外排，减少入炉垃圾的含水率。根据有关的测算数据，我国多数地区夏季入炉垃圾的含水率在 40%以上。如不能及时、顺畅地外排垃圾仓内的渗沥液，入炉垃圾的含水率会更高。据测算，垃圾的含水率降低 1%，热值将提高 126kJ/kg。

八、垃圾在炉排上有充分的滚动、翻转

垃圾入炉后，要保证垃圾在炉排上能够滚动、翻转，这将有利于垃圾的着火和燃烧。炉排的运动方式对垃圾的滚动、翻转起着非常重要的作用。对低热值垃圾，焚烧炉的选型非常重要。

九、合理的一次风、二次风量配比

在垃圾着火初期，二次风过早混入将降低炉膛高温烟气的温度，推迟挥发分着火，造成焚烧炉燃烧不稳，但若调整配风不当，使得二次风混合过于滞后，又会导致着火后的挥发分得不到及时的氧气补充，造成飞灰含碳量上升，燃烧经济性变差。理论燃烧工况下，一次风

占比为 60%～70%，二次风占比为 30%～40%。垃圾热值高的情况下，可以用烟气再循环代替部分二次风，以减少 NO_x 的产生量。

十、适当的一次风温度

理论上一次风温度设计值为 70～280℃，提高一次风温度可减小着火热需要量，当然，一次风温度的高低是根据垃圾热值来定的，对热值高的垃圾，一次风温度就可以低些。

十一、适当的一次风量

一次风量小，可减小着火热需要量，但最小的一次风量也应满足挥发分燃烧对氧气的需要量，挥发分高的垃圾一次风量要大些。

十二、合理的一、二次风速

一、二次风速对挥发分气流的着火与燃烧有着较大影响。一、二次风速影响热烟气的回流，从而影响挥发分气流的加热情况。一、二次风速影响一、二次风混合的速度，从而影响燃烧阶段的进展。一、二次风速还影响燃烧后期气流扰动的强弱，从而影响垃圾燃烧的完全程度。应根据垃圾热值情况，选择合理的一、二次风速。

十三、均匀给料

根据燃烧工况，合理调整垃圾给料器的运行速度和行程，使垃圾能够均匀地进入干燥炉排，并保证给料器运行可靠、稳定。

十四、合适的垃圾料层厚度

根据我国垃圾的热值水平，焚烧炉的设计机械负荷通常为 235～250kg/（m^2・h），由于入炉垃圾热值不是一个稳定的数值，炉排上垃圾的厚度一般在 700～1100mm，需要根据燃烧工况及时调整炉排上垃圾的厚度。

十五、焚烧炉机械负荷维持在适当范围内

焚烧炉机械负荷低时，炉内温度下降，对垃圾着火、挥发分燃烧均不利，使燃烧稳定性变差；焚烧炉机械负荷过高时，可能会出现不完全燃烧，还有可能出现炉排磨损加剧、焚烧炉超热负荷运行等问题。因此，焚烧炉负荷应尽可能地在燃烧图界定的范围内运行。

十六、焚烧炉热负荷维持在适当范围内

放热速度与散热速度是相互作用的。在实际焚烧炉内，当燃烧处于高负荷状态时，由于垃圾量增加，燃烧放热量比较大，而散热量变化不大，所以，使炉内维持高温状态。在高负荷运行时，容易稳定着火。

当燃烧处于低负荷运行时，由于垃圾量减少，燃烧放热量随之减小，这时相对于单位放热量的散热条件却大为增加，散热速度加快，所以炉内火焰温度下降，使燃烧反应速度降低，因而放热速度也就变慢，进一步使炉内处于低温状态。

在低负荷运行状态下，稳定着火比较困难，因此，需要投入助燃油等来稳定着火燃烧。

十七、使炉渣燃尽

尽可能地延长炉渣在燃尽炉排上的停留时间，减少渣的热酌减率，降低炉渣的温度，减少炉渣热损失。

十八、减少锅炉系统漏风

定期进行漏风检查和堵漏。

十九、减少热力系统散热损失

加强管道、锅炉本体保温，减少散热损失。

二十、减少锅炉排污热损失

（1）加强汽水品质的化学监督，保证汽水品质合格。

（2）在保证汽水品质的前提下，减少锅炉定期排污量和连续排污量。

二十一、减少锅炉排烟热损失

（1）严格执行定期吹扫制度，加强吹灰器的运行维护及压缩空气罐的放水，保证吹灰效果。

（2）锅炉启停阶段严格控制升、降温速度，避免浇注料受损、出现裂缝，甚至脱落，造成严重漏风。

（3）停炉期间对炉膛、风室、烟道及袋式除尘器进行详细检查，有破损漏风情况及时修复。

参　考　文　献

[1] 杨建球，曾庭华，李焕辉，等. 大型循环流化床锅炉运行优化及改进[M]. 北京：中国电力出版社，2010.
[2] 本书编委会. 环境保护 [M]. 北京：中国电力出版社，2010.
[3] 周强泰. 锅炉原理. 2 版. [M]. 北京：中国电力出版社，2009.
[4] 段传和，夏怀祥. 选择性非催化还原法（SNCR）烟气脱硝 [M]. 北京：中国电力出版社，2011.
[5] 西安热工研究院. 火电厂 SCR 烟气脱硝技术 [M]. 北京：中国电力出版社，2013.
[6] 许明磊，严建华，马增益，等. 垃圾焚烧炉受热面的积灰腐蚀机理分析 [J]. 中国电机工程学报，2007，27（23）：32－37.